AUTODESK®
AUTOCAD LT®

AutoCAD LT2019 機械製図

Efficient drafting, Easy sharing,
Simplified plotting.

間瀬喜夫＋
土肥美波子＝共著

はじめに

設計製図の世界は手描きの時代から「コンピュータによる設計製図」，すなわちCADの時代になった．数多くのCADソフトのうち，アメリカ生まれの「AutoCAD」が，現在，日本でもっとも広く使われている．

「AutoCAD」に限らず一般に，CADのソフトを購入しパソコンにインストールはできても，すぐには思うように動かない．マニュアルを見てもなかなか先に進めない．

そこで，本書では，うまくCADが動くようにするために必要な作業環境の設定の仕方（設定方法），基本操作，応用操作，機械製図の実用的な図面作成に関する演習を用意した．

ごく易しい基本操作から始めて，沢山の演習を実際に自らの手でこなし，からだで習得し，自分の手足のようにCADが使いこなせるようになってほしい．パソコンやワープロではよく「習うより慣れろ」といわれる．CADの世界においてもまったく同じだ．演習を沢山こなすことで，楽しくからだで覚えることが大切である．

CADに何かさせるには，コマンドを入力する方法，メニューから必要なコマンドを選択する方法など，さまざまな方法がある．本書では，AutoCAD 2009/AutoCAD LT2009から採用されている，リボンのアイコンを選択する方法を基本としているが，限られた紙面で，初心者にわかりやすく，簡潔かつ正確に操作方法を伝えるため，煩雑な画面表示やアイコン表示を極力省いたシンプルな本文構成としている．カラーのイラストや図もなく，文字の羅列で無味乾燥であることを承知の上である．ひたすら，CADの操作に，集中して学習できるようにした．

本書の特長をまとめると，次のとおりである．

① 膨大な数の演習をとおして，からだで習得できる.

② 最終目標は**CAD機械製図の完成**である.

CHAPTER 2の「AutoCAD LTの操作」で，CADの概念をよく理解し，CHAPTER 3の「CADの基本操作」を終了する頃には，CADが気楽に使いこなせるようになるであろう.

CHAPTER 4の「CADの演習」の応用演習およびCHAPTER 5の「AutoCAD LTによる機械製図」で，画面に向かい，示された順番に自らの手で機械要素や機械部品を素材にした演習をこなせば，かなりハイレベルなCAD操作ができるようになると同時に，知らず知らずのうちに機械製図の約束事も身につく．したがって，本書は，CAD機械製図を初めて学ぶ学生の教科書，独習書に最適と思う.

本書は「AutoCAD LT2019」をベースにしているが，図面の作成や編集などで使用しているコマンドはすべて基本的なものである．これらはバージョン間でほとんど変更されていないので，前のバージョンでの学習，また3次元機能が含まれている「AutoCAD」による2次元の学習でも使用可能である.

本書は，オートデスク社，オーム社書籍編集局の皆様のご協力を得て刊行したものであり，ここに感謝の意を表する次第である.

2018年9月

間瀬喜夫・土肥美波子

目　次

CHAPTER 1　機械製図の概要

CHAPTER 2　AutoCAD LT の操作

CHAPTER 3　CADの基本操作

CHAPTER 4　CAD の演習

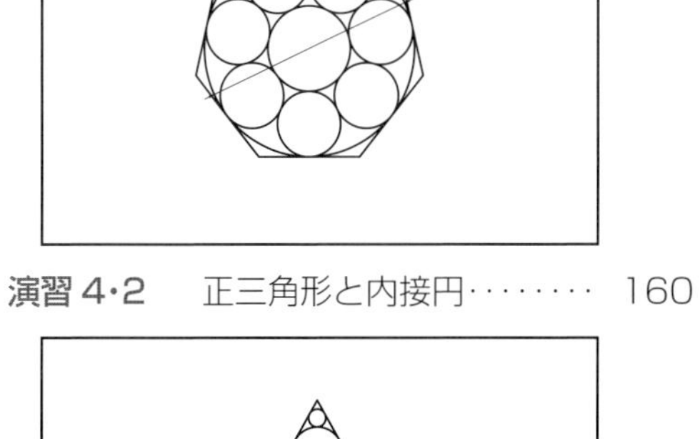

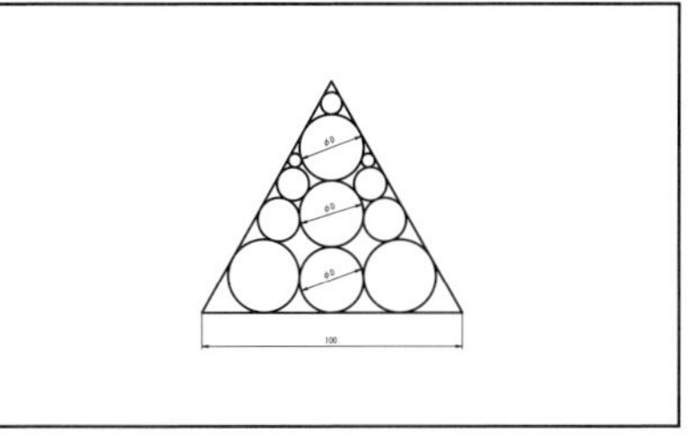

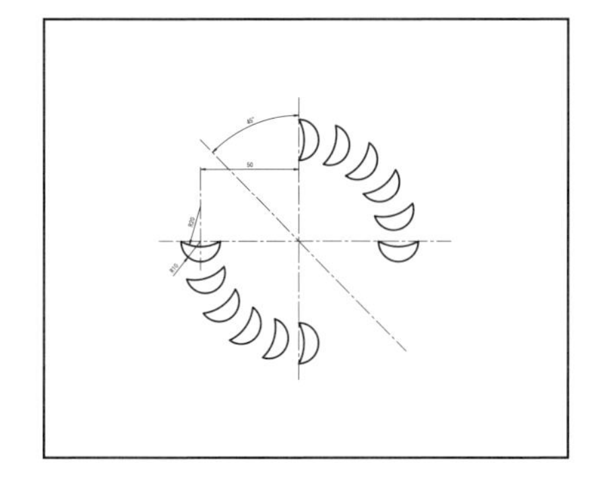

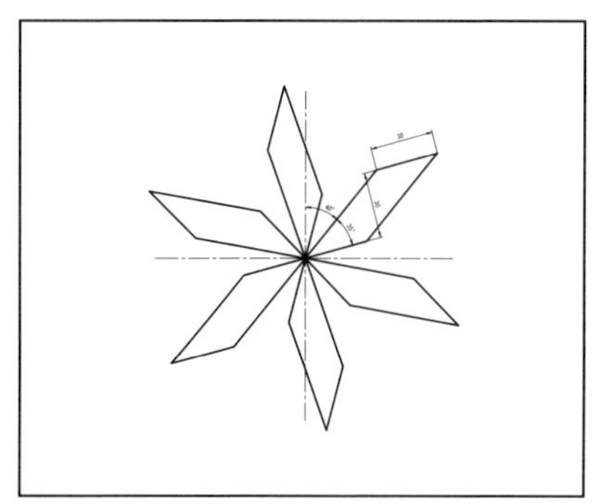

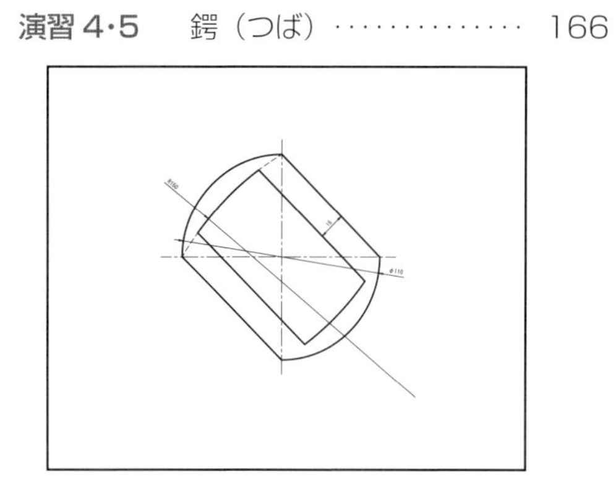

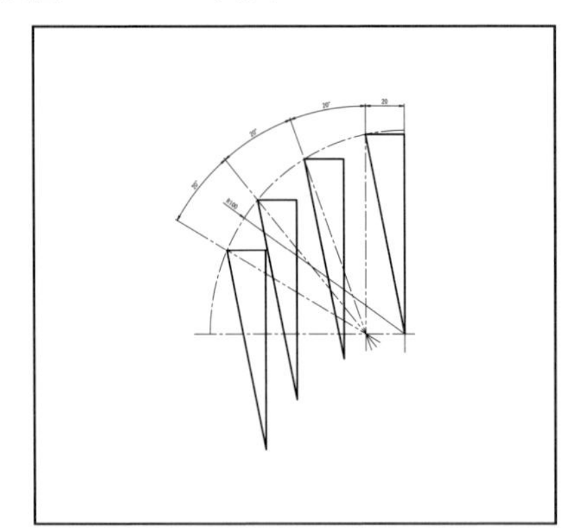

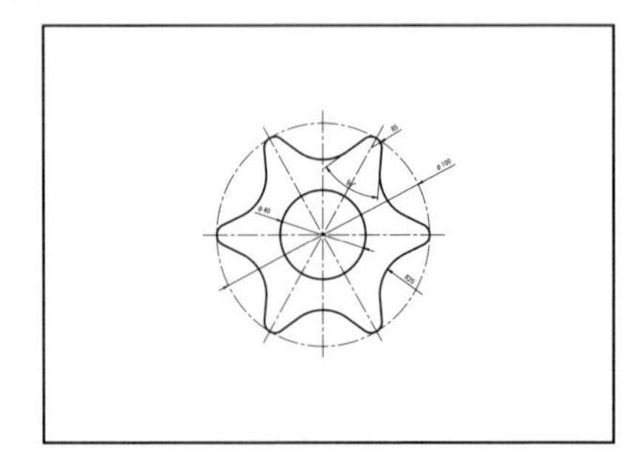

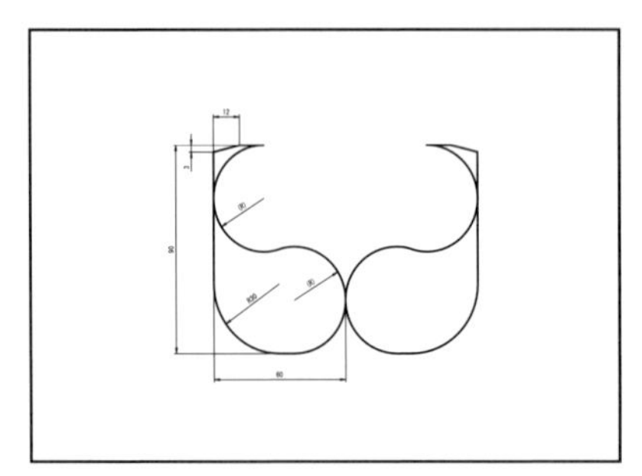

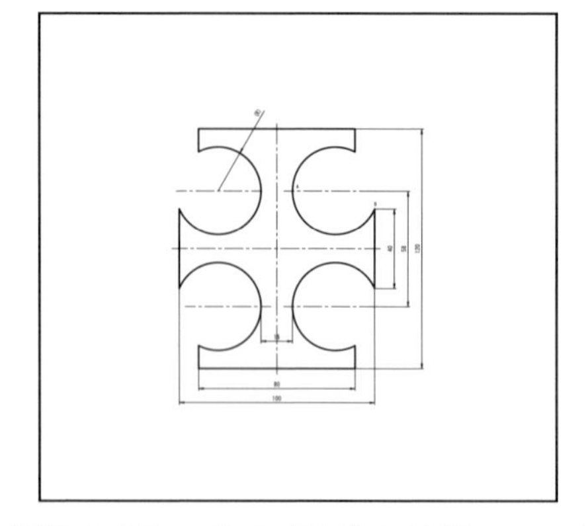

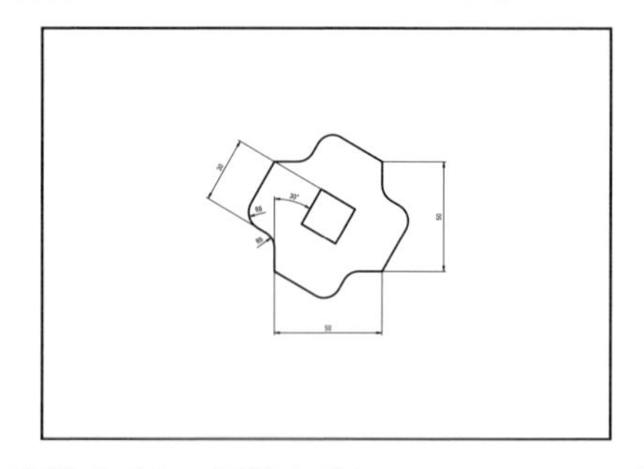

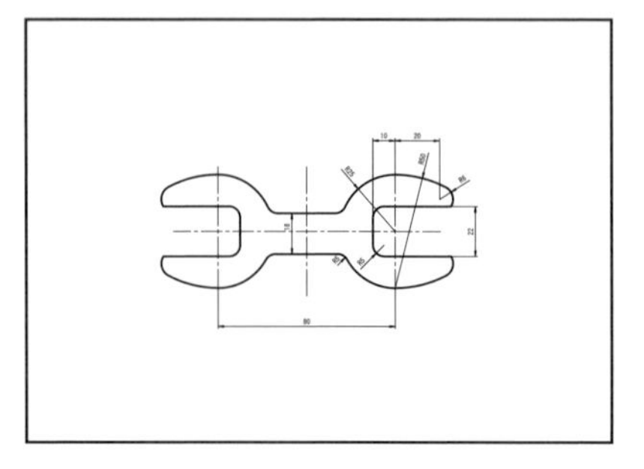

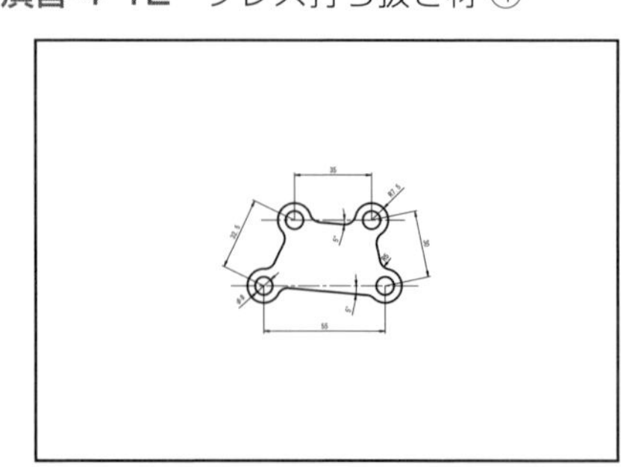

CHAPTER 5　AutoCAD LT による機械製図

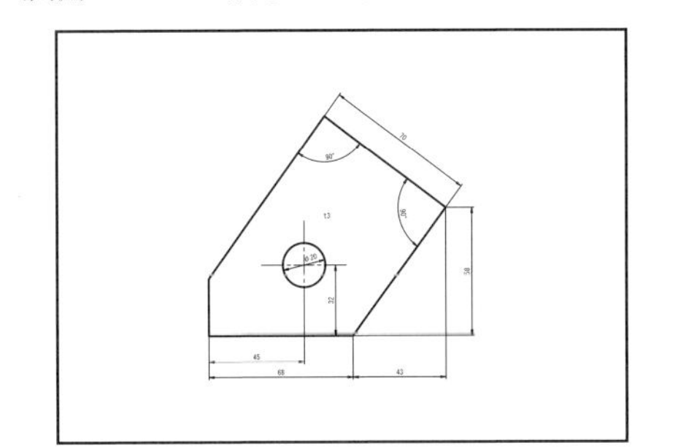

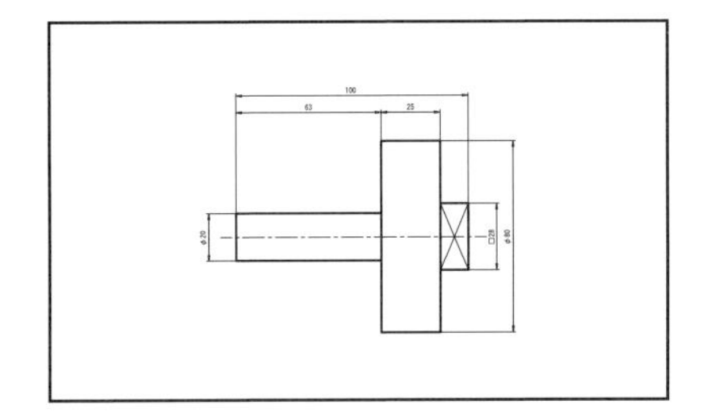

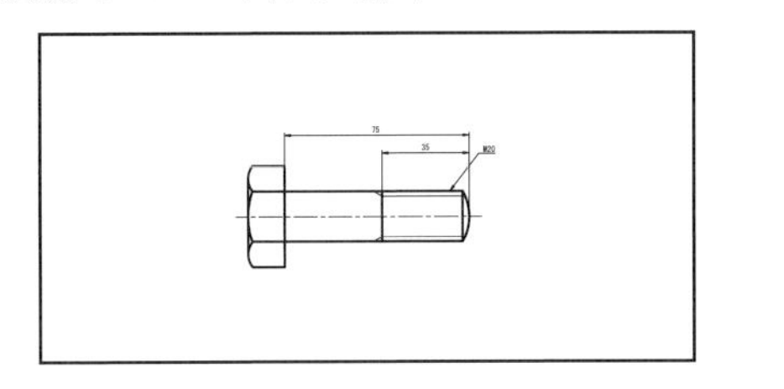

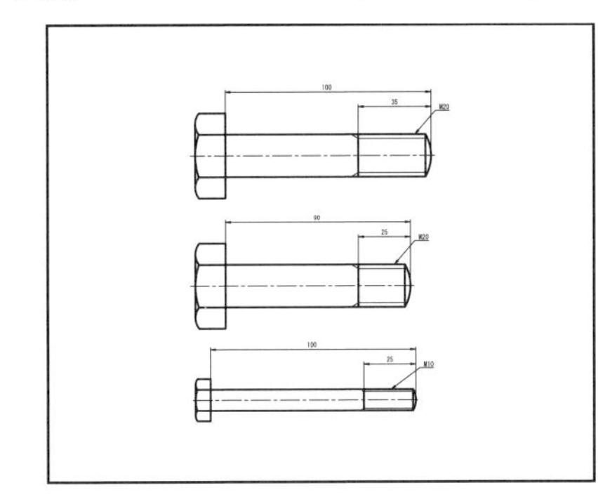

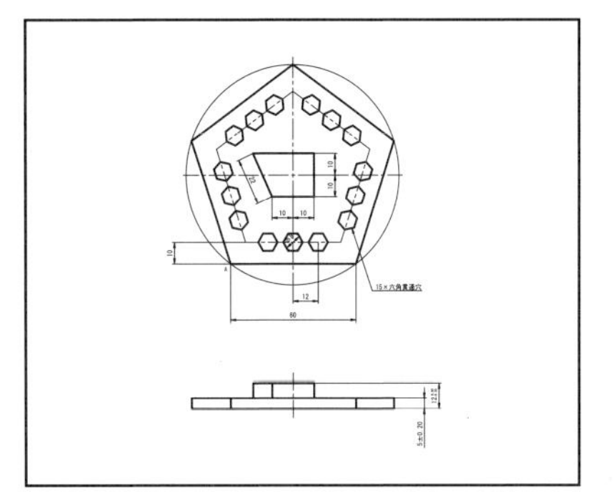

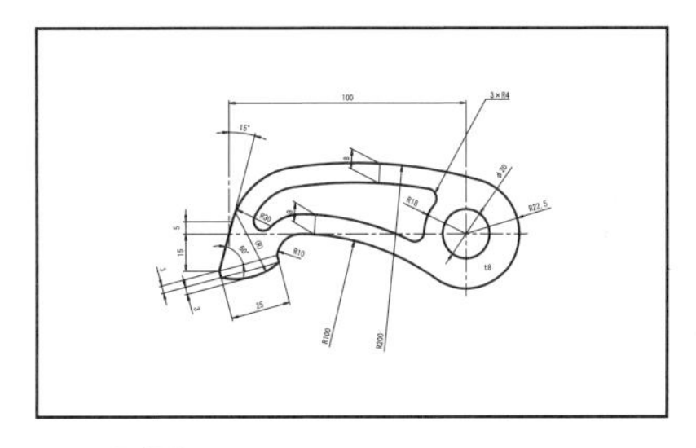

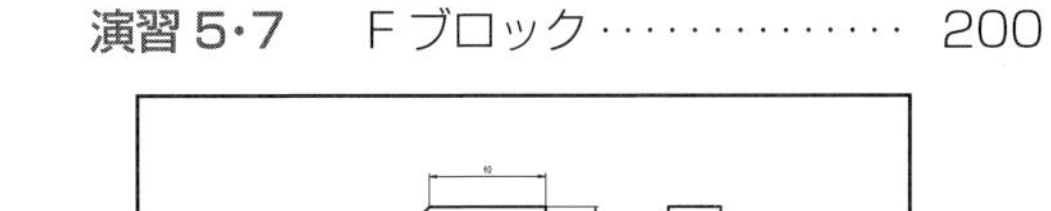

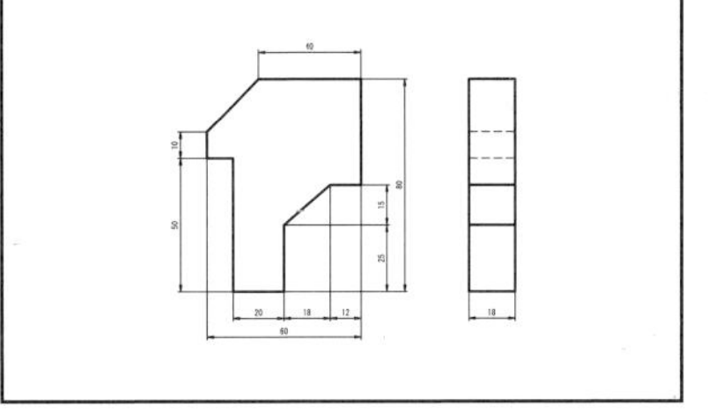

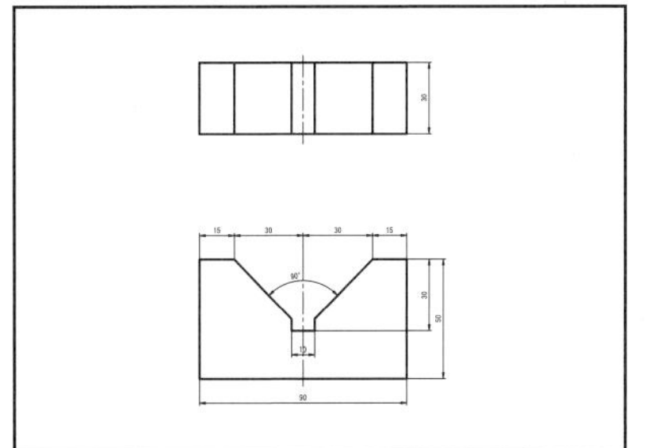

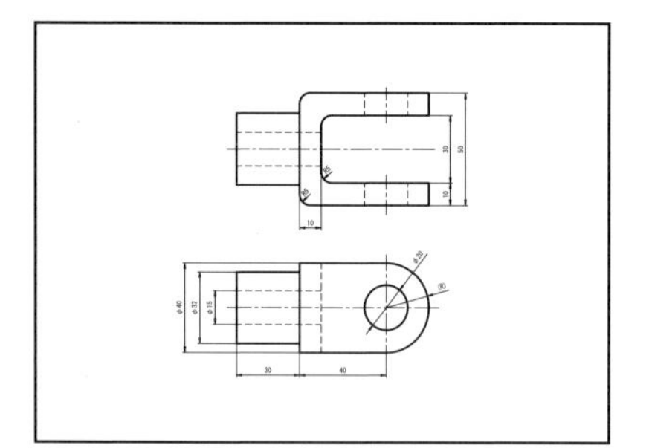

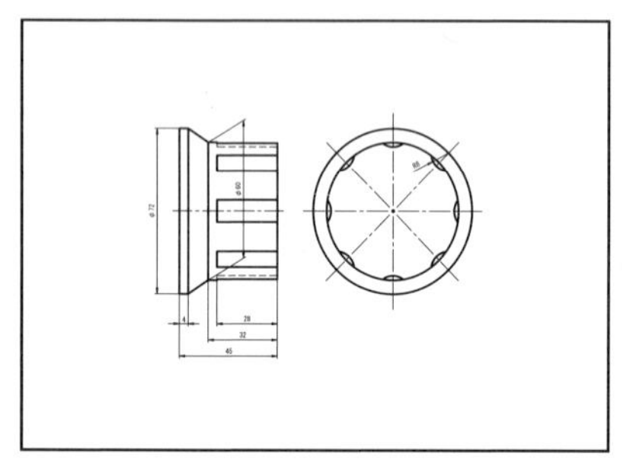

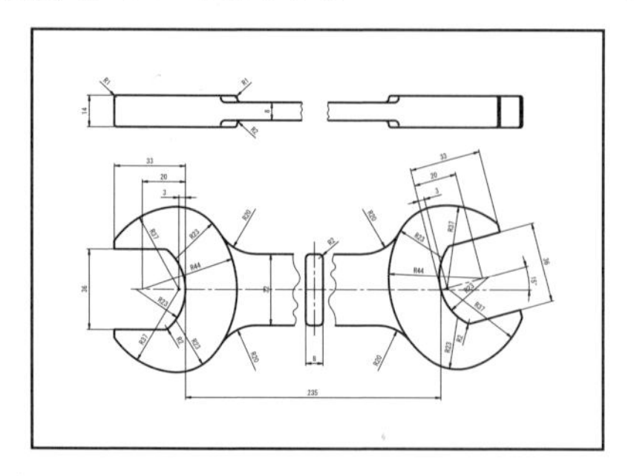

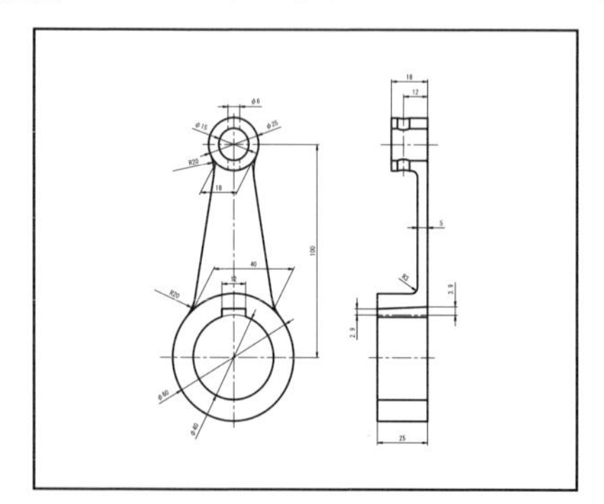

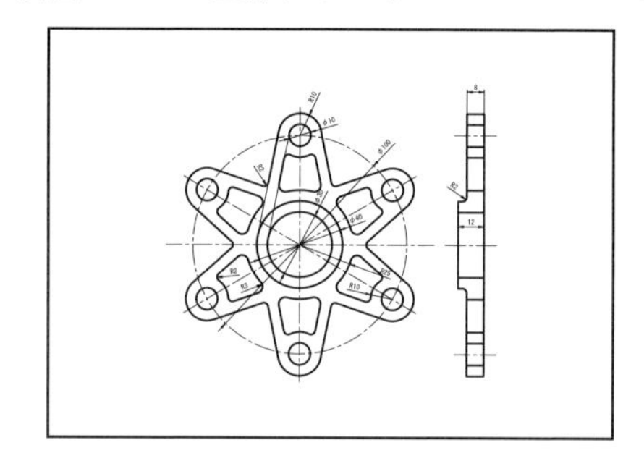

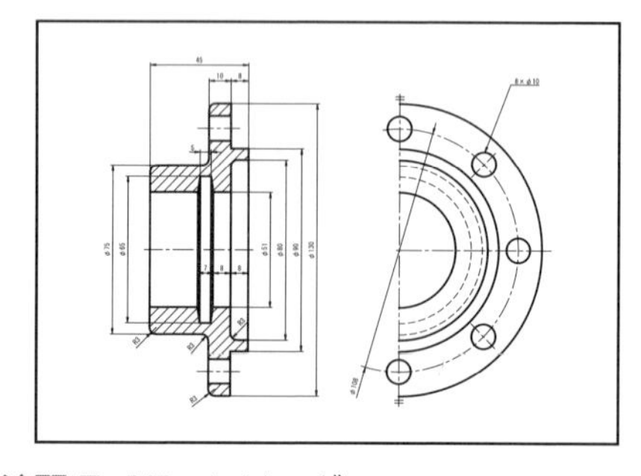

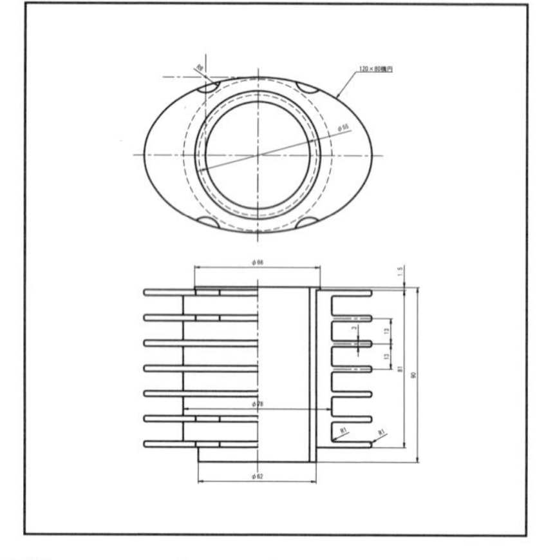

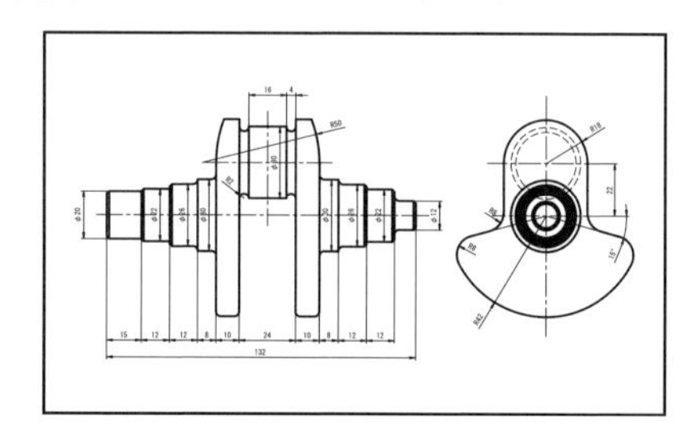

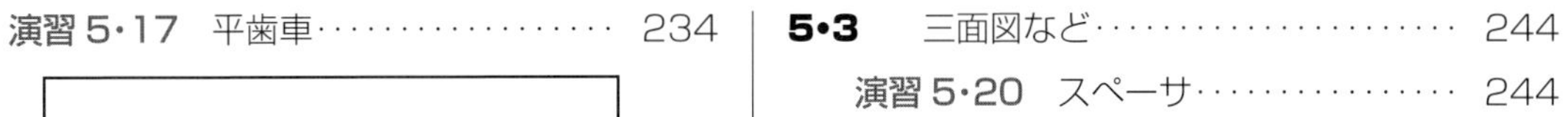

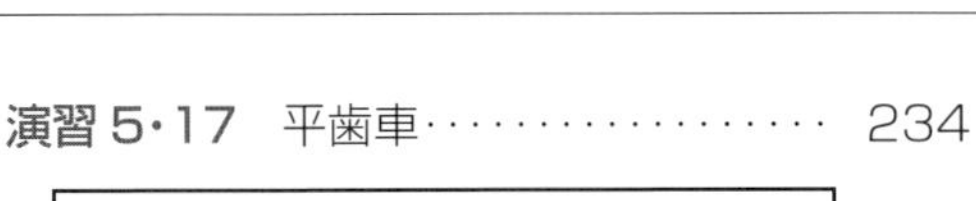

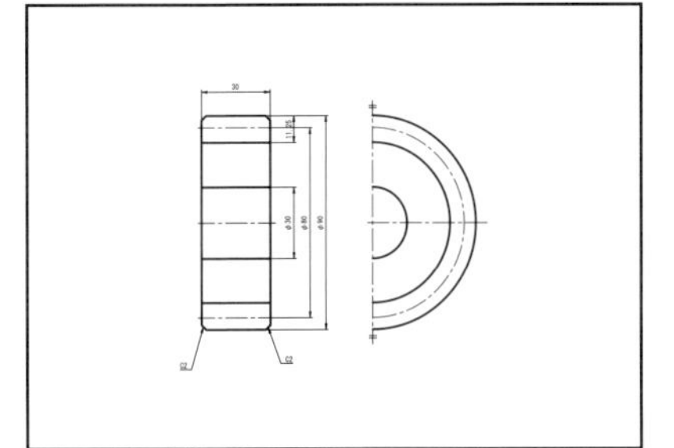

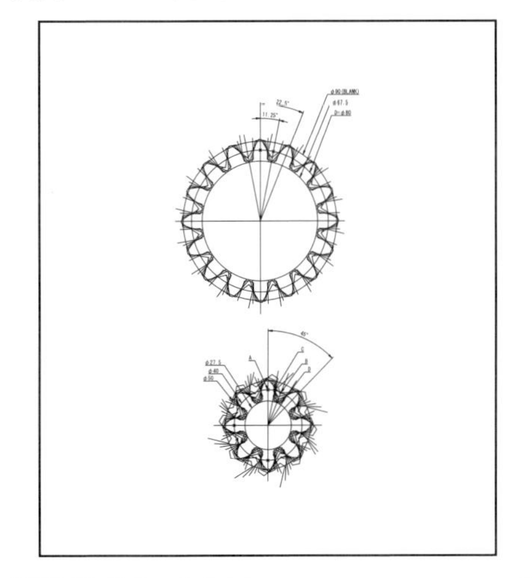

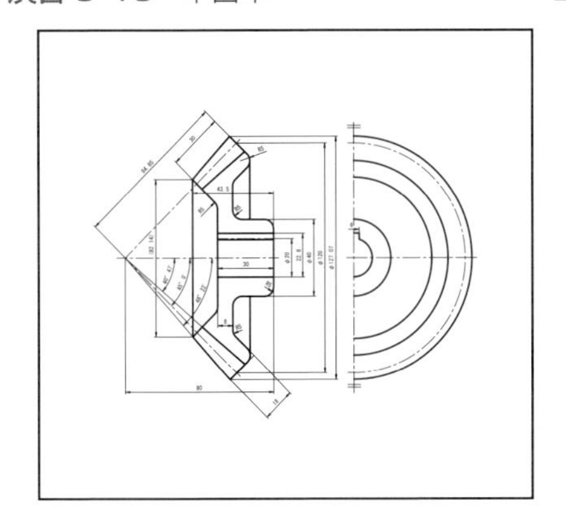

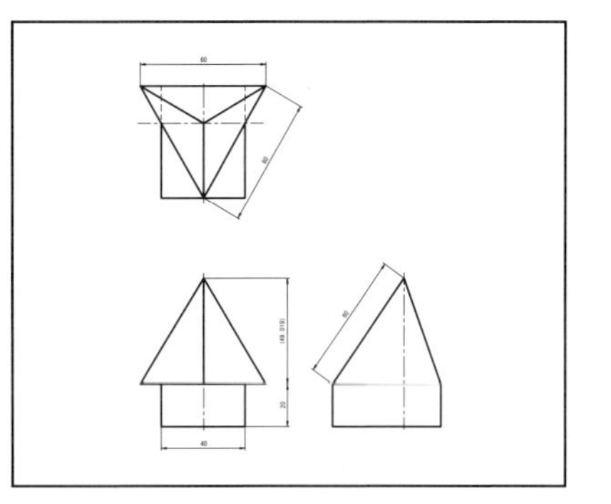

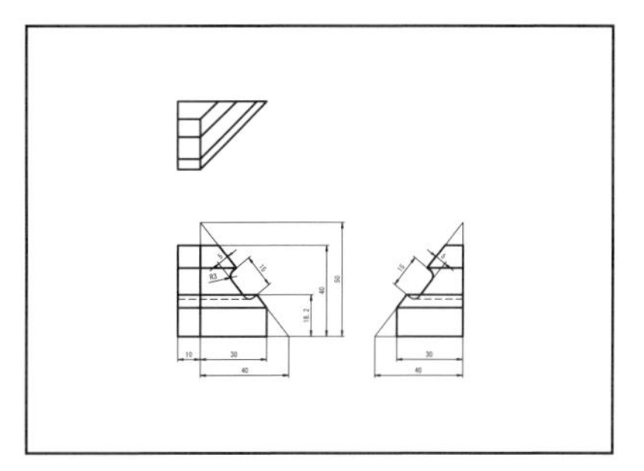

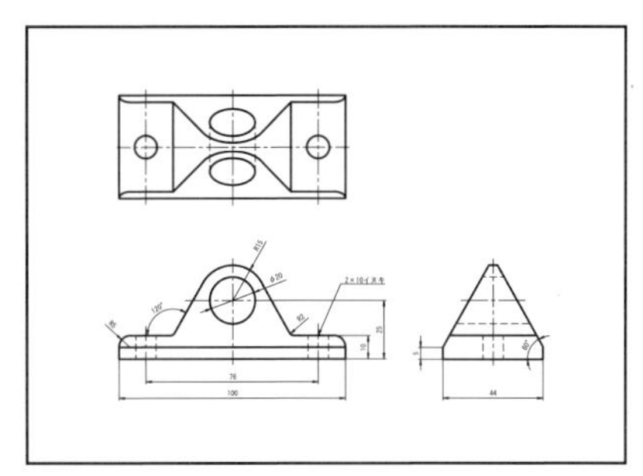

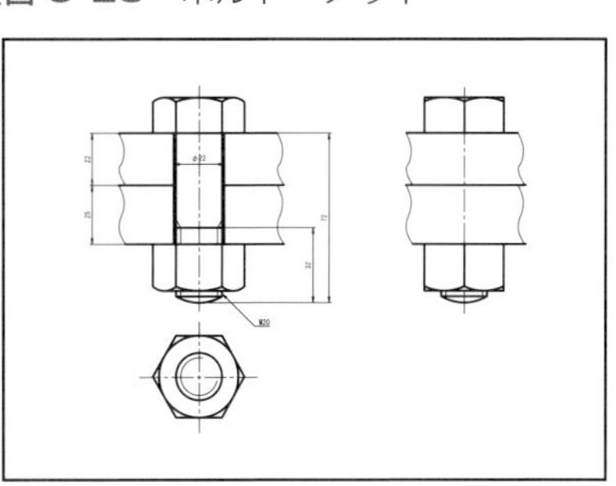

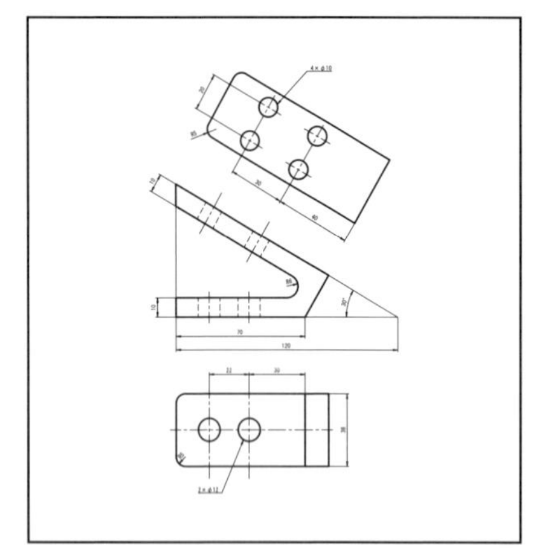

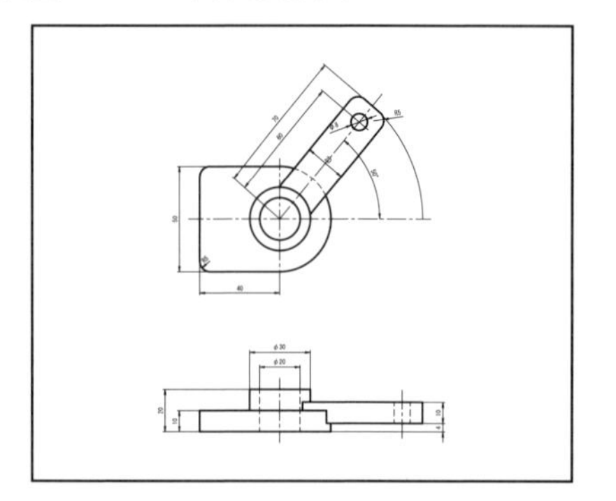

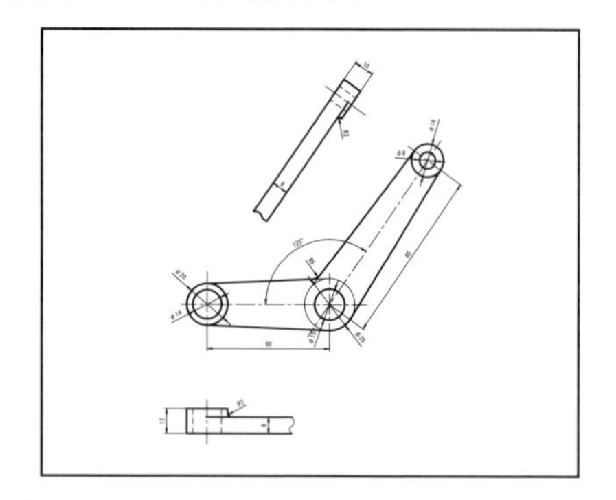

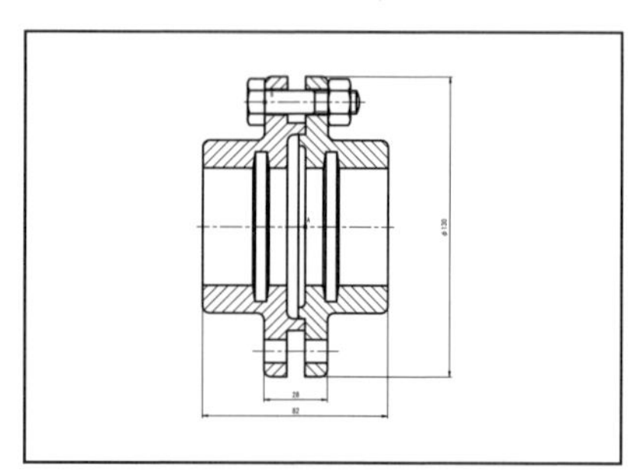

本書の操作手順の表記

本書の操作手順では，限られたスペースで初心者にわかりやすく，簡潔かつ正確に操作方法を習得できるように，操作手順を以下のように表記している．なお，メインコマンドはリボンからの実行を，オプションコマンドはコマンドウィンドウからの選択を基本とする．

操作内容	本書での表記
マウスの左ボタンで選択する	(SEL)
マウスの右ボタンを押す	(右)
リボンからコマンドを実行する	**[タブ名]** タブ **[パネル名]**/**コマンド名** を (SEL)
たとえば 「線分」コマンドを実行する場合	**[ホーム]** タブ **[作成]**/**線分** を (SEL)
展開ボタン▼がついている場合， たとえば「円」コマンドを実行する場合	**[ホーム]** タブ **[作成]**/**円**/**3点** を (SEL)
コマンドウィンドウからコマンドオプションを選択する	**コマンドウィンドウ** の **[オプション名]** を (SEL)
ショートカットメニューから操作を選択	(右) **ショートカットメニュー** の **[コマンド名]** を (SEL)
アプリケーションメニューから操作を選択	**アプリケーションメニュー** の **[コマンド名]** を (SEL)
クイックアクセスツールバーから操作を選択	**クイックアクセスツールバー** の **[コマンド名]** を (SEL)
ナビゲーションバーから操作を選択	**ナビゲーションバー** の **[コマンド名]** を (SEL)
ステータスバーのツールを選択	**ステータスバー** の **[ツール名]** を (SEL)
キーボードの Enter キーを押す	[Enter]
たとえば 100 と入力して Enter キーを押す場合	100 [Enter]
キーボードの Esc キーを押す	[Esc]
閉じるボタンを押す	☒ を (SEL)
複数の操作を1行に書いたときの区切り記号	//

CHAPTER 1　機械製図の概要

機械製図・CAD 製図などの製図ルールは，日本工業規格（JIS）で詳細に規定されているが，本書は，“パソコン CAD を使いこなす”ことに力点をおいているので，ここでは，機械製図・CAD 機械製図に関連した一般的な事項のうち，本書にかかわりの深いものだけをとり上げて解説する．

1・1　製図と機械製図

日本工業規格では，JIS Z 8310 に製図総則がある．これは，各種の工業に共通した基本的な図面作成，つまり“製図をする”にあたっての一般事項を規定したものである．したがって，この“製図総則”を基本に，機械・建築・土木などそれぞれの分野の製図規格が規定されている．このうち，機械工業分野の製図規格として，JIS B 0001 に“機械製図”，JIS B 3402 に“CAD 機械製図”がある．

なお，JIS には，製図に関連した規格として，**表 1・1** に示すような種類がある．

表 1・1　製図関連のおもな JIS 規格

分　類	規格番号	規格名称
基　本	Z 8310：2010	製図総則
	Z 8114：1999	製図 ── 製図用語
	B 3401：1993	CAD 用語
	Z 8311：1998	製図 ── 製図用紙のサイズ及び図面の様式
	Z 8312：1999	製図 ── 表示の一般原則 ── 線の基本原則
	Z 8313：1998	製図 ── 文字
	Z 8314：1998	製図 ── 尺度
	Z 8315：1999	製図 ── 投影法
	Z 8316：1999	製図 ── 図形の表し方の原則
	Z 8317：2008	製図 ── 寸法及び公差の記入方法
	Z 8318：2013	製品の技術文書情報（TPD） ── 長さ寸法及び角度寸法の許容限界の指示方法
部門別	A 0101：2012	土木製図
	A 0150：1999	建築製図通則
	B 0001：2010	機械製図
	B 3402：2000	CAD 機械製図
特殊な製　図	B 0002：1998	製図 ── ねじ及びねじ部品
	B 0003：2012	歯車製図
	B 0004：2007	ばね製図
	B 0005：1999	製図 ── 転がり軸受
	B 0006：1993	製図 ── スプライン及びセレーションの表し方
	B 0011：1998	製図 ── 配管の簡略図示方法
	B 0041：1999	製図 ── センタ穴の簡略図示方法
記　号	B 0122：1978	加工方法記号
	C 0303：2000	構内電気設備の配線用図記号
	Z 3021：2016	溶接記号
	Z 8207：1999	真空装置用図記号
公差・許容差	B 0401：2016	製品の幾何特性仕様（GPS） ── 長さに関わるサイズ公差の ISO コード方式
	B 0024：1988	製図 ── 公差表示方式の基本原則
	B 0601：2013	製品の幾何特性仕様（GPS） ── 表面性状：輪郭曲線方式
	B 0031：2003	製品の幾何特性仕様（GPS） ── 表面性状の図示方法

1・2　図面の大きさ

書籍・雑誌・用紙など紙の仕上がり寸法には A 列サイズと B 列サイズとがあるが，製図では，**表 1・2** に示すように，A 列サイズの A 0 ～ A 4 を用いる（**図 1・1**）．また，用紙は，一般には，横長（長辺を左右方向）に置いて用いるが，A 4 だけは縦長（短辺を左右方向）に置いてもよい（**図 1・2**）．

なお，図面には，用紙の大きさに応じて輪郭線を設け，図面の右下隅には，図名，尺度，CAD システム名などを記入する表題欄を設ける．ただし，先にも述べたように，本書では CAD を使いこなすことに力点をおいているので，表題欄は一切省略した．

表1・2　A列の紙の大きさと図面の輪郭　（単位：mm）

用紙の大きさの呼び		A0	A1	A2	A3	A4
$a^* \times b^*$		841 × 1189	594 × 841	420 × 594	297 × 420	210 × 297
c^*（最小）		20	20	10	10	10
d^*（最小）	とじない場合	20		10		
	とじる場合	20				

〔注〕 * 図1・2参照

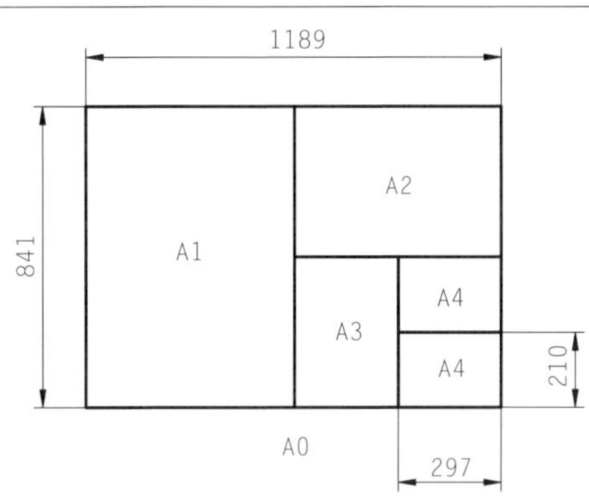

図1・1　紙の仕上がり（A列の場合）

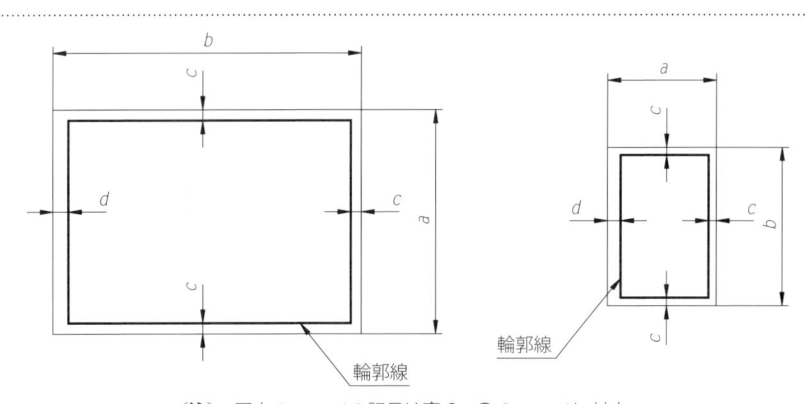

〔注〕 図中の a ～ d の記号は表1・2の a ～ d に対応.

図1・2　紙の置き方

1・3　図面に用いる線の種類と太さ

図面でよく用いる線の種類には，実線，破線，一点鎖線，二点鎖線の4種類がある.

① 実　　線……連続した1本の線.

② 破　　線……一定の間隔で短い線が規則的に繰り返される線.

③ 一点鎖線……長い線と短い線とを交互に並べた線.

④ 二点鎖線……長い線・短い線・短い線を1つのブロックとして並べた線.

線の太さは細線，太線，極太線の3つの太さの段階があり，太さの基準は，0.13 mm，0.18 mm，0.25 mm，0.35 mm，0.5 mm，0.7 mm，1 mm，1.4 mm と 2 mm である．なお，同じ図面の中での線の太さは，

表 1・3　線の種類・太さ・用法

線の太さと種類		用途による名称	線の用途
太い実線	―――――	外形線	対象物の見える部分の形状を表すのに用いる.
細い実線	―――――	寸法線	寸法記入に用いる.
		寸法補助線	寸法を記入するために図形から引き出すのに用いる.
		引出線	記述・記号などを示すために引き出すのに用いる.
		中心線	図形に中心線を簡略して表すのに用いる.
細い破線（または太い破線）	- - - - - - - -	かくれ線	対象物の見えない部分の形状を表すのに用いる.
細い一点鎖線	―・―・―・―	中心線	① 図形の中心を表すのに用いる. ② 中心が移動する中心軌跡を表すのに用いる.
細い二点鎖線	―・・―・・―・・―	想像線	隣接部分を参考に示したり，加工前または加工後の形状を表すなどに用いる.
不規則な波形の細い実線	〜〜〜〜	破断線	対象物の一部を破った境界，または一部を取り去った境界を表すのに用いる.
極太の実線	━━━━━	特殊な用途の線	薄肉部の単線図示をするのに用いる.

細線：太線：極太線＝1：2：4の割合とし，極太線は特殊な用途の線として用いる.

表 1・3 に，よく用いる線の種類・太さとその用法を示す.

1・4　図面に用いる尺度

図形の大きさ（長さ）と対象物の実際の大きさ（長さ）との割合を尺度という．尺度には，縮尺，現尺，倍尺がある．**表 1・4** は，使用頻度が比較的高い尺度の値を示したものである.

この尺度は，図面の表題欄に記入するが，同一図面内に異なる尺度が用いられる場合は，必要に応じてその図の付近にも記入する.

表 1・4　尺　度

尺度の種類	値
縮　尺	1：2，1：5，1：10，1：20，1：50，1：100，1：200
現　尺	1：1
倍　尺	2：1，5：1，10：1，20：1，50：1

1・5　図面に用いる文字

図面では，漢字，仮名，ラテン文字，数字と記号を用いる．仮名は，とくに強調したい場合を除いて，片仮名または平仮名のいずれかとし，同じ図面の中では混用しない（ただし，外来語の表記に片仮名を用いることは混用とみなさない）.

文字高さは，とくに必要がある場合を除き，漢字は 3.5 mm，5 mm，7 mm と 10 mm とし，仮名，ラテン文字，数字および記号は 2.5 mm，3.5 mm，5 mm，7 mm と 10 mm とする.

1・6　図形の表し方

図面に描く部品図や組立図などの図形は，図面の使用者が，正確・容易に理解できるように，投影図法を使って描く.

1. 投 影 図

投影図は第三角法によって描く．

まず，対象物の形状・機能をもっとも明りょうに表す主投影図（正面図）を描く（特別の理由がなければ対象物を横長に置いて描く）．

次に，主投影図を補足するほかの投影図を描く．ただし，主投影図を補足するほかの投影図はできるだけ少なくし，主投影図だけで表せる物に対しては，ほかの投影図は描かない．また，互いに関連する図の配置は，なるべくかくれ線を用いないですむようにする．

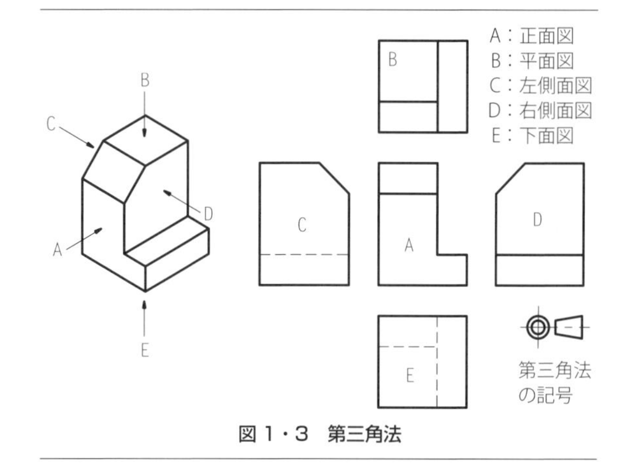

図１・３　第三角法

なお，投影法が第三角法であることを明示する目的で，図１・３に示すように，“第三角法の記号”を表題欄またはその近くに描いておく．

2. 補助投影図

斜面部がある対象物で，その斜面の実形を図示する必要のある場合は，その斜面に対向する位置に補助投影図として表す（図１・４）．

3. 回転投影図

投影面に，ある角度をもっているために，投影面にその対象物の実形が表れないときには，その部分を回転させて図示する回転投影図によって表す（図１・５）．

4. 部分投影図

図の一部を示すだけでその実形がわかる場合は，その必要な部分だけを部分投影図として描く．ただし，この投影図を用いた場合は，省いた部分との境界を破断線で示す（図１・６）．

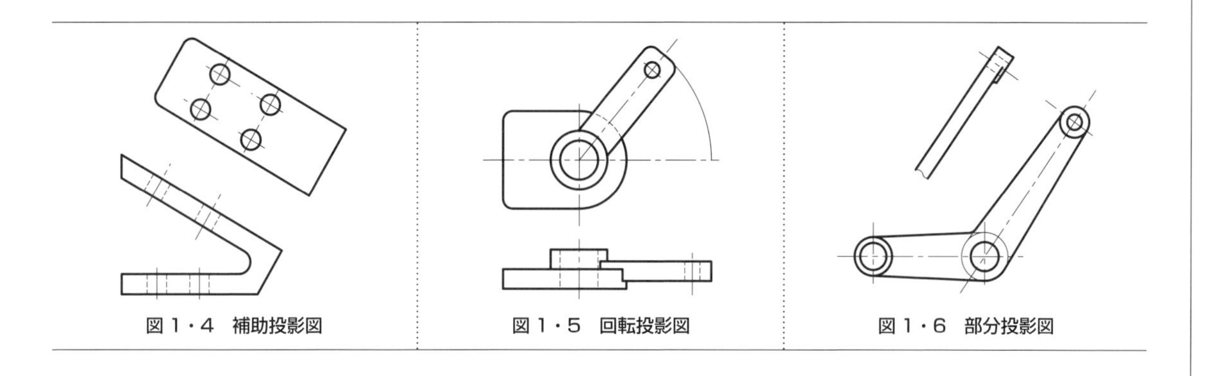
図１・４　補助投影図　　図１・５　回転投影図　　図１・６　部分投影図

5. 部分拡大図

図面の中のある特定部分を詳細に図示できないときは，部分拡大図で描く．この場合，図１・７に示すように，拡大したい部分を細い実線で囲んで英大文字を付記し，その拡大図を図面上の別の箇所に描くとともに表示の文字と尺度とを付記する．なお，尺度を示す必要性がない場合は，尺度の代わりに“拡大図”と付記してもよい．

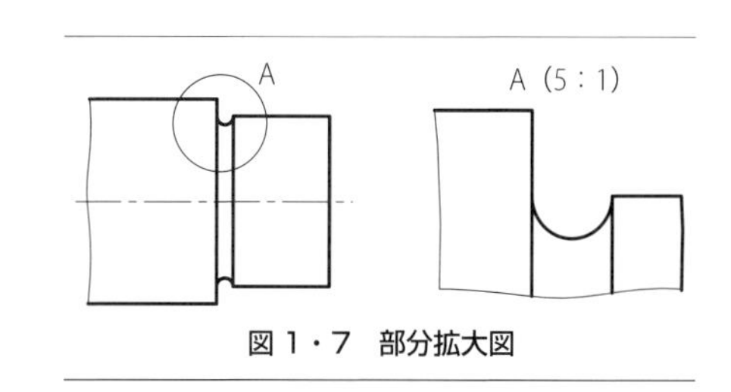

図１・７　部分拡大図

6. 断　面　図

断面図の図形は，対象物を仮に切断し，その切断した手前の部分を取り除いて描く．この断面図により，対象物のかくれた部分をわかりやすく表すことができる．ただし，リブ・車のアーム・歯車の歯などを長手方向に切断すると，逆に理解を妨げることになり，軸・ピン・ボルト・ナット・座金・リベット・キーなどを長手方向に切断しても意味がないので，このような対象物は，原則として長手方向には切断しない．以下に，おもな断面図を列記する．

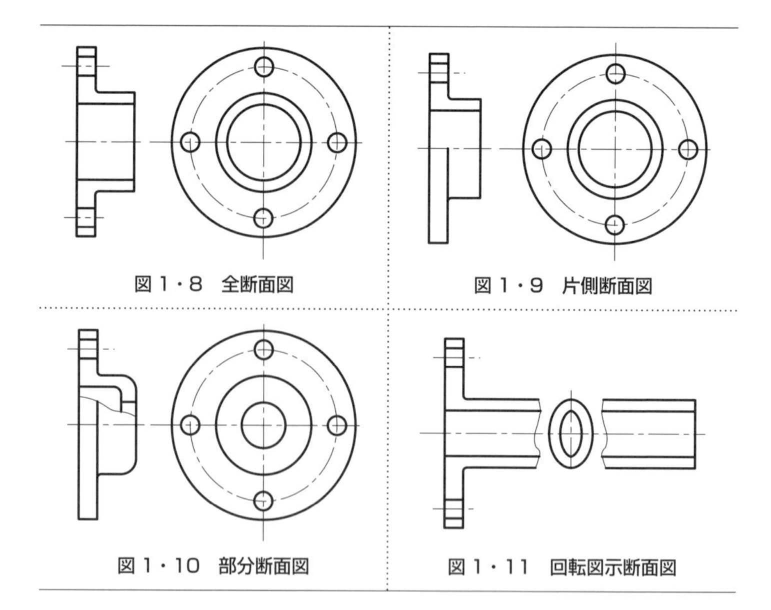

図 1・8　全断面図

図 1・9　片側断面図

図 1・10　部分断面図

図 1・11　回転図示断面図

なお，断面図に表れる切り口を明示することがとくに必要な場合はハッチングを施す．

① **全断面図**……対象物を一平面の切断面で切断して得られる断面図を省くことなく描いた断面図（図 1・8）．

② **片側断面図**……対称中心軸を境にして，外形図の半分と全断面図の半分とを組み合わせて描いた図（図 1・9）．

③ **部分断面図**……図形の大部分を外形図とし，必要とする要所の一部分だけを断面図として表した図（図 1・10）．

④ **回転図示断面図**……描いた図の投影面に垂直な切断面で描いた切り口を 90 度回転して，その投影図に描いた断面図（図 1・11）．

7. 図形の省略

すべてを描かなくても形状が正しく表せるときは，図形の一部を省略することができる．

（1） 対称図形の省略　対称図形は，対称中心線の片側の図形を省略することができる．その場合，対称図形であることを示す意味で，図 1・12 のように，対称中心線の両端部に短い 2 本の平行細線（対称図示記号）をつける．なお，対称中心線を少しこえた部分まで描くときは，対称図示記号を省略してもよい．

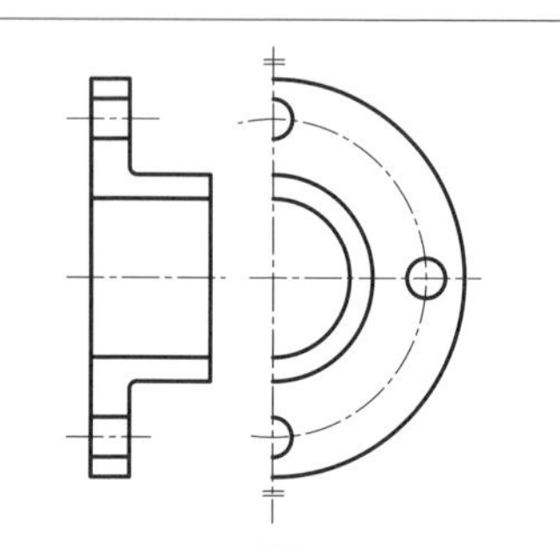

図 1・12　対称図形の省略

（2） 繰り返し図形の省略　同じ図形を繰り返して描くような場合は，図 1・13 に示すように図形の一部を省略できる．

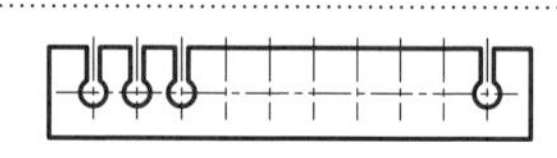

図 1・13　繰り返し図形の省略

（3） 中間部分の省略による図形の短縮　軸・棒・管・形鋼など断面の形状が同じ図形や，ラック・工作機械の親ねじなど同じ形が規則正しく並んでいる部分，あるいは長いテーパなどの部分は，中間部分を省略して図示することができる．この場合，切り取った端部は破断線で示す（図 1・14）．

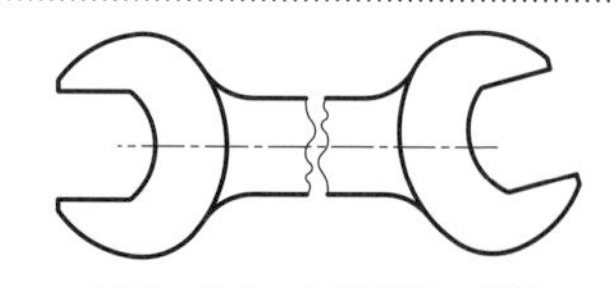

図 1・14　中間部分の省略

8. **特別な図示方法**

(1)　2つの面の交わり部の表示　図1・15に示すような交わり部（角部）に丸みがあると，厳密には，その角部に対応する投影図に外形線としては表れない．しかし，対応する図に，この丸みの部分を表す必要があるときは，同図に示すように，交わり部に丸みがない場合の交線の位置に太い実線（外形線）で表し，形状を明示する．

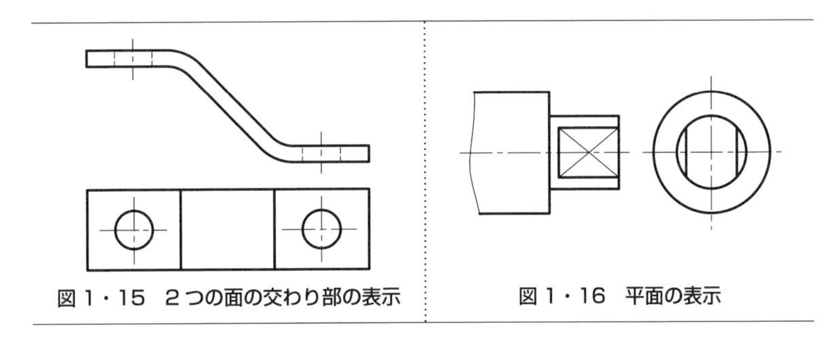

図1・15　2つの面の交わり部の表示　　図1・16　平面の表示

(2)　平面の表示　図形の特定部分が平面であることを示す必要があるときは，該当箇所に細い実線の対角線を記入し，明示する（図1・16）．

1・7　寸法の記入方法

寸法は，図1・17に示すように，寸法線・寸法補助線・寸法補助記号（**1・9**節参照）などを用いて，寸法数値によって示す．図面に示す寸法は，とくに明示しない限り，その図面に図示した対象物の仕上がり寸法を示す．

図面に寸法を記入する場合は，次の寸法記入の原則にしたがって記入を行う．

①　対象物の機能・製作・組立などを考えて，必要と思われる寸法を明りょうに図面に指示する．

②　寸法は，対象物の大きさ，姿勢および位置をもっとも明らかに表すのに，必要で十分なものを記入する．

③　寸法は，なるべく主投影図（正面図）に集中する（図1・18）．

④　寸法は，重複記入を避ける．

⑤　寸法は，なるべく計算して求める必要がないように記入する．

⑥　寸法は，必要に応じて基準とする点，線，または面を基にして記入する（図1・19）．

⑦　関連する寸法は，なるべく1か所にまとめて記入する．

⑧　寸法は，なるべく工程ごとに配列を分けて記入する．

⑨　寸法のうち，参考寸法については，寸法数値に括弧をつけて記入する．

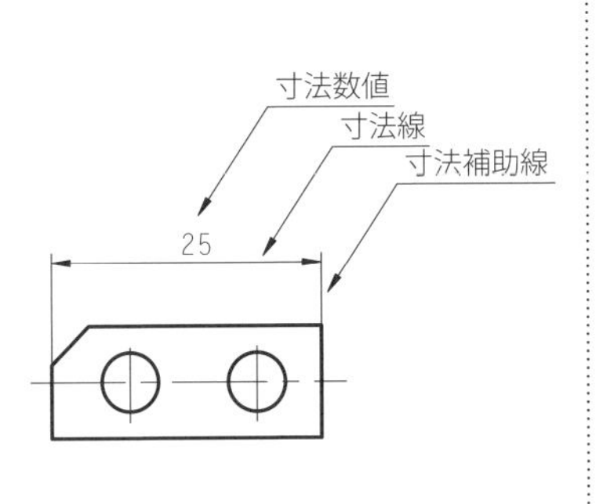

図1・17　寸法数値・寸法線・寸法補助線

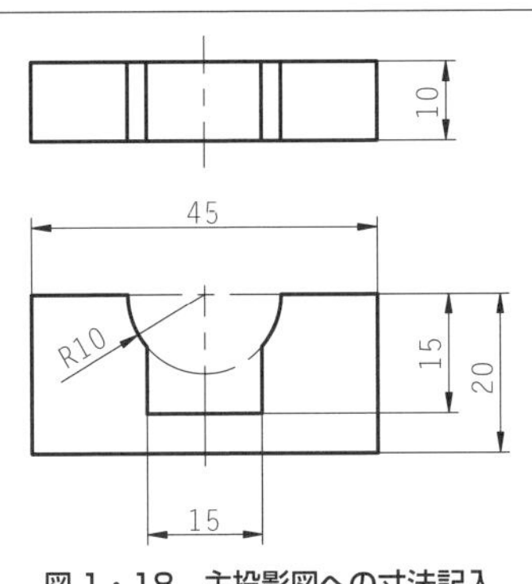

図1・18　主投影図への寸法記入

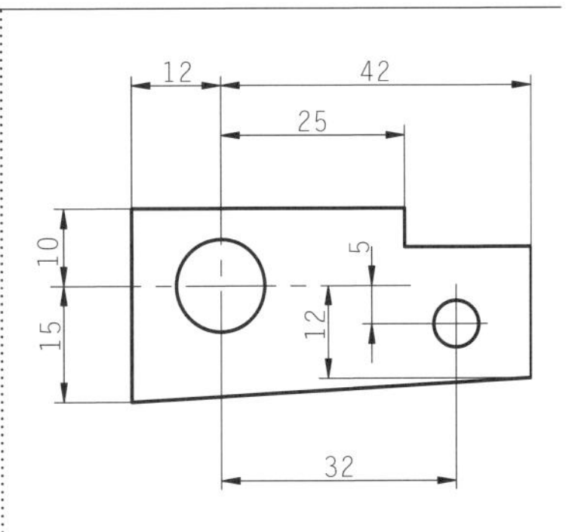

図1・19　大きい穴を基準とした寸法記入の例

1・8　寸法数値の表し方

寸法数値は，次の原則によって記入する．

①　長さの寸法数値は，原則としてミリメートルの単位とし，単位記号はつけない．

②　角度の寸法数値は，一般に度の単位を記入し，必要がある場合には，分および秒を併用することができる（例：18°，22.5°，22° 30′ 10″，0.5 rad）．

③　寸法数値の小数点は，下の点とし，数字の間を適当にあけ，その中間に大きめに書く．

④　寸法数値は，複写した図面などでも完全に読めるように，十分な大きさで記入する．

⑤　寸法数値を記入する位置および向きは，一般に，水平方向の寸法線に対しては図面の下辺から，垂直方向の寸法線に対しては図面の右辺から読めるように書く．斜めの方向の寸法線に対してもこれに準じて書く（図 1・20）．

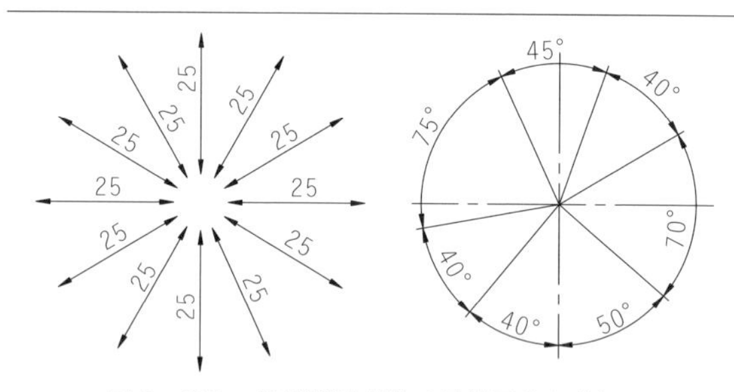

図 1・20　寸法数値を記入する位置および向き

⑥　寸法数値は寸法線を中断しないで，これに沿ってその上側にわずかに離して記入する．この場合，寸法数値は寸法線のほぼ中央に書くのがよい（図 1・20）．

1・9　おもな寸法補助記号の使い方

主投影図を補足するほかの投影図をできるだけ少なくするなどの目的で寸法補助記号を用いる（表 1・5）．

寸法補助記号のうち，円形の図に直径の寸法を記入するときは，寸法数値の前に直径の記号 ϕ は記入しないことになっているが，一般に，CAD では，自動的に直径の記号 ϕ がつく．このほか，「中心線と中心線の交点の処理」のように，厳密には JIS 規格に対応していない部分もあるが，本書では，実用上支障がないものについてはあえて修正せず，そのままとしている．

表 1・5　おもな寸法補助記号

記　号	意　味	呼び方	記入例
ϕ	180°を超える円弧の直径または円の直径	“まる” または “ふぁい”	ϕ 20
$S\phi$	180°を超える球の円弧の直径または球の直径	“えすまる” または “えすふぁい”	$S\phi$ 18
□	正方形の辺	“かく”	□ 32
R	半径	“あーる”	R 12
SR	球半径	“えすあーる”	SR 18
⌒	円弧の長さ	“えんこ”	⌒45
C	45°の面取り	“しー”	C 10
t	厚さ	“てぃー”	t 5

CHAPTER 2　AutoCAD LT の操作

2・1　AutoCAD LT の概要

CAD（Computer Aided Design）は，コンピュータの支援により，ディスプレイに向かい，多くのコマンドを効率よく使用して設計製図をするプログラムである．

CAD の使用による図面と手描きによる図面とを比較すると，

① 図面の仕上がりがきれい．

② 既存図面の変更・修正が容易．

③ 図面の保管がペーパレスかつ容易．

などのメリットがあげられる．

AutoCAD は，本格的なパソコン CAD として世界的に先駆けとなったソフトウェアで，1983 年に，アメリカのオートデスク社で開発されたものである．日本に入ってきたのは，1985 年，AutoCAD Version 2.1（日本語バージョンは AutoCAD 2）からである．その後，バージョンアップされるごとに内容は充実したものとなり，1993 年，Windows の時代に入ると，2 次元機能を主体とした「AutoCAD LT」が誕生した．これは AutoCAD から 3 次元機能やカスタマイズ性を大幅に省き，低価格を実現したものである．

この AutoCAD LT は，AutoCAD とともにバージョンを重ね，利便性と効率性を強化している．2018 年 3 月に発売された AutoCAD LT2019 では，2D グラフィックスとユーザーインタフェースの機能が強化され，図面比較，共有ビューといった新機能が追加された．AutoCAD と AutoCAD LT は互換性があるが，バージョンによって，下位バージョンのファイルは上位バージョンで開けるが，その逆はできない．ファイルを保存する際，注意する必要がある（**表 2・1**）．

AutoCAD と AutoCAD LT の多くのコマンドは汎用性を重視して設計されており，世界的にさまざまな分野で使用されている．また，カスタマイズも容易であるため，AutoCAD2019 では，それぞれの分野に合ったツールセットが利用できるようになっている．

本書では，AutoCAD LT2019 を主体に操作の説明をしている．バージョンが異なると，入力画面やコマンド体系に違いはあるが，AutoCAD LT の基本的概念は変わらない．また AutoCAD 2019 も同様である．

表 2・1　Auto CAD／AutoCAD LT のバージョンと DWG／DXF ファイル形式

バージョン	DWG／DXF ファイル形式	DWG 出力							DXF 出力						
		2018 形式	2013 形式	2010 形式	2007 形式	2004 形式	2000 形式	R14 形式	2018 形式	2013 形式	2010 形式	2007 形式	2004 形式	2000 形式	R12 形式
AutoCAD 2019／LT 2019	AutoCAD 2018	◎	○	○	○	○	○	○	◎	○	○	○	○	○	○
AutoCAD 2018／LT 2018															
AutoCAD 2017／LT 2017	AutoCAD 2013	−	◎	○	○	○	○	○	−	◎	○	○	○	○	○
AutoCAD 2016／LT 2016															
AutoCAD 2015／LT 2015															
AutoCAD 2014／LT 2014															
AutoCAD 2013／LT 2013															
AutoCAD 2012／LT 2012	AutoCAD 2010	−	−	◎	○	○	○	○	−	−	○	○	○	○	○
AutoCAD 2011／LT 2011															
AutoCAD 2010／LT 2010															

〔注〕 ◎：標準のファイル形式　○：ファイル形式を指定して保存可能　−：未対応

2・2 入 力 画 面

AutoCAD LT2019 を起動すると，図２・１に示すような画面が表示される．「スタートアップ（図面を開始)」を選択すると，図２・２に示す入力画面が表示される．この画面で，コマンドを実行し図面を作成していく．

図２・１　AutoCAD LT2019 起動時の画面

アプリケーションボタン　クイックアクセスツールバー

リボン

作図領域

ナビゲーションバー

クロスヘアカーソル

コマンドウィンドウ

ステータスバー

図２・２「AutoCAD LT2019 入力」画面

2・3　コマンドの実行

AutoCAD LT 2019 では，以下に示す方法を使用してコマンドを実行することができる．

1.　アプリケーションメニュー（図 2・3）

画面左上にあるアプリケーションボタンを選択すると，アプリケーションメニューが表示され，「新規作成」，「保存」，「印刷」などのコマンドを実行できる．また，最近使用したドキュメント欄には，最近作業した図面の名前が一覧される．一覧された図面の名前にカーソルを合わせると，図面のプレビューイメージが表示され，視覚的に図面を判別しながら目的の図面を開くことができる．

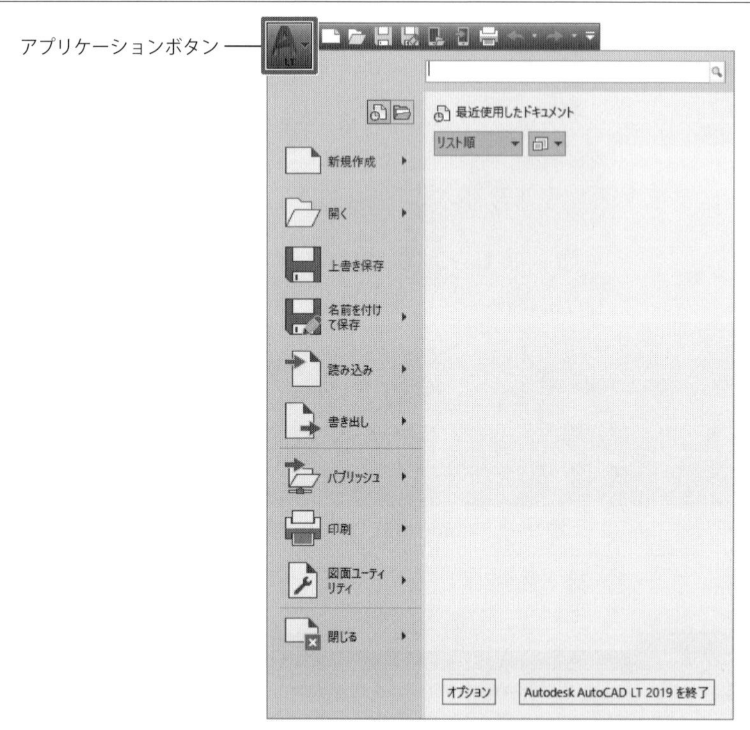

図 2・3　アプリケーションメニュー

2.　クイックアクセスツールバー（図 2・4）

画面最上部にあるクイックアクセスツールバーには，「図面を開く」，「上書き保存」といった頻繁に使用されるコマンドが割りつけられている．

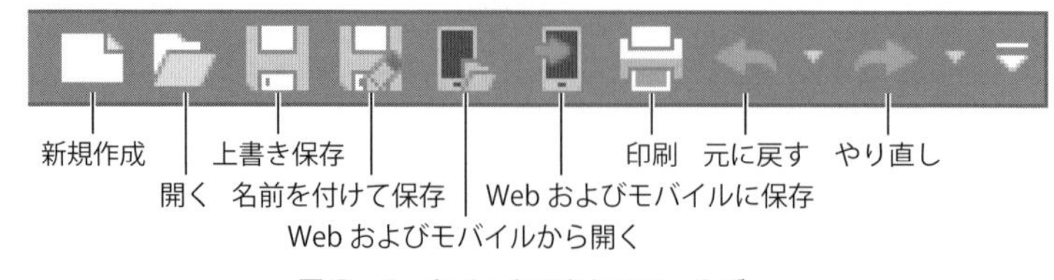

図 2・4　クイックアクセスツールバー

3.　リボン（図 2・5）

画面上部に表示されているリボンは，リボンタブとリボンパネルで構成されている．

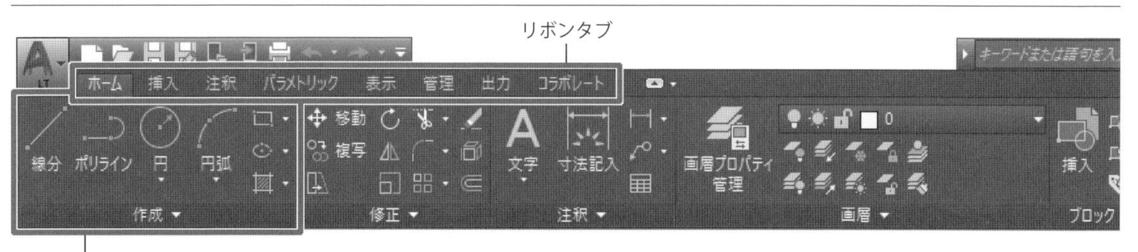

図2・5　リボン

リボンタブとリボンパネル

AutoCAD LT2019 のリボンには，「ホーム」「挿入」「注釈」「パラメトリック」「表示」「管理」「出力」「コラボレート」のタブがある．それぞれのタブを選択すると，機能別に割り付けられたリボンパネルが表示される．

パネルの中から，作業アイコンボタンを選択して，図形を作成，修正するコマンドが実行できる．

AutoCAD 2019 や他のデスクトップ製品では，3D モデリング用のツールや，それぞれの製品のツールに合わせた違ったリボンが提供される．他の製品を使用する場合，同じ「ホーム」タブでも，リボンパネルの内容が違っていることがあるので注意する．

コマンドアイコンボタンの展開

アイコンボタンには，▼ が表示されているものがある．この ▼ を選択すると，作図方法や他のコマンドが選択できる．たとえば円コマンドのアイコンボタンは，「中心，半径」を指定して作図する方法が既定値となっているが，▼ を選択し，他の作図方法を指定できる．このとき，アイコンボタンは指定した作図方法のアイコンになる．続けて同じ方法で作図する場合は，▼ を選択せずにアイコンボタンを選択すればよい．

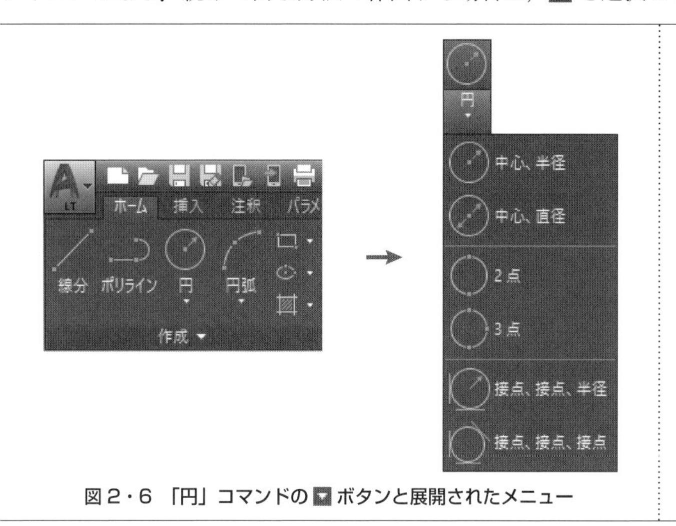

図2・6 「円」コマンドの ▼ ボタンと展開されたメニュー

図2・7 「3点」を選択後のアイコン表示

スライドアウトパネル

リボンパネルのタイトル右側にある ▼ は，他のコマンドアイコンボタンを表示するために，リボンパネルがスライドアウトできることを示している．▼ を選択すると，他のコマンドアイコンボタンが表示され，カーソルをスライドアウトされたパネル部分以外のところに動かすと，自動的に閉じる．パネルを展開したままにするには，押しピンを選択する．再度押しピンを選択すると，展開されている部分は閉じる．

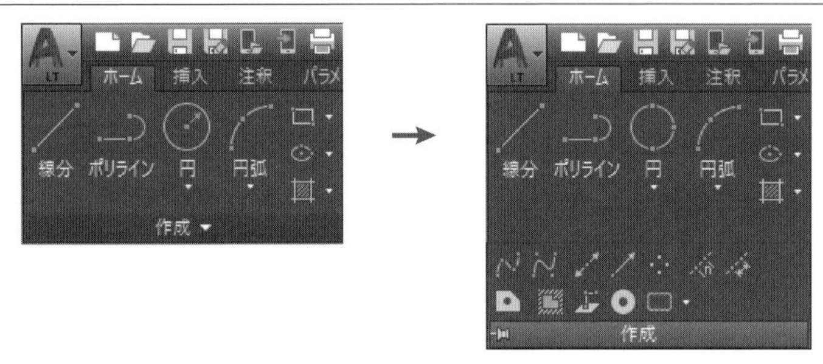

図2・8　スライドアウトした［作成］リボンパネル

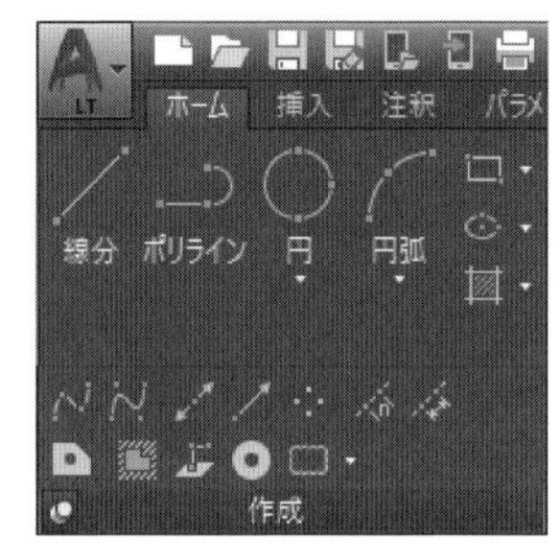

図2・9　押しピンを選択して，スライドアウトした部分を常に表示

ダイアログボックスランチャー

リボンパネルには，タイトル右側隅にダイアログボックスランチャーと呼ばれる矢印が表示されるものがある．この矢印を選択すると，そのパネルに関連する設定などの操作ができる画面であるダイアログボックスが表示される．たとえば，「注釈」タブの「文字」パネルでは，「文字スタイル管理」のダイアログボックスが表示される．「寸法記入」では「寸法スタイル管理」，「引出線」では「マルチ引出線スタイル管理」のダイアログボックスが表示される．

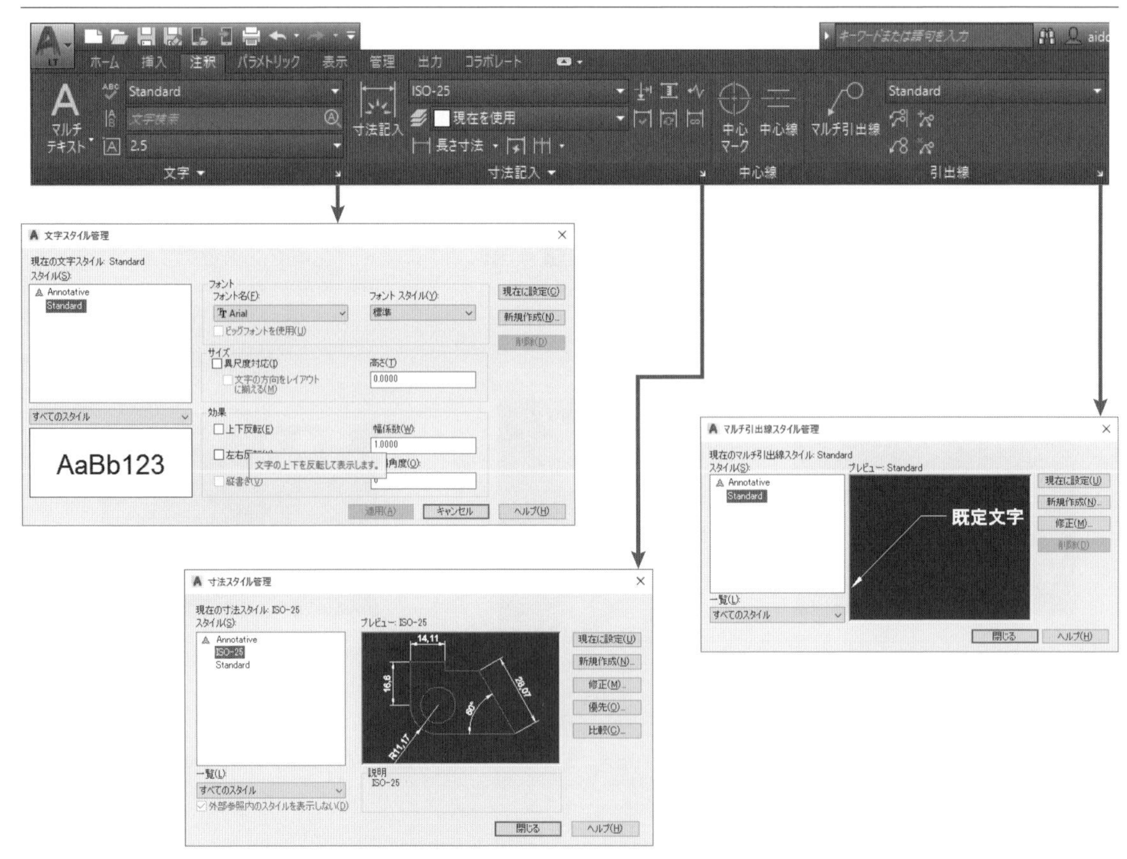

図2・10　ダイアログボックスランチャーを選択してダイアログボックスを表示

コンテキストリボンタブ

特定のコマンドや図形を形成する一つ一つの要素であるオブジェクトが選択されたときのみ表示され

るコンテキストリボンタブでは，自動的に専用の関連する操作が選択しやすいようになる．コマンドを終了すると自動的にコンテキストタブは閉じる．

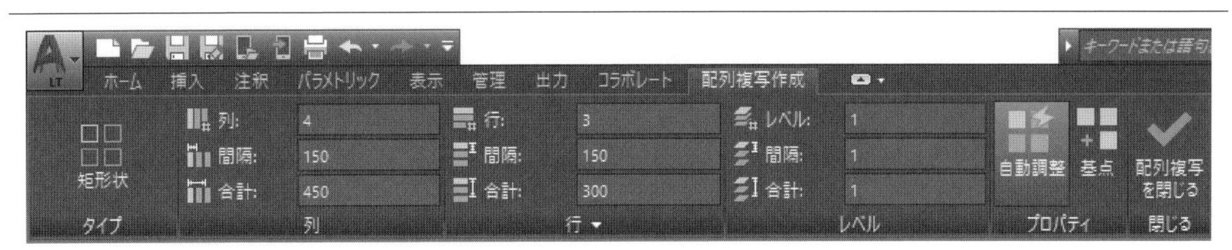

図２・11 「配列複写」コマンドを実行して表示されるコンテキストタブ

ツールチップ

リボン上のコマンドアイコンボタンにカーソルを近づけると，ツールチップと呼ばれる説明画面が表示される．最初に，コマンド名と簡単な説明が表示され，少し時間をおいて，操作方法などを表現したより詳細な説明文である拡張ツールチップが表示される（ツールチップを非表示にする場合は，p.166 を参照）．

図２・12 ツールチップ（簡単な説明）

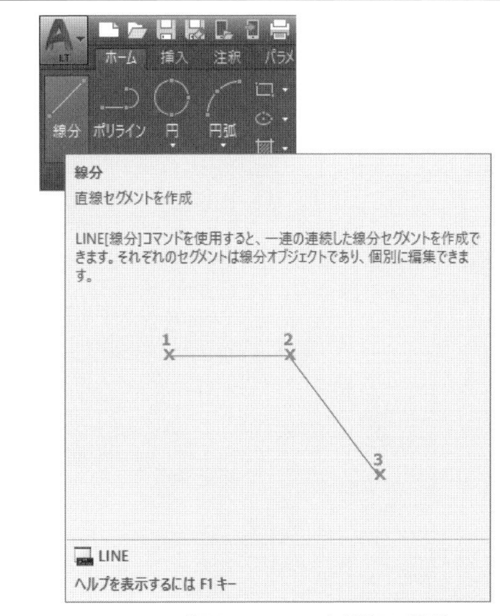

図２・13 拡張ツールチップ（詳細な説明）

4. コマンドウィンドウからのキー入力

コマンドウィンドウには，操作をする上で必要なメッセージが表示されるので，対話方式で，その指示にしたがって操作を進めていくことができる．

起動すると，作図領域の下部に浮動状態で表示される．コマンドウィンドウの左端の濃いグレーの部分を選択してドラッグすることで，表示位置を変更できる（図２・14）．

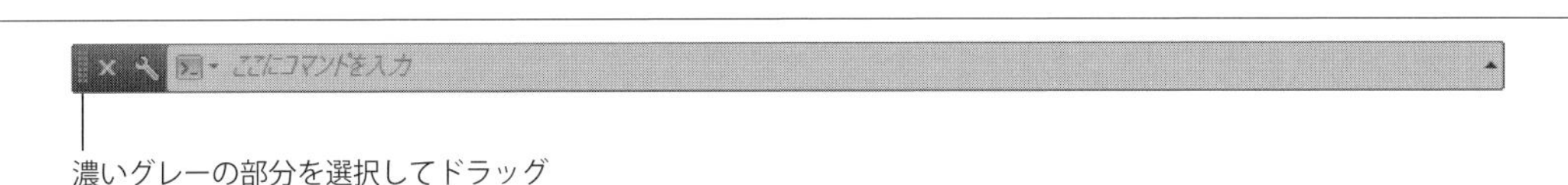

図２・14 コマンドウィンドウの位置を変更

作図領域下部に移動すると，位置を固定することができる（図2・15）.

図2・15　作図領域下部に移動

カーソルをコマンドウィンドウの上端に合わせて，上下方向矢印のカーソルを表示し，上方向にドラッグしてウィンドウのサイズを変更することができる．操作に慣れるまでは2～3行表示しておくとよい（図2・16）.

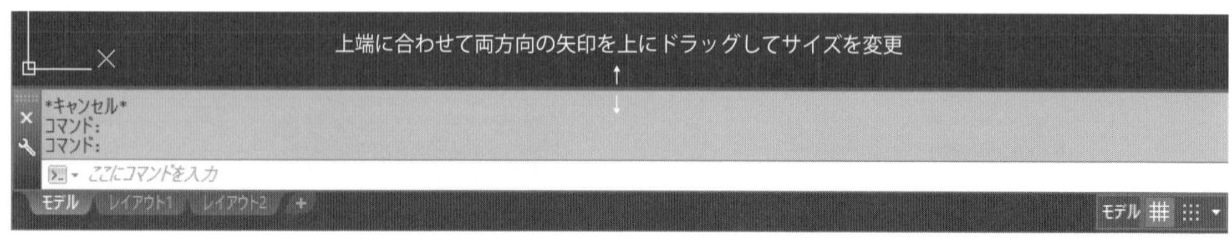

図2・16　コマンドウィンドウのサイズ変更（3行分表示した例）

コマンドウィンドウの「ここにコマンドを入力」欄に，各コマンドの名前をフルネーム，または1文字か2文字に短縮登録されたアルファベットを入力して［Enter］キーを押すと，コマンドを実行することができる．図2・17にコマンドウィンドウにLINE（線分コマンド）とキー入力した例を示す.

コマンドウィンドウに文字を入力すると，そのアルファベットから始まるコマンド名が一覧表示されるので，その一覧から選択することができる（図2・18）.

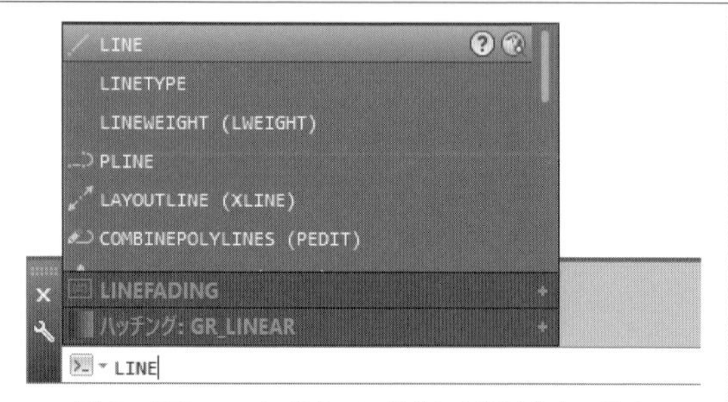

図2・17　コマンドウィンドウにLINEとキー入力

図2・18　コマンドウィンドウにLとキー入力するとLで始まるコマンドが一覧表示される.

5. コマンドオプション

コマンドには実行後，様々なオプションが用意さているものがある．オプションを使用することで，余分な操作を短縮できる.

コマンドオプションは，コマンドを実行すると，下図に示すように，コマンドウィンドウに表示される．表示されたオプション名を選択すると，コマンドオプションを実行できる.

コマンドオプションは，ショートカットメニューからも選択できる.

コマンド:
コマンド:
コマンド: _circle
CIRCLE 円の中心点を指定 または [3 点(3P) 2 点(2P) 接、接、半(T)]:

図２・19　コマンドウィンドウに表示される「円」コマンドのオプション

コマンド:
コマンド: _offset
現在の設定: 元のオブジェクトを消去=いいえ　画層=元のオブジェクト　OFFSETGAPTYPE=0
OFFSET オフセット距離を指定 または [通過点(T) 消去(E) 画層(L)] <通過点>:

図２・20　コマンドウィンドウに表示される「オフセット」コマンドのオプション

6. ショートカットメニュー

ショートカットメニューは，マウスの右クリックをすることで，画面に表示される．そのメニューから，そのとき必要なコマンドやコマンドオプションを選択できる．このショートカットメニューを利用すると，マウスをむだに動かすことなく，必要なコマンドをスピーディに選択できる．

次のような操作に関して，ショートカットメニューを使用するとよい．

・最後に入力したコマンドを繰り返す．
・現在のコマンドをキャンセルする．
・最近の入力のリストを表示して，同じコマンドを実行する．
・コマンドオプションを選択する．
・最後に入力したコマンドの結果を元に戻す．

なお，コマンド実行中，コマンドオプション選択時以外は，右クリックはキーボードの［Enter］キーと同じ役割となる（オブジェクト選択の確定や円の半径値の確定など）．

7. ナビゲーションバー

画面右側上方に表示されているナビゲーションバーを使用すると，ズームコマンドや画面移動コマンドを容易に実行できる．

ナビゲーションバーは浮動状態で表示されており，バーの上部を選択してドラッグすることで，表示位置を変更できる．また，カーソルを近づけると明るく表示され，アイコンボタンが明確になる．

図２・21　コマンド実行前に右クリックして表示されたショートカットメニュー（直前に複写コマンドを実行していた例）

図２・22　線分コマンド実行後に右クリックして表示されたショートカットメニュー（［Enter］で作図した線分を確定，［閉じる］でコマンドオプションを選択）

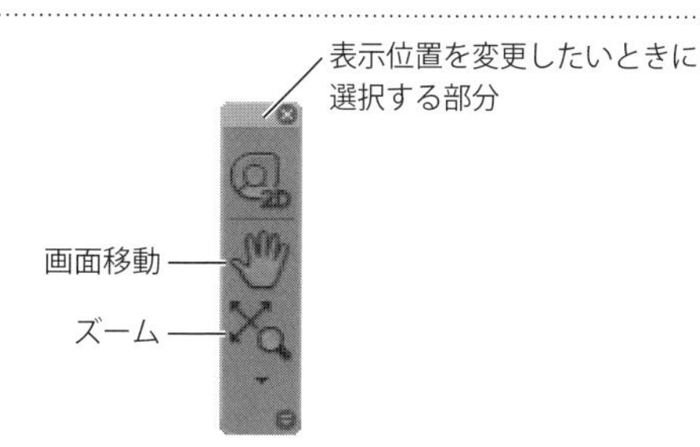

図２・23　ナビゲーションバー

8.　ステータスバー

画面下部にあるステータスバーには，作図を補助するいくつかのツールのアイコンボタンがある．ボタンを選択して，設定のオン・オフを切替えることができる．

図 2・24　ステータスバー

いくつかのアイコンボタンには▼が表示されており，▼を選択することで，設定内容を変更できる．初期状態では表示されていないツールもあるが，ステータスバーの一番右側にある「カスタマイズ」のアイコンボタンを選択して表示されるメニューから，表示したいツールのツール名を選択しチェックをつけることで，アイコンボタンを表示できる．チェックがついているツールのツール名を選択してチェックをとると，そのツールのアイコンボタンは非表示となる．

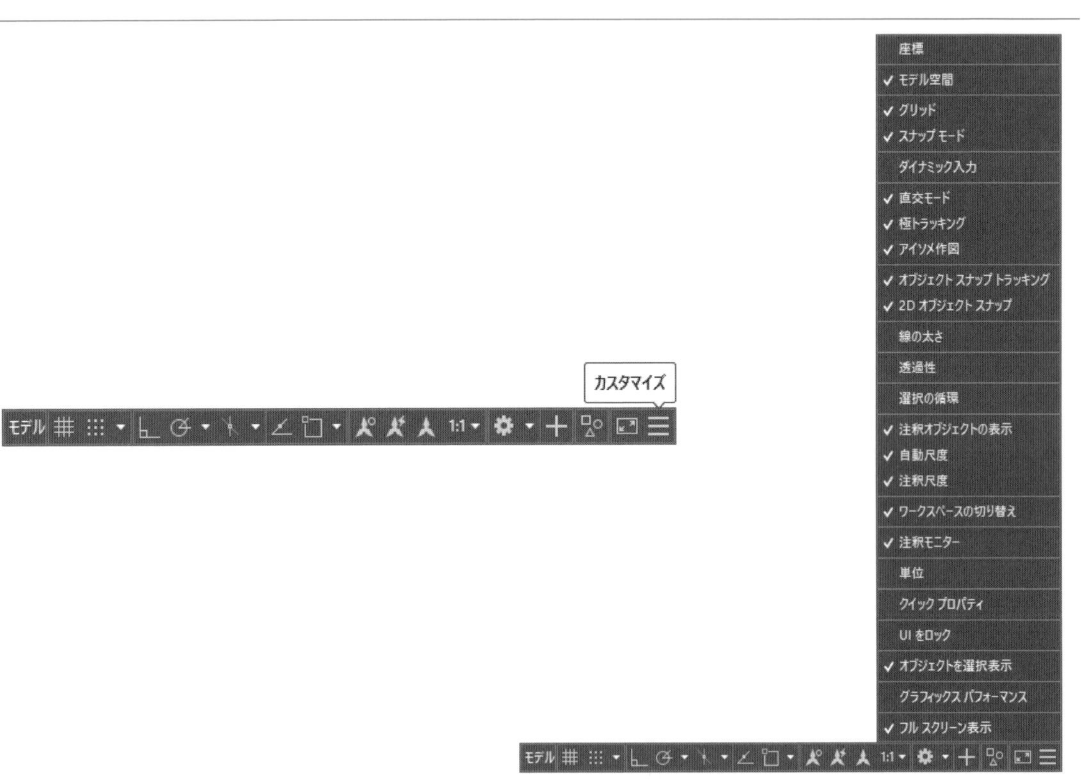

図 2・25　ステータスバーでツールのアイコンボタンを表示するメニュー

2・4　キャンセル，「元に戻す」と「やり直し」

コマンド操作を中断したい場合は，“キャンセル”操作をするとよい．キーボードの［Esc］キーがキャンセルボタンとなっている．

キャンセル操作をすると，コマンドウィンドウに「＊キャンセル＊」のメッセージと，次の行に「ここにコマンドを入力」が表示される．コマンド待ちの状態となり，次の操作を続けていくことができる．ただし，結果が出てしまったことに関しては，キャンセル操作ではどうにもならない．そこで，結果が出てしまった事実をひとつ前の状態に戻す，「元に戻す」という操作が必要になる．

「元に戻す」をしてしまった状態から，また「元に戻す」の操作をする前の状態を復活するために，「やり直し」という操作がある．また，操作中に別のコマンドを選択すると，それ以前の操作はキャンセルされる(ズームや画面移動コマンドなどは例外)．

キャンセル，「元に戻す」と「やり直し」	
内　容	操作手順
キャンセルする．	[Esc] キーを押す．
操作を取り消してひとつ前の状態に戻す．	**クイックアクセスツールバー** の **[元に戻す]** を (SEL) (右) **ショートカットメニュー** の **[元に戻す]** を (SEL)
「元に戻す」の操作をする前の状態に戻す．	**クイックアクセスツールバー** の **[やり直し]** を (SEL) (右) **ショートカットメニュー** の **[やり直し]** を (SEL)

図2・26　クイックアクセスツールバーの [元に戻す]，[やり直し] アイコンボタン

2・5　ズームと画面移動

画面上で図形を拡大したり縮小したりする機能をズームといい，自由な倍率で拡大，縮小することができる．ズームコマンドは，作図・修正作業中，作図箇所や修正箇所を明確に捉えるために頻繁に使用する．また，必要な表示部分を画面中央部に移動したいときは，画面移動コマンドを使用する．

ズームと画面移動	
内　容	操作手順
四角い枠で囲んで指定した部分を画面一杯に表示する．	**ナビゲーションバー** の **[窓ズーム]** を (SEL) (最初のコーナーを指定：) 表示したい部分の一方のコーナー を (SEL) (もう一方のコーナーを指定：) もう一方のコーナー を (SEL)
直前の画面の状態に戻す．	**ナビゲーションバー** の **[前画面ズーム]** を (SEL)
指定されている図面範囲全体を表示する．	**ナビゲーションバー** の **[図面全体ズーム]** を (SEL)
度合いを目で確認しながらズームする．	**ナビゲーションバー** の **[リアルタイムズーム]** を (SEL) カーソルが虫めがねの形に変わる． マウスの左ボタンを押したままでカーソルを画面上方に移動すると拡大表示する． マウスの左ボタンを押したままでカーソルを画面下方に移動すると縮小表示する． (右) **ショートカットメニュー** の **[終了]** を (SEL)
画面を移動する．	**ナビゲーションバー** の **[画面移動]** を (SEL) カーソルが手の形に変わる． マウスの左ボタンを押したままでカーソルを移動すると表示画面も上下左右に移動する． (右) **ショートカットメニュー** の **[終了]** を (SEL)

ズームコマンド，画面移動コマンドは，作成・修正コマンド実行中でも割り込んで使用できる．

ズームコマンド，画面移動コマンドはナビゲーションバーを使用すると操作がわかりやすい．ズームコマンドは最初に「オブジェクト範囲ズーム」アイコンボタンが表示されている．ボタン下にある▼を選択すると，メニューが表示され，他のズームコマンドを選択できる．

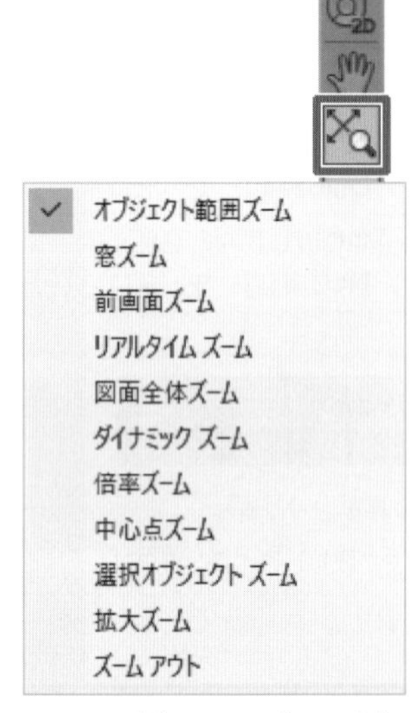

図2・27　ナビゲーションバーの［ズーム］のアイコンボタン

図2・28　ナビゲーションバーの［画面移動］のアイコンボタン

マウスのホイールボタンを使用しても，ズーム，画面移動ができる．ホイールを前方に回すと表示が拡大し，後方に回すと縮小する．ホイールを押しながらマウスを動かすと，リアルタイム画面移動の操作と同じように画面移動ができる．ホイールボタンをダブルクリックすると，作図されているオブジェクトの範囲が画面いっぱいに表示される．

また，右クリックして表示されるショートカットメニューからもズーム，画面移動の操作ができる．

図2・29　ショートカットメニューのズームと画面移動

2・6　直交モード

直交モードを設定すると，カーソルはX軸またはY軸に平行な動きに拘束される．水平方向や垂直方向にまっすぐな線分を作成するときや，左右上下にまっすぐに移動したいときなどに便利である．直交モードの設定，解除は，コマンド実行前でも実行途中でも，いつでも可能である．

直交モード	
内　　　容	操　作　手　順
直交モードに設定する.	**ステータスバー** の **[カーソルの動きを直交に強制]** を（SEL）
直交モードを解除する.	再度，**ステータスバー** の **[カーソルの動きを直交に強制]** を（SEL）

カーソルの動きを直交に強制 - オフ
ORTHOMODE (F8)

図 2・30　直交モードを設定するアイコンボタン

2・7　作図グリッド

画面に矩形状のグリッドを表示して，グラフ用紙のようなイメージで作図することができる．X と Y の間隔を変更することで 1 目盛の単位は自由に設定できる．ただし，画面のイメージのみであって，作図，修正操作や印刷に影響はない．設定された図面範囲内でグリッドを表示すれば，作図領域を確認するのに便利だ．

図 2・31　グリッド表示を設定するアイコンボタン

作図グリッド	
内　　　容	操　作　手　順
作図グリッドを表示する.	**ステータスバー** の **[作図グリッドを表示]** を（SEL）
作図グリッドを非表示する.	再度，**ステータスバー** の **[作図グリッドを表示]** を（SEL）
グリッド間隔を指定する. （X，Y 間隔とも既定値は 10）	**ステータスバー** の **[作図グリッドを表示]** を（右） [グリッドの設定...] を（SEL） グリッド間隔欄 □グリッドオン　を（SEL）　····（✔をつける） （グリッド X 間隔：）任意の数値を入力 （グリッド Y 間隔：）任意の数値を入力 [OK] を（SEL）
グリッドの表示範囲を図面範囲の領域に制限する.	**ステータスバー** の **[作図グリッド表示]** を（右） [グリッドの設定...] を（SEL） グリッドの動作欄 □図面範囲外のグリッドを表示　を（SEL） [OK] を（SEL）　····（✔をとる）

図 2・32　グリッドの設定画面

2・8　オブジェクト選択

オブジェクトを修正するコマンドを選択すると，画面のクロスヘアカーソルの代わりにピックボックスと呼ばれる小さな四角形が表示されるので，修正するオブジェクトを，このピックボックスで選択（マウスをクリック）していく．選択されたオブジェクトは破線状（ハイライト）になる．

このようにオブジェクトをひとつひとつ選択するほかに，いくつかまとめて選択する方法がある．いくつかのオブジェクトをまとめて選択するには，「窓選択」と「交差選択」とがある．また，選択しすぎた場合に，選択の途中で一部のオブジェクトを「除外する」方法もある．

オブジェクト選択	
内　　容	操　作　手　順
窓選択する． （枠内のオブジェクトのみ，すなわち，円と線分が選択される．）	図のように，左側の点 A から右側の点 B に向かって四角い枠を作成する． ‥‥（この実線状の枠で青色で表示された四角を「窓選択」の枠と呼ぶ） B A
交差選択する． （枠内のオブジェクトと枠に交差しているオブジェクト，すなわち，円，線分と長方形が選択される．）	図のように，右側の点 C から左側の点 D に向かって四角い枠を作成する． ‥‥（この破線状の枠で緑色で表示された四角を「交差選択」の枠と呼ぶ） D C
選択したオブジェクトの一部を除外する．	[Shift] キーを押しながらオブジェクトを選択する． ‥‥（選択されて破線状になっていたオブジェクトが実線に戻る）

2・9 画　　層

1枚の図面の中で作図されるオブジェクトは，何枚もの画層に分けて描いていく．あたかも“セル画”のような透明な用紙のイメージである．

画面ではすべての層が重ね合わさって表示されるが，必要に応じてある層の図形を表示しないことや印刷しないこと，また，ある層の図形だけを修正できない状態にすることができる．

0画層

最初は，「0（ゼロ）画層」が準備されている．この「0画層」は，基本的にはあまり作図の内容では使用せず，ブロックと呼ばれる図形を作図するときなどに使用するとよい．

ByLayer

それぞれの画層では，画層の名前やその画層で使用する色と線種，線の太さが設定できる．設定した色，線種などが画層にしたがって作図されていることを「ByLayer（バイレイヤー）」という．

なお，必要に応じて，その画層であらかじめ設定したものと異なる色や線種などで作図することもできる．

Defpoints画層

寸法を記入すると，「Defpoints」という名の画層が自動的に追加される．これは，寸法図形そのものではなく，その定義点の情報が書き込まれている．図面上ではオブジェクトの存在はないので印刷されない画層として管理されている．下書き線などにもこの画層をうまく用いるとよい．Defpoints画層に作図されたオブジェクトは画面で表示されていても印刷されない．

現在層

図形は，「現在層」と呼ばれる重なりの一番上にある層に作図される．

オブジェクトの画層変更

オブジェクトを違う画層で作図してしまった場合には，後から別の画層にオブジェクトを移動することもできる．オブジェクトを選択すると現在層を設定する欄にオブジェクトの画層名が表示される．この欄から別の画層を指定して画層を変更することができる．またオブジェクトのプロパティパレットから画層を変更することができる．

画層

内　　容	操　作　手　順
画層を設定する．	[ホーム] タブ [画層]/画層プロパティ管理 を（SEL）　‥‥（詳細は後述）

図2・33 「画層プロパティ管理」アイコンボタン

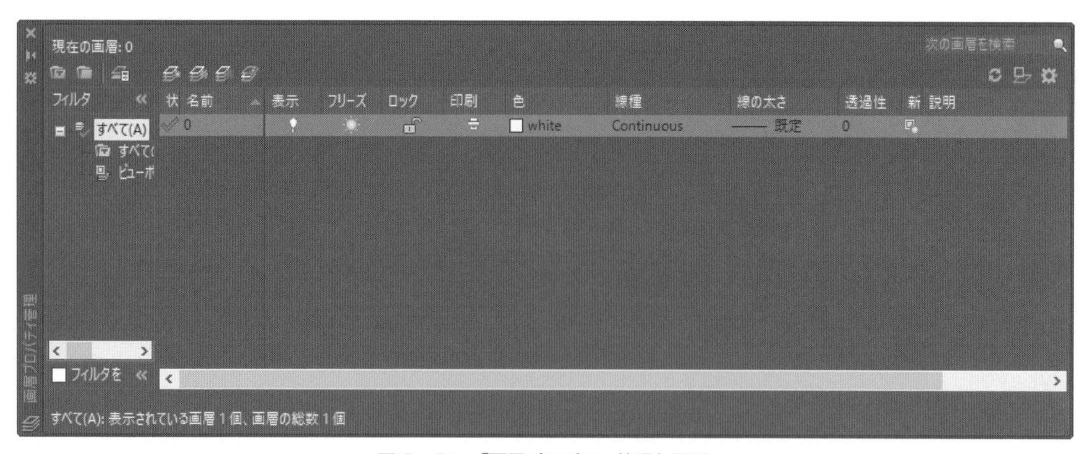

図 2・34 「画層プロパティ管理」画面

現在層を設定する（入力したい画層に移動する）．	**［ホーム］**タブ **［画層］**のリボンパネルの　画層名表示欄 ▼　を（SEL） 　画層名　を（SEL）

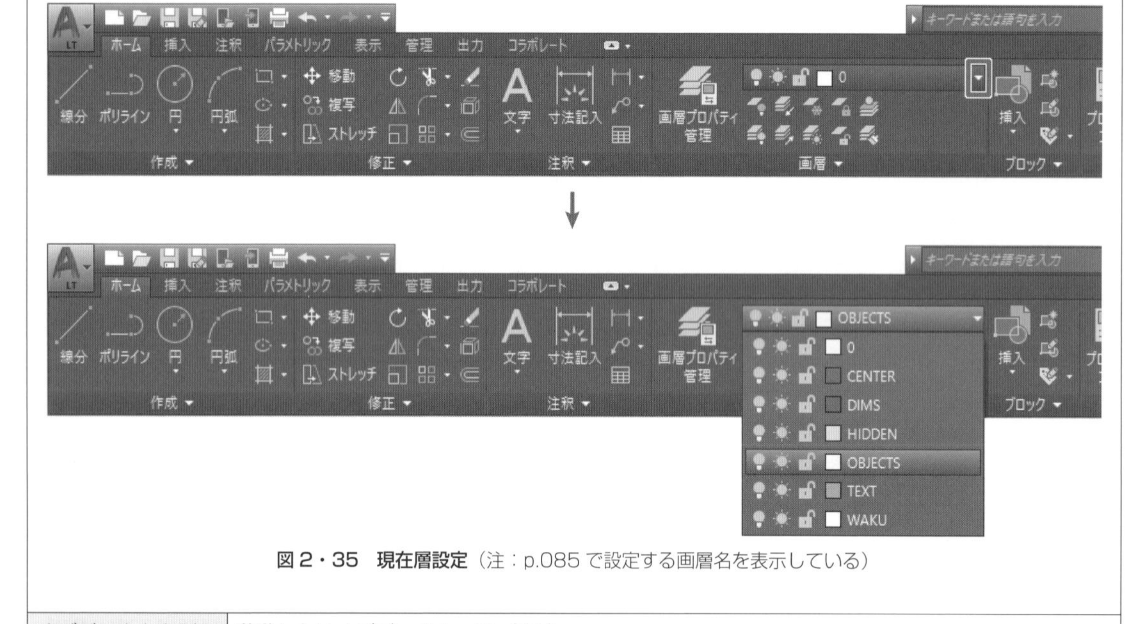

図 2・35　現在層設定（注：p.085 で設定する画層名を表示している）

オブジェクトを別の画層に移動する． （方法 1）	移動したいオブジェクト　を（SEL） **［ホーム］**タブ **［画層］**のリボンパネルの　画層名表示欄 ▼　を（SEL） 移動したい画層の　画層名　を（SEL） ［Esc］
オブジェクトを別の画層に移動する． （方法 2） （プロパティパレットから）	移動したいオブジェクト　を（SEL） （右）**ショートカットメニュー**　の **［オブジェクトプロパティ管理］**　を（SEL） 　［画層］　を（SEL） 　▼　を（SEL） 　移動したい画層の，画層名　を（SEL） 　✕　を（SEL） 　［Esc］

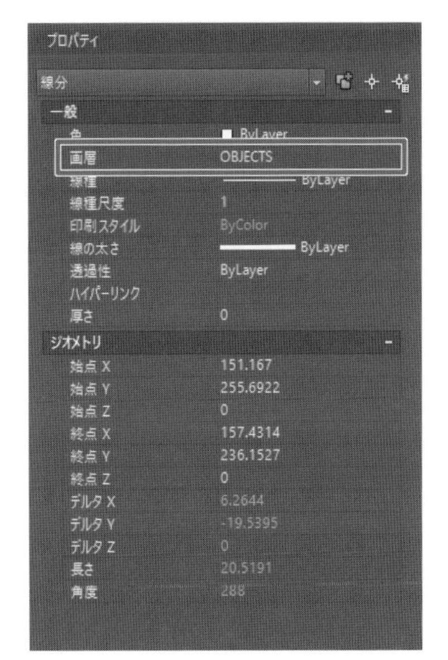

図 2・36 プロパティパレットの画層名表示欄

2・10 オブジェクトスナップ（O スナップ）

O スナップを使用すると，あたかも磁石が吸いつくかのように画面にあるオブジェクトの正確な位置を指定できる．

O スナップでは，端点，中点，中心，四半円点，交点，垂線，接線，近接点といったモードがよく用いられる．このモードを選択してから，スナップ点にカーソルを近づけると，オブジェクト上のマーカー（O スナップのモードを表す目印）とチップ（O スナップのモードの名称）が表示され，自動的に吸いつく．モードごとにマーカーの形状が違うため，目的の O スナップ点を明確に把握しながら O スナップを実行することができる（図 2・39 参照）．

O スナップには一時 O スナップと定常 O スナップがある．

一時 O スナップ

必要なときに，その都度モードを設定する方法である．しかし，複数のモードを同時に設定することはできない（図 2・37 参照）．

定常 O スナップ

あらかじめ設定したモードが解除するまで続いている方式で，複数のモードを設定することができる．O スナップの同じモードを続けて使用するときに，いちいち同じモードの設定を指定する手間が省けるので便利である．また，コマンドを実行する前でもコマンド実行中でも，いつでも設定を追加したり，解除したりできる（図 2・39 参照）．

LT2019 では，端点，中心，交点，延長の定常 O スナップが初期設定されている．ステータスバーの「カーソルを 2D 参照点にスナップ」のアイコンをオンにすると，すぐに使用できる状態になっている．O スナップを使用しないときは，必要のないときでも O スナップ上のマーカーがちらついて煩わしいので，ステータスバーの「カーソルを 2D 参照点にスナップ」のアイコンをオフの状態にしておくか，または設定そのものを解除しておくとよい．

表 2・2　O スナップでよく使われるモード

端　　点	線分や円弧の両端近くの位置を O スナップとして選択すると，そのオブジェクトの端点が正確に指定される．
中　　点	線分や円弧上の任意の位置を O スナップとして選択すると，そのオブジェクトの中点が正確に指定される．
中　　心	円，円弧，楕円上の任意の点を O スナップとして選択すると，その中心点が正確に指定される．
四半円点	円，円弧，楕円上の任意の点を O スナップとして選択すると，円の場合，円の中心点を通る水平線・垂直線と円との四つ交点（四半円点）のうち，選択した点にもっとも近い交点が四半円点として正確に指定される．
交　　点	オブジェクトが交差している位置を O スナップとして選択すると，2 つのオブジェクトの交点が正確に指定される．オブジェクトが交差している位置を確実に捉えると，吸着する交点に×のマーカーが表示されるが，交わっている片方のオブジェクトだけを捉えると，×...のマーカーが表示される．そのまま選択すると，コマンドウィンドウに“と”と表示されるので，交差しているもう一方のオブジェクトを選択すると，交点が指定される．選択する 2 つのオブジェクトが交わっていない場合であっても，延長された場合，交差するオブジェクト同士であれば，延長交点が指定される．また，一点鎖線や破線同士が交差し，明確な交点が存在しないときも延長交点で正確に交差位置を指定するとよい．
垂　　線	線分や円などの任意の点を O スナップとして選択すると，直前に指定した点から引き出される直線が，オブジェクトに対して直角となる点が正確に指定される．
接　　線	オブジェクトの任意の点を O スナップとして選択すると，接する点が正確に指定される．
近 接 点	オブジェクトの近くの任意の点を O スナップとして選択すると，その選択した位置にもっとも近いオブジェクト上の点が指定される．

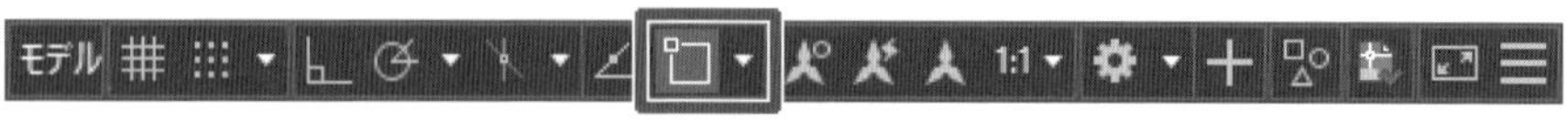

図 2・37　定常オブジェクトスナップを設定するアイコンボタン

O スナップ	
内　　容	操　作　手　順
コマンド実行中に，一時 O スナップを使用する．	キーボードの［Shift］を押したまま（右） 必要な O スナップのモード　を（SEL）  一時トラッキング点(K) 基点設定(F) 2 点間中点(T) XYZ フィルタ(T) 端点(E) 中点(M) 交点(I) 仮想交点(A) 延長(X) 中心(C) 図心 四半円点(Q) 接線(G) 垂線(P) 平行(L) 点(D) 挿入基点(S) 近接点(R) 解除(N) 定常オブジェクトスナップ設定(O)... 図 2・38　一時オブジェクトスナップメニュー
定常 O スナップを設定する．	**ステータスバー** の **［カーソルを 2D 参照点にスナップ］** アイコン右側の ▼ を（SEL） 必要な O スナップのモード　を（SEL）　････（✔をつける） O スナップのモードが一覧されているメニューの外側　を（SEL） ････（メニューが閉じる）

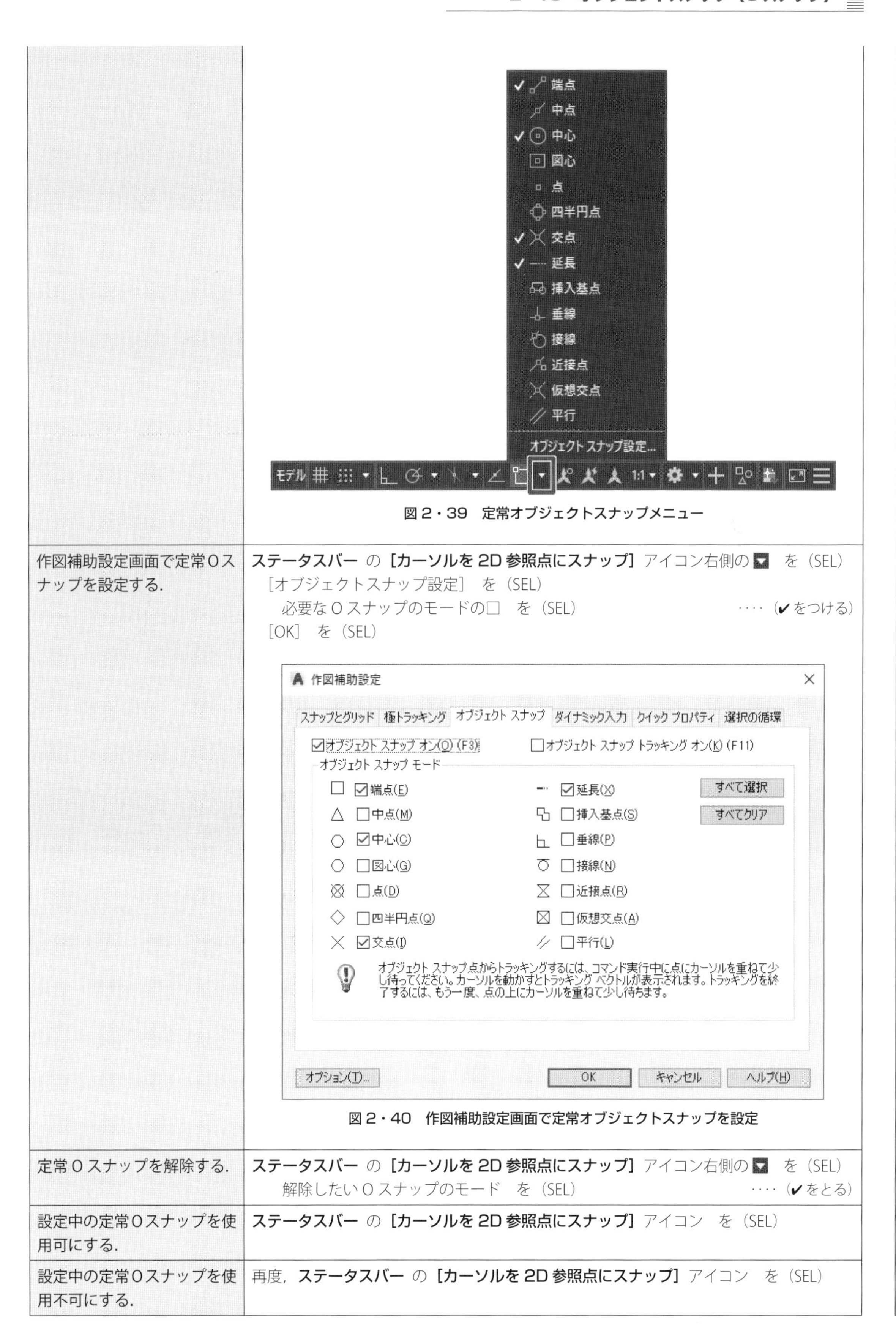

	図2・39　定常オブジェクトスナップメニュー
作図補助設定画面で定常Oスナップを設定する.	**ステータスバー** の **［カーソルを 2D 参照点にスナップ］** アイコン右側の ▼ を（SEL） ［オブジェクトスナップ設定］ を（SEL） 必要な O スナップのモードの□ を（SEL）　････（✔をつける） ［OK］ を（SEL） 図2・40　作図補助設定画面で定常オブジェクトスナップを設定
定常 O スナップを解除する.	**ステータスバー** の **［カーソルを 2D 参照点にスナップ］** アイコン右側の ▼ を（SEL） 解除したい O スナップのモード を（SEL）　････（✔をとる）
設定中の定常Oスナップを使用可にする.	**ステータスバー** の **［カーソルを 2D 参照点にスナップ］** アイコン を（SEL）
設定中の定常Oスナップを使用不可にする.	再度, **ステータスバー** の **［カーソルを 2D 参照点にスナップ］** アイコン を（SEL）

2・11 グリップ

コマンド待ちの状態で直接オブジェクトを選択すると，線分であれば端点と中点，円であれば中心点と四半円点といった，O スナップで思いあたる箇所にグリップと呼ばれる小さな□が表示される（図 2・40）.

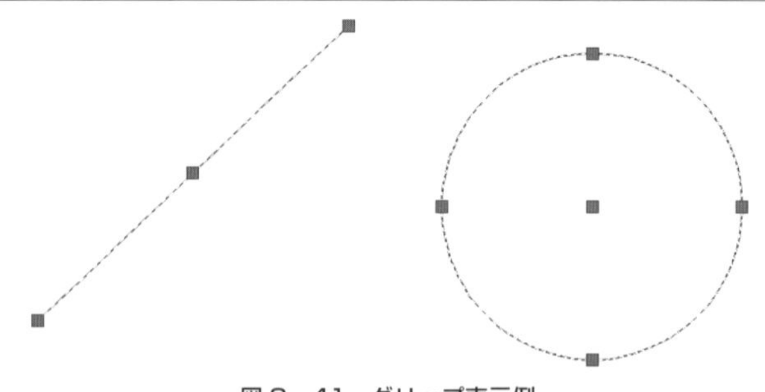

図 2・41　グリップ表示例

ひとつのグリップにカーソルを近づけると，磁石のように吸いついていくので，吸いついたそのグリップを選択すると，色が変わり，コマンドウィンドウに修正機能モードが表示される.

ここで，［Enter］キーを押すと，修正機能モードを切り替えることができる.

また，右クリックで表示されるショートカットメニューからも修正機能のモードを選択できる.

このようにして活性化されたグリップを基点として，ストレッチ，移動，回転，尺度変更，鏡像コマンドを実行できる．また，複写コマンドと併用しながらの操作もできるので，たとえば，回転複写，鏡像複写を実行できる.

このグリップをうまく使用すると，コマンド実行よりもスピーディで効率がよい.

グリップ	
内　　容	操 作 手 順
グリップを表示する.	グリップを表示したいオブジェクト　を（SEL）
グリップの表示を解除する.	[Esc]

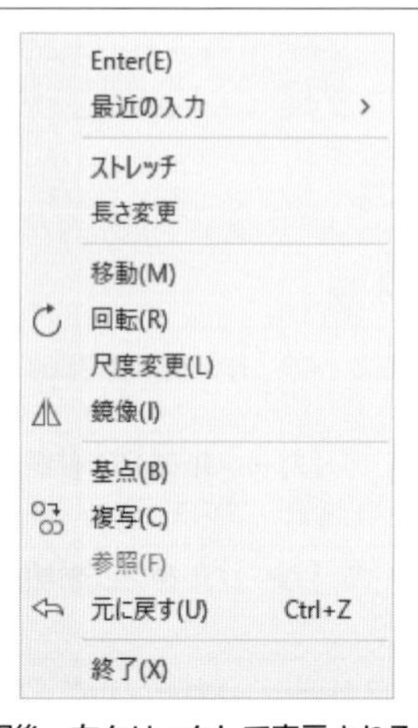

図 2・42　グリップ選択後，右クリックして表示されるショートカットメニュー

2・12 線の太さ

線の太さを設定してオブジェクトに幅を与えることができる.

線の太さが設定されたオブジェクトは，印刷時の縮尺設定とは関係なく，常に指定した太さで印刷される.

線の太さは，個々のオブジェクトに設定できるが，作図する内容は画層ごとに区別するため，線の種類と同様，線の太さも画層ごとに割り当てることが望ましい．線の太さを設定しないと，作図した図形は一定の線の太さになる.

画面上で太い線は太く，細い線は細く表示させるためには，「線の太さを表示」の設定をオンにする．ただし，線の太さを正確に確認するためには，レイアウト機能（p.120 参照）を使用しなければならない.

作図する画面では，線の太さは一定の表示倍率で表示される．つまり画面を拡大しても縮小しても表示される線の太さは変わらない．もし，オブジェクトの線の太さの表示加減をより太くまたはより細く表示したい場合は，表示倍率を調整する．表示倍率はあくまで画面上の線の太さのことであって，印刷される線の太さには影響しない.

「線の太さを表示」の設定をオンにするステータスバーのツールボタンは，最初は非表示になっているので，ボタンを表示しておくとよい.

図 2・43　ステータスバーで［線の太さを表示／非表示］のアイコンボタンを表示するためのアイコンボタンとメニュー

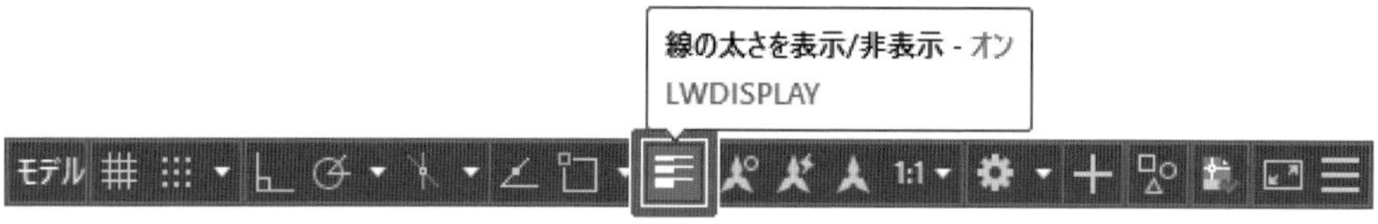

図 2・44　線の太さの表示を設定するアイコンボタン

線の太さ	
内　　容	操 作 手 順
画面に，太い線を太い線で表示する.	**ステータスバー** の **［線の太さを表示／非表示］** を（SEL）
画面に，太い線を太い線で表示しない（太い線も細い線で表示される）.	再度，**ステータスバー** の **［線の太さを表示／非表示］** を（SEL）
表示倍率を調整する.	**ステータスバー** の **［線の太さを表示／非表示］** を（右） ［線の太さを設定 ...］ を（SEL） 表示倍率を調整欄 スライダ　を最大のほうへ移動すると，太い線を太めに表示する. スライダ　を最小のほうへ移動すると，太い線を細めに表示する. ［OK］ を（SEL） 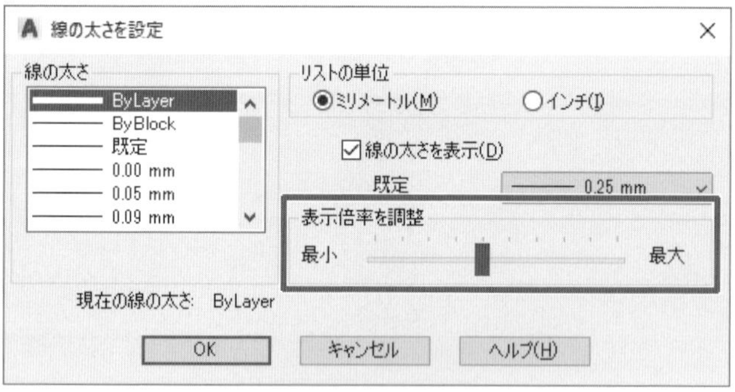 線の太さを設定 線の太さ: ByLayer / ByBlock / 既定 / 0.00 mm / 0.05 mm / 0.09 mm リストの単位: ミリメートル(M)　インチ(I) 線の太さを表示(D) 既定　0.25 mm 表示倍率を調整　最小　最大 現在の線の太さ: ByLayer OK　キャンセル　ヘルプ(H) 図 2・45　表示倍率を調整

TIPS　ファンクションキー

■ ステータスバーのツールの「オン/オフ」の切り替えは，キーボードのファンクションキーでもできる.

オブジェクトスナップ ［F3］　作図グリッド ［F7］　直交モード ［F8］　スナップモード ［F9］
極トラッキング ［F10］　オブジェクトスナップトラッキング ［F11］

TIPS　ツールボタンのオン / オフを確認

■ オンにするとボタンはハイライトされる.
作業に必要のないツールは操作のじゃまになることもあるのでオフにしておくとよい.

CHAPTER 3　CADの基本操作

3・1　演習を始める前に

この章では，一般的にCADの中でよく使用される作成コマンドと修正コマンドの使用方法を習得する．また，AutoCAD特有の機能，応用的な操作については，3・5節以降で説明する．

1.　必要のないツールの解除

ステータスバーの作図補助ツールの設定は「作図グリッドを表示」以外すべてオフの状態で始める（図3・1）．LT2019では「ダイナミック入力」が初期設定されている．ツールボタンは非表示になっているので，ボタンを表示してオフの状態にする（図3・2）．

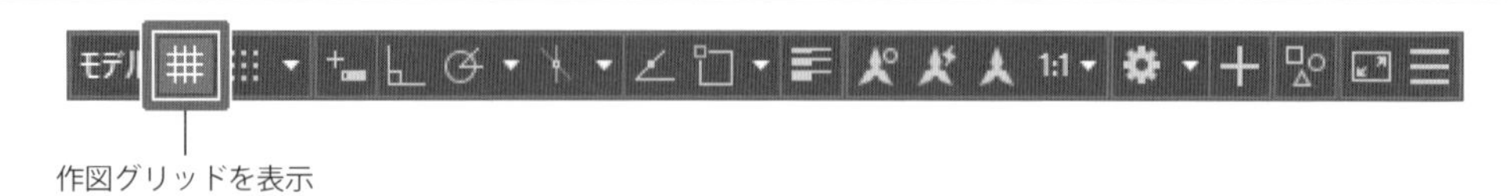

図3・1　ステータスバーの作図補助ツールの設定

図3・2「ダイナミック入力」アイコンボタンを表示

2.　座標の知識

入力画面，すなわち作図領域は座標で管理されている．この作図領域中の点の位置を指定する方法として，

①　絶対座標（図3・3）

②　相対座標（図3・4）

③　極座標（相対極座標）（図3・5）

がある．

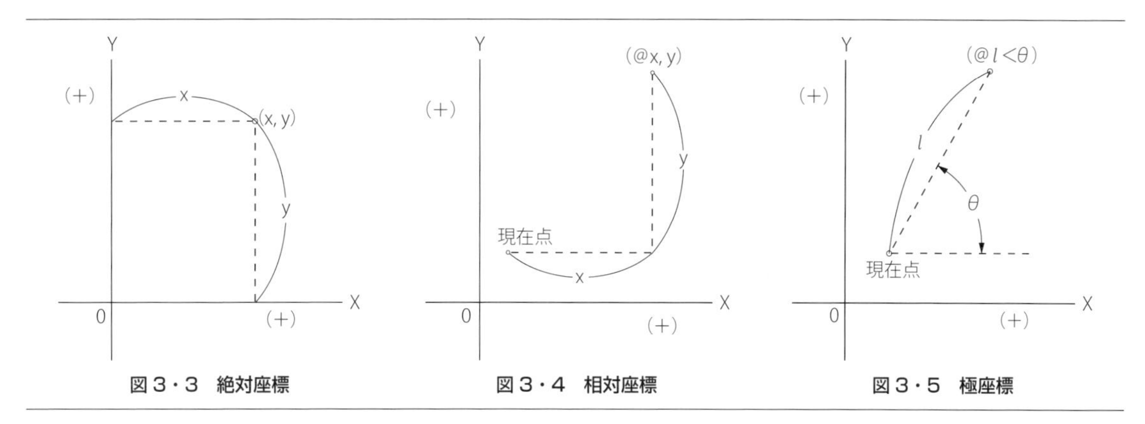

図3・3 絶対座標　図3・4 相対座標　図3・5 極座標

絶対座標は，X 軸と Y 軸の交点が原点である．その原点からの水平寸法を X 座標値，垂直寸法を Y 座標値とし，(x, y) の入力形式で表す．原点の絶対座標値は（0, 0）である．

相対座標には，相対 XY 座標（以後，相対座標と表記する）と相対極座標（以後，極座標と表記する）がある．相対座標では必ず@をつけるが，この@は現在点（直前の入力点）を意味する．相対座標は直前に指定した点（現在点）を基準に，その現在点からの水平寸法を X 座標値，垂直寸法を Y 座標値とする（@ x, y）の形で表す．

極座標は，直前に指定した点（現在点）を基準に，その現在点からの移動量（距離）と X 軸のプラス側からの回転角度によって（@ l < θ）の形で表す．

3. 入力画面の準備

LT2019 を最初に起動すると，A3 サイズの作図領域が設定されている．ただし表示される範囲は，その領域に合っていないためわかりづらい．

本章の演習問題は，A4 縦の範囲で作図する．操作に慣れるまでは，A4 縦の作図領域を設定した図面を保存しておき，入力画面の設定方法 1 でその図面を演習ごとに開いて始める．

作図領域を明確にするためにグリッドの表示範囲を図面範囲の領域に制限しておくとよい（p.021 作図グリッドの操作手順を参照）．

A4 縦の作図領域を設定する．	
内　容	操 作 手 順
A4 縦の作図領域を設定する（図面範囲設定 LIMITS コマンドを使用）．	**コマンドウィンドウ** に **LI** と入力 一覧表示された中から **LIMITS** を（SEL） （左下コーナーを指定：）0, 0 [Enter] （右上コーナーを指定：）210, 297 [Enter] **ナビゲーションバー** の **[図面全体ズーム]** を（SEL）
ファイルを保存する．	**クイックアクセスツールバー** の **[名前を付けて保存...]** を（SEL） （保存先：）保存するフォルダ を（SEL） （ファイル名：）a4_tate と入力 [保存] を（SEL）

演習図面を保存して閉じる.	
内　　　容	操　作　手　順
作成した図面ファイルを保存する.	**クイックアクセスツールバー** の **[名前を付けて保存...]**　を（SEL） （保存先：）保存するフォルダ　を（SEL） （ファイル名：）ファイル名　を入力 ［保存］　を（SEL）
ファイルを閉じる.	**アプリケーションメニュー** の **[閉じる]**　を（SEL）

入力画面の設定方法１… 新しい演習問題を始める	
内　　　容	操　作　手　順
設定済みのファイルを開く	**クイックアクセスツールバー** の **[開く]**　を（SEL） （探す場所：）保存されているフォルダ　を（SEL） 一覧から　a4_tate　を選択 ［開く］　を（SEL）

作成した図面を印刷する場合，通常使用するプリンタが，あらかじめ Windows 上で設定されていれば，以下の手順で印刷することができる．ここでは，画面の線の色ではなく，黒１色かつ画層で設定したペンの太さの指定で印刷する場合の操作手順を示している．

同じ図面を何度も印刷する場合は，ページ設定コマンドでページ設定をしておくとよい．次回から，設定した内容で印刷することができる．このページ設定内容は，別の図面での印刷時にも読み込み使用することができる．

作成した図面を印刷する	
内　　　容	操　作　手　順
印刷するためにページ設定をする.	**アプリケーションメニュー** の **[印刷]/ページ設定**　を（SEL） ページ設定管理の画面が表示される.

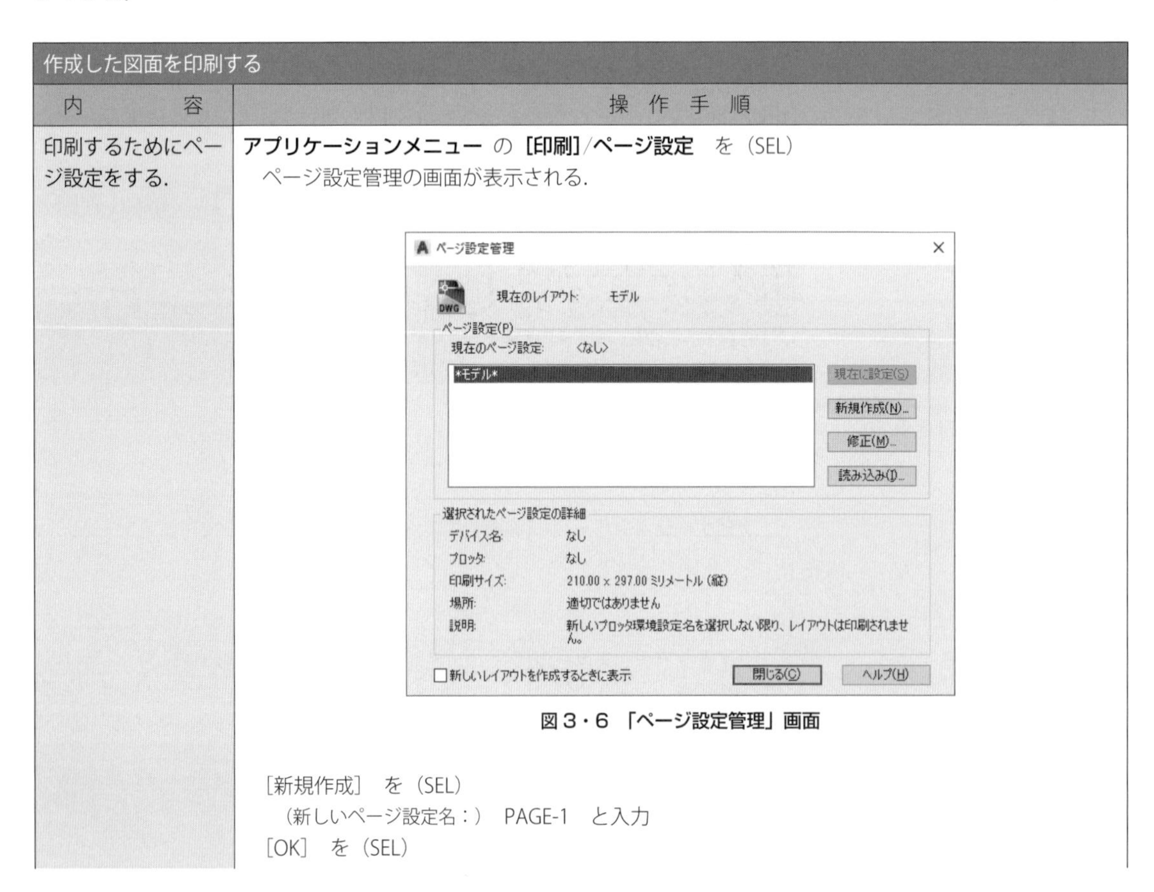

図３・６ 「ページ設定管理」画面

［新規作成］　を（SEL）
（新しいページ設定名：）　PAGE-1　と入力
［OK］　を（SEL）

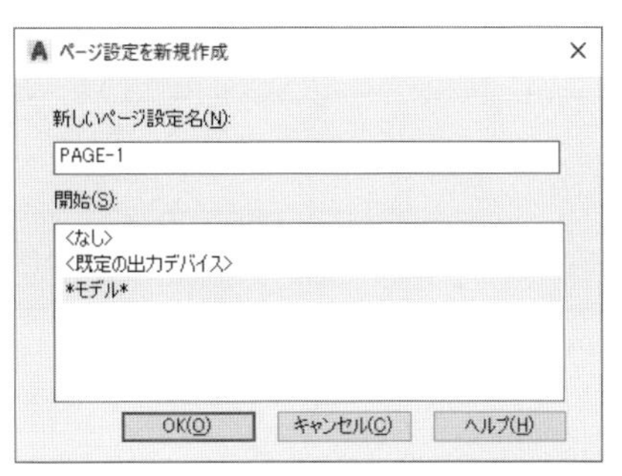

図３・７　「ページ設定を新規作成」画面

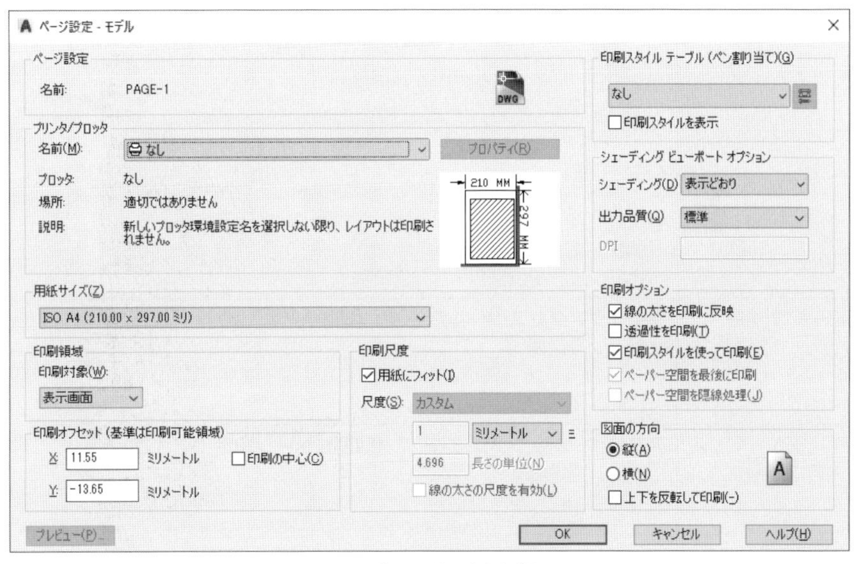

図３・８　「ページ設定」初期画面

プリンタ/プロッタ欄
　（名前：）　使用するプリンタ名　を（SEL）
用紙サイズ欄
　（用紙サイズ：）　A4　を（SEL）
印刷領域欄
　図面範囲　を（SEL）
印刷尺度欄
　□用紙にフィット　を（SEL）　　　　　　　　　　　　　　　　　····（✔をとる）
　　（尺度：）　1：1　を（SEL）
印刷オフセット（基準は印刷可能領域）欄
　□印刷の中心　を（SEL）　　　　　　　　　　　　　　　　　　····（✔をつける）
印刷スタイルテーブル（ペン割り当て）欄
monochrome.ctb　を（SEL）
印刷オプション欄
　□印刷スタイルを使って印刷　を（SEL）　　　　　　　　　　　····（✔をつける）
図面の方向欄
　○縦　を（SEL）　　　　　　　　　　　　　　　　　　　　　　····（●をつける）

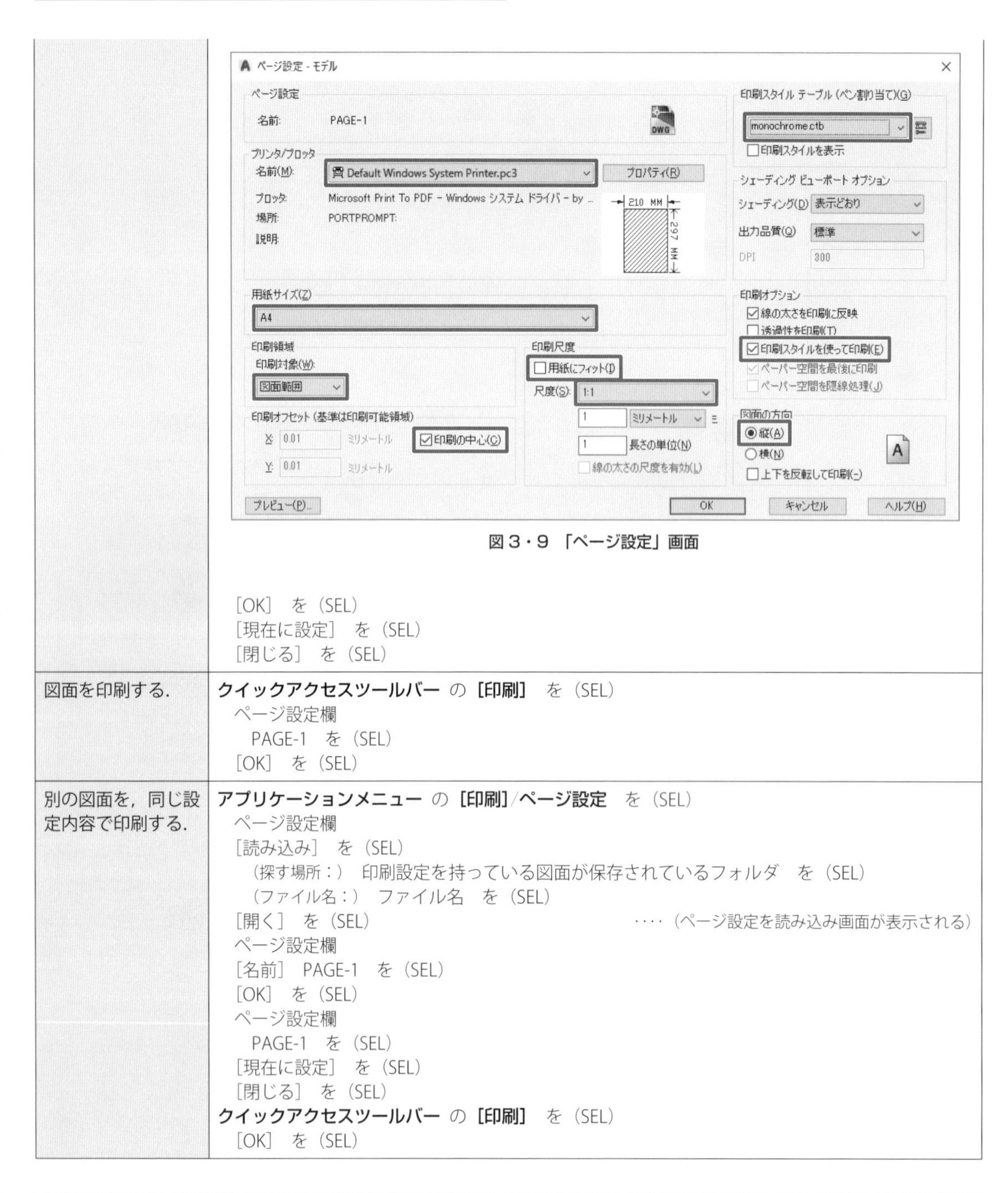

図３・９ 「ページ設定」画面

	［OK］ を（SEL） ［現在に設定］ を（SEL） ［閉じる］ を（SEL）
図面を印刷する．	**クイックアクセスツールバー** の **［印刷］** を（SEL） ページ設定欄 PAGE-1 を（SEL） ［OK］ を（SEL）
別の図面を，同じ設定内容で印刷する．	**アプリケーションメニュー** の **［印刷］/ページ設定** を（SEL） ページ設定欄 ［読み込み］ を（SEL） （探す場所：） 印刷設定を持っている図面が保存されているフォルダ を（SEL） （ファイル名：） ファイル名 を（SEL） ［開く］ を（SEL） ････（ページ設定を読み込み画面が表示される） ページ設定欄 ［名前］ PAGE-1 を（SEL） ［OK］ を（SEL） ページ設定欄 PAGE-1 を（SEL） ［現在に設定］ を（SEL） ［閉じる］ を（SEL） **クイックアクセスツールバー** の **［印刷］** を（SEL） ［OK］ を（SEL）

TIPS　印刷コマンドをリボンから実行する場合

［出力］ タブ **〔印刷〕/印刷** を（SEL）
［出力］ タブ **〔印刷〕/ページ設定管理** を（SEL）

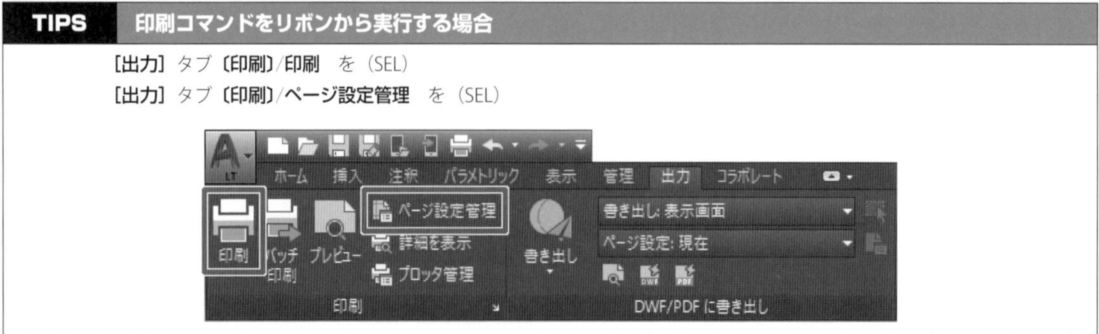

参考　本章の演習で用いるコマンドに対応したリボンのアイコンボタン

本章の演習で用いるコマンドに対応したリボンのアイコンボタンを以下に示す．演習を始める前に，ざっと確認しておくとよい．

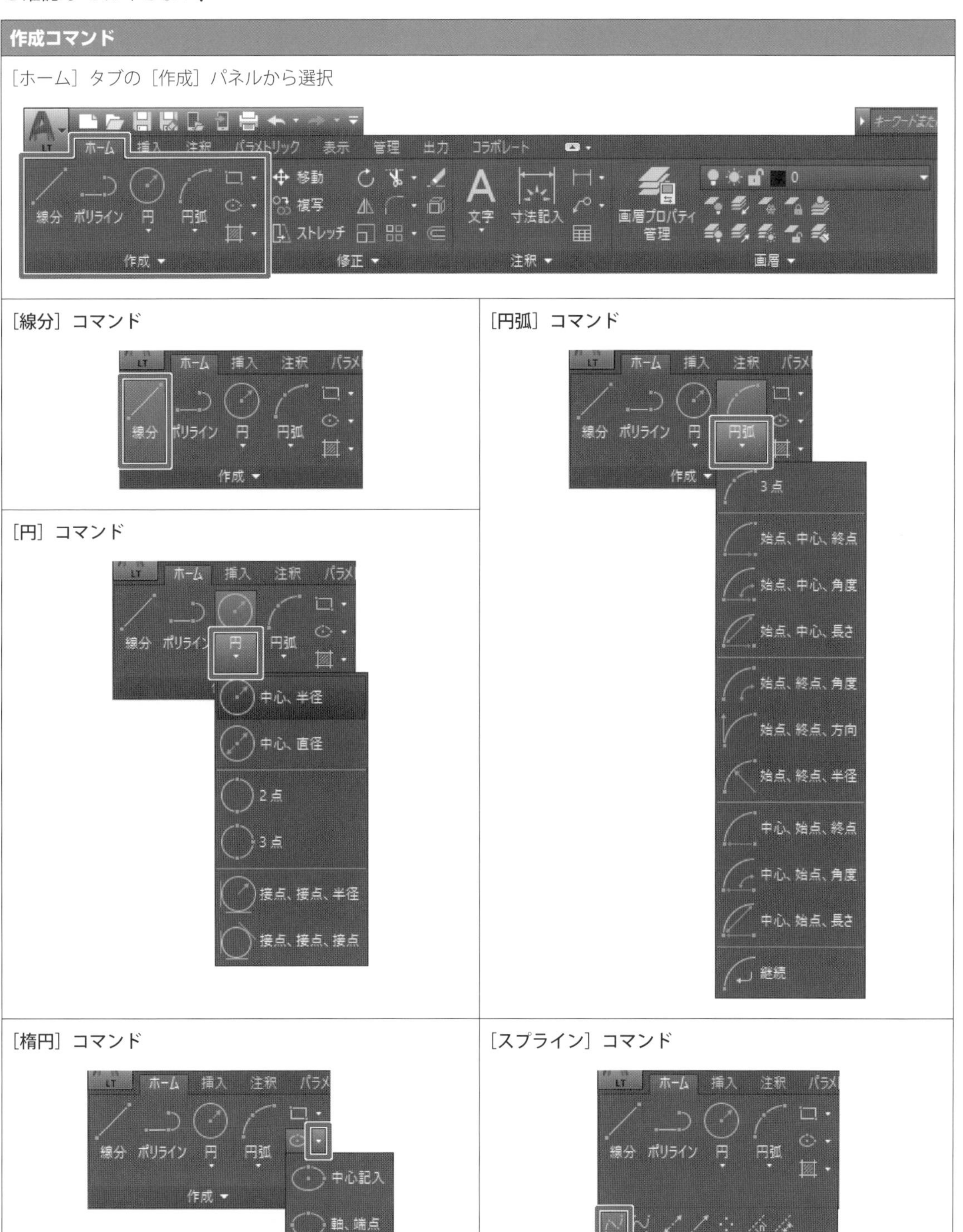

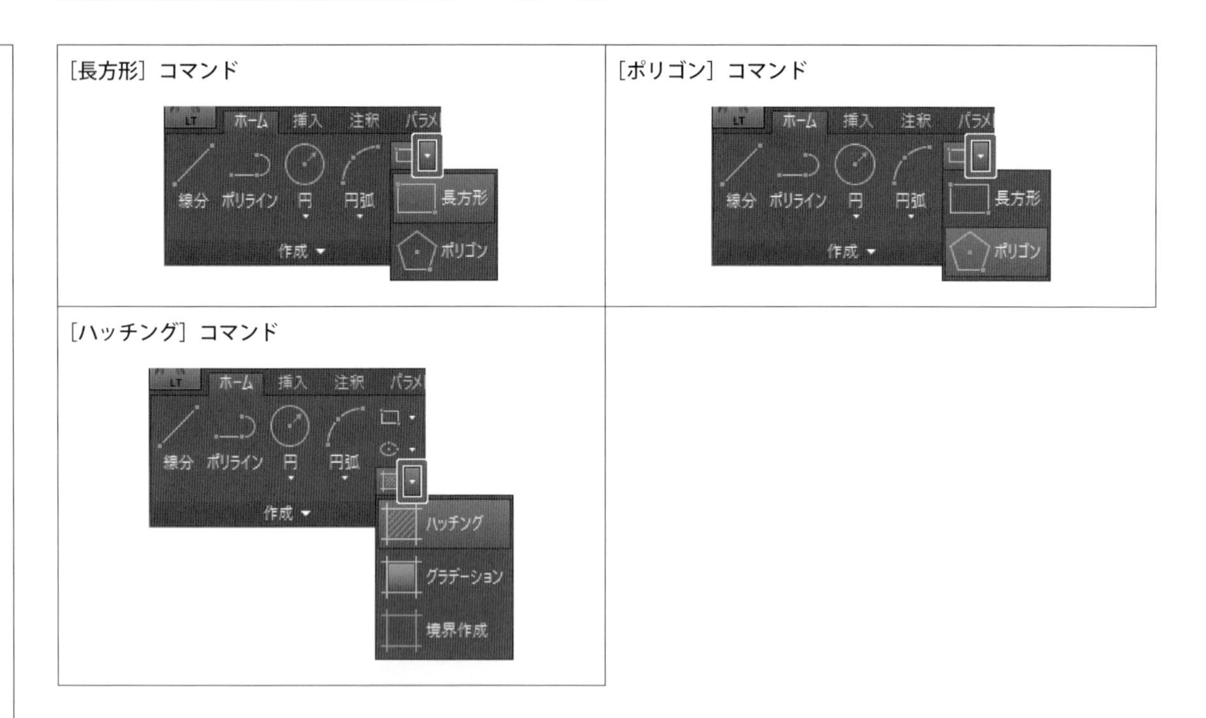
［長方形］コマンド
［ポリゴン］コマンド
［ハッチング］コマンド
ホーム
挿入
注釈
線分
ポリライン
円
円弧
作成
長方形
ポリゴン
ハッチング
グラデーション
境界作成

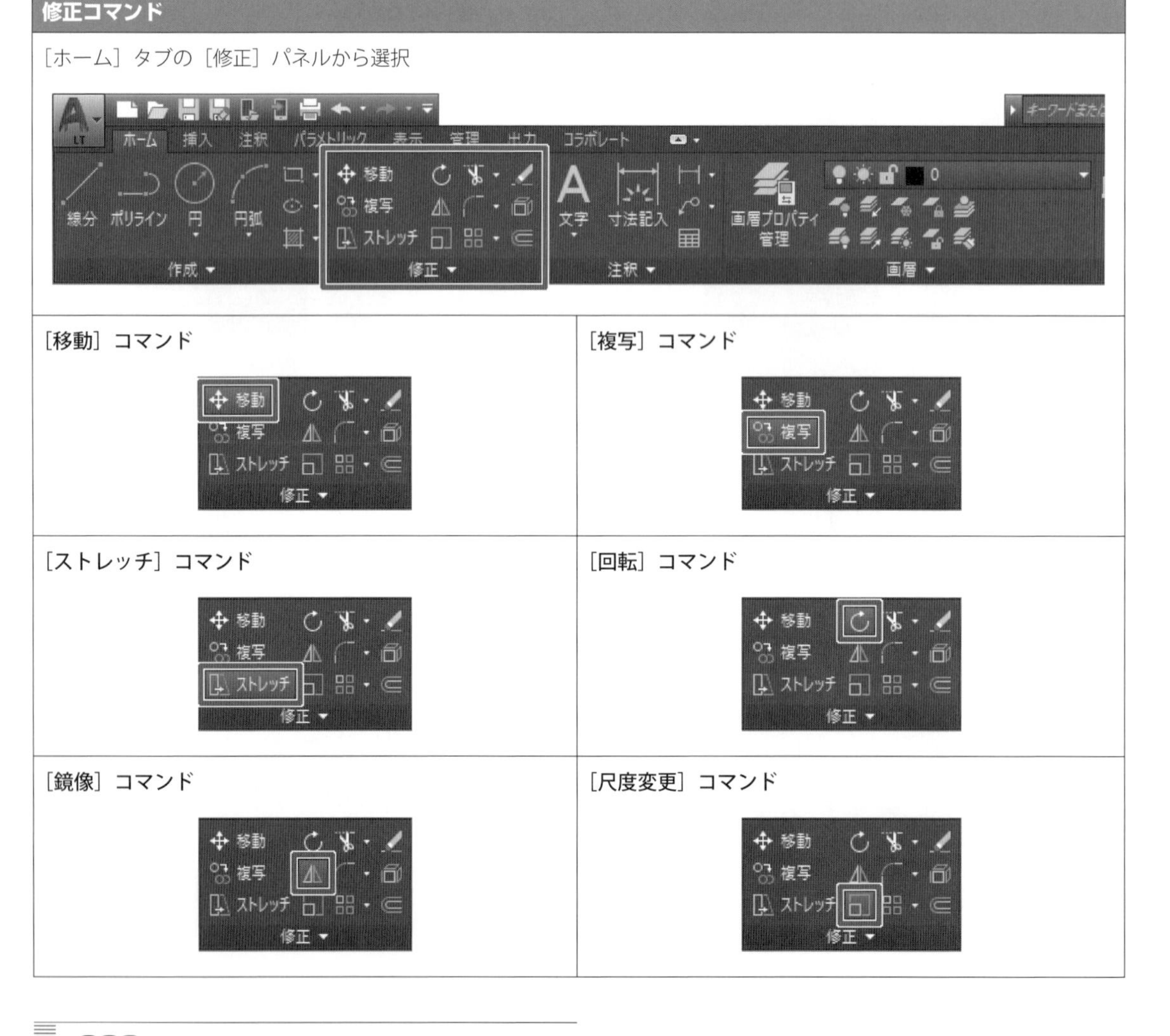
修正コマンド
［ホーム］タブの［修正］パネルから選択
ホーム
挿入
注釈
パラメトリック
表示
管理
出力
コラボレート
線分
ポリライン
円
円弧
作成
移動
複写
ストレッチ
修正
文字
寸法記入
注釈
画層プロパティ管理
画層
［移動］コマンド
［複写］コマンド
［ストレッチ］コマンド
［回転］コマンド
［鏡像］コマンド
［尺度変更］コマンド

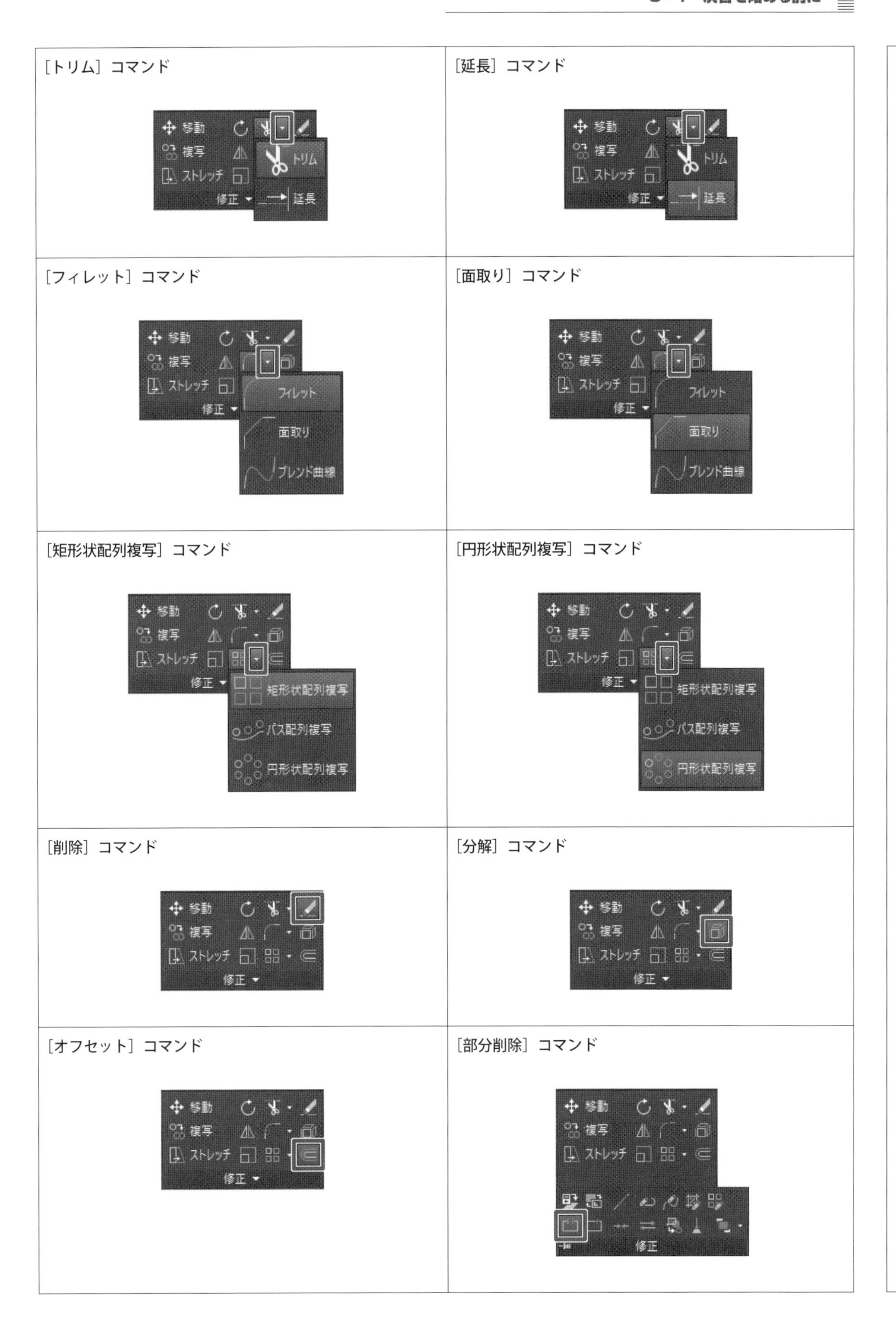
［トリム］コマンド
移動
複写
ストレッチ
修正
トリム
延長
［延長］コマンド
移動
複写
ストレッチ
修正
トリム
延長
［フィレット］コマンド
移動
複写
ストレッチ
修正
フィレット
面取り
ブレンド曲線
［面取り］コマンド
移動
複写
ストレッチ
修正
フィレット
面取り
ブレンド曲線
［矩形状配列複写］コマンド
移動
複写
ストレッチ
修正
矩形状配列複写
パス配列複写
円形状配列複写
［円形状配列複写］コマンド
移動
複写
ストレッチ
修正
矩形状配列複写
パス配列複写
円形状配列複写
［削除］コマンド
移動
複写
ストレッチ
修正
［分解］コマンド
移動
複写
ストレッチ
修正
［オフセット］コマンド
移動
複写
ストレッチ
修正
［部分削除］コマンド
移動
複写
ストレッチ
修正

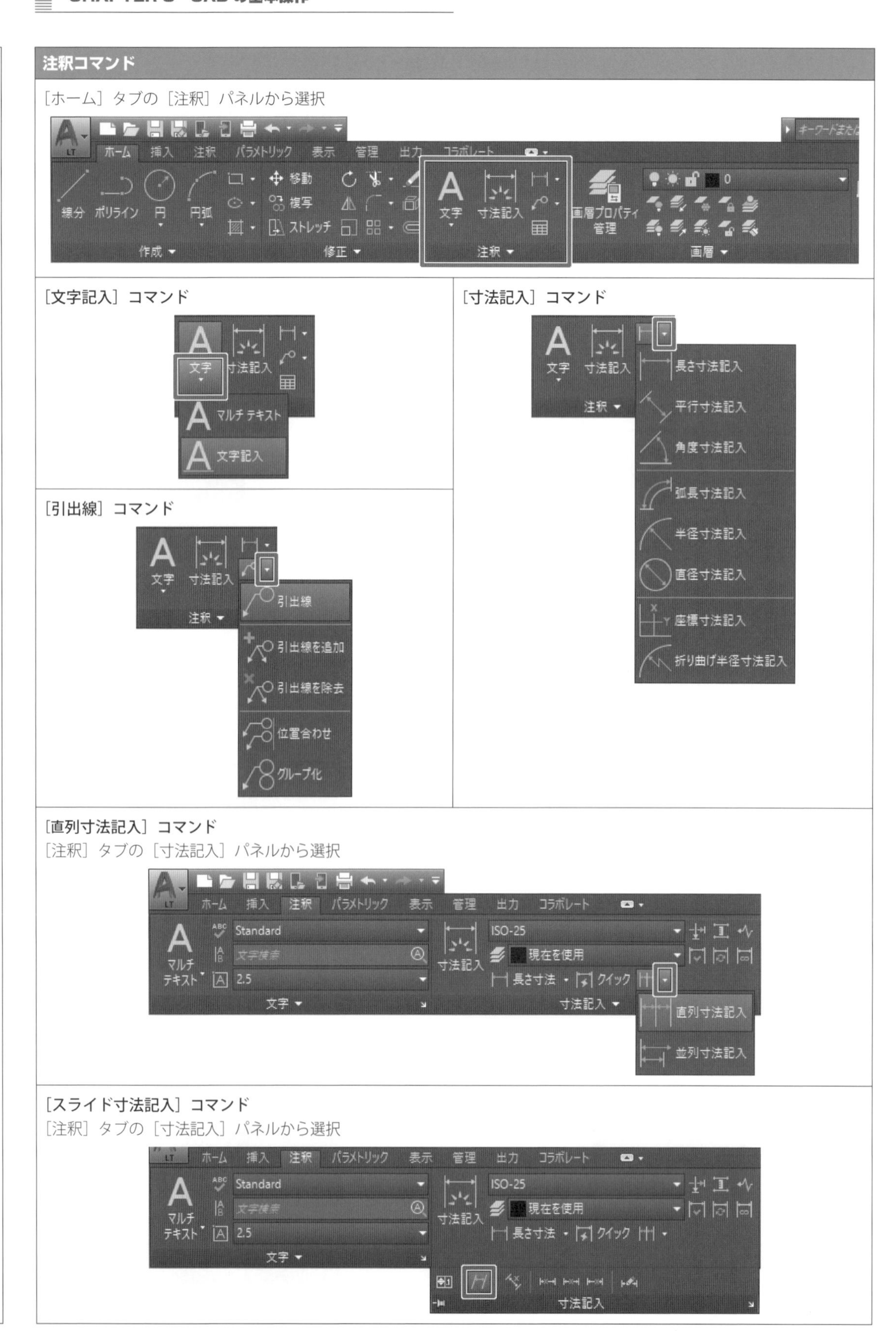
注釈コマンド
［ホーム］タブの［注釈］パネルから選択
［文字記入］コマンド
［寸法記入］コマンド
［引出線］コマンド
［直列寸法記入］コマンド
［注釈］タブの［寸法記入］パネルから選択
［スライド寸法記入］コマンド
［注釈］タブの［寸法記入］パネルから選択
マルチ テキスト
文字記入
長さ寸法記入
平行寸法記入
角度寸法記入
弧長寸法記入
半径寸法記入
直径寸法記入
座標寸法記入
折り曲げ半径寸法記入
引出線
引出線を追加
引出線を除去
位置合わせ
グループ化
直列寸法記入
並列寸法記入

画層関連コマンド

［ホーム］タブの［画層］パネルから選択

［画層プロパティ管理］コマンド

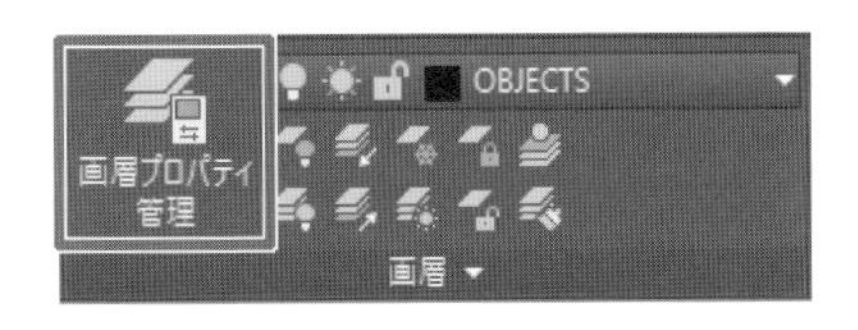

現在層変更欄

印刷コマンド

［出力］タブの［印刷］パネルから選択

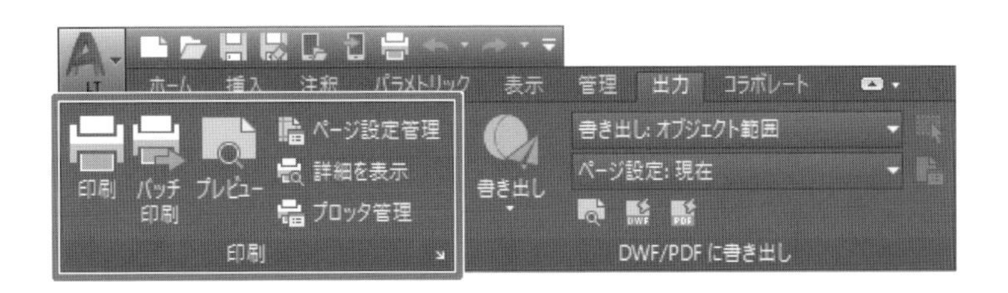

［ページ設定管理］コマンド

［印刷］コマンド

3・2 よく使う作図コマンド

演習3・1 線分の作成

内容	操作手順
入力画面を準備する.	入力画面の設定方法1による.
任意の点11からスタートし,点17で終了する折れ線を作成する(右欄のかっこ内はコマンドウィンドウのメッセージを示す).	**[ホーム]** タブ **[作成]/線分** を(SEL) (1点目を指定:) 画面上の任意の点11 を(SEL) (次の点を指定……:) 任意の点12 を(SEL) (次の点を指定……:) 任意の点13 を(SEL) (次の点を指定……:) 任意の点14 を(SEL) (次の点を指定……:) 任意の点15 を(SEL) (次の点を指定……:) 任意の点16 を(SEL) (次の点を指定……:) 任意の点17 を(SEL) (次の点を指定……:) (右) **ショートカットメニュー** の **[Enter]** を(SEL) ・・・・(線分コマンドの終了)
任意の点21からスタートし,点27から点21に閉じる折れ線を作成する.	**[ホーム]** タブ **[作成]/線分** を(SEL) (1点目を指定:) 画面上の任意の点21 を(SEL) (次の点を指定……:) 任意の点22 を(SEL) 途中略 (次の点を指定……:) 任意の点27 を(SEL) (次の点を指定……:) **コマンドウィンドウ** の **[閉じる(C)]** を(SEL)
いったん終了した線分コマンドを終了直後に再度実行し,折れ線を作成する(任意の点31からスタート).	(コマンド:) (右) **ショートカットメニュー** の **[繰り返し]** を(SEL) (1点目を指定:) 画面上の任意の点31 を(SEL) (次の点を指定……:) 任意の点32 を(SEL) (次の点を指定……:) 任意の点33 を(SEL) 途中略 (次の点を指定……:) (右) **ショートカットメニュー** の **[Enter]** を(SEL)
直交モードによって水平と垂直の線分を含む折れ線を作成する(任意の点41からスタート).	**[ホーム]** タブ **[作成]/線分** を(SEL) **ステータスバー** の **[カーソルの動きを直交に強制]** を(SEL)し,直交モードにする. (1点目を指定:) 画面上の任意の点41 を(SEL) (次の点を指定……:) 任意の点42 を(SEL) **ステータスバー** の **[カーソルの動きを直交に強制]** を(SEL)し,直交モードを解除. (次の点を指定……:) 任意の点43 を(SEL) (次の点を指定……:) 任意の点44 を(SEL) **ステータスバー** の **[カーソルの動きを直交に強制]** を(SEL)し,直交モードにする. (次の点を指定……:) 任意の点45 を(SEL) (次の点を指定……:) 任意の点46 を(SEL) (次の点を指定……:) (右) **ショートカットメニュー** の **[Enter]** を(SEL) **ステータスバー** の **[カーソルの動きを直交に強制]** を(SEL)し,直交モードを解除.

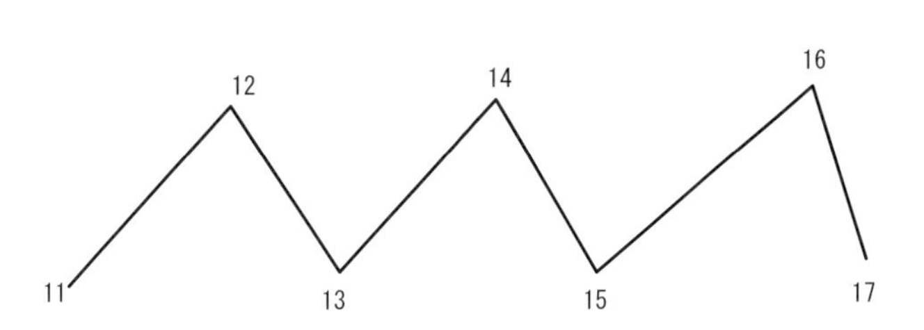

閉じた図形

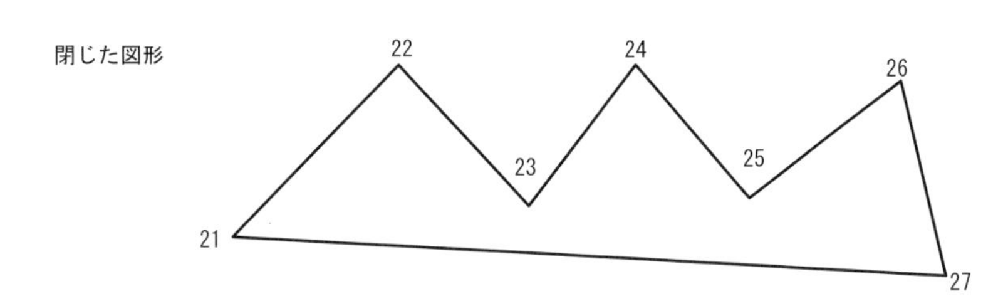

直前コマンドの再実行

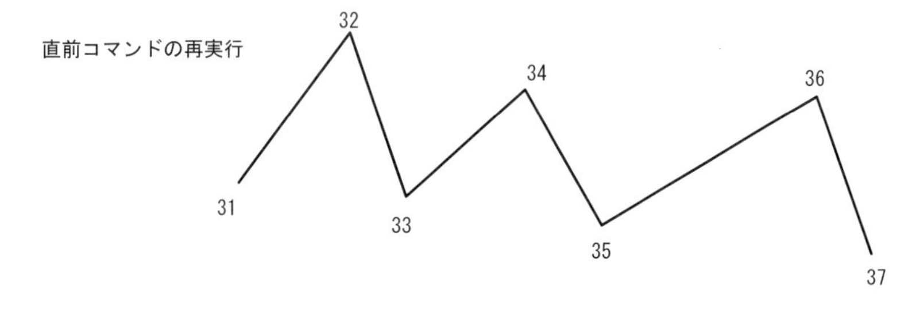

直交モード

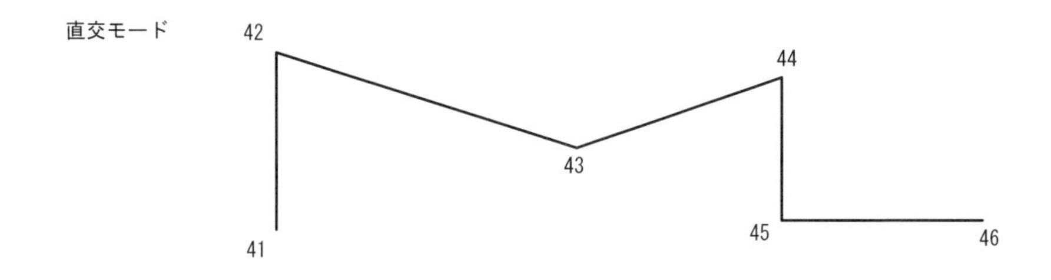

L_INE

⇄ 演習3・2　絶対座標入力

内　　容	操 作 手 順
入力画面を準備する.	入力画面の設定方法1による.
絶対座標で四角形を作成する. ①	**[ホーム] タブ [作成]/線分** を (SEL) (1点目を指定：)　50, 55　[Enter] (次の点を指定……：)　90, 55　[Enter] (次の点を指定……：)　90, 80　[Enter] (次の点を指定……：)　50, 80　[Enter] (次の点を指定……：)　**コマンドウィンドウ** の **[閉じる(C)]** を (SEL)
絶対座標で三角形を作成する. ②	**[ホーム] タブ [作成]/線分** を (SEL) (1点目を指定：)　125, 50　[Enter] (次の点を指定……：)　160, 50　[Enter] (次の点を指定……：)　125, 85　[Enter] (次の点を指定……：)　**コマンドウィンドウ** の **[閉じる(C)]** を (SEL)
絶対座標で図形を作成する. ③	**[ホーム] タブ [作成]/線分** を (SEL) (1点目を指定：)　100, 230　[Enter] (次の点を指定……：)　100, 130　[Enter] (次の点を指定……：)　130, 130　[Enter] (次の点を指定……：)　130, 230　[Enter] (次の点を指定……：)　**コマンドウィンドウ** の **[閉じる(C)]** を (SEL) (コマンド：) (右) **ショートカットメニュー** の **[繰り返し]** を (SEL) (1点目を指定：)　100, 200　[Enter] (次の点を指定……：)　70, 200　[Enter] (次の点を指定……：)　70, 160　[Enter] (次の点を指定……：)　100, 160　[Enter] (次の点を指定……：)　[Enter] (コマンド：) (右) **ショートカットメニュー** の **[繰り返し]** を (SEL) (1点目を指定：)　50, 180　[Enter] (次の点を指定……：)　150, 180　[Enter] (次の点を指定：) (右) **ショートカットメニュー** の **[Enter]** を (SEL)

TIPS　直接距離入力

■ 点を指定するのに, 座標値を入力する以外に,「直接距離入力」という方法も使用できる.
コマンドを開始して, 最初の点を指定したら, カーソルを移動して方向を表し, 最初の点からの距離を入力することによって点を指定できる. カーソルの向きで方向が決まるため, 直交モードを使用して垂直・水平方向の場合に上手く利用するとよい. もし, 水平・垂直方向以外で, 直接距離入力を使用する場合は,「極トラッキング」という機能を使う方法がある. 指定した角度の増分値でカーソルの動きを固定することができる.
極トラッキングでカーソルの動きを30°で設定する例を以下に示す.

ステータスバー の **[カーソルの動きを指定した角度に強制]**
アイコン右側の ▼ を (SEL)
30, 60, 90, 120 を (SEL)

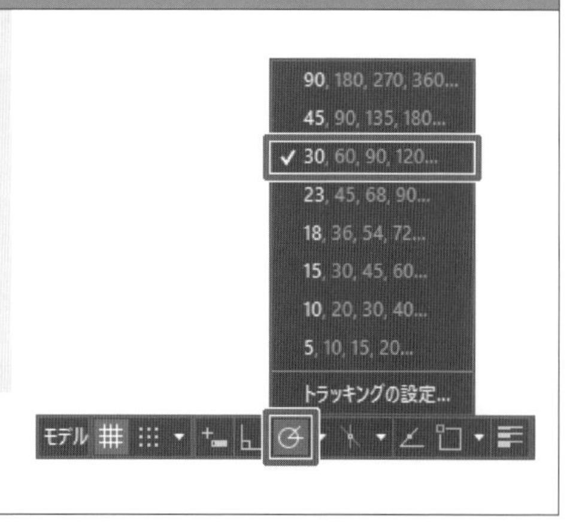

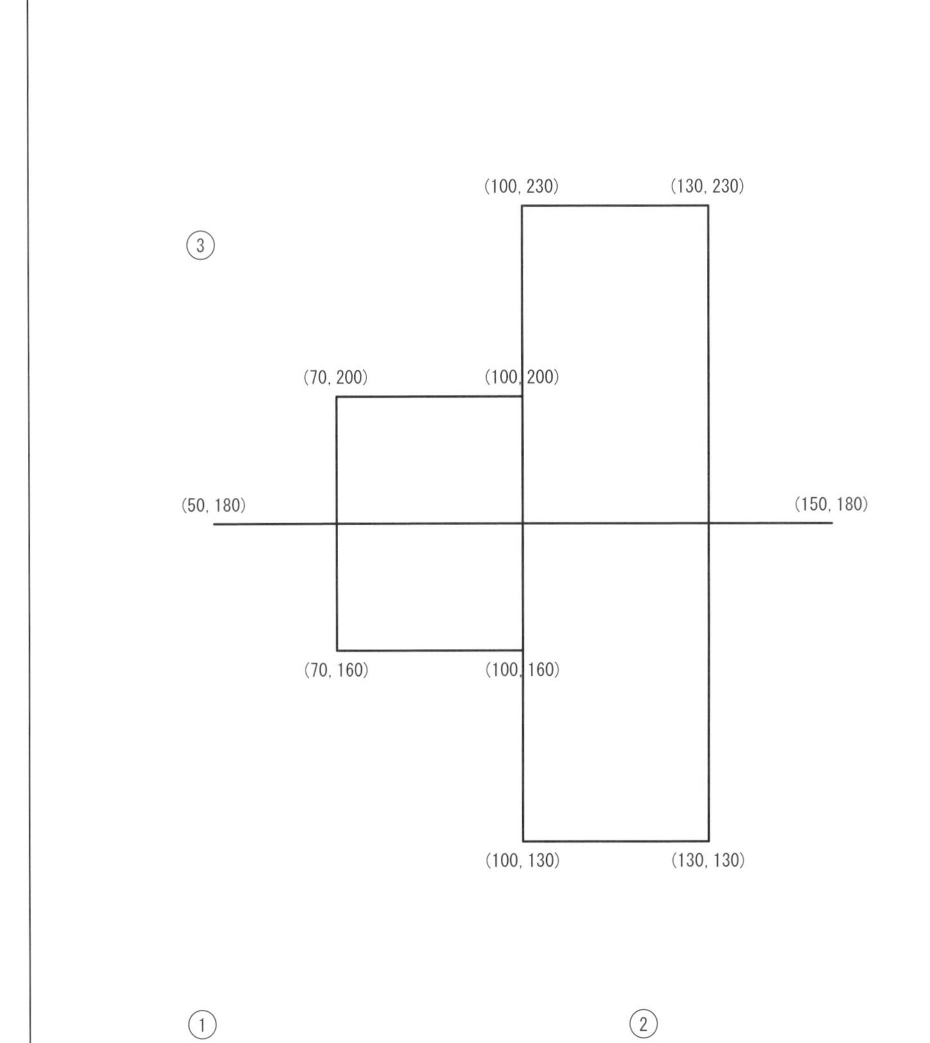
③
(100, 230)
(130, 230)
(70, 200)
(100, 200)
(50, 180)
(150, 180)
(70, 160)
(100, 160)
(100, 130)
(130, 130)

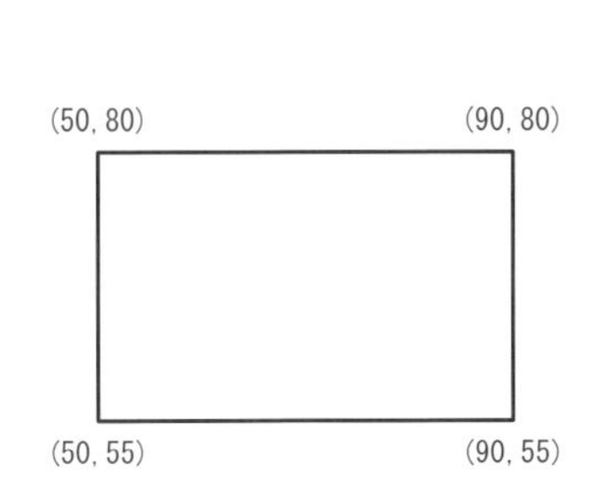
①
(50, 80)
(90, 80)
(50, 55)
(90, 55)

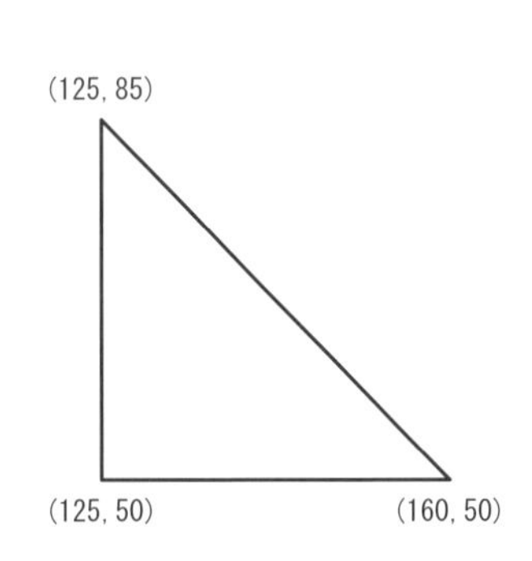
②
(125, 85)
(125, 50)
(160, 50)

ZAHYOU1

⇌ 演習3・3　相対座標入力

内　　容	操 作 手 順
入力画面を準備する.	入力画面の設定方法1による.
相対座標で四角形を作成する. ①	**[ホーム]** タブ **[作成]/線分**　を（SEL） （1点目を指定：）　任意の点A　を（SEL） （次の点を指定……：）　@36，0　[Enter] （次の点を指定……：）　@0，28　[Enter] （次の点を指定……：）　@ −36，0　[Enter] （次の点を指定……：）　**コマンドウィンドウ** の **[閉じる(C)]**　を（SEL）
相対座標で三角形を作成する. ②	**[ホーム]** タブ **[作成]/線分**　を（SEL） （1点目を指定：）　任意の点B　を（SEL） （次の点を指定……：）　@24，0　[Enter] （次の点を指定……：）　@ −24，32　[Enter] （次の点を指定……：）　**コマンドウィンドウ** の **[閉じる(C)]**　を（SEL）
直接距離入力で一筆書き. ③	**ステータスバー** の **[カーソルの動きを直交に強制]**　を（SEL）し, 直交モードにする. **[ホーム]** タブ **[作成]/線分**　を（SEL） （1点目を指定：）　任意の点C　を（SEL） （次の点を指定：）　カーソルを点Cの右側に移動し，40　[Enter] （次の点を指定：）　カーソルを上側に移動し，40　[Enter] （次の点を指定：）　カーソルを左側に移動し，40　[Enter] （次の点を指定：）　カーソルを下側に移動し，30　[Enter] （次の点を指定：）　カーソルを右側に移動し，30　[Enter] （次の点を指定：）　カーソルを上側に移動し，20　[Enter] （次の点を指定：）　カーソルを左側に移動し，20　[Enter] （次の点を指定：）　カーソルを下側に移動し，10　[Enter] （次の点を指定：）　（右）**ショートカットメニュー** の **[Enter]**　を（SEL）
極座標で三角形を作成する. ④	**[ホーム]** タブ **[作成]/線分**　を（SEL） （1点目を指定：）　任意の点D　を（SEL） （次の点を指定……：）　@40<0　[Enter] （次の点を指定……：）　@40<120　[Enter] （次の点を指定……：）　**コマンドウィンドウ** の **[閉じる(C)]**　を（SEL）
極座標で図形を作成する. ⑤	**[ホーム]** タブ **[作成]/線分**　を（SEL） （1点目を指定：）　任意の点E　を（SEL） （次の点を指定……：）　@50<90　[Enter] （次の点を指定……：）　@50< −45　[Enter] （次の点を指定……：）　@20<0　[Enter] （次の点を指定……：）　@50<45　[Enter] （次の点を指定……：）　@50<270　[Enter] （次の点を指定……：）　**コマンドウィンドウ** の **[閉じる(C)]**　を（SEL）

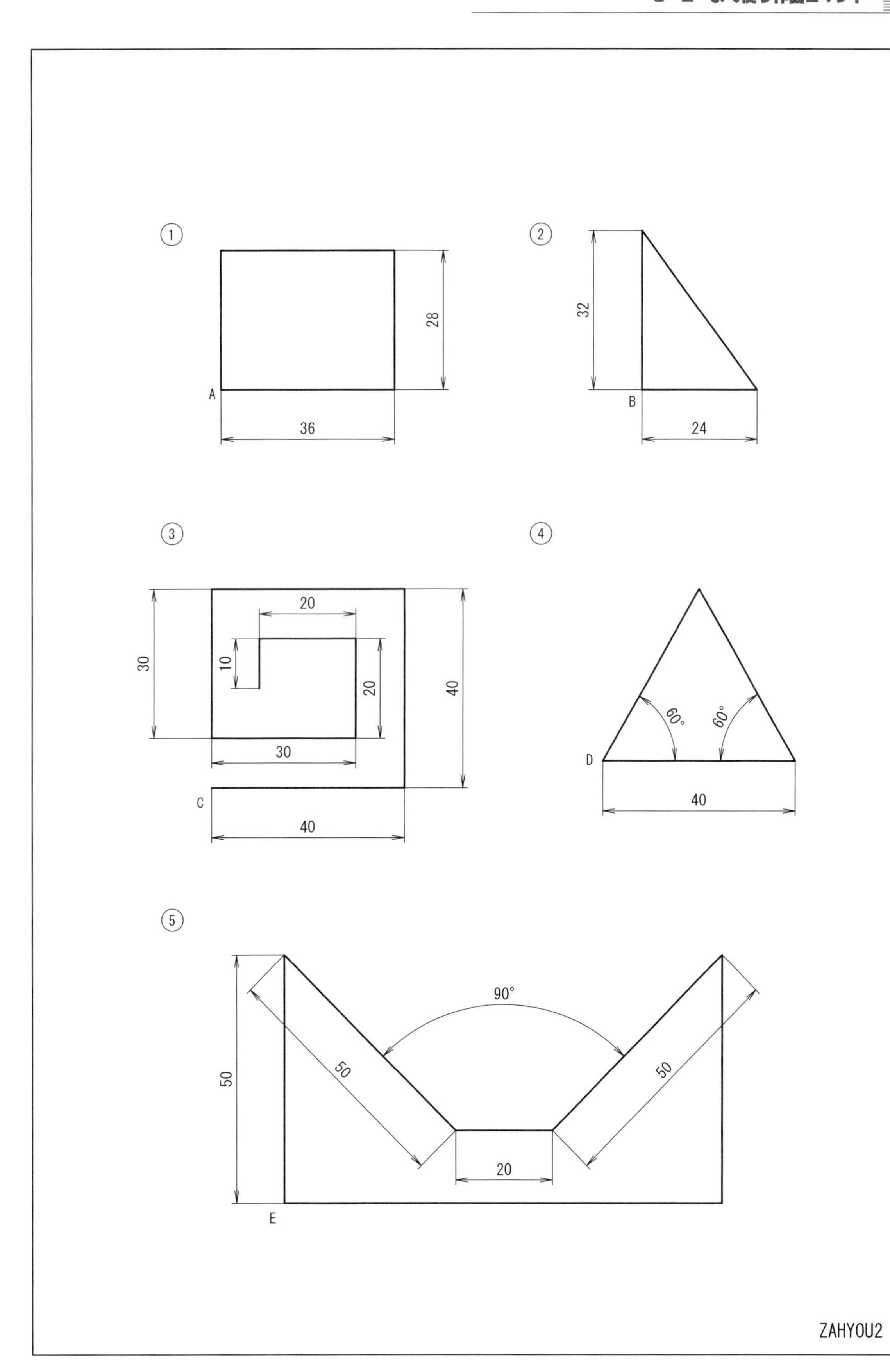
①
28
A
36
②
32
B
24
③
20
10
30
20
40
30
C
40
④
60°
60°
D
40
⑤
90°
50
50
50
20
E
ZAHYOU2

⇄ 演習 3・4　円，円弧，楕円の作成

内　　容	操 作 手 順
入力画面を準備する．	入力画面の設定方法 1 による．
任意の位置に任意の半径の円を作成する．①	**[ホーム]** タブ **[作成]/円/中心, 半径**　を（SEL） （円の中心点を指定……：）　画面上の任意の点 A　を（SEL） （円の半径を指定……：）　画面上の任意の点 B　を（SEL）
任意の 3 点を通る円を作成する．②	**[ホーム]** タブ **[作成]/円/3点**　を（SEL） （円周上の 1 点目を指定：）　画面上の任意の点 A　を（SEL） （円周上の 2 点目を指定：）　画面上の任意の点 B　を（SEL） （円周上の 3 点目を指定：）　画面上の任意の点 C　を（SEL）
線分 A と線分 B に接する半径 15 mm の円を作成する．③	**[ホーム]** タブ **[作成]/線分**　を（SEL） 線分 A を作成する． 以下略 **[ホーム]** タブ **[作成]/円/接点, 接点, 半径**　を（SEL） （円の第 1 の接線に対するオブジェクト上の点を指定：）　線分 A　を（SEL） （円の第 2 の接線に対するオブジェクト上の点を指定：）　線分 B　を（SEL） （円の半径を指定：）　15　[Enter]
任意の三角形 ABC を作成し，これに内接する円を作成する．④	**[ホーム]** タブ **[作成]/線分**　を（SEL） 以下略 **[ホーム]** タブ **[作成]/円/接点, 接点, 接点**　を（SEL） （円周上の 1 点目を指定：）　線分 AB 上の任意の点 D　を（SEL） （円周上の 2 点目を指定：）　線分 BC 上の任意の点 E　を（SEL） （円周上の 3 点目を指定：）　線分 AC 上の任意の点 F　を（SEL）
任意の始点，中心，終点の位置で円弧を作成する．⑤	**[ホーム]** タブ **[作成]/円弧/始点, 中心, 終点**　を（SEL） （円弧の始点を指定……：）　任意の点 A　を（SEL） （円弧の中心点を指定：）　任意の点 B　を（SEL） （円弧の終点を指定……：）　任意の点 C　を（SEL）
任意の始点，中心で，開き角度が 30 度の円弧を作成する．⑥	**[ホーム]タブ [作成]　/円弧/始点, 中心, 角度**　を（SEL） （円弧の始点を指定……：）　任意の点 A　を（SEL） （円弧の中心点を指定：）　任意の点 B　を（SEL） （中心角を指定……：）　30　[Enter]
任意の始点，通過点，終点の 3 点を通る円弧を作成する．⑦	**[ホーム]** タブ **[作成]/円弧/3点**　を（SEL） （円弧の始点を指定……：）　任意の点 A　を（SEL） （円弧の 2 点目を指定……：）　任意の点 B　を（SEL） （円弧の終点を指定……：）　任意の点 C　を（SEL）
任意の点 A, B を長軸の両端点とし，任意の点 C をもう一方の軸の端点とする楕円を作成する．⑧	**[ホーム]** タブ **[作成]/楕円/軸, 端点**　を（SEL） （楕円の軸の 1 点目を指定……：）　任意の点 A　を（SEL） （軸の 2 点目を指定：）　任意の点 B　を（SEL） （もう一方の軸の距離を指定……：）　任意の点 C　を（SEL）
任意の点 D を中心とし，任意の点 E, F をそれぞれの軸の端点とする楕円を作成する．⑨	**[ホーム]** タブ **[作成]/楕円/中心記入**　を（SEL） （楕円の中心を指定：）　任意の点 D　を（SEL） （軸の端点を指定：）　任意の点 E　を（SEL） （もう一方の軸の距離を指定……：）　任意の点 F　を（SEL）

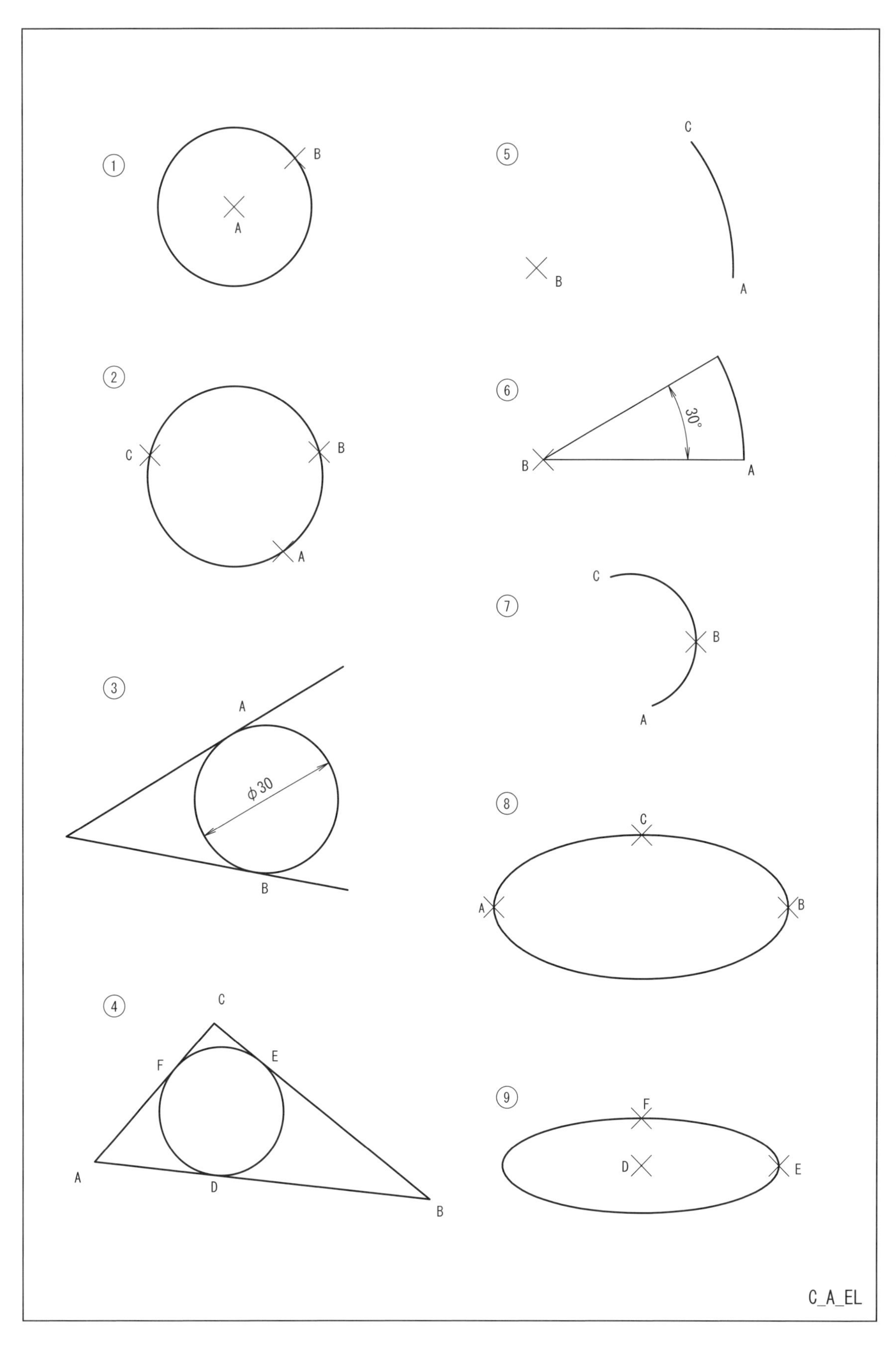
①
B
A
②
C
B
A
③
A
φ30
B
④
C
F
E
A
D
B
⑤
C
B
A
⑥
30°
B
A
⑦
C
B
A
⑧
C
A
B
⑨
F
D
E
C_A_EL

⇄ 演習3・5　一時オブジェクトスナップ（一時Oスナップ）

本書の操作手順に出てくる「端点AをOスナップ」は，「[Shift]＋（右）」で表示されるショートカットメニューの［端点］を選択してから，「カーソルを近づけると表れる点Aのマーカーを選択する」といった一連の操作を意味している（p.026参照）．

内　　容	操　作　手　順
入力画面を準備する．	入力画面の設定方法1による．
任意の大きさの長方形の中に5本の線分AE，EB，DF，FC，GHを作成する．①	まず，任意の大きさの長方形ABCDを作成する． **［ホーム］**タブ**［作成］/線分**　を（SEL） （1点目を指定：）　画面左上の任意の点A　を（SEL） 以下略 まず，折れ線AEBと折れ線DFCを作成する． **［ホーム］**タブ**［作成］/線分**　を（SEL） （1点目を指定：）　端点A　をOスナップ （次の点を指定……：）　線分DCの中点E　をOスナップ （次の点を指定……：）　端点（または交点）B　をOスナップ （次の点を指定……：）（右）**ショートカットメニュー**　の**［Enter］**　を（SEL） （右）**ショートカットメニュー**　の**［繰り返し］**　を（SEL） （1点目を指定：）　端点D　をOスナップ （次の点を指定……：）　線分ABの中点F　をOスナップ 以下略 線分GHを作成する． **［ホーム］**タブ**［作成］/線分**　を（SEL） （1点目を指定：）　交点G　をOスナップ （次の点を指定……：）　交点H　をOスナップ （次の点を指定……：）（右）**ショートカットメニュー**　の**［Enter］**　を（SEL）
任意の半径の円を作成し，次いで，これに内接する正四角形ABCDを作成する．②	**［ホーム］**タブ**［作成］/円/中心,半径**　を（SEL） 以下略 **［ホーム］**タブ**［作成］/線分**　を（SEL） （1点目を指定：）　四半円点A　をOスナップ （次の点を指定……：）　四半円点B　をOスナップ （次の点を指定……：）　四半円点C　をOスナップ （次の点を指定……：）　四半円点D　をOスナップ （次の点を指定……：）　**コマンドウィンドウ**　の**［閉じる(C)］**　を（SEL）
任意の半径の2個の円を作成し，その間に4本の接線を作成する．③	**［ホーム］**タブ**［作成］/円/中心,半径**　を（SEL） 以下略 **［ホーム］**タブ**［作成］/線分**　を（SEL） （1点目を指定：）　左の円の円周上の任意の点A　をOスナップ（接線） （次の点を指定……：）　右の円の円周上の任意の点B　をOスナップ（接線） （次の点を指定……：）（右）**ショートカットメニュー**　の**［Enter］**　を（SEL） （右）**ショートカットメニュー**　の**［繰り返し］**　を（SEL） （1点目を指定：）　左の円の円周上の任意の点C　をOスナップ（接線） （次の点を指定……：）　右の円の円周上の任意の点D　をOスナップ（接線） 以下，同様にしてほかの2接線を作成する．
2個の円の中心の中点Fと線分ABの中点Gを結ぶ線分を作成する．③	**［ホーム］**タブ**［作成］/線分**　を（SEL） （1点目を指定：） [Shift]＋(右)**ショートカットメニュー**　の**［2点間中点］**　を（SEL） （中点の1点目：）　左の円の中心　をOスナップ （中点の2点目：）　右の円の中心　をOスナップ （次の点を指定……：）　線分ABの中点　をOスナップ （次の点を指定……：）（右）**ショートカットメニュー**　の**［Enter］**　を（SEL）
任意の半径の円の内側に，任意の半径の同心円を2個作成する．④	任意の大きさの円を1個作成する． **［ホーム］**タブ**［作成］/円/中心,半径**　を（SEL） 以下略 **［ホーム］**タブ**［作成］/円/中心,半径**　を（SEL） （円の中心点を指定……：）　円の中心A　をOスナップ （円の半径を指定……：）　円の内側の任意の点　を（SEL） 同様にして，さらに内側に同心円を作成する．

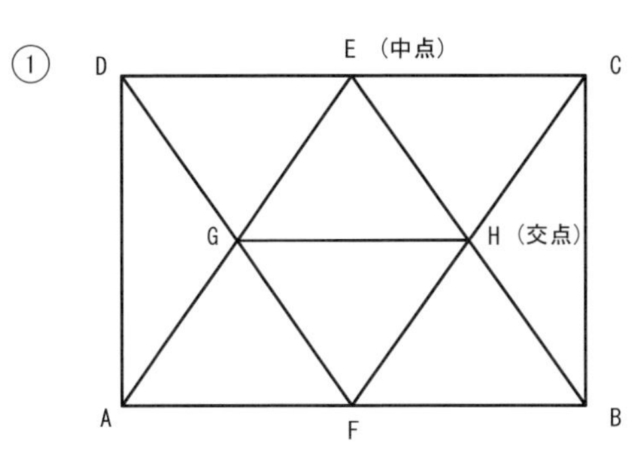

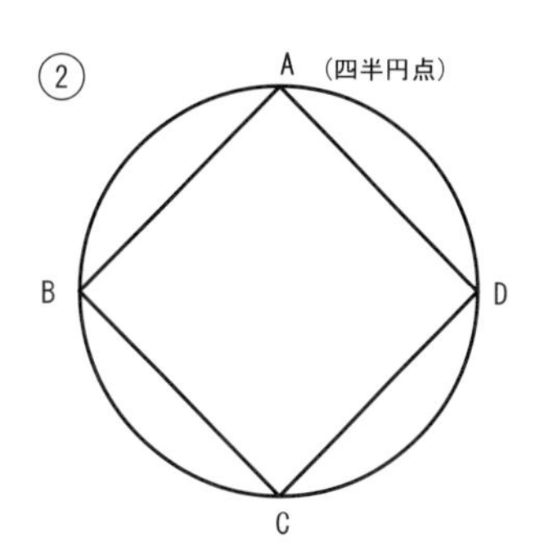

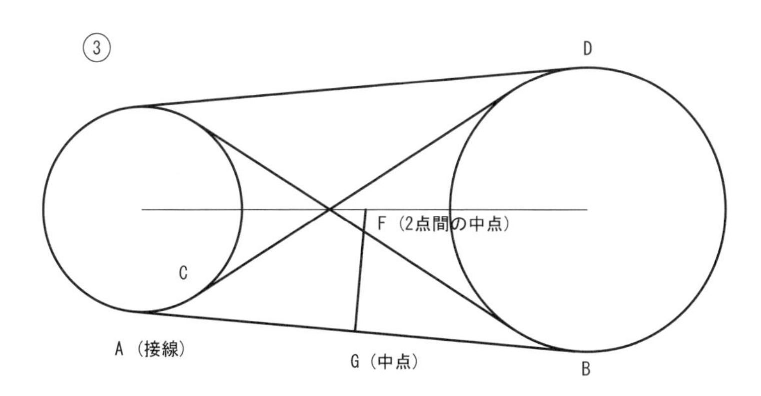

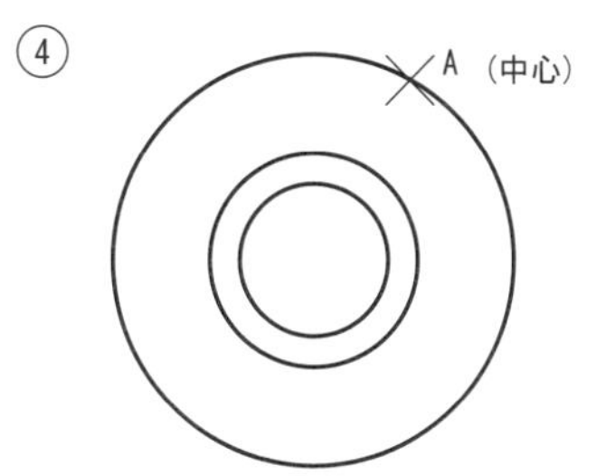

OSNAP

⇄ 演習 3・6　定常オブジェクトスナップ（定常 O スナップ）

定常 O スナップは 1 回 1 回指定する一時 O スナップより非常に便利である．設定中はカーソルがオブジェクト上に吸着しようと働く．必要がないときは，オブジェクト上にカーソルが吸着しないように，解除しておいたほうがよい．初期設定されている O スナップも必要がなければ解除しておく．

内　容	操 作 手 順
入力画面を準備する．	入力画面の設定方法 1 による．
一辺が 50 mm の正方形を作成する．	**[ホーム]** タブ **[作成]**/**線分**　を（SEL） （1 点目を指定：）　画面中央上の任意の点 A　を（SEL） 以下略　····（**演習 3・3** “相対座標入力” を参照）
定常 O スナップを中点に設定する．	**ステータスバー** の **[カーソルを 2D 参照点にスナップ]** 右側にある ■　を（SEL） ［オブジェクトスナップ設定...］　を（SEL） □オブジェクトスナップオン　を（SEL）　····（✔をつける） オブジェクトスナップモード欄 ［すべてクリア］　を（SEL） □中点　を（SEL）　····（✔をつける） ［OK］　を（SEL）
正方形を形成する辺の中点と中点を結ぶ線分を作成する．	**[ホーム]** タブ **[作成]**/**線分**　を（SEL） （1 点目を指定：）　正方形の辺 AB 上の任意の点　を（SEL） （次の点を指定……：）　正方形の辺 BC 上の任意の点　を（SEL） （次の点を指定……：）　正方形の辺 CD 上の任意の点　を（SEL） （次の点を指定……：）　正方形の辺 DA 上の任意の点　を（SEL） （次の点を指定……：）　**コマンドウィンドウ** の **[閉じる(C)]**　を（SEL）
いま作成した正方形の内側にも中点と中点を結ぶ線分を作成する．①	**[ホーム]** タブ **[作成]**/**線分**　を（SEL） 以下略
定常 O スナップを垂線と交点に設定する．	**ステータスバー** の **[カーソルを 2D 参照点にスナップ]** 右側にある ■　を（SEL） ［垂線］および［交点］　を（SEL）　····（垂線と交点にのみ✔をつける）
画面中央に 60 mm × 40 mm の長方形を作成する．	**[ホーム]** タブ **[作成]**/**線分**　を（SEL） 以下略　····（**演習 3・3** “相対座標入力” を参照）
対角線 EG を作成する．	**[ホーム]** タブ **[作成]**/**線分**　を（SEL） （1 点目を指定：）　長方形左下の交点 E　を（SEL） （次の点を指定……：）　長方形右上の交点 G　を（SEL） （次の点を指定……：）　（右）**ショートカットメニュー** の **[Enter]**　を（SEL）
垂線を作成する．②	**[ホーム]** タブ **[作成]**/**線分**　を（SEL） （1 点目を指定：）　長方形左上の交点 H　を（SEL） （次の点を指定……：）　対角線上の任意の点　を（SEL） （次の点を指定……：）　線分 HG 上の任意の点　を（SEL） （次の点を指定……：）　対角線上の任意の点　を（SEL） 以下略
定常 O スナップを中心に設定する．	**ステータスバー** の **[カーソルを 2D 参照点にスナップ]** 右側にある ■　を（SEL） ［中心］　を（SEL）　····（中心にのみ✔をつける）
3 個の小さい円 J，K，L を作成する．	**[ホーム]** タブ **[作成]**/**円**/**中心, 半径**　を（SEL） 以下略　····（**演習 3・4** “円，円弧，楕円の作成” を参照）
円 J，K，L の中心を通る大きい円を作成する．③	**[ホーム]** タブ **[作成]**/**円**/**3 点**　を（SEL） （円周上の 1 点目を指定：）　円 J　を（SEL） （円周上の 2 点目を指定：）　円 K　を（SEL） （円周上の 3 点目を指定：）　円 L　を（SEL）
定常 O スナップを解除しておく．	**ステータスバー** の **[カーソルを 2D 参照点にスナップ]**　を（SEL） ····（設定をオフにする）

①

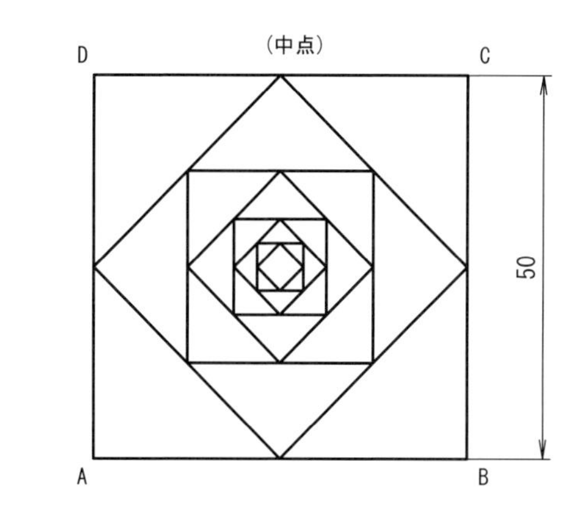

②

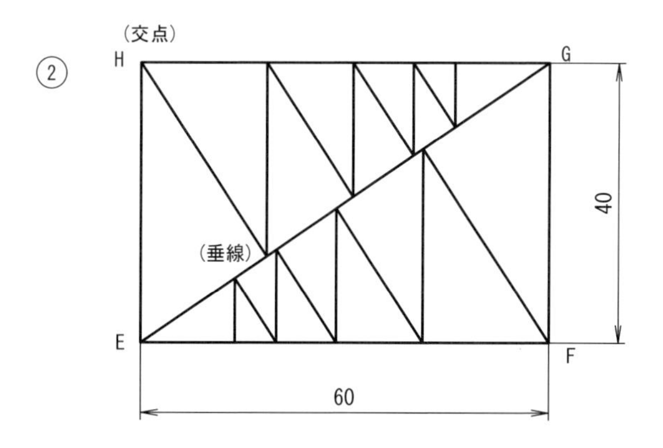

③

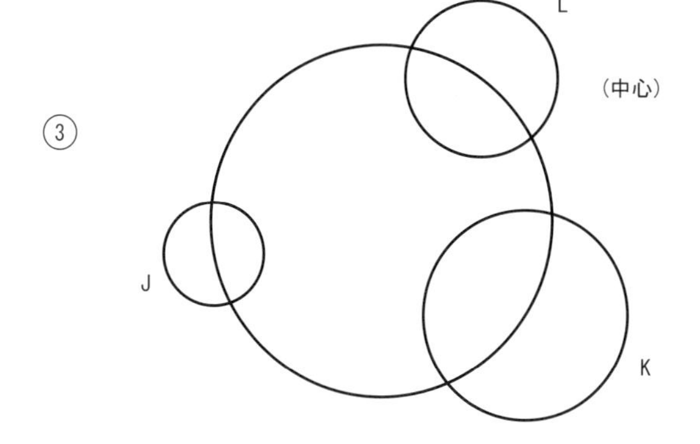

DD_OSNAP

演習3・7　スナップモード

スナップ機能を用いると，グリッドごとにカーソルの動きを制約することができる．等角投影図を作図する場合は，スナップ，グリッドを等角図方向（30度，90度，150度）に配列する等角スナップに設定する．グリッドはズーム操作をすることで表示密度がコントロールされるよう設定されているが，等角図を作図する場合，拡大／縮小ズームをしても指定したグリッド間隔で表示されるよう，設定を変更したほうがよい．

内　容	操作手順
入力画面を準備する．	入力画面の設定方法1による．
スナップの準備をする．	**ステータスバー** の **[作図グリッドを表示]** を（右） [グリッドの設定...] を（SEL） □スナップオン を（SEL）　・・・・（✔をつける） スナップ間隔欄 （スナップX間隔：） 5 と入力 （スナップY間隔：） 5 と入力
グリッドの準備をする．	□グリッドオン を（SEL）　・・・・（✔をつける） グリッド間隔欄 （グリッドX間隔：） 10 と入力 （グリッドY間隔：） 10 と入力
等角図をオフにする．	スナップのタイプ欄 ○グリッドスナップ を（SEL）　・・・・（●をつける） ○矩形状スナップ を（SEL）　・・・・（●をつける） [OK] を（SEL）
線分コマンドで図形①を作成する．	**[ホーム]** タブ **[作成]**/**線分** を（SEL） （1点目を指定：） 画面上部の任意のグリッドA を（SEL） （次の点を指定……：） 点Aの50 mm右側のグリッドB を（SEL） 以下略
線分コマンドで図形②を作成する．	**[ホーム]** タブ **[作成]**/**線分** を（SEL） （1点目を指定：） 点Aに対応する任意のグリッド を（SEL） 以下略
等角図作成の準備をする．	**ステータスバー** の **[作図グリッドを表示]** を（右） [グリッドの設定...] を（SEL） スナップのタイプ欄 ○アイソメスナップ を（SEL）　・・・・（●をつける）
グリッドの表示される間隔をズーム操作で変更されないようにする．	グリッドの動作欄 □アダプティブグリッド を（SEL）　・・・・（✔をとる）
グリッドの間隔を変更する．	グリッド間隔欄 （グリッドY間隔：） 5 と入力 その他は上記で設定したままで変更しない． [OK] を（SEL）
等角図③を作成する．	**[ホーム]** タブ **[作成]**/**線分** を（SEL） （1点目を指定：） 任意のグリッド を（SEL） 以下略 [F5] キーでアイソメ平面左面，アイソメ平面上面，アイソメ平面右面と切り替えて作図する．
等角図④を作成する．	**[ホーム]** タブ **[作成]**/**線分** を（SEL） 以下略 **[ホーム]** タブ **[作成]**/**楕円**/**軸，端点** を（SEL） [F5] キーでアイソメ平面右面にする． （楕円の軸の1点目を指定：） **コマンドウィンドウ** の **[等角円(I)]** を（SEL） （等角円の中心を指定：） 線分ABの中点 を（SEL） （等角円の半径を指定：） 線分ACの中点 を（SEL） （右） **ショートカットメニュー** の **[繰り返し]** を（SEL） [F5] キーでアイソメ平面左面にする． 以下略
スナップ，グリッド，等角図を解除する．	**ステータスバー** の **[作図グリッドを表示]** を（右） [グリッドの設定] を（SEL） □スナップオン を（SEL）　・・・・（✔をとる） スナップのタイプ欄 ○矩形状スナップ を（SEL）　・・・・（●をつける） [OK] を（SEL）

①

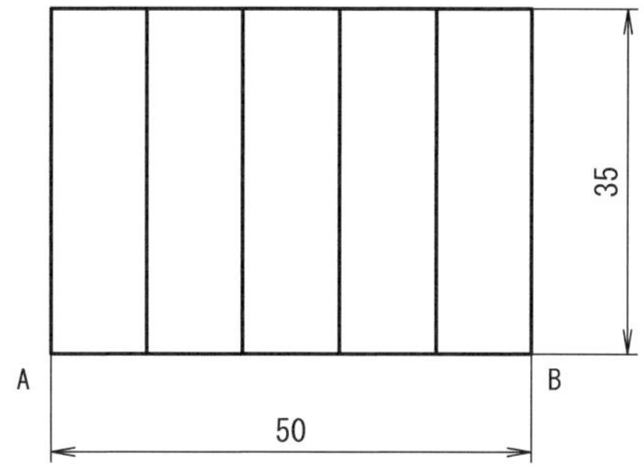

A B 50 35

②

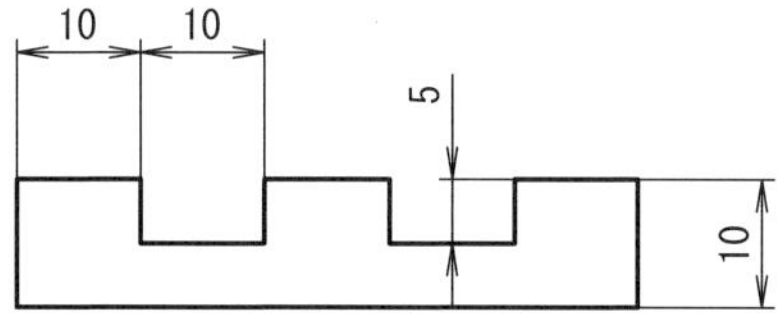

10 10 5 10

③

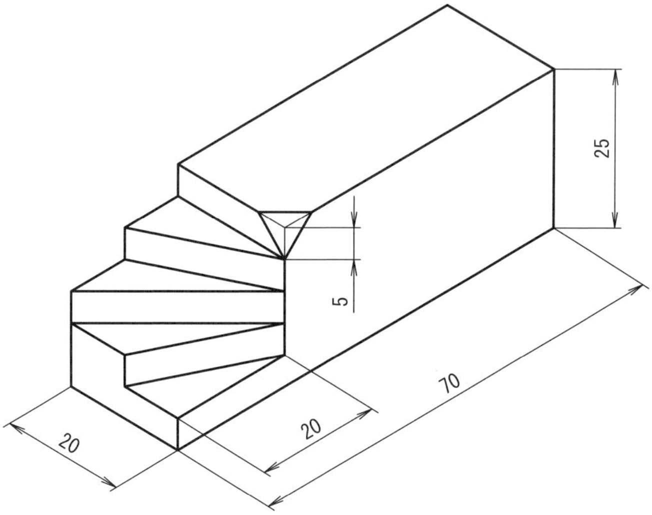

25 5 70 20 20

④

A 30 C 30 30 B

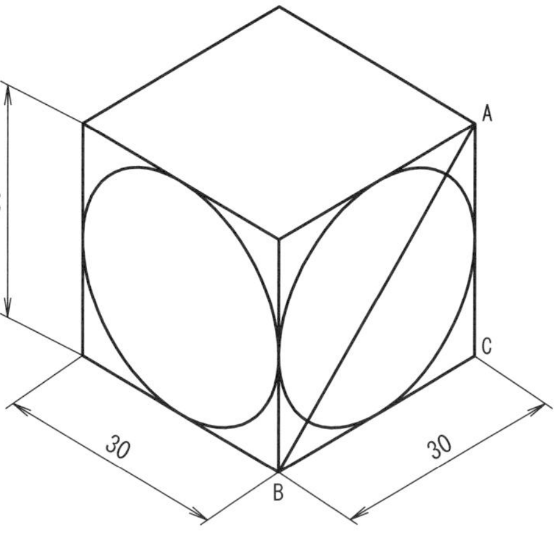

SNAP_ON

⇄ 演習3・8　スプライン曲線の作成

スプライン曲線は指定した点を通る滑らかな曲線で，機械製図の破断線でよく使用する．

内　　　容	操　作　手　順
入力画面を準備する．	入力画面の設定方法1による．
任意の点11からスタートし，点18で終了する曲線を作成する．①	**［ホーム］**タブ **［作成］**/**スプラインフィット**　を（SEL） （1点目を指定……：）　画面上の任意の点11　を（SEL） （次の点を入力：）　任意の点12　を（SEL） （次の点を入力……：）　任意の点13　を（SEL） （次の点を入力……：）　任意の点14　を（SEL） （次の点を入力……：）　任意の点15　を（SEL） （次の点を入力……：）　任意の点16　を（SEL） （次の点を入力……：）　任意の点17　を（SEL） （次の点を入力……：）　任意の点18　を（SEL） （次の点を入力……：）　（右）**ショートカットメニュー** の **［Enter］**　を（SEL）
任意の点21からスタートし，点21で閉じる曲線を作成する．②	**［ホーム］**タブ **［作成］**/**スプラインフィット**　を（SEL） （1点目を指定……：）　画面上の任意の点21　を（SEL） （次の点を入力：）　任意の点22　を（SEL） （次の点を入力……：）　任意の点23　を（SEL） （次の点を入力……：）　任意の点24　を（SEL） （次の点を入力……：）　任意の点25　を（SEL） （次の点を入力……：）　任意の点26　を（SEL） （次の点を入力……：）　**コマンドウィンドウ** の **［閉じる(C)］**　を（SEL）
点31と点35を通る任意の線分を作成する．	**［ホーム］**タブ **［作成］**/**線分**　を（SEL） （1点目を指定：）　画面上の任意の点31　を（SEL） （次の点を指定……：）　@－60，0　［Enter］ （右）**ショートカットメニュー** の **［Enter］**　を（SEL） （右）**ショートカットメニュー** の **［繰り返し］**　を（SEL） （1点目を指定：）　画面上の任意の点35　を（SEL） （次の点を指定……：）　@－60，0　［Enter］ （右）**ショートカットメニュー** の **［Enter］**　を（SEL）
破断線を作成する．③	**［ホーム］**タブ **［作成］**/**スプラインフィット**　を（SEL） （1点目を指定……：）　端点31　をOスナップ （次の点を指定：）　任意の点32　を（SEL） （次の点を指定……：）　任意の点33　を（SEL） （次の点を指定……：）　任意の点34　を（SEL） （次の点を指定……：）　端点35　をOスナップ （次の点を指定……：）　（右）**ショートカットメニュー** の **［Enter］**　を（SEL）

①

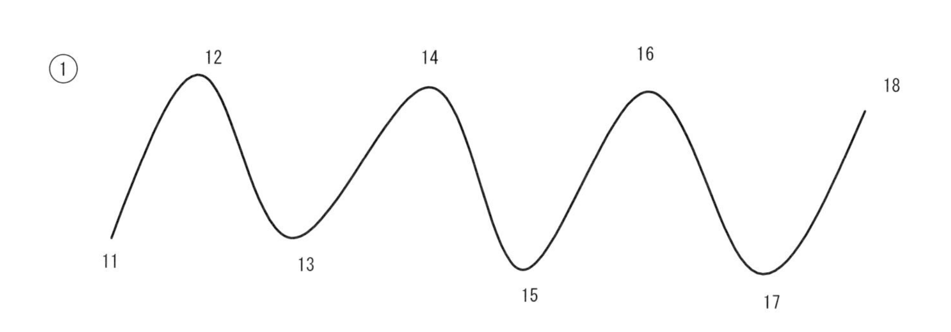

②

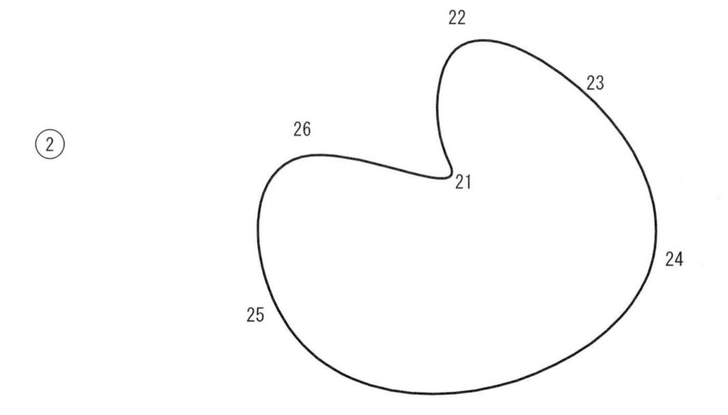

③

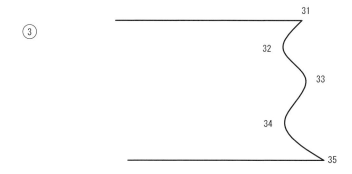

SP_LINE

⇄ 演習３・９ ポリゴンと長方形の作成

ポリラインとは連続した線分，円弧の集まりをひとつにまとめたオブジェクトタイプのことである．ポリゴン（正多角形）も長方形も，ひとつのまとまったポリラインオブジェクトとして扱われる．

内　容	操　作　手　順
入力画面を準備する．	入力画面の設定方法１による．
直径60 mmの円を作成する．	**［ホーム］**タブ **［作成］**/**円**/**中心, 半径** を（SEL） （円の中心点を指定……：） 画面左上の任意の点 を（SEL） （円の半径を指定……：） 30 ［Enter］
円に外接する正五角形を作成する．①	**［ホーム］**タブ **［作成］**/**ポリゴン** を（SEL） （エッジの数を入力：） 5 ［Enter］ （ポリゴンの中心を指定……：） 円の中心 をＯスナップ （オプションを入力［内接(I)/外接(C)］:） **コマンドウィンドウ** の **［外接(C)］** を（SEL） （円の半径を指定：） 円の下側の四半円点 をＯスナップ
一辺の長さが50 mmの正三角形を作成する．②	**［ホーム］**タブ **［作成］**/**ポリゴン** を（SEL） （エッジの数を入力：） 3 ［Enter］ （ポリゴンの中心を指定……：） **コマンドウィンドウ** の **［エッジ(E)］** を（SEL） （エッジの１点目を指定：） 任意の点 を（SEL） （エッジの２点目を指定：） @50，0 ［Enter］
長方形を作成する．③	**［ホーム］**タブ **［作成］**/**長方形** を（SEL） （一方のコーナーを指定……：） 任意の点 を（SEL） （もう一方のコーナーを指定：） @65，35 ［Enter］
長方形を作成する．④	**［ホーム］**タブ **［作成］**/**長方形** を（SEL） （一方のコーナーを指定：） 任意の点Ａ を（SEL） （もう一方のコーナーを指定：） **コマンドウィンドウ** の **［サイズ(D)］** を（SEL） （長方形の長さを指定：） 60 ［Enter］ （長方形の幅を指定：） 25 ［Enter］ （もう一方のコーナーを指定：） 任意の点Ａより右上方向任意の点 を（SEL）
直径20 mmの円を作成する．⑤	**［ホーム］**タブ **［作成］**/**円**/**中心, 半径** を（SEL） （円の中心点を指定……：） 画面上の任意の点 を（SEL） （円の半径を指定……：） 10 ［Enter］
円に外接する正三角形を作成する．	**［ホーム］**タブ **［作成］**/**ポリゴン** を（SEL） （エッジの数を入力：） 3 ［Enter］ （ポリゴンの中心を指定……：） 円の中心 をＯスナップ （オプションを入力［内接(I)/外接(C)］:） **コマンドウィンドウ** の **［外接(C)］** を（SEL） （円の半径を指定：） 円の下側の四半円点 をＯスナップ
正三角形に外接する円を作成する．	**［ホーム］**タブ **［作成］**/**円**/**3点** を（SEL） （円周上の１点目を指定：） 正三角形の頂点 をＯスナップ（端点） （円周上の２点目を指定：） 正三角形の次の頂点 をＯスナップ（端点） （円周上の３点目を指定：） 正三角形の次の頂点 をＯスナップ（端点）
円に外接する正方形を作成する．	**［ホーム］**タブ **［作成］**/**ポリゴン** を（SEL） （エッジの数を入力：） 4 ［Enter］ （ポリゴンの中心を指定……：） 円の中心 をＯスナップ （オプションを入力［内接(I)/外接(C)］:） **コマンドウィンドウ** の **［外接(C)］** を（SEL） （円の半径を指定：） 円の任意の四半円点 をＯスナップ
正方形に外接する円を作成する．	**［ホーム］**タブ **［作成］**/**円**/**3点** を（SEL） （円周上の１点目を指定：） 正方形の頂点 をＯスナップ（端点） （円周上の２点目を指定：） 正方形の次の頂点 をＯスナップ（端点） （円周上の３点目を指定：） 正方形の次の頂点 をＯスナップ（端点）
円に外接する正五角形を作成する．	**［ホーム］**タブ **［作成］**/**ポリゴン** を（SEL） （エッジの数を入力：） 5 ［Enter］ （ポリゴンの中心を指定……：） 円の中心 をＯスナップ （オプションを入力［内接(I)/外接(C)］:） **コマンドウィンドウ** の **［外接(C)］** を（SEL） （円の半径を指定：） 円の下側の四半円点 をＯスナップ

TIPS　Ｏスナップ「図心」

■ Ｏスナップ「図心」を使用すると，ポリゴンや長方形，閉じたポリラインの図心位置を指定することができる．

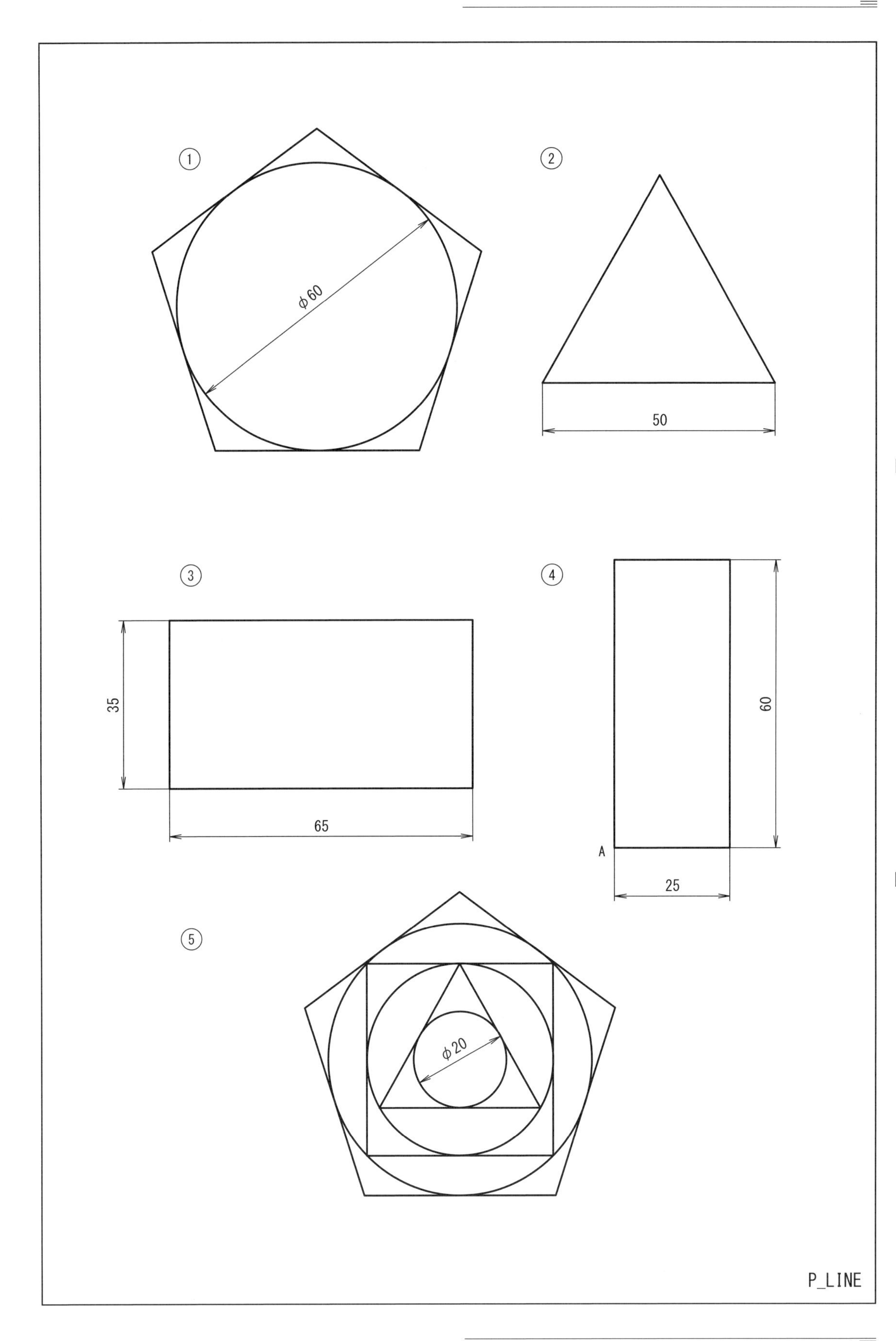

①
φ60
②
50
③
35
65
④
60
A
25
⑤
φ20
P_LINE

演習3・10　文字記入と編集

文字を記入するコマンドには，文字記入コマンドとマルチテキストコマンドがあるが，1行の文字列を図形と同じように移動や複写などの修正ができる文字記入コマンドがよく使用される．

内　　　容	操　作　手　順
入力画面を準備する．	入力画面の設定方法1による．
文字列“12345”を入力する．①	**[ホーム]** タブ **[注釈]/文字記入**　を（SEL） （文字列の始点を指定……：）　画面上の任意の点A　を（SEL） （高さを指定：）　10　[Enter] （文字列の角度を指定：）　0　[Enter] 12345　[Enter] [Enter]
長方形とその対角線を作成する．	**[ホーム]** タブ **[作成]/長方形**　を（SEL） （一方のコーナーを指定……：）　任意の点B　を（SEL） （もう一方のコーナーを指定：）　@100，20　[Enter] **[ホーム]** タブ **[作成]/線分**　を（SEL） （1点目を指定：）　長方形の頂点B　をOスナップ（端点） （次の点を指定……：）　対角線方向の頂点　をOスナップ（端点） （次の点を指定……：）（右）**ショートカットメニュー** の **[Enter]**　を（SEL）
長方形の真ん中に文字列を入力する．②	**[ホーム]** タブ **[注釈]/文字記入**　を（SEL） （文字列の始点を指定……：） **コマンドウィンドウ** の **[位置合わせオプション(J)]**　を（SEL） **コマンドウィンドウ** の **[中央(M)]**　を（SEL） （文字列の中央点を指定：）　対角線中点　をOスナップ （高さを指定：）　10　[Enter] （文字列の角度を指定：）　0　[Enter] ABCDEFG　[Enter] [Enter]
線分CDを作成する．	**[ホーム]** タブ **[作成]/線分**　を（SEL） 以下略
線分の中央に文字列を入力する．③	**[ホーム]** タブ **[注釈]/文字記入**　を（SEL） （文字列の始点を指定……：） **コマンドウィンドウ** の **[位置合わせオプション(J)]**　を（SEL） **コマンドウィンドウ** の **[中心(C)]**　を（SEL） （文字列の中心点を指定：）　線分の中点　をOスナップ （高さを指定：）　10　[Enter] （文字列の角度を指定：）　0　[Enter] ABCDEFG　[Enter] [Enter]
右詰めで文字列を入力する．④	**[ホーム]** タブ **[注釈]/文字記入**　を（SEL） （文字列の始点を指定……：） **コマンドウィンドウ** の **[位置合わせオプション(J)]**　を（SEL） **コマンドウィンドウ** の **[右寄せ(R)]**　を（SEL） （文字列の基準線の右端点を指定：）　任意の点E　を（SEL） （高さを指定：）　10　[Enter] （文字列の角度を指定：）　0　[Enter]

①　12345
A

②　ABCDEFG
B　100　20

③　ABCDEFG
C　D

④　15000
E
Ø50
±0.01
25
5000
450

T_EXT

	15000 [Enter] %%C50 [Enter] %%P0.01 [Enter] 25 [Enter] 5000 [Enter] 450 [Enter] [Enter]
文字列を斜体にする．⑤	文字列 “12345” を（SEL） （右）**ショートカットメニュー** の **[オブジェクトプロパティ管理]** を（SEL） プロパティパレットに選択した文字列の情報が表示される． （傾斜角度） 30 [Enter] パレットの外側にカーソルを移動 [Esc]
文字列の幅を狭くする．⑥	文字列 “ABCDEFG” を（SEL） （幅係数） 0.7 [Enter] パレットの外側にカーソルを移動 [Esc]
文字列の向きを変更する．⑦	文字列 “ABCDEFG” を（SEL） （回転角度） 15 [Enter] ☒ を（SEL） ‥‥（プロパティパレットを閉じる） [Esc]
文字列の内容を変更する．⑧	**修正する文字列をダブルクリック** 文字列を修正する [Enter] （注釈オブジェクトを選択：） 修正する文字列 を（SEL） 途中略 [Esc]

TIPS 特殊記号入力

■ 次の3つの記号は特殊な方法で入力する．

直径（ϕ） %%C
角度（°） %%D
寸法公差（±） %%P

■ 550にアンダーラインをつけるには，%%U550%%U と入力する．

TIPS 文字列の修正

■「オブジェクトプロパティ管理」コマンドでは，プロパティパレットで文字列の位置の変更，大きさ，向き，文字幅の調整，傾斜角度，文字列の内容などを変更することができる．文字記入コマンドで入力した文字列は，1行単位で1つのオブジェクトとして扱うことができる．他のオブジェクト同様，移動，複写，回転，尺度変更などができる．

⑤ *12345*

⑥ ABCDEFG

⑦ ABCDEFG

⑧ 14000
Ø50
±0.01
26
5000
480

TE_DIT

⇄ 演習3・11 寸 法 記 入

ここでは，寸法線が外形線と同じ太さになってしまうが，あらかじめ画層管理コマンドで寸法図形の画層を設定すれば問題はない（p.075 参照）.

内　　容	操作手順
入力画面を準備する.	入力画面の設定方法 1 による.
寸法を記入する図形（①②③④）を作成する.	省略
水平寸法を記入する. ①	**[ホーム]** タブ **[注釈]/長さ寸法記入**　を（SEL） （1 本目の寸法補助線の起点を指定……：）　端点 A　を O スナップ （2 本目の寸法補助線の起点を指定：）　端点 B　を O スナップ （寸法線の位置を指定……：）　寸法を記入する位置　を（SEL）
垂直寸法を記入する（オブジェクトを直接選択する方法）.	（右）**ショートカットメニュー** の **[繰り返し]**　を（SEL） （1 本目の寸法補助線の起点を指定……：）（右） （寸法記入するオブジェクトを選択：）　線分 AD　を（SEL） （寸法線の位置を指定……：）　寸法を記入する位置　を（SEL）
平行寸法を記入する.	**[ホーム]** タブ **[注釈]/平行寸法記入**　を（SEL） （1 本目の寸法補助線の起点を指定……：）　端点 C　を O スナップ （2 本目の寸法補助線の起点を指定：）　端点 D　を O スナップ （寸法線の位置を指定……：）　寸法を記入する位置　を（SEL）
角度寸法を記入する.	**[ホーム]** タブ **[注釈]/角度寸法記入**　を（SEL） （円弧，円，線分を選択……：）　線分 AB　を（SEL） （2 本目の線分を選択：）　線分 AD　を（SEL） （円弧寸法線の位置を指定……：）　寸法を記入する位置　を（SEL） （右）**ショートカットメニュー** の **[繰り返し]**　を（SEL） （円弧，円，線分を選択……：）　線分 AD　を（SEL） （2 本目の線分を選択：）　線分 DC　を（SEL） （円弧寸法線の位置を指定……：）　寸法を記入する位置　を（SEL）
直径寸法を記入する. ②	**[ホーム]** タブ **[注釈]/直径寸法記入**　を（SEL） （円弧または円を選択：）　円周上の任意の点　を（SEL） （寸法線の位置を指定……：）　寸法を記入する位置　を（SEL）　‥‥（円の外側）
半径寸法を記入する. ③	**[ホーム]** タブ **[注釈]/半径寸法記入**　を（SEL） （円弧または円を選択：）　円弧上の任意の点　を（SEL） （寸法線の位置を指定……：）　寸法を記入する位置　を（SEL）　‥‥（円の内側）
直列寸法を記入する. ④	**[ホーム]** タブ **[注釈]/長さ寸法記入**　を（SEL） （1 本目の寸法補助線の起点を指定……：）　端点 G　を O スナップ （2 本目の寸法補助線の起点を指定：）　端点 H　を O スナップ （寸法線の位置を指定……：）　寸法を記入する位置　を（SEL） **[注釈]** タブ **[寸法記入]/直列寸法記入**　を（SEL） （2 本目の寸法補助線の起点を指定……：）　端点 I　を O スナップ （2 本目の寸法補助線の起点を指定……：）　端点 J　を O スナップ （2 本目の寸法補助線の起点を指定……：） （右）**ショートカットメニュー** の **[Enter]**　を（SEL） （直列記入の寸法オブジェクトを選択：）（右） ‥‥（垂直寸法は作図時に必要とするだけなので記入しなくてもよい）
φ付き寸法などを記入する図形を作成する. ⑤	**[ホーム]** タブ **[作成]/長方形**　を（SEL） （一方のコーナーを指定……：）　画面上の任意の点 K　を（SEL） （もう一方のコーナーを指定：）　@88，55　[Enter] **[ホーム]** タブ **[作成]/線分**　を（SEL） （1 点目を指定：）　点 K　を O スナップ（端点） （次の点を指定……：）　@5，5　[Enter] （次の点を指定……：）　@25<15　[Enter] （次の点を指定……：）　@55<40　[Enter]

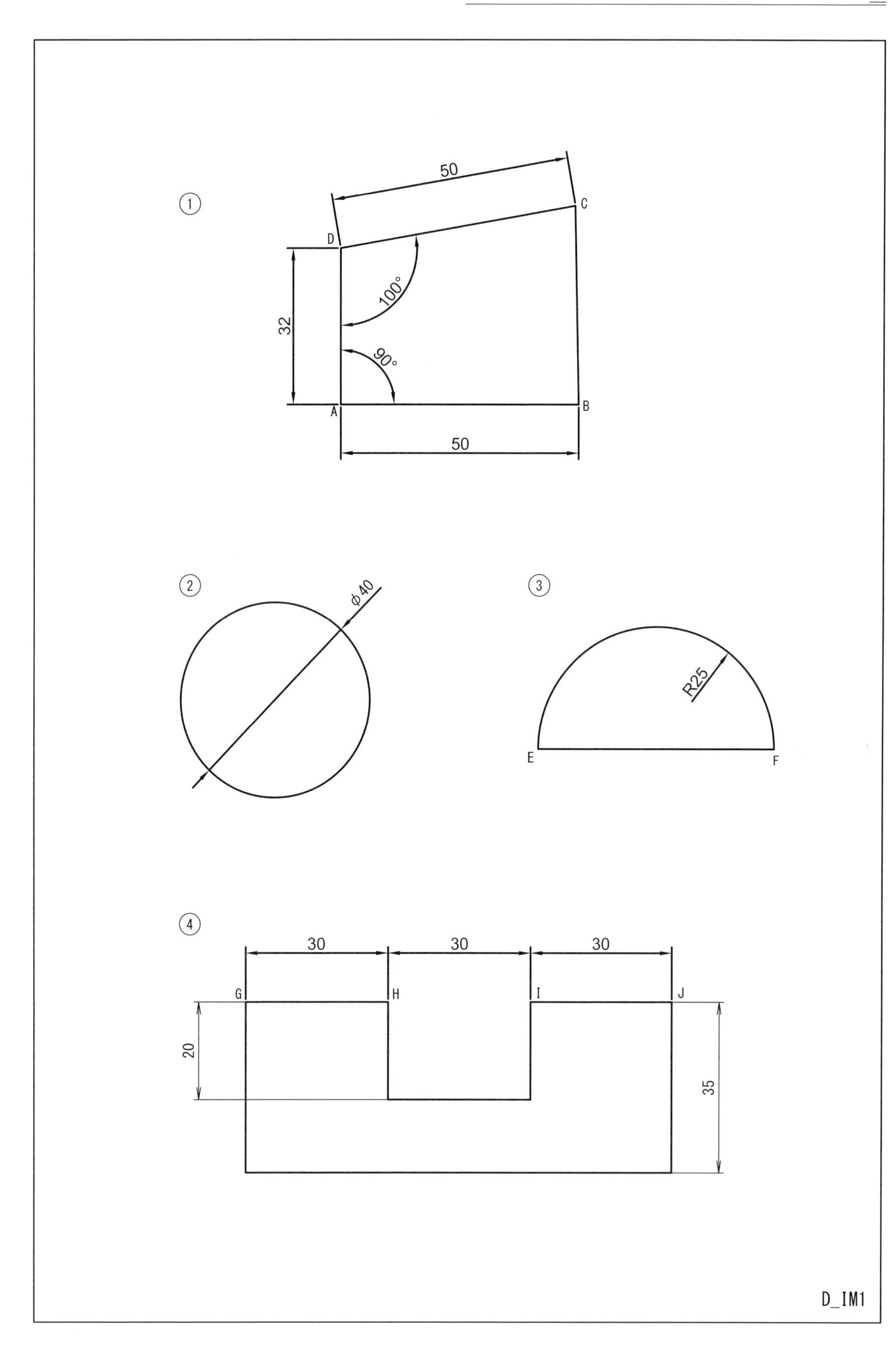
①
50
C
D
100°
32
90°
A
B
50
②
φ40
③
R25
E
F
④
30
30
30
G
H
I
J
20
35
D_IM1

	（次の点を指定……：）　@25<195　[Enter] （次の点を指定……：）　端点 O　を O スナップ （次の点を指定……：）（右）**ショートカットメニュー** の **[Enter]**　を（SEL）
φ 55 の垂直寸法を記入する．⑤	**[ホーム]** タブ **[注釈]/長さ寸法記入**　を（SEL） （1 本目の寸法補助線の起点を指定……：）　端点 L　を O スナップ （2 本目の寸法補助線の起点を指定：）　端点 M　を O スナップ （寸法線の位置を指定……：）　**コマンドウィンドウ** の **[寸法値(T)]**　を（SEL） （寸法値を入力：）　%%C< >　[Enter] （寸法線の位置を指定……：）　寸法を記入する位置　を（SEL）
長さ寸法の中の回転オプションを使用する．	**[ホーム]** タブ **[注釈]/長さ寸法記入**　を（SEL） （1 本目の寸法補助線の起点を指定……：）　端点 P　を O スナップ （2 本目の寸法補助線の起点を指定：）　端点 Q　を O スナップ （寸法線の位置を指定……：）　**コマンドウィンドウ** の **[回転(R)]**　を（SEL） （寸法線の角度を指定：）　15　[Enter] （寸法線の位置を指定……：）　**コマンドウィンドウ** の **[寸法値(T)]**　を（SEL） （寸法値を入力：）　(< >)　[Enter] （寸法線の位置を指定……：）　寸法を記入する位置　を（SEL）
その他の寸法を記入する．	以下略
引出線寸法を記入する．	**[ホーム]** タブ **[注釈]/引出線**　を（SEL） （引出線の矢印の位置を指定……：） 線分 MN 上の任意の点 R　を O スナップ（近接点） （引出参照線の位置を指定：）　点 R より右上の任意の点 S　を（SEL） 表示されたテキストボックスに A　と入力 何も作図されていない任意の位置　を（SEL）
傾斜した寸法補助線を記入する図形を作成する．	**[ホーム]** タブ **[作成]/線分**　を（SEL） （1 点目を指定：）　画面上の任意の点 T　を（SEL） 以下略
水平寸法を記入する．⑥	**[ホーム]** タブ **[注釈]/長さ寸法記入**　を（SEL） （1 本目の寸法補助線の起点を指定……：）　端点 U　を O スナップ （2 本目の寸法補助線の起点を指定：）　端点 V　を O スナップ （寸法線の位置を指定……：）　寸法を記入する位置　を（SEL） （右）**ショートカットメニュー** の **[繰り返し]**　を（SEL） （1 本目の寸法補助線の起点を指定……：）　端点 W　を O スナップ （2 本目の寸法補助線の起点を指定：）　端点 X　を O スナップ （寸法線の位置を指定……：）　寸法を記入する位置　を（SEL） 以下略
傾斜した寸法補助線に変更する．⑦	**[注釈]** タブ **[寸法記入]/スライド寸法**　を（SEL） （オブジェクトを選択：）　26 mm の水平寸法　を（SEL） （オブジェクトを選択：）　28 mm の水平寸法　を（SEL） （オブジェクトを選択：）（右） （スライド角度……：）　60　[Enter]

TIPS　実長記号 "< >"

■ 実際に計測された寸法値に関しては，自動調整寸法機能が働く．寸法記入後の図形（計測した図形と寸法図形）を尺度変更やストレッチで修正すると，修正後の寸法値は自動的に変更される．ただし，寸法値の数値を変更していると自動調整されない．この実際に計測された値すなわち実長値は "< >" の記号で管理されている．もし，接頭表記，接尾表記〔例：φ 5，(55) など〕をする場合は，実長記号 "< >" を用いて記入する．

TIPS　マルチ引出線

■ 「引出線」コマンドは，マルチ引出線オブジェクトを作成する．マルチ引出線オブジェクトは，矢印，水平参照線，直線または曲線の引出線と，マルチテキストまたはブロックで構成される．引出線の矢印の位置を指定，引出参照線を指定，または内容を指定することで簡単に記入できる．

TIPS　[注釈] タブからの実行

■ リボン [注釈] タブ からも，文字記入，寸法記入，マルチ引出線のコマンドの実行ができる．

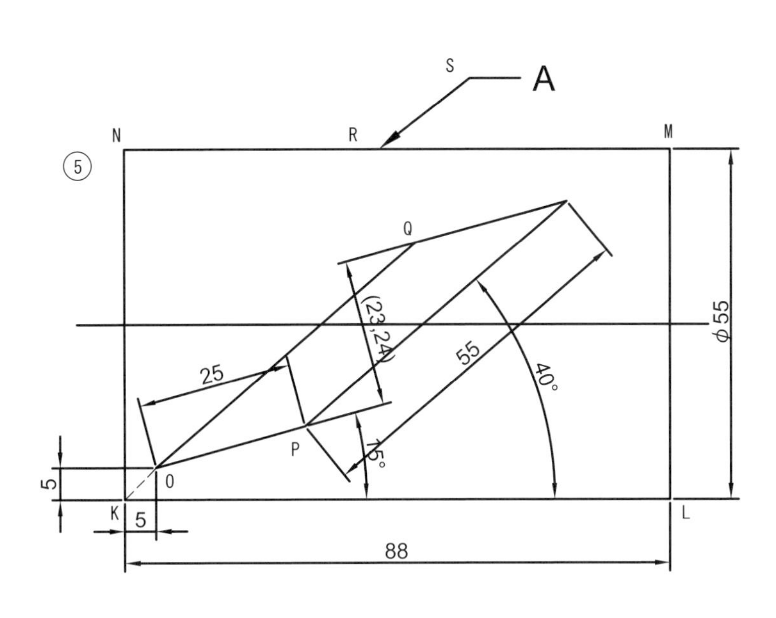

S
A
N
R
M
⑤
Q
(23,24)
25
55
φ55
40°
P
15°
5
O
K
5
L
88

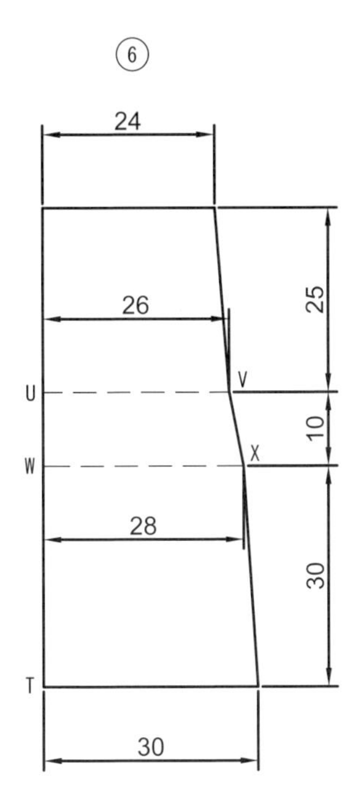

⑥
24
26
25
U
V
10
W
X
28
30
T
30

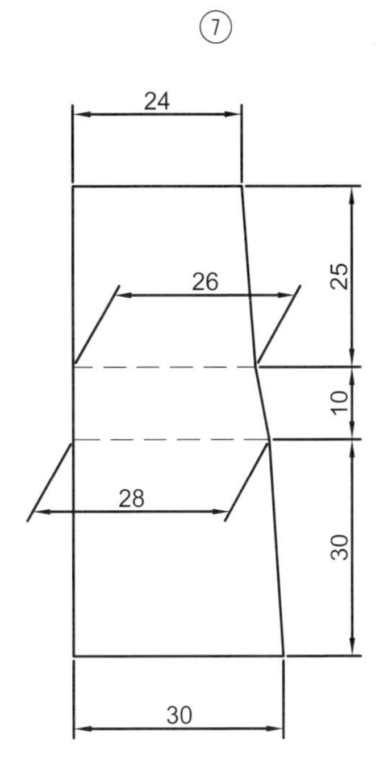

⑦
24
26
25
10
28
30
30

D_IM2

参考　多彩な寸法を作図できる寸法記入コマンド

［ホーム］タブ［注釈］/ 寸法記入コマンドを使うと，このアイコンボタンからの１回のコマンド実行で，複数の種類の寸法を複数個記入することができる．

コマンドを実行し寸法を記入するオブジェクトにカーソルを合わせると，自動的に適した種類の寸法がプレビュー表示される．記入したい寸法図形がプレビューされたところで，クリックし，位置を指定すると，簡単に寸法が記入できる．

このコマンドは，垂直寸法，水平寸法，平行寸法，長さ寸法，角度寸法，半径寸法，直径寸法，折り曲げ半径寸法，弧長さ寸法，並列寸法，直列寸法に対応している．

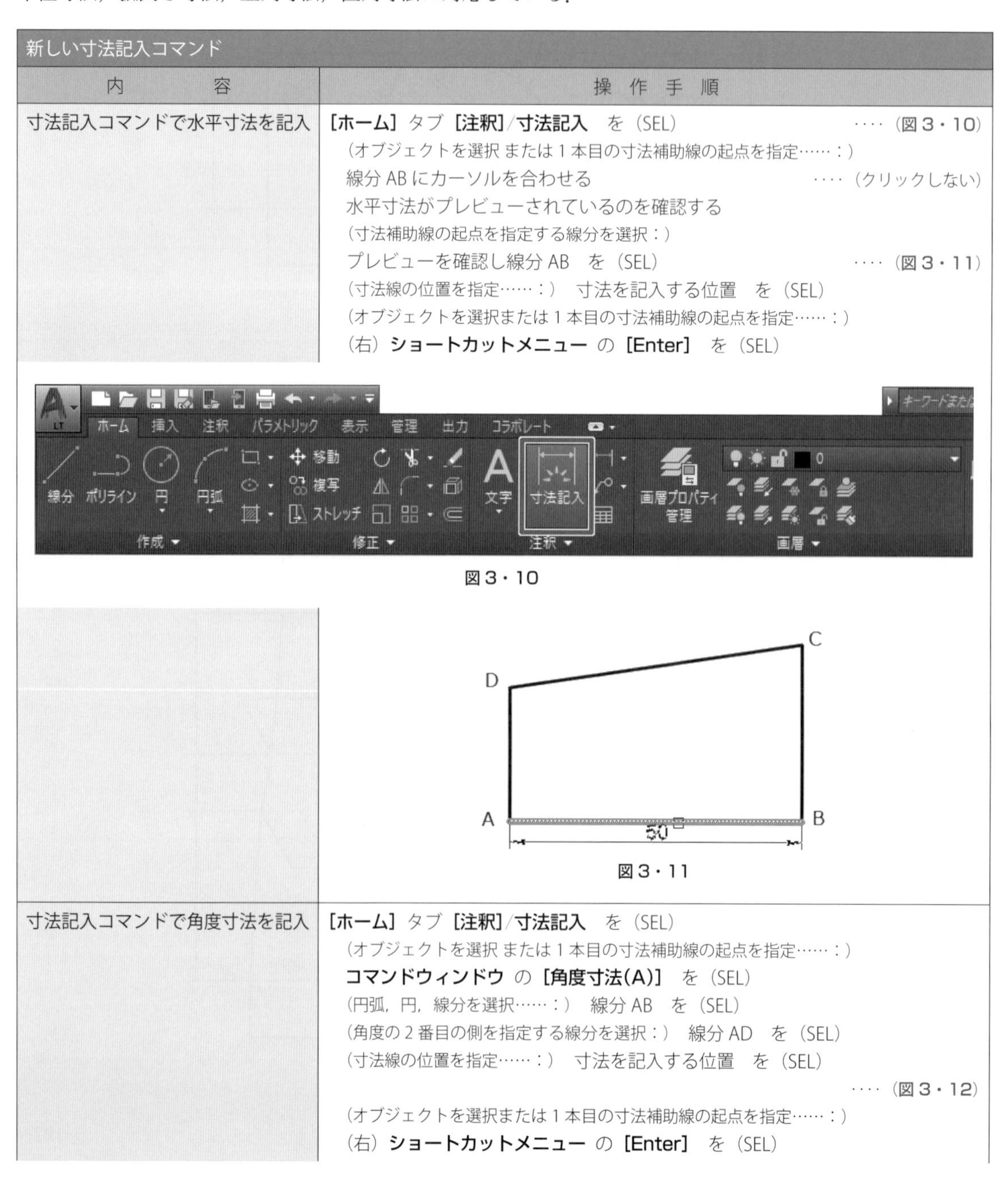

新しい寸法記入コマンド	
内　　容	操　作　手　順
寸法記入コマンドで水平寸法を記入	**［ホーム］**タブ **［注釈］/寸法記入** を（SEL）　····（図３・10） （オブジェクトを選択 または１本目の寸法補助線の起点を指定……：） 線分 AB にカーソルを合わせる　····（クリックしない） 水平寸法がプレビューされているのを確認する （寸法補助線の起点を指定する線分を選択：） プレビューを確認し線分 AB　を（SEL）　····（図３・11） （寸法線の位置を指定……：）　寸法を記入する位置　を（SEL） （オブジェクトを選択または１本目の寸法補助線の起点を指定……：） （右）**ショートカットメニュー** の **［Enter］** を（SEL）

図３・10

図３・11

内　　容	操　作　手　順
寸法記入コマンドで角度寸法を記入	**［ホーム］**タブ **［注釈］/寸法記入** を（SEL） （オブジェクトを選択 または１本目の寸法補助線の起点を指定……：） **コマンドウィンドウ** の **［角度寸法(A)］** を（SEL） （円弧，円，線分を選択……：）　線分 AB　を（SEL） （角度の２番目の側を指定する線分を選択：）　線分 AD　を（SEL） （寸法線の位置を指定……：）　寸法を記入する位置　を（SEL） ····（図３・12） （オブジェクトを選択または１本目の寸法補助線の起点を指定……：） （右）**ショートカットメニュー** の **［Enter］** を（SEL）

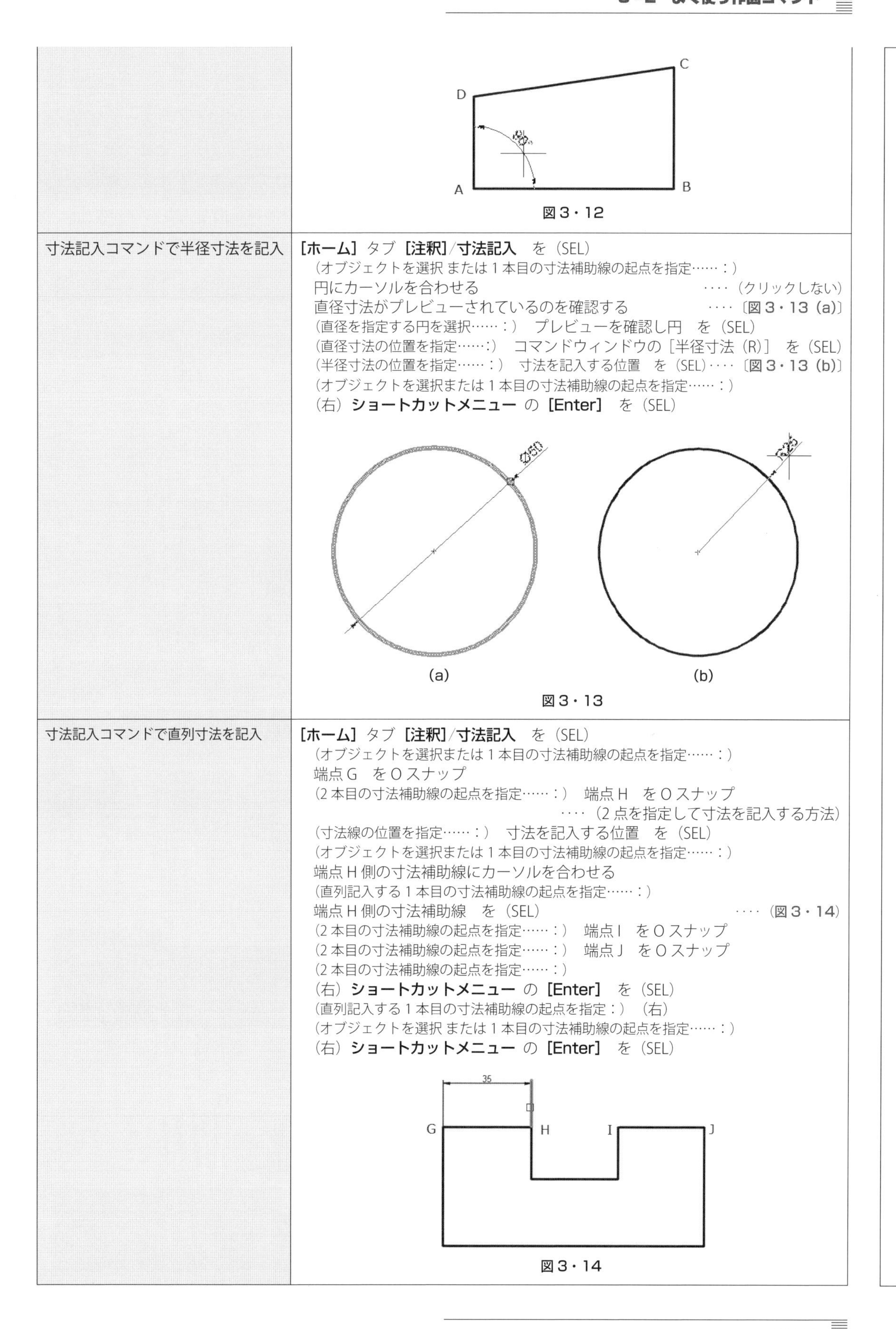

	図3・12
寸法記入コマンドで半径寸法を記入	**[ホーム]** タブ **[注釈]**/**寸法記入**　を（SEL） （オブジェクトを選択 または 1 本目の寸法補助線の起点を指定……：） 円にカーソルを合わせる　····（クリックしない） 直径寸法がプレビューされているのを確認する　····〔図3・13 (a)〕 （直径を指定する円を選択……：）　プレビューを確認し円　を（SEL） （直径寸法の位置を指定……:）　コマンドウィンドウの［半径寸法（R）］　を（SEL） （半径寸法の位置を指定……：）　寸法を記入する位置　を（SEL）····〔図3・13 (b)〕 （オブジェクトを選択または 1 本目の寸法補助線の起点を指定……：） （右）**ショートカットメニュー** の **[Enter]**　を（SEL） (a)　(b) 図3・13
寸法記入コマンドで直列寸法を記入	**[ホーム]** タブ **[注釈]**/**寸法記入**　を（SEL） （オブジェクトを選択または 1 本目の寸法補助線の起点を指定……：） 端点 G　を O スナップ （2 本目の寸法補助線の起点を指定……：）　端点 H　を O スナップ ····（2 点を指定して寸法を記入する方法） （寸法線の位置を指定……：）　寸法を記入する位置　を（SEL） （オブジェクトを選択または 1 本目の寸法補助線の起点を指定……：） 端点 H 側の寸法補助線にカーソルを合わせる （直列記入する 1 本目の寸法補助線の起点を指定……：） 端点 H 側の寸法補助線　を（SEL）　····（図3・14） （2 本目の寸法補助線の起点を指定……：）　端点 I　を O スナップ （2 本目の寸法補助線の起点を指定……：）　端点 J　を O スナップ （2 本目の寸法補助線の起点を指定……：） （右）**ショートカットメニュー** の **[Enter]**　を（SEL） （直列記入する 1 本目の寸法補助線の起点を指定：）（右） （オブジェクトを選択 または 1 本目の寸法補助線の起点を指定……：） （右）**ショートカットメニュー** の **[Enter]**　を（SEL） 図3・14

演習 3・12　ハッチング

ハッチング作成には，さまざまな絵柄を表しているパターンの中から選択する方法と，パターンを選択せずに，線の角度と，線と線の間隔を指定して独自のハッチングを選択する方法とがあり，ここでは，この2通りの方法を説明する．ハッチングコマンドを実行すると，リボンの表示が「ハッチング作成」専用のコンテキストタブに切り替わる．なお，寸法記入と同様，ハッチングの線も外形線と同じ太さになってしまうが，くわしくは **3・3** 節（p.075）を参照．

内　容	操作手順
入力画面を準備する．	入力画面の設定方法 1 による．
図形を作成する．	**［ホーム］**タブ**［作成］/線分**　を（SEL） （1 点目を指定：）　画面上の任意の点 A　を（SEL） （次の点を指定……：）　@50，0　［Enter］ （次の点を指定……：）　@0，－25　［Enter］ （次の点を指定……：）　@20，0　［Enter］ （次の点を指定……：）　@0，－60　［Enter］ （次の点を指定……：）　@－20，0　［Enter］ （次の点を指定……：）　@0，－25　［Enter］ （次の点を指定……：）　@－50，0　［Enter］ （次の点を指定……：）　@0，25　［Enter］ （次の点を指定……：）　@－20，0　［Enter］ （次の点を指定……：）　@0，60　［Enter］ （次の点を指定……：）　@20，0　［Enter］ （次の点を指定……：）　**コマンドウィンドウ** の **［閉じる(C)］**　を（SEL） （コマンド：）（右）**ショートカットメニュー** の **［繰り返し］**　を（SEL） （1 点目を指定：）　線分 AB の中点　を O スナップ （次の点を指定……：）　線分 CD の中点　を O スナップ （次の点を指定……：）（右）**ショートカットメニュー** の **［Enter］**　を（SEL） **［ホーム］**タブ**［作成］/円弧/中心，始点，終点**　を（SEL） （円弧の中心点を指定：）　線分 EF の中点　を O スナップ （円弧の始点を指定：）　@0，－25　［Enter］ （円弧の終点を指定……：）　@0，25　［Enter］ （コマンド：）（右）**ショートカットメニュー** の **［繰り返し］**　を（SEL） （円弧の中心点を指定：）　線分 GH の中点　を O スナップ （円弧の始点を指定：）　@0，25　［Enter］ （円弧の終点を指定……：）　@0，－25　［Enter］
①の部分にハッチングを施す．	**［ホーム］**タブ**［作成］/ハッチング**　を（SEL） **［ハッチング作成］**タブ**［パターン］/［ANSI31］**　を（SEL） **［ハッチング作成］**タブ**［プロパティ］**（ハッチングパターンの尺度：）　0.5　と入力 **［ハッチング作成］**タブ**［境界］/［点をクリック］**　を（SEL） （内側の点をクリック：）　① の領域内　を（SEL） **［ハッチング作成］**タブ**［閉じる］/［ハッチング作成］**　を（SEL）
②の部分にハッチングを施す．	（右）**ショートカットメニュー** の **［繰り返し］**　を（SEL） **［ハッチング作成］**タブ**［プロパティ］**（ハッチングのタイプ：）　ユーザ定義　を（SEL） （角度：）　－45　と入力 （ハッチングの間隔：）　2　と入力 **［ハッチング作成］**タブ**［境界］/［点をクリック］**　を（SEL） （内側の点をクリック：）　② の領域内　を（SEL） **［ハッチング作成］**タブ**［閉じる］/［ハッチング作成を閉じる］**　を（SEL）

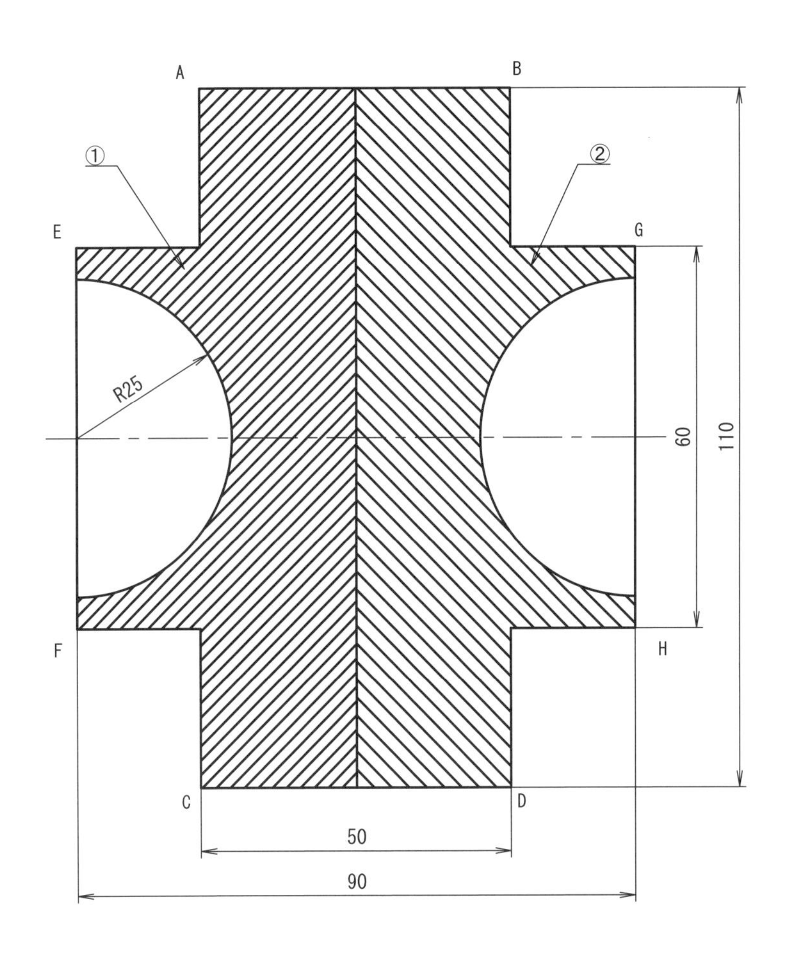

BHATCH

参考　ハッチングのオプション機能

1.　ハッチングの原点

ハッチングパターンの絵柄は，原点で位置合わせされているが，ハッチングの原点位置を変更してオブジェクトに絵柄を合わせることができる．

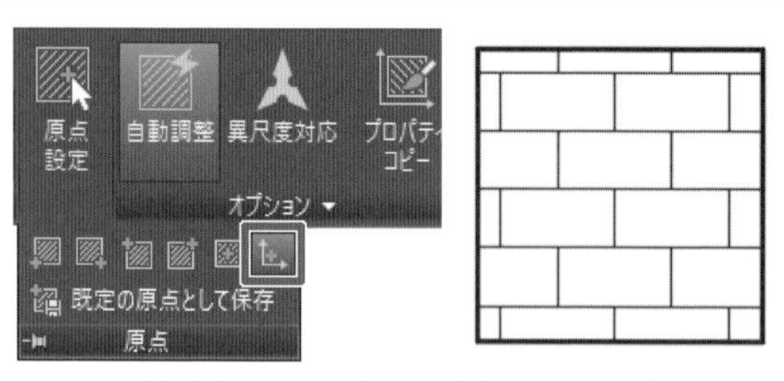

図3・15 「現在の原点を使用」を設定した例

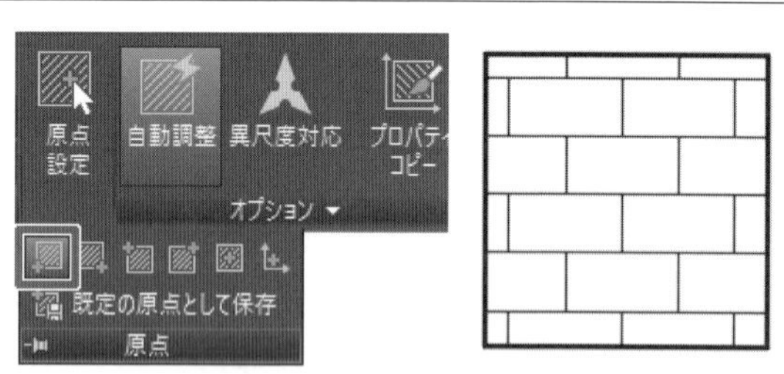

図3・16 「左下」（オブジェクトの左下点）を原点に設定した例

2.　ギャップ許容値

ハッチングする領域は閉じていなければならない．もし，閉じていない領域にハッチングを作成する場合は，あらかじめ隙間より大きめの値を「ギャップ許容値」に設定しておく．図3・12のメッセージが表示されるが，「この領域にハッチングを作成する」を選択すれば，閉じていない領域でもハッチングが作成できる．

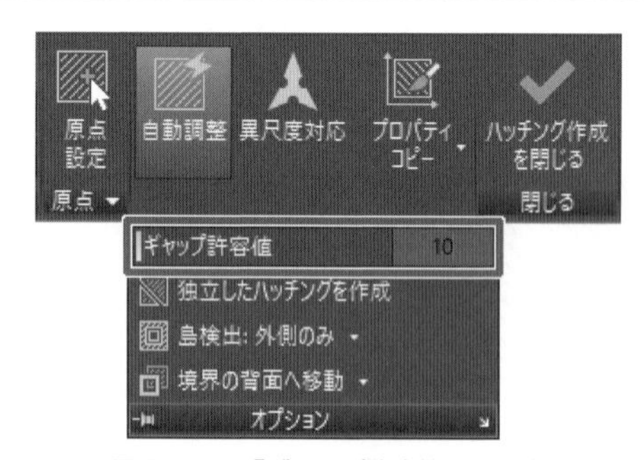

図3・17 「ギャップ許容値」の設定

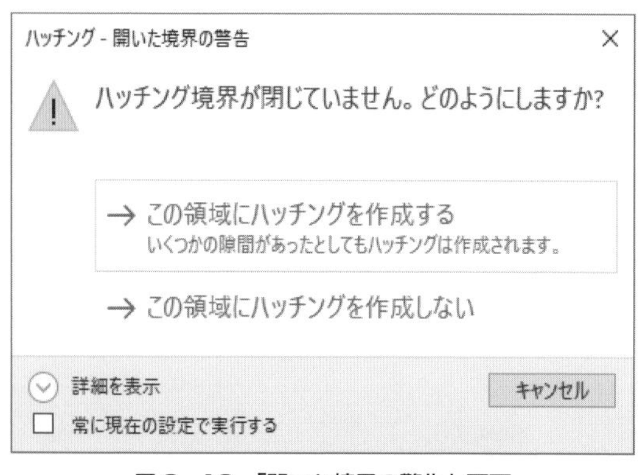

図3・18 「開いた境界の警告」画面

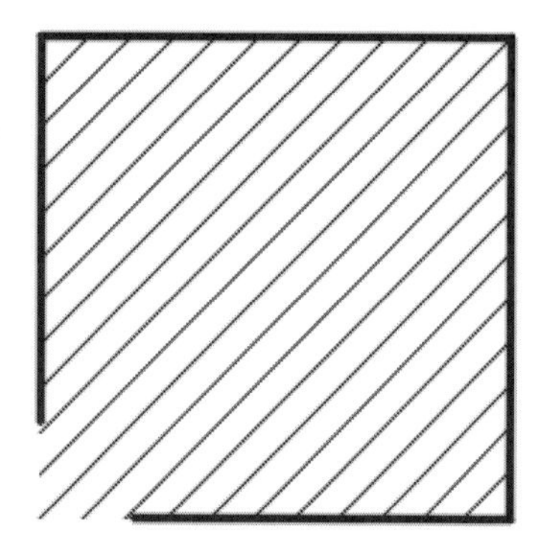

図3・19 閉じていない領域にハッチング

3. 独立したハッチング

ハッチングする領域を複数指定すると，複数の領域のハッチングはひとつのハッチングオブジェクトになる．領域ごとの別々のハッチングオブジェクトにしたい場合は，「独立したハッチングを作成」を設定しておく．

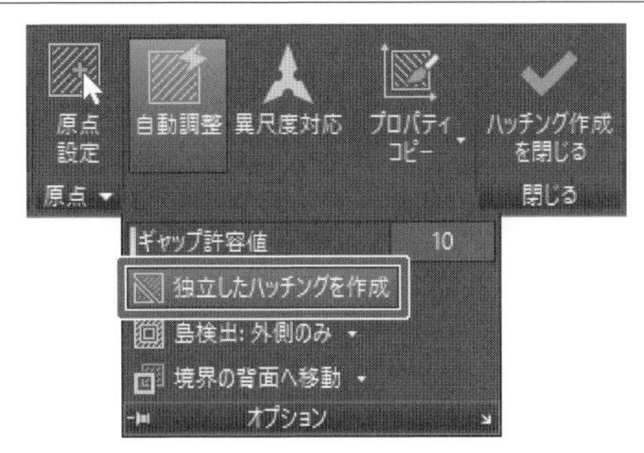

図３・20 「独立したハッチングを作成」アイコンボタン

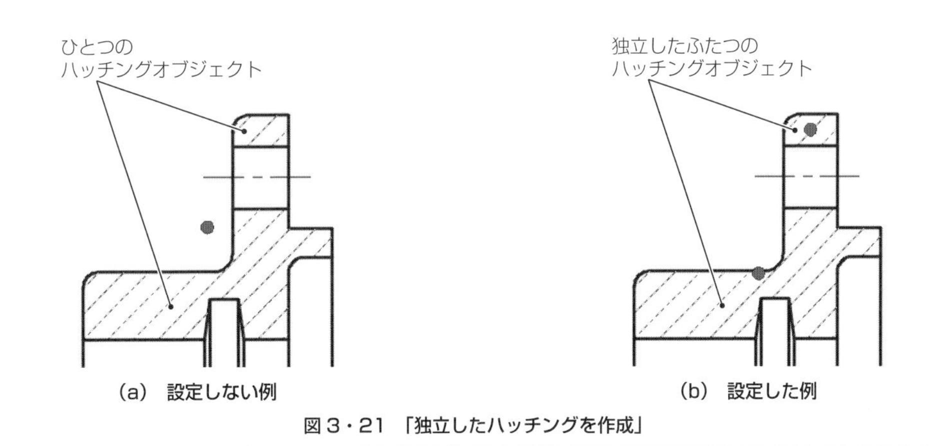

(a) 設定しない例　(b) 設定した例

図３・21 「独立したハッチングを作成」

4. ハッチング境界の再作成

削除されたハッチング境界を後から再作成することができる．ハッチングオブジェクトを選択すると，ハッチングオブジェクトを修正するためのコンテキストタブ「ハッチングエディタ」が表示される．「境界」パネルの「再作成」を選択すると，ハッチングの境界が再作成される．

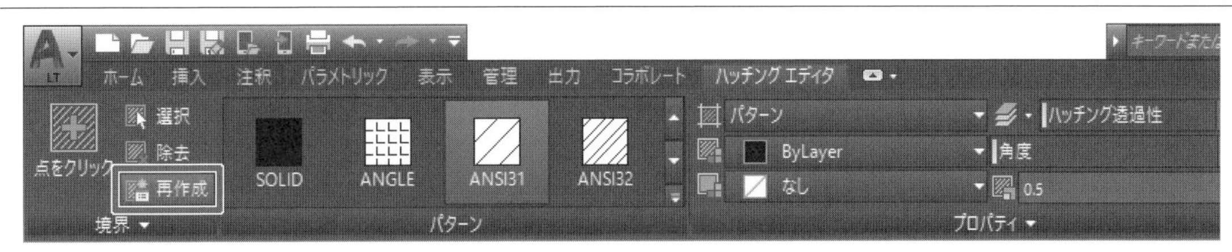

図３・22 「再作成」アイコンボタン

TIPS　メニューバーを表示する

■ 本書の操作手順はリボンからの操作方法で記述しているが，アイコンボタンのイラスト図に慣れない場合は，メニューバーを使用する操作方法もある．メニューバーは日本語表記になっている．

■ メニューバーの表示方法：

クイックアクセスツールバー の右端の ボタン　を（SEL）
表示されたメニューから **［メニューバーを表示］** を（SEL）

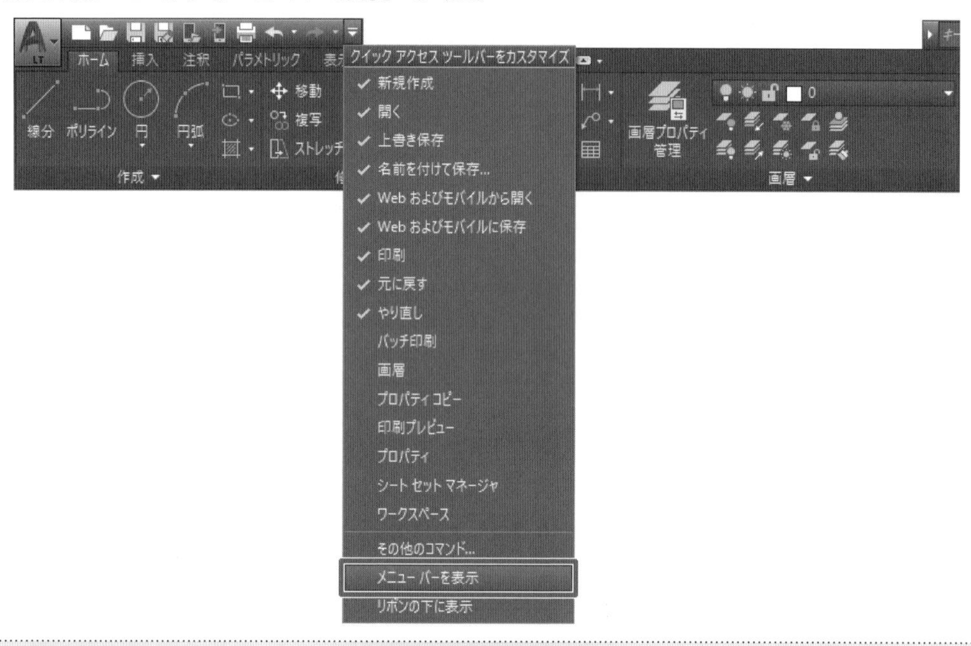

■ メニューバーから線分コマンドを実行

メニューバー の **［作成］** を（SEL）
表示されたメニューの **［線分］** を（SEL）

3・3 テンプレートファイルの準備

これまでは，ひとつの画層ですべてのオブジェクトを作成してきた．しかし，すべて同じ画層では，寸法記入コマンドの**演習3・11**（p.064）で見たように，寸法線と外形線が同じ太さになってしまう．ここからは，線種や線の太さなどをあらかじめ詳細に設定した外形線のための画層，寸法のための画層などにそれぞれ図形を作成する．

画層その他の条件を設定したテンプレートファイルを「テンプレートファイルの作成方法」にしたがってあらかじめ作成しておく．製図を始めるときは，毎回，「入力画面の設定方法2」によりテンプレートファイルを開いて入力画面を準備する．

作業を進めやすいように，あらかじめいろいろな環境を設定したファイルがテンプレートファイルであり，拡張子は「dwt」である．設定内容は，① 作図領域，② 文字のスタイル，③ 寸法のスタイル，④ 引出線のスタイル，⑤ 線種の設定，⑥ 画層の設定などである．

このテンプレートファイルを使用すると，いつでも同じ環境で作業が始められ，作図をすることに集中でき，時間的にもむだがなくなる．

「入力画面の設定方法1」では，作図領域のみ設定し，図面ファイル（dwg）として保存したものを開いて使用してきた．この場合，図面作成後，上書き保存をすると，次に開いたとき作図内容が含まれているため，新規に作図をするには内容を削除してからという手間がかかってしまう．

テンプレートはdwtという図面とは違う形式のファイルとして管理するので扱いやすい．

サンプルとしていくつかのテンプレートファイルが提供されている．その中からニーズに合った設定内容のものを選択することもできるが，自分自身の環境に合わせたテンプレートファイルを作成するほうがより効果的で，さらに使いやすくなる．

テンプレートファイルは初めに1回だけ作成すればよい．ここではA4サイズの用紙を縦に置いた状態で設定したテンプレートファイルを「a4_tate.dwt」のファイル名で保存している．本来なら，輪郭線や表題欄なども作成するが，ここでは省いている．削除コマンドの演習では，さっそくこのテンプレートファイルを使用する（CHAPTER 5では，A4サイズの用紙を横に置いた状態で作図するものがいくつかあるが，この場合も同じ要領で，事前にテンプレートファイルを作成しておくことが必要がある．その際に作成したテンプレートファイルは，「a4_yoko.dwt」のファイル名で保存しておく）．

テンプレートファイルの作成方法	
内　容	操作手順
入力画面を準備する.	入力画面の設定方法1の操作をする.
文字スタイルを設定する.	［注釈］タブ［文字］のダイアログボックスランチャーの矢印 を（SEL）・・・・（図3・23） 図3・23

［新規作成］ を（SEL）　････（図 3・24）

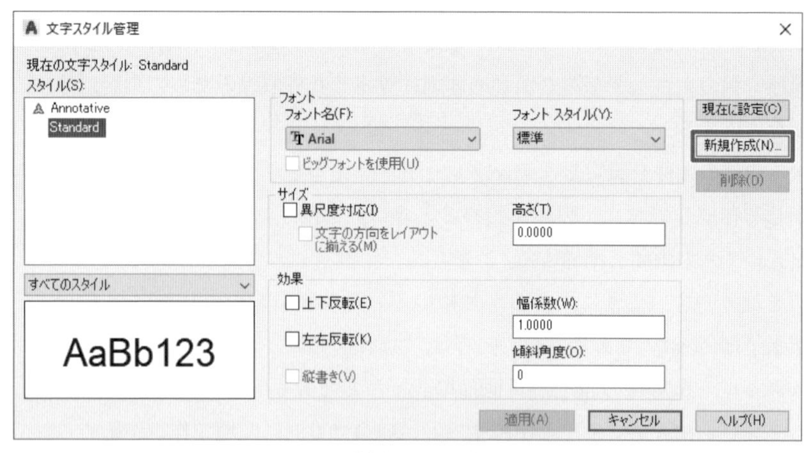

図 3・24 「文字スタイル管理」画面

（スタイル名：） TEXT-1 と入力　････（図 3・25）
［OK］ を（SEL）

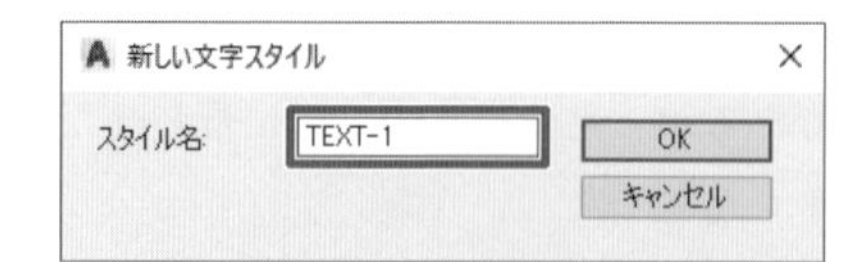

図 3・25　文字スタイルの新規作成

フォント欄
（フォント名：） MS ゴシック を（SEL）
サイズ欄
（高さ：） 0 のまま変更しない.
効果欄
（幅係数：） 1 のまま変更しない.（傾斜角度：） 0 のまま変更しない.
［適用］ を（SEL）　････（図 3・26）
現在の文字スタイル：TEXT-1 になる
［閉じる］ を（SEL）････（文字の高さを 0 のままにしておくと文字入力の度に高さを設定できる）

TIPS　文字スタイル管理

■ 文字スタイル管理では，文字の書体を設定できる.
フォント欄フォント名の一覧から TrueType フォント，AutoCAD 用に設定された shx フォントのいずれかを選択して設定する.
shx フォントは，簡素化された文字で，印刷，表示は速いが見映えは TrueType フォントに比べてよくない．shx フォントを設定して日本語を入力する場合は，「ビッグフォントを使用」に ✔ をつけて日本語用の shx フォントを設定する必要がある．設定をしていないと入力した日本語は「？」で表示される.
TrueType フォントは Windows 標準の文字スタイルで，明朝，ゴシック，楷書体などが設定できる.
　ゴシック体は　MS ゴシック（縦書きは @MS ゴシック）
　明朝体は，MS 明朝（縦書きは @MS 明朝）

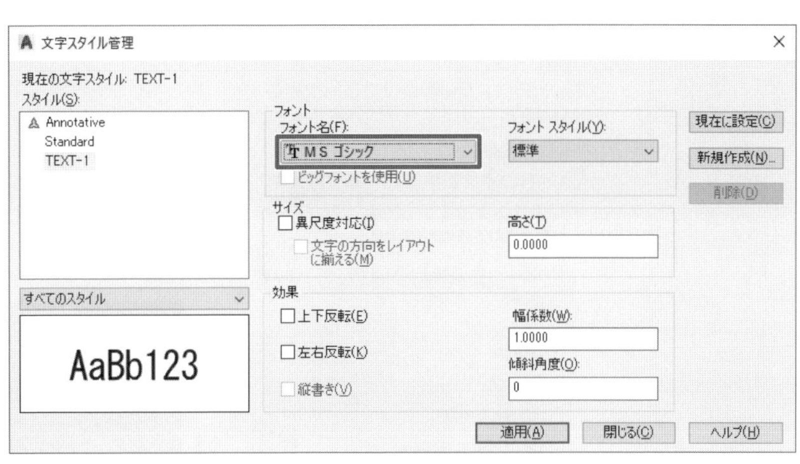

図 3・26　新規文字スタイルの設定

寸法スタイルを設定する.

[注釈] タブ **[寸法記入]** のダイアログボックスランチャーの矢印　を（SEL）　・・・・（図 3・27）

図 3・27

[新規作成]　を（SEL）　・・・・（図 3・28）

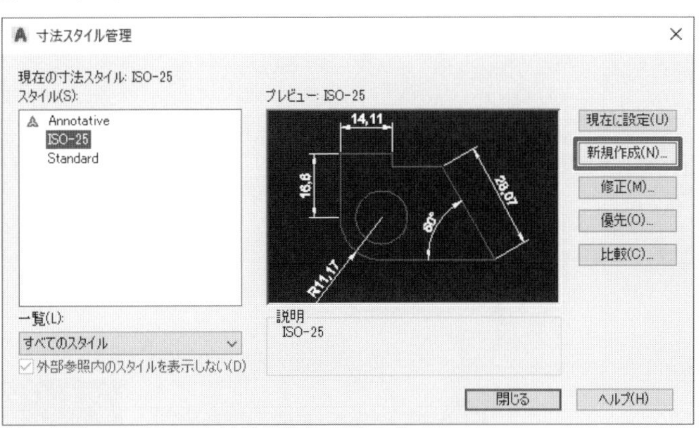

図 3・28 「寸法スタイル管理」画面

（新しいスタイル名：）　DIM-1　と入力
（開始元：）　ISO-25 のまま変更しない.
（適用先：）　すべての寸法　を（SEL）
[続ける]　を（SEL）

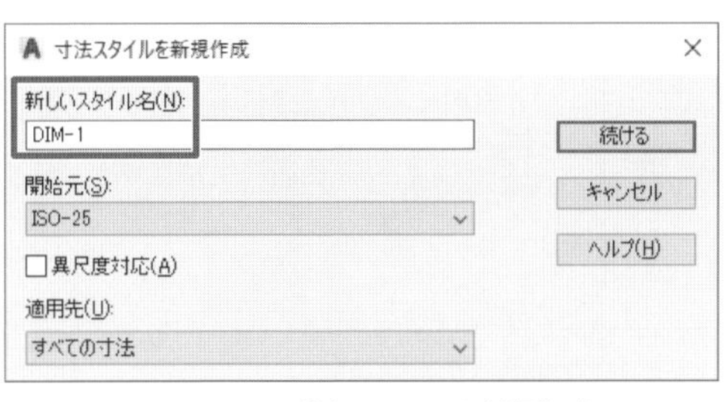

図 3・29　寸法スタイルを新規作成

[寸法線]タブの画面が表示される
寸法線欄
　(並列寸法の寸法線間隔：)　7　と入力
寸法補助線欄
　(補助線延長長さ：)　1　と入力
　(起点からのオフセット：)　0　と入力　　…・(図3・30)

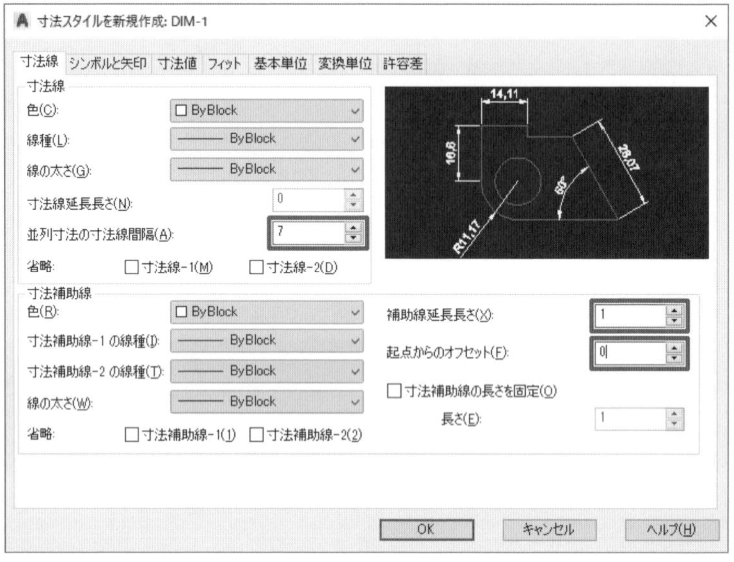

図3・30　寸法線の設定

[シンボルと矢印] タブ　を (SEL)
矢印欄
　(1番目：)　開矢印　を (SEL)
　(2番目：)　開矢印　に変更されたのを確認
　(矢印のサイズ：)　2.5　のまま変更しない
中心マーク欄
　(タイプ：)　なし　を (SEL)

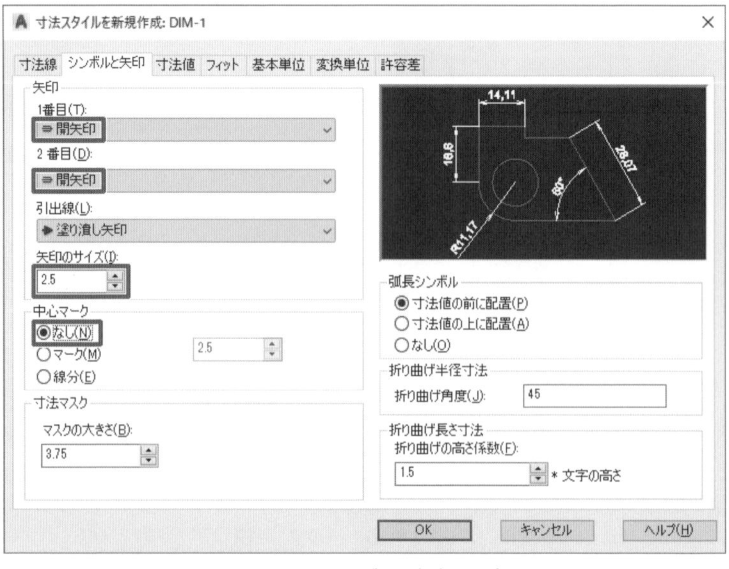

図3・31　シンボルと矢印の設定

［寸法値］タブ　を（SEL）
寸法値の表示欄
（文字スタイル：）　TEXT-1　を（SEL）
（文字の高さ：）　2.5　のまま変更しない
寸法値の配置欄
（垂直方向：）　JIS　を（SEL）
（水平方向：）　中心　のまま変更しない
（文字の方向：）　左から右　のまま変更しない
（寸法線からのオフセット：）　1　と入力

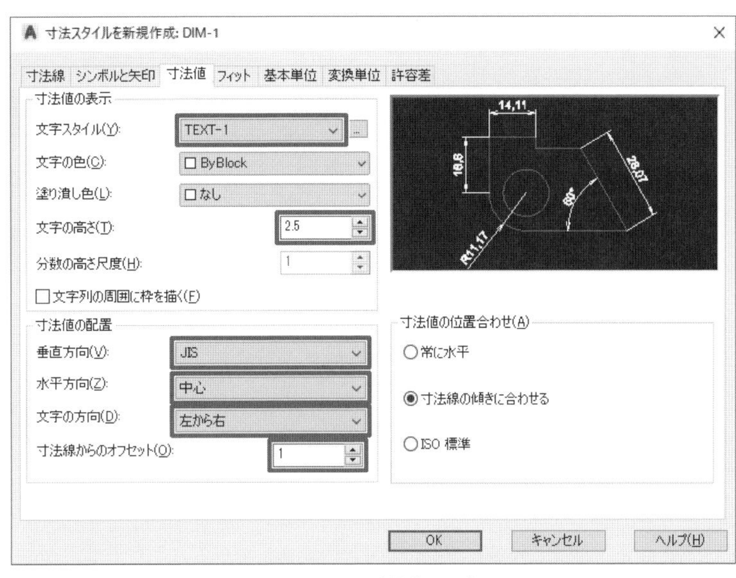

図３・32　寸法値の設定

［フィット］タブ　を（SEL）
フィットオプション欄
　○寸法値と矢印　を（SEL）　・・・・（●をつける）
寸法図形の尺度欄
（全体の尺度：）　1　のまま変更しない

図３・33　フィットの設定

［基本単位］タブ　を（SEL）
長さ寸法欄
（単位形式：）　十進表記　のまま変更しない
（精度：）　0.0　を（SEL）
（十進数の区切り：）　'.'（ピリオド）　を（SEL）
角度寸法欄
（単位の形式：）　度/分/秒　を（SEL）
（精度：）　0d00'　を（SEL）
［OK］　を（SEL）

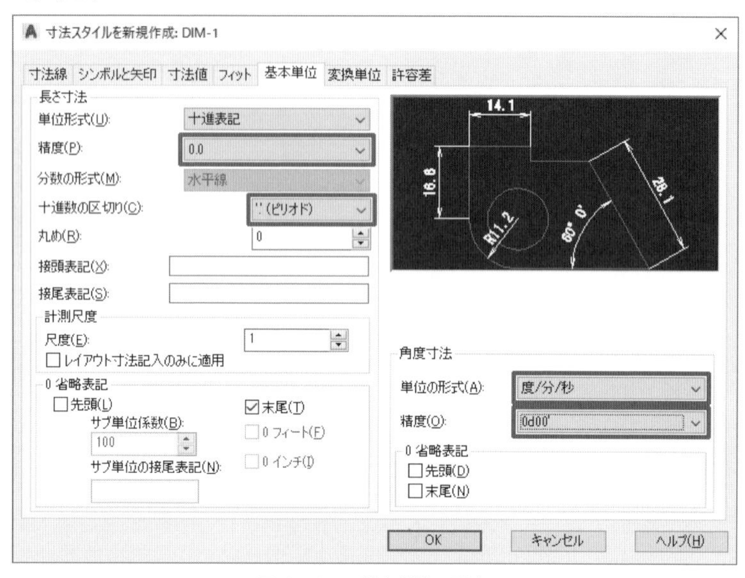

図 3・34　基本単位の設定

現在の寸法スタイル：DIM-1　になる
［閉じる］　を（SEL）

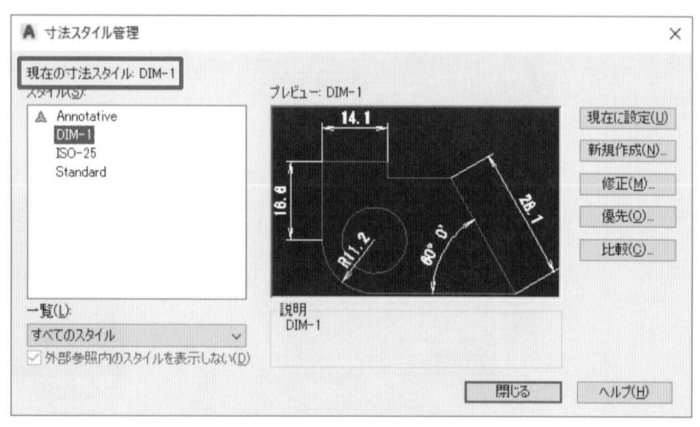

図 3・35　現在の寸法スタイルを確認

マルチ引出線スタイルを設定する．

［注釈］タブ **［引出線］**のダイアログボックスランチャーの矢印　を（SEL）　‥‥（図 3・36）
［新規作成］　を（SEL）

図 3・36

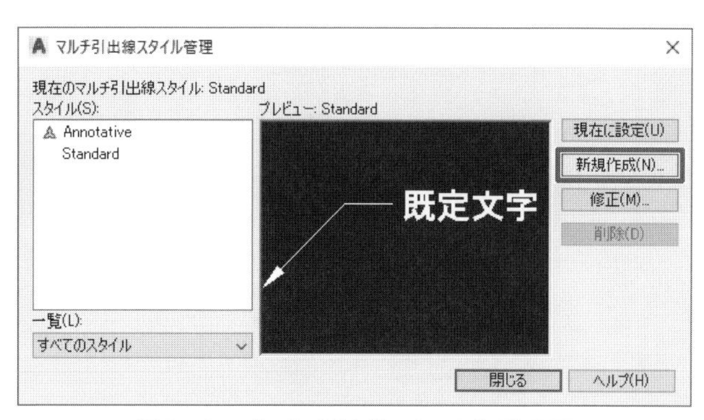

図３・37 「マルチ引出線スタイル管理」画面

（新しいマルチ引出線スタイル名：） MLEADER-1 と入力
（開始元：） Standard のまま変更しない
［続ける］ を（SEL）

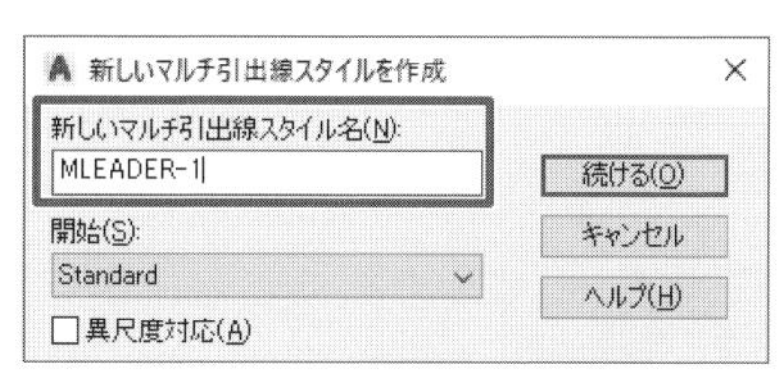

図３・38 マルチ引出線スタイルの新規作成

［引出線の形式］タブ を（SEL）
　矢印欄
（記号：） 開矢印 を（SEL）
（サイズ：） 2.5 と入力

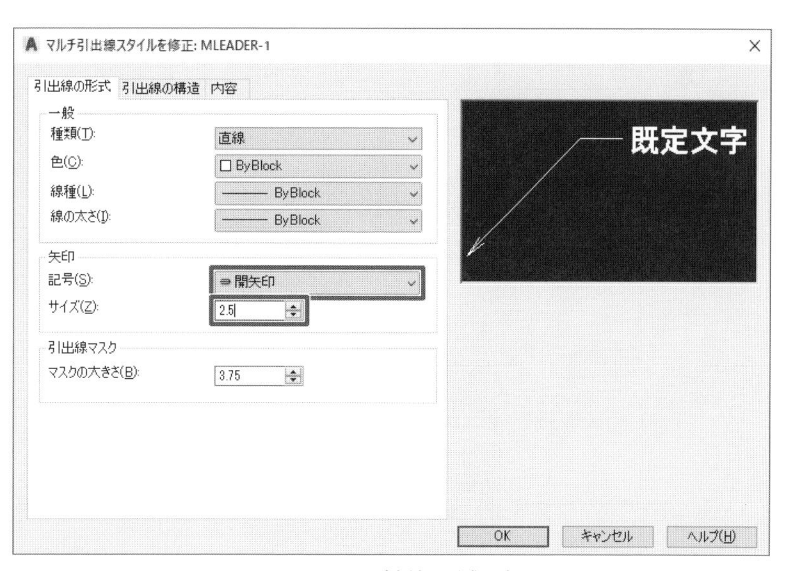

図３・39 引出線の形式設定

［引出線の構造］タブ を（SEL）
　参照線の設定欄
　□参照線の長さを設定 で 0 と入力

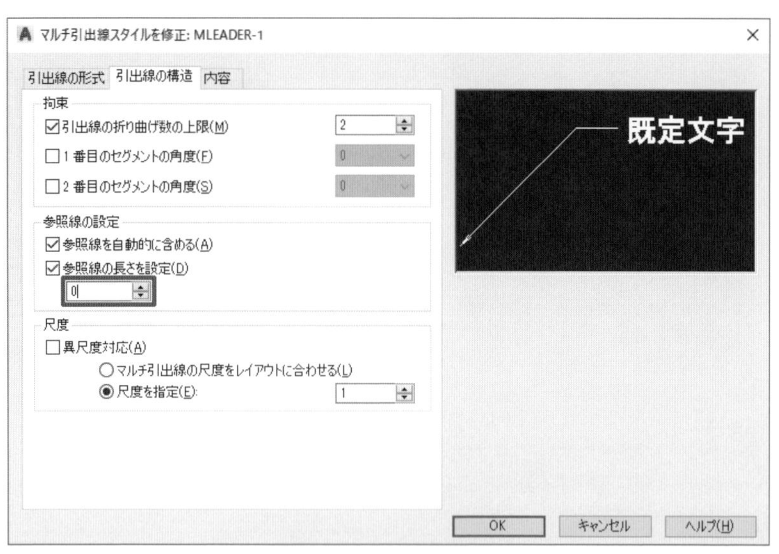

図3・40　引出線の構造設定

[内容]タブ　を（SEL）
文字オプション欄
（文字スタイル：）　TEXT-1　を（SEL）
（文字の高さ：）　2.5　と入力
引出線の接続欄
（左側の接続：）　最終行に下線　を（SEL）
（右側の接続：）　最終行に下線　を（SEL）
[OK]　を（SEL）

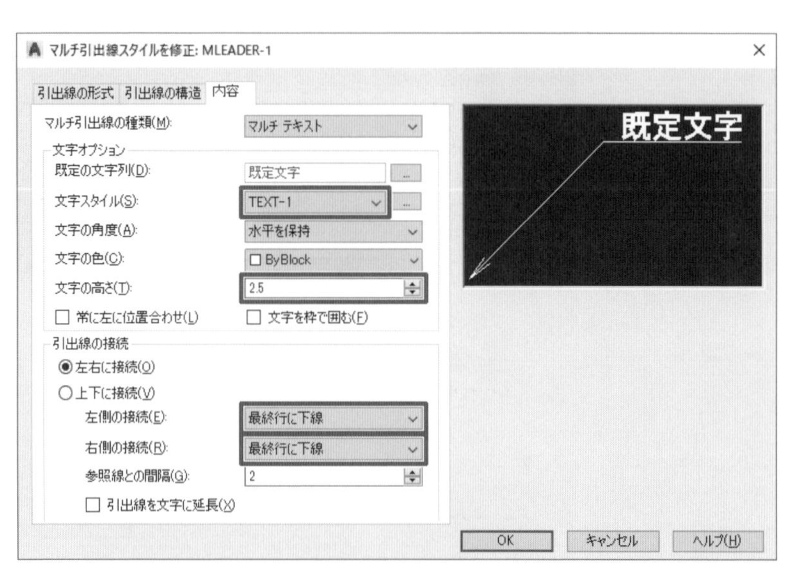

図3・41　内容設定

現在のマルチ引出線スタイル：　MLEADER-1　になる
[閉じる]　を（SEL）

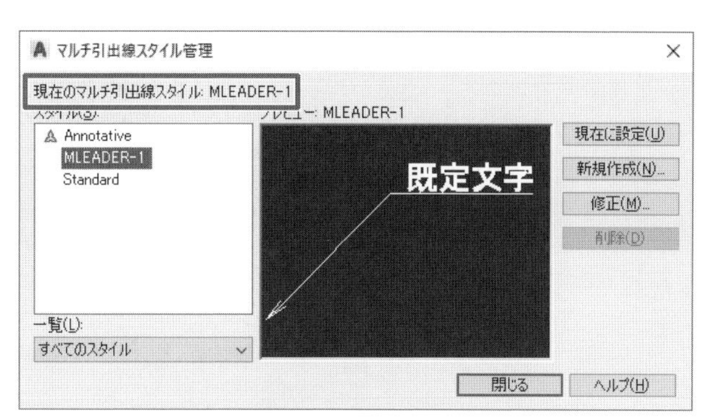

図 3・42　現在のマルチ引出線スタイルを確認

画層を設定する.

［ホーム］タブ **［画層］/画層プロパティ管理**　を（SEL）　…・（図 3・43）
［新規作成］アイコン　を（SEL）　…・（図 3・44）
（名前：）　OBJECTS　と入力
新規作成した画層欄の線の太さ［既定］　を（SEL）
0.35mm　を（SEL）
［OK］　を（SEL）

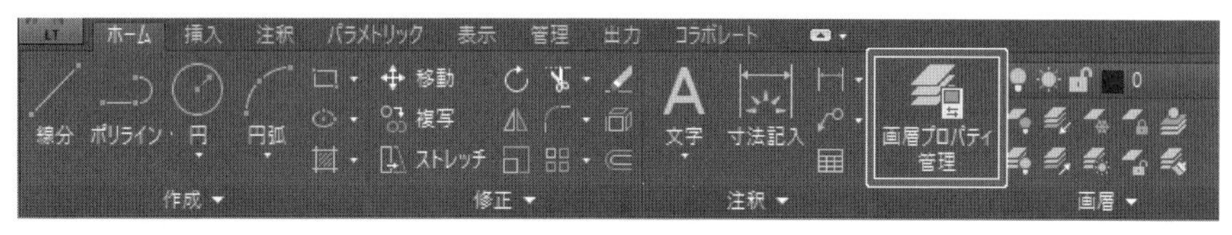

図 3・43 「画層プロパティ管理」アイコンボタン

［新規作成］アイコン

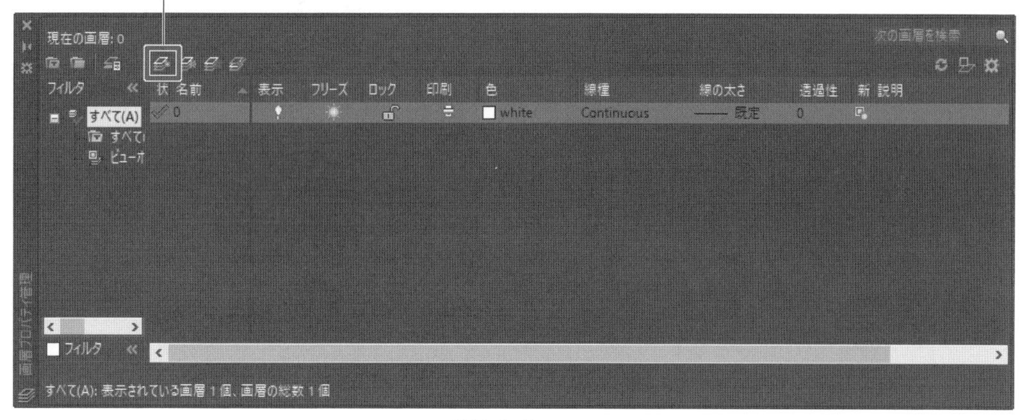

図 3・44 「新規作成」アイコンボタン

［新規作成］アイコン　を（SEL）
（名前：）　CENTER　と入力
新規作成した画層欄の色［□ white］　を（SEL）
（色：）　red　を（SEL）
［OK］　を（SEL）
新規作成した画層欄の線種［Continuous］　を（SEL）

TIPS　**線種「...2」は 1/2,「...×2」は 2 倍の粗さ**

■ 中心線 CENTER やかくれ線 HIDDEN には,
CENTER, CENTER2, CENTER×2
HIDDEN, HIDDEN2, HIDDEN×2
と, 同じ線種でも目の粗さの違うものが準備されている.

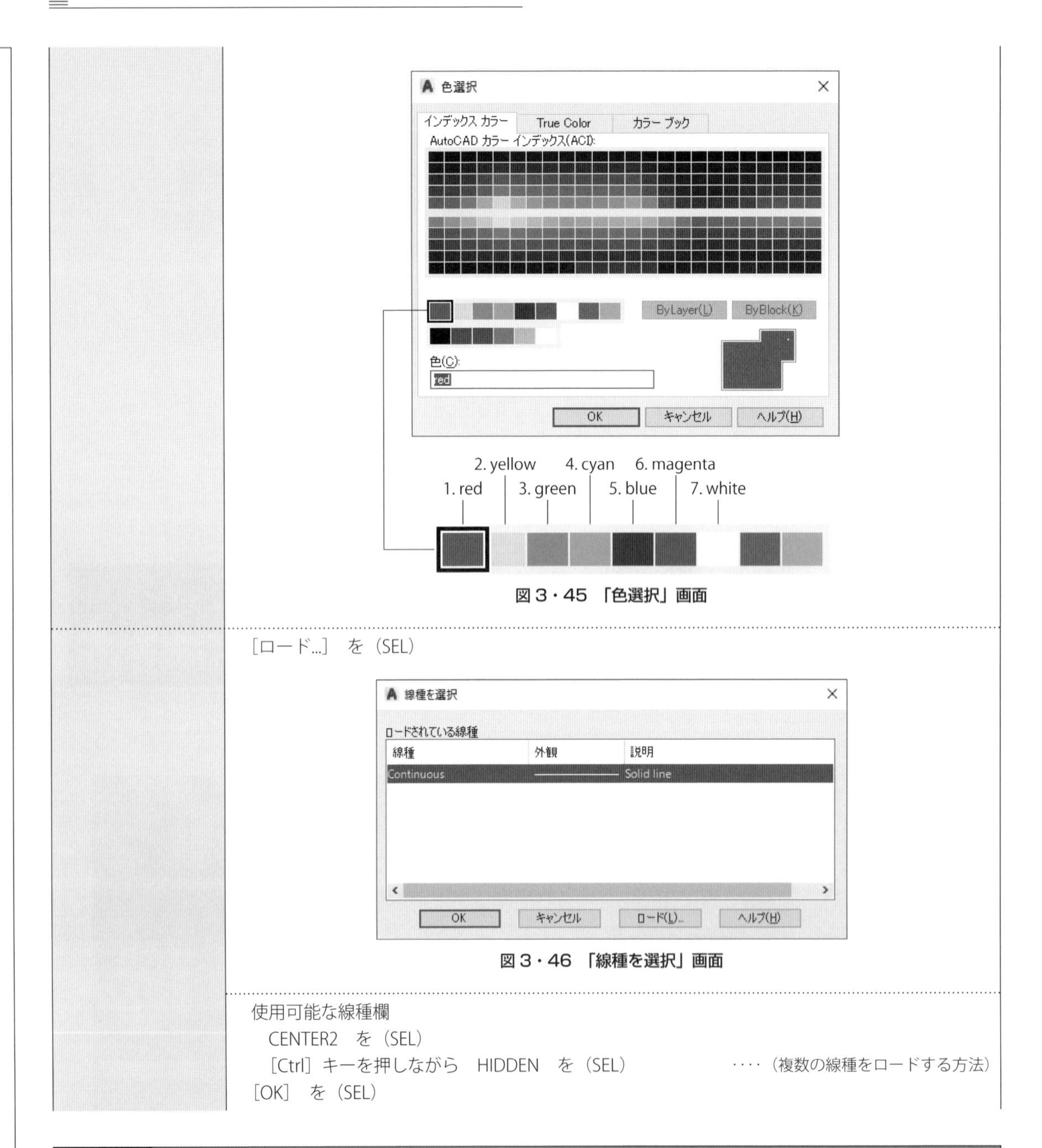

図3・45 「色選択」画面

［ロード...］ を（SEL）

図3・46 「線種を選択」画面

使用可能な線種欄
　CENTER2　を（SEL）
　［Ctrl］キーを押しながら　HIDDEN　を（SEL）　　　　　　　‥‥（複数の線種をロードする方法）
［OK］ を（SEL）

TIPS　入力画面の色変更

■ 入力画面の背景の色を変更することができる．画層で使用する色との関係や好みによって変更するとよい．ここで，背景色を白に変更する例を以下に示す．

（右）**ショートカットメニュー** の **［オプション］** を（SEL）
［表示］タブ　を（SEL）
ウィンドウの要素欄
　［色］ を（SEL）
　（コンテキスト：）2D モデル空間　を（SEL）
　（インタフェース要素：）背景　を（SEL）
　（色：）white　を（SEL）
［適用して閉じる］を（SEL）
［OK］ を（SEL）

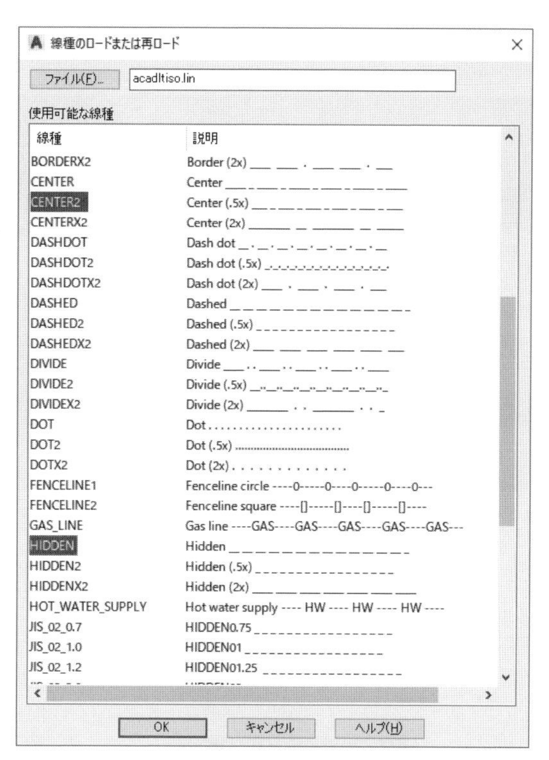

図３・47 「線種のロード」画面

CENTER2 を（SEL） ････（図３・48）
［OK］ を（SEL）
新規作成した画層欄の線の太さ［0.35］ を（SEL）
0.18 mm を（SEL）
［OK］ を（SEL）
以下，同様の手順で，HIDDEN，TEXT，DIMS，WAKU の各画層を設定する．
［OK］ を（SEL）

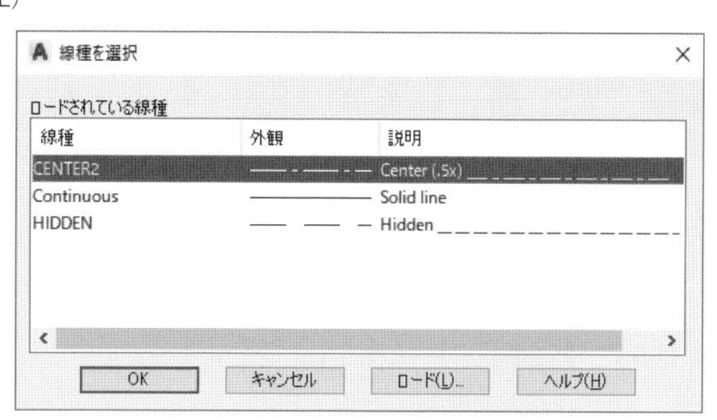

図３・48 「線種を選択」画面

設定例

画層名	色	線　種	線の太さ	主用途
CENTER	1 red	CENTER	0.18	中心線用
DIMS	6 magenta	Continuous	0.18	寸法線用
HIDDEN	2 yellow	HIDDEN	0.18	かくれ線用
OBJECTS	7 white	Continuous	0.35	外形線用
TEXT	4 cyan	Continuous	0.18	文字列用
WAKU	7 white	Continuous	0.5	輪郭用

OBJECTS 画層を現在層に設定する.

OBJECTS 画層名 を（SEL）
［現在に設定］アイコン を（SEL）
☒ を（SEL） ････（画層プロパティ管理画面を閉じる）

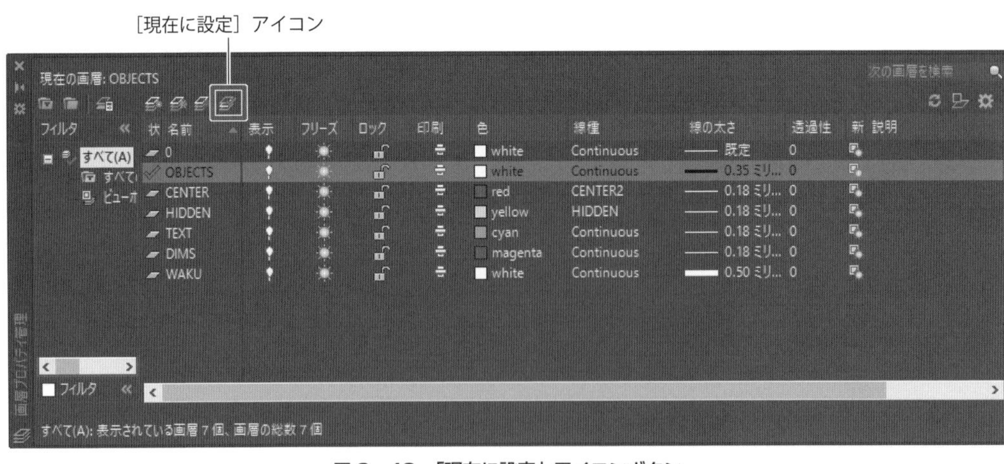

図 3・49 「現在に設定」アイコンボタン

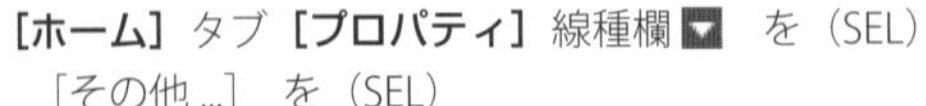
[ホーム] タブ [プロパティ] 線種欄▼ を (SEL)　････ (図 3・50)
[その他 ...] を (SEL)　････ (図 3・51)
[詳細を表示] を (SEL)
(グローバル線種尺度：) 0.5 と入力

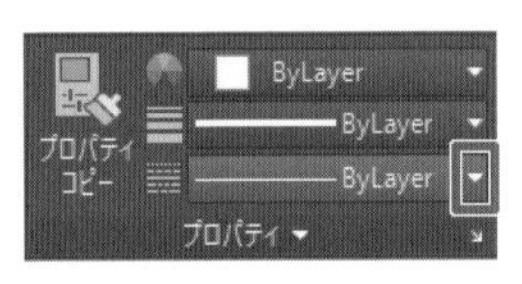

図 3・50

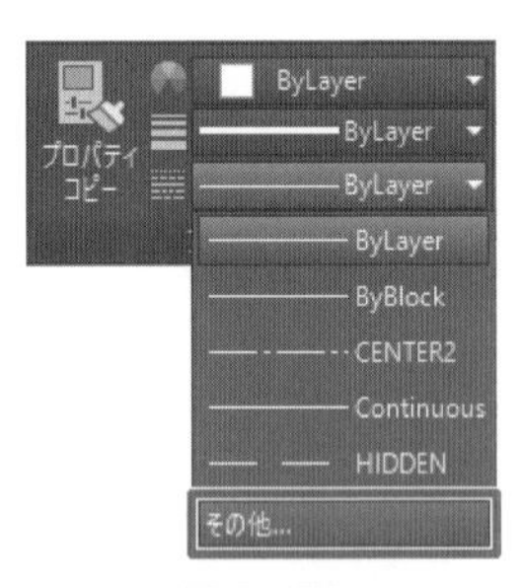

図 3・51

線種の尺度を設定する.

(acadltiso.lin ファイルの線種は，A3 (420 × 297) 作図領域に合わせて目の粗さが設定されている．作図領域 210 × 297 に合わせた半分の尺度にするために，線種の尺度を 0.5 に設定する)
[OK] を (SEL)

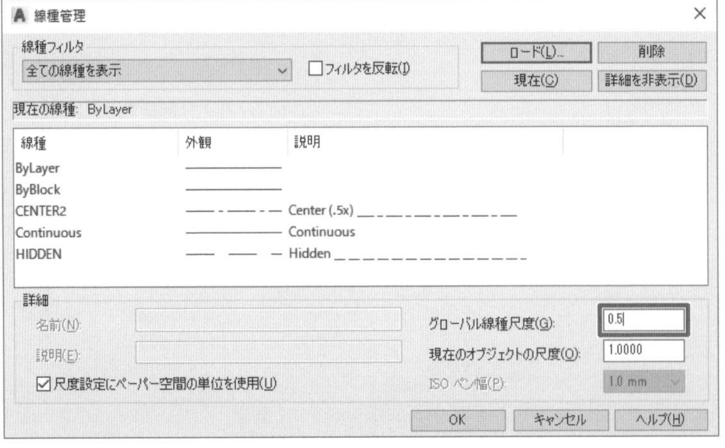

図 3・52 線種尺度を設定

テンプレートファイルとして保存する.	**クイックアクセスツールバー** の **［名前を付けて保存...］** を（SEL） （ファイルの種類：）　AutoCAD LT 図面テンプレート　を（SEL） （ファイル名：）　a4_tate　と入力 ［保存］　を（SEL） ［OK］　を（SEL） 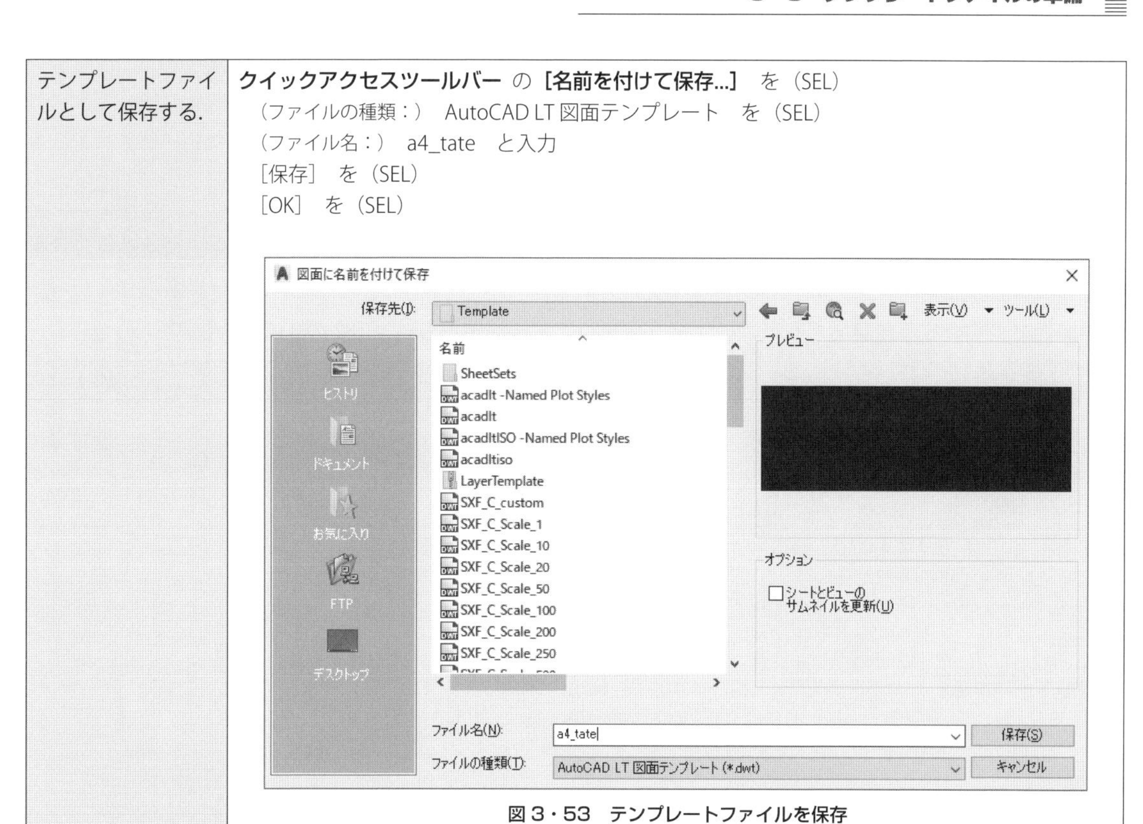 図 3・53　テンプレートファイルを保存

入力画面の設定方法 2（**演習 3・13** “削除” 以降で使用する）	
内　　　容	操　作　手　順
テンプレートを使用して入力画面を準備する.	**クイックアクセスツールバー** の **［クイック新規作成］** を（SEL） （ファイル名：）　a4_tate.dwt　を（SEL） ［開く］　を（SEL） 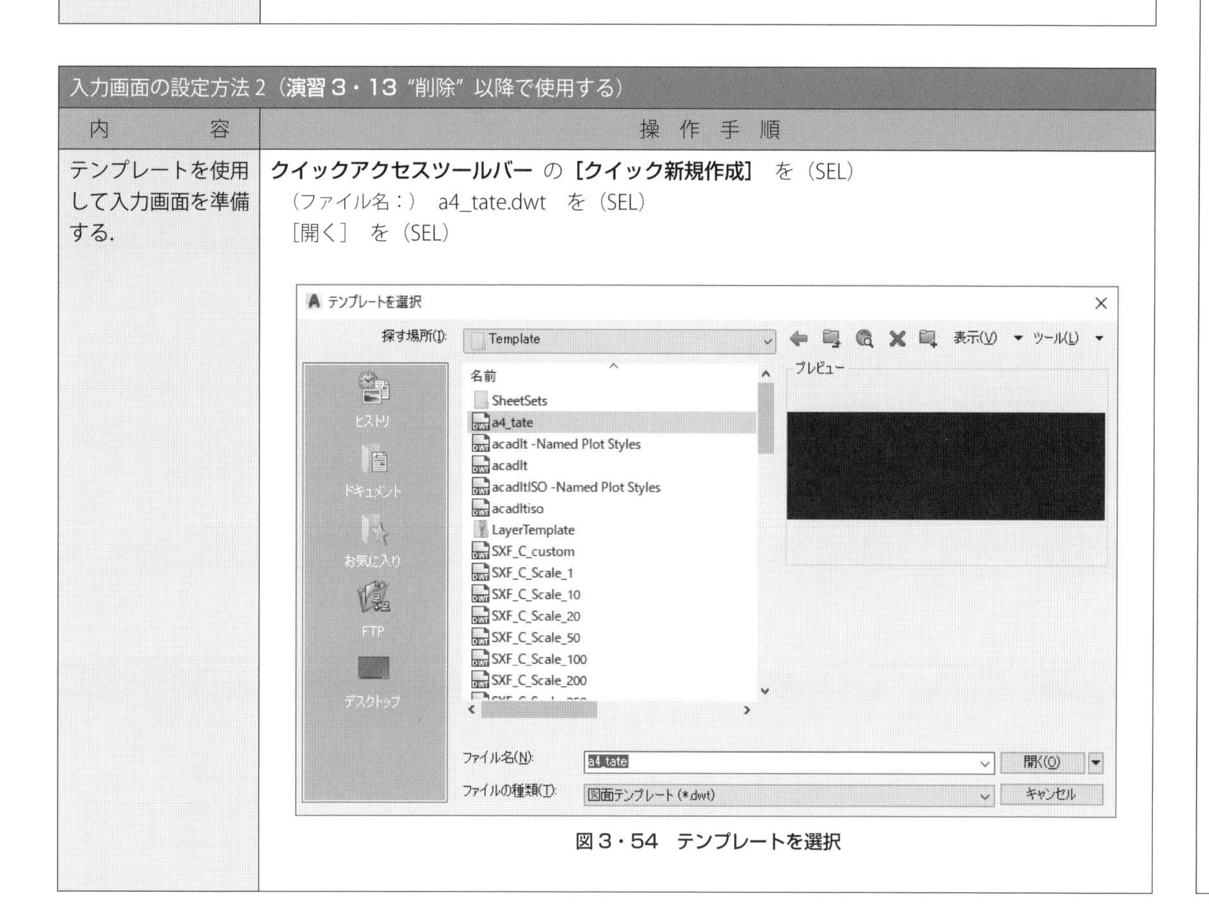 図 3・54　テンプレートを選択

3・4　よく使う修正コマンド

演習3・13　削　　　除

削除コマンドを実行し，オブジェクトにカーソルを近づけると，編集後の状態がプレビューされる．つまり，実際に削除をしてしまう前に削除された後の状態を表示してくれる．このプレビューを確認しながら削除の操作をすすめることができる（このコマンドプレビューに関してはp.182のTIPS欄を参照）．

内　　容	操作手順
入力画面を準備する．	入力画面の設定方法2による．
削除コマンド演習用の図形を作成する．①②③④⑤	**[ホーム]** タブ **[作成]/線分**　を（SEL） 以下略　　　　・・・・（演習3・1“線分の作成”を参照）
線分を1本1本削除する．①	**[ホーム]** タブ **[修正]/削除**　を（SEL） （オブジェクトを選択：）　線分A　を（SEL） （オブジェクトを選択：）　線分B　を（SEL） （オブジェクトを選択：）（右）
窓選択で削除する．②	**[ホーム]** タブ **[修正]/削除**　を（SEL） （オブジェクトを選択：）　C付近　を（SEL） （もう一方のコーナーを指定：）　D付近　を（SEL） （オブジェクトを選択：）（右）
交差選択で削除する．③	**[ホーム]** タブ **[修正]/削除**　を（SEL） （オブジェクトを選択：）　E付近　を（SEL） （もう一方のコーナーを指定：）　F付近　を（SEL） （オブジェクトを選択：）（右）
窓選択で削除する．④	**[ホーム]** タブ **[修正]/削除**　を（SEL） （オブジェクトを選択：）　G付近　を（SEL） （もう一方のコーナーを指定：）　H付近　を（SEL） （オブジェクトを選択：）（右）
交差選択で削除する．⑤	**[ホーム]** タブ **[修正]/削除**　を（SEL） （オブジェクトを選択：）　I付近　を（SEL） （もう一方のコーナーを指定：）　J付近　を（SEL） （オブジェクトを選択：）（右）
画面に作図されているオブジェクトをすべて削除する．	**[ホーム]** タブ **[修正]/削除**　を（SEL） （オブジェクトを選択：）　ALL　[Enter]　・・・・（全オブジェクトを選択する方法） （オブジェクトを選択：）　[Enter]

TIPS　Deleteキー

■ 削除するオブジェクトを先に選択してから［Delete］キーを押しても，オブジェクトの削除ができる．

TIPS　その他の選択方法

■ オブジェクトの選択方法には，窓選択，交差選択があるが，ほかにも選択オプションがいろいろある．
- 画面の全オブジェクトを選択したい場合……ALL＝すべて
- 直前に修正するため選択したオブジェクトと同じオブジェクトを再度選択する場合……P＝直前
- 窓選択を四角い枠ではなく多角形的な枠で選択する場合……WP＝ポリゴン窓
- 交差選択を四角い枠ではなく多角形的な枠で選択する場合……CP＝ポリゴン交差
- 交差選択を四角い枠ではなく直線で選択する場合……F＝フェンス

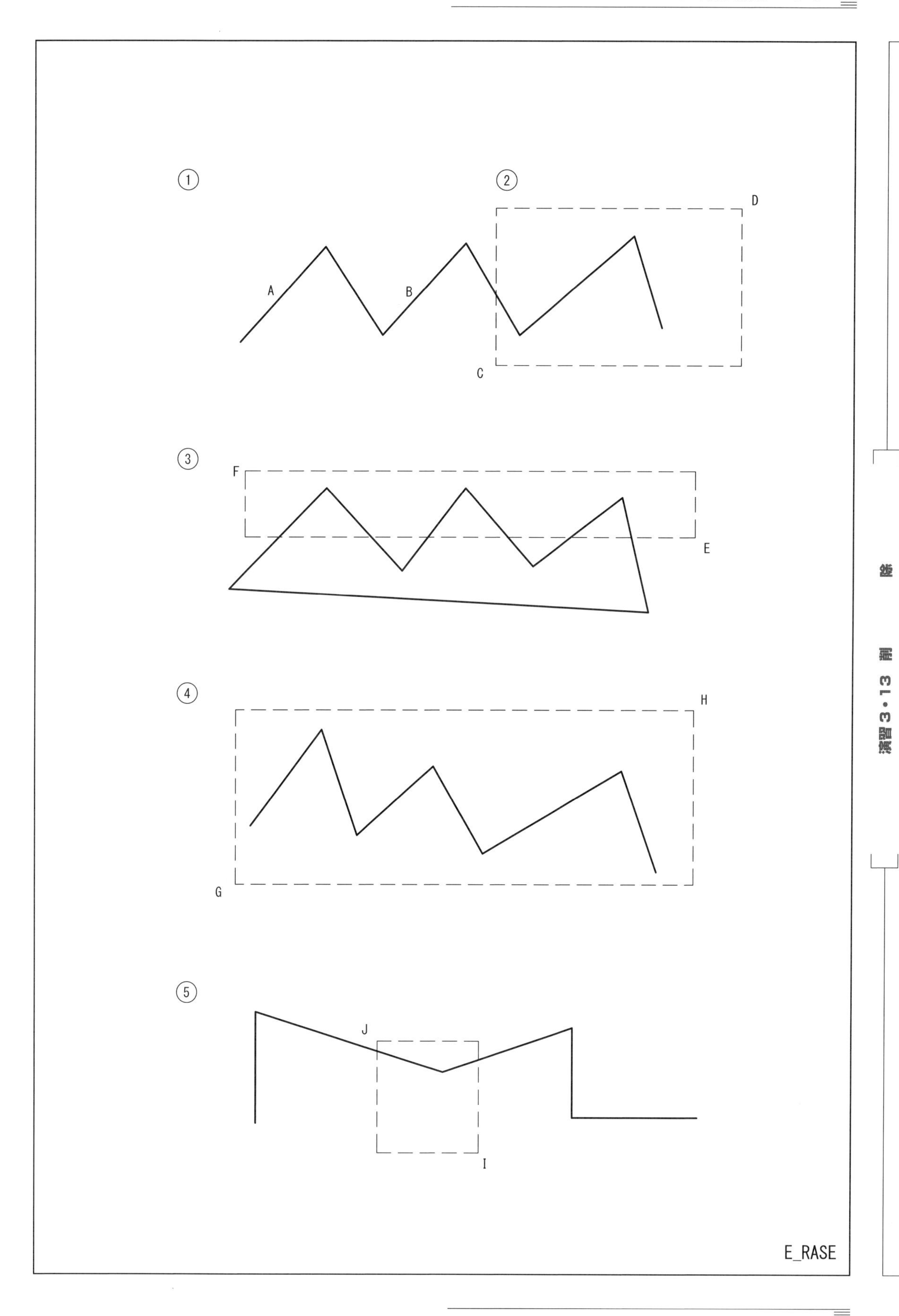
①
②
A
B
C
D
③
F
E
④
G
H
⑤
J
I
E_RASE
演習3・13 削除

⇄ 演習3・14　複写とオフセット

内　容	操作手順
入力画面を準備する.	入力画面の設定方法2による.
半径10 mmの円を作成する.	**[ホーム]** タブ **[作成]**/**円**/**中心, 半径**　を（SEL） 以下略
円を, 移動距離を指定して複写する. ①	**[ホーム]** タブ **[修正]**/**複写**　を（SEL） （オブジェクトを選択：）　円　を（SEL） （オブジェクトを選択：）（右） （基点を指定……：）　13, −10　[Enter] （2点目を指定……：）　[Enter] 以下略　・・・・（X軸とY軸の正, 負の方向に注意）
正三角形を作成する.	**[ホーム]** タブ **[作成]**/**ポリゴン**　を（SEL） 以下略
正三角形の頂点に辺の長さを直径とする円を作成する.	**[ホーム]** タブ **[作成]**/**円**/**中心, 半径**　を（SEL） （円の中心点を指定……：）　正三角形の頂点　をOスナップ（端点） （円の半径を指定……：）　正三角形の辺の中点　をOスナップ
いま作成した円を指定した位置に連続複写する. ②	**[ホーム]** タブ **[修正]**/**複写**　を（SEL） （オブジェクトを選択：）　円　を（SEL） （オブジェクトを選択：）（右） （基点を指定……：）　円の中心　をOスナップ （2点目を指定……：）　正三角形の次の頂点　をOスナップ（端点） （2点目を指定……：）　正三角形の次の頂点　をOスナップ（端点） （2点目を指定……：）　**コマンドウィンドウ** の **[終了(E)]**　を（SEL）
①の5個の円を外側に4 mmオフセットする. ③	**[ホーム]** タブ **[修正]**/**オフセット**　を（SEL） （オフセット距離を指定……：）　4　[Enter] （オフセットするオブジェクトを選択……：）　円　を（SEL） （オフセットする側の点を指定：）　円の外側　を（SEL） （オフセットするオブジェクトを選択……：）　次の円　を（SEL） 途中略 （オフセットするオブジェクトを選択……：） **コマンドウィンドウ** の **[終了(E)]**　を（SEL）
線分AB, CDを作成する.	**ステータスバー** の **[カーソルの動きを直交に強制]**　を（SEL）し, 直交モードにする. **[ホーム]** タブ **[作成]**/**線分**　を（SEL） （1点目を指定：）　任意の点A　を（SEL） 以下略
線分AB, CDをオフセットする.	**[ホーム]** タブ **[修正]**/**オフセット**　を（SEL） （オフセット距離を指定……：）　50　[Enter] （オフセットするオブジェクトを選択……：）　線分AB　を（SEL） （オフセットする側の点を指定……：）　線分ABの上側の任意の点　を（SEL） （オフセットするオブジェクトを選択……:）　**コマンドウィンドウ** の **[終了(E)]**　を（SEL） （右）**ショートカットメニュー** の **[繰り返し]**　を（SEL） （オフセット間隔を指定……：）　10　[Enter] （オフセットするオブジェクトを選択……：）　線分EF　を（SEL） （オフセットする側の点を指定……：）　線分EFの下側の任意の点　を（SEL） （オフセットするオブジェクトを選択……：）　線分GH　を（SEL） （オフセットする側の点を指定……：）　線分GHの下側の任意の点　を（SEL） （オフセットするオブジェクトを選択……:）　**コマンドウィンドウ** の **[終了(E)]**　を（SEL） （右）**ショートカットメニュー** の **[繰り返し]**　を（SEL） （オフセット間隔を指定……：）　50/2　[Enter] （オフセットするオブジェクトを選択……：）　線分CD　を（SEL） （オフセットする側の点を指定……：）　線分CDの右側の任意の点　を（SEL） （オフセットするオブジェクトを選択……：）　線分CD　を（SEL） （オフセットする側の点を指定……：）　線分CDの左側の任意の点　を（SEL） 以下略
太線部分を作成する. ⑤	定常Oスナップを交点に設定し, 線分コマンドで作図する（省略）

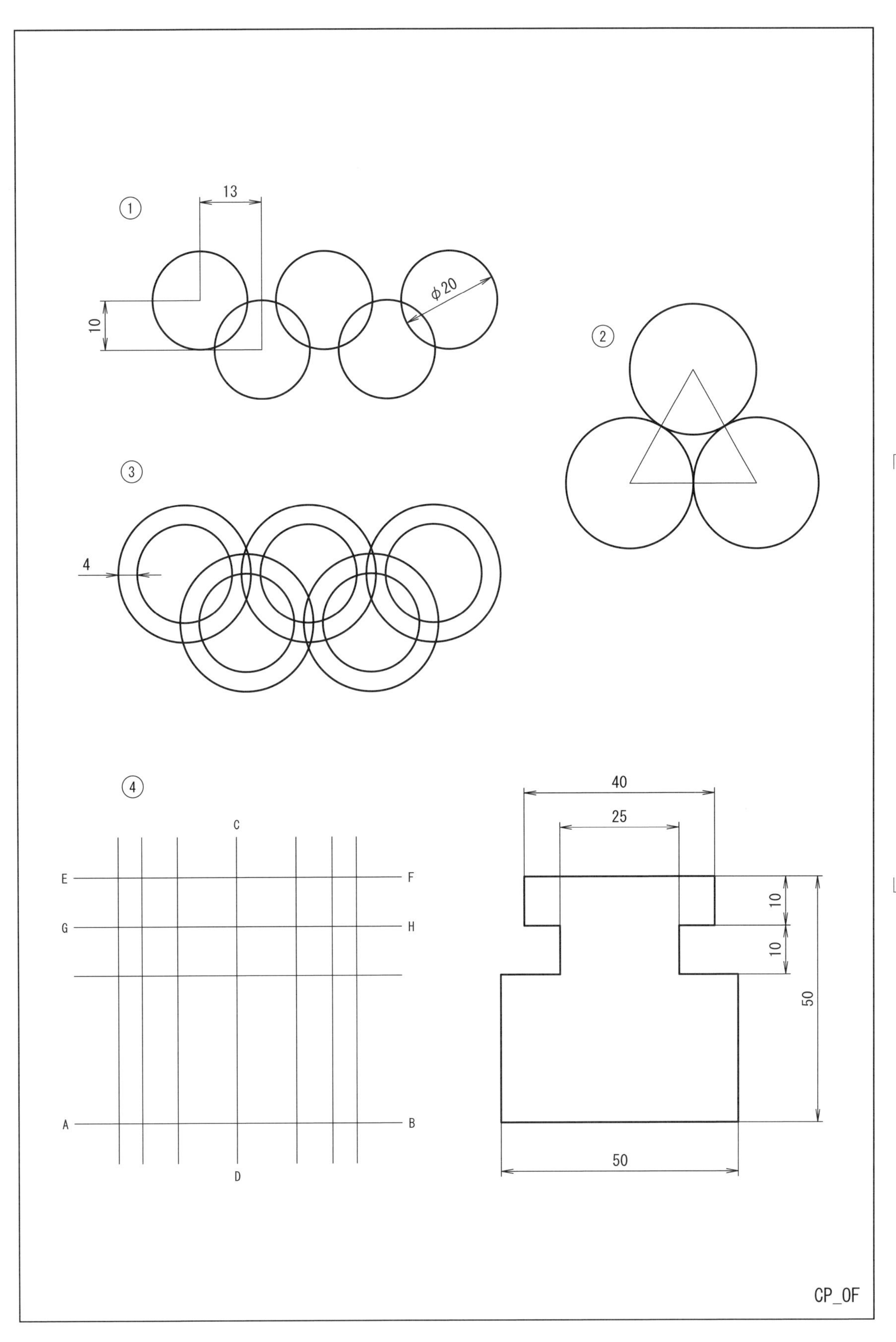
①
13
10
φ20
②
③
4
④
C
E
F
G
H
A
B
D
40
25
10
10
50
50
CP_OF

⇄ 演習3・15　配　列　複　写

矩形状配列複写では，オブジェクトを選択し確定した後，円形状配列複写では，配列複写の中心を指定した後，リボンは「配列複写作成」のコンテキストタブに切り替わる．作図画面では，配列複写後の状態がプレビュー表示される．

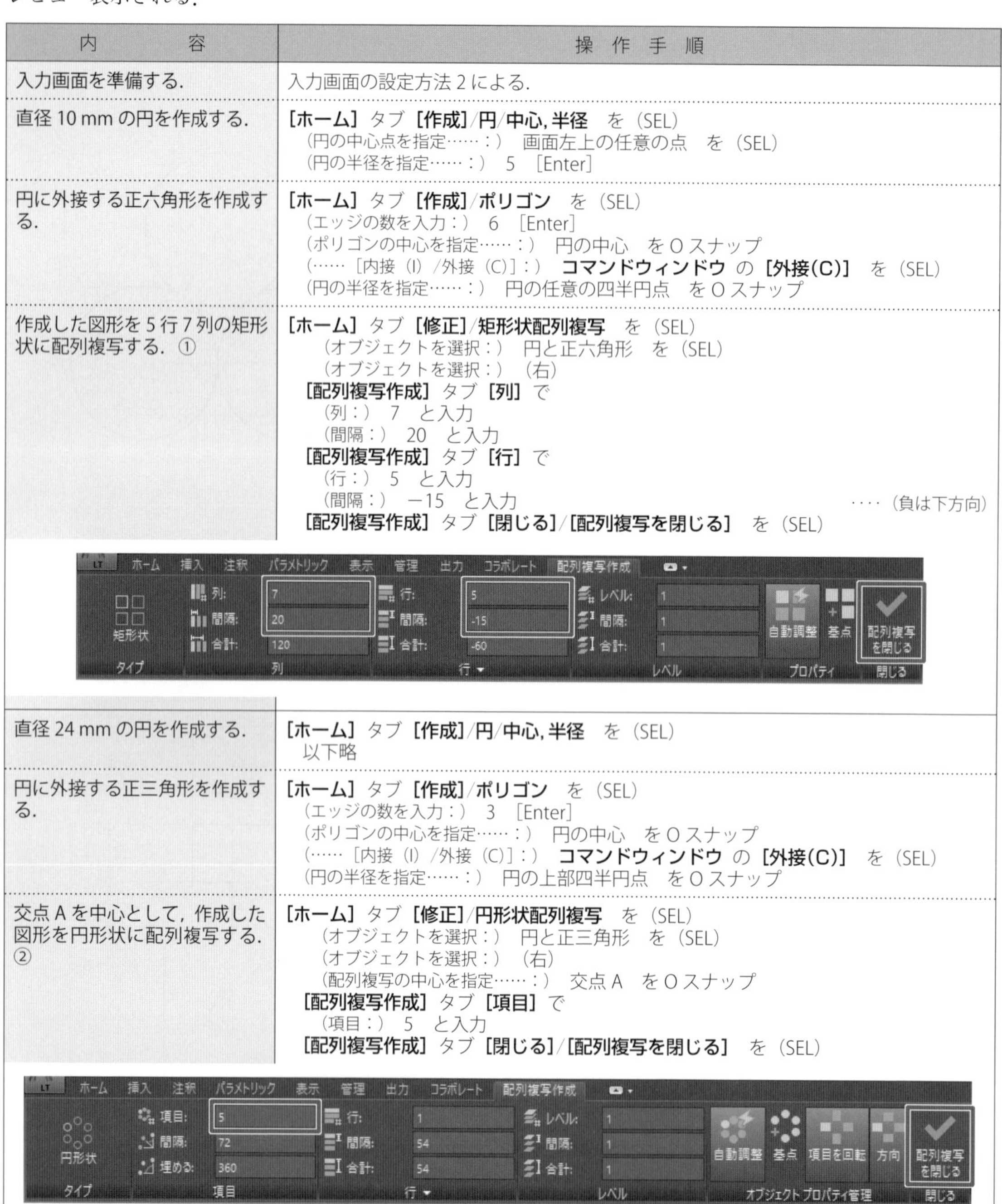

内　　容	操　作　手　順
入力画面を準備する.	入力画面の設定方法2による.
直径10 mmの円を作成する.	**［ホーム］**タブ **［作成］**/**円**/**中心, 半径**　を（SEL） （円の中心点を指定……：）　画面左上の任意の点　を（SEL） （円の半径を指定……：）　5　[Enter]
円に外接する正六角形を作成する.	**［ホーム］**タブ **［作成］**/**ポリゴン**　を（SEL） （エッジの数を入力：）　6　[Enter] （ポリゴンの中心を指定……：）　円の中心　をOスナップ （……［内接（I）/外接（C）］：）　**コマンドウィンドウ**の**［外接(C)］**　を（SEL） （円の半径を指定……：）　円の任意の四半円点　をOスナップ
作成した図形を5行7列の矩形状に配列複写する. ①	**［ホーム］**タブ **［修正］**/**矩形状配列複写**　を（SEL） （オブジェクトを選択：）　円と正六角形　を（SEL） （オブジェクトを選択：）（右） **［配列複写作成］**タブ **［列］**で （列：）　7　と入力 （間隔：）　20　と入力 **［配列複写作成］**タブ **［行］**で （行：）　5　と入力 （間隔：）　−15　と入力　‥‥（負は下方向） **［配列複写作成］**タブ **［閉じる］**/**［配列複写を閉じる］**　を（SEL）
直径24 mmの円を作成する.	**［ホーム］**タブ **［作成］**/**円**/**中心, 半径**　を（SEL） 以下略
円に外接する正三角形を作成する.	**［ホーム］**タブ **［作成］**/**ポリゴン**　を（SEL） （エッジの数を入力：）　3　[Enter] （ポリゴンの中心を指定……：）　円の中心　をOスナップ （……［内接（I）/外接（C）］：）　**コマンドウィンドウ**の**［外接(C)］**　を（SEL） （円の半径を指定……：）　円の上部四半円点　をOスナップ
交点Aを中心として，作成した図形を円形状に配列複写する. ②	**［ホーム］**タブ **［修正］**/**円形状配列複写**　を（SEL） （オブジェクトを選択：）　円と正三角形　を（SEL） （オブジェクトを選択：）（右） （配列複写の中心を指定……：）　交点A　をOスナップ **［配列複写作成］**タブ **［項目］**で （項目：）　5　と入力 **［配列複写作成］**タブ **［閉じる］**/**［配列複写を閉じる］**　を（SEL）

TIPS　「分解」コマンド

■ ポリライン，ブロック図形，寸法図形，配列複写の関連づけられたオブジェクトは，「分解」コマンドで個々の構成要素に分解できる．

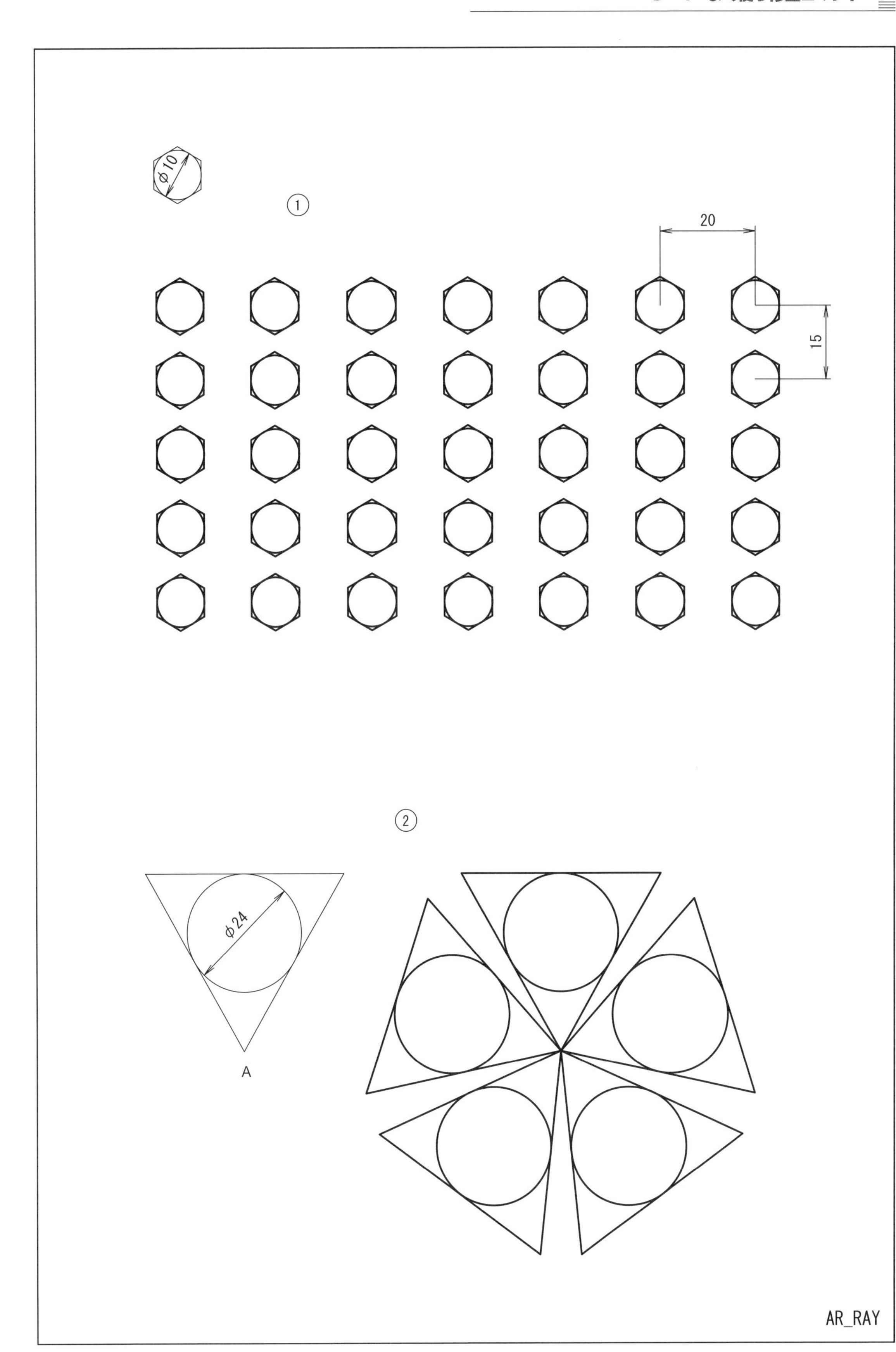
φ10
①
20
15
②
φ24
A
AR_RAY

⇄ 演習3・16 鏡　像

内　容	操作手順
入力画面を準備する.	入力画面の設定方法2による.
40 mm × 16 mmの四角形を作成する.	**[ホーム]** タブ **[作成]/線分** を (SEL) 以下略
辺BCを直径とする円を作成する.	**[ホーム]** タブ **[作成]/円/中心, 半径** を (SEL) 以下略
円に外接する正三角形を作成する.	**[ホーム]** タブ **[作成]/ポリゴン** を (SEL) 以下略
いま作成した円を削除する.	**[ホーム]** タブ **[修正]/削除** を (SEL) 以下略
線分ADに対称に作成した図形の鏡像を作成する. ①	**[ホーム]** タブ **[修正]/鏡像** を (SEL) (オブジェクトを選択：) 線分ADを除く全オブジェクト を (SEL) (オブジェクトを選択：) (右) (対称軸の1点目を指定：) 端点A をOスナップ (対称軸の2点目を指定：) 端点D をOスナップ (元のオブジェクトを消去しますか？:) **コマンドウィンドウ** の **[いいえ(N)]** を (SEL)
直径32 mmの円を作成する.	**[ホーム]** タブ **[作成]/円/中心, 半径** を (SEL) 以下略
円に外接する正五角形を作成する.	**[ホーム]** タブ **[作成]/ポリゴン** を (SEL) 以下略：
円のほぼ中央に文字を記入する.	**[ホーム]** タブ **[注釈]/文字記入** を (SEL) 以下略
作成した図形を右側に複写する.	**[ホーム]** タブ **[修正]/複写** を (SEL) 以下略
辺EFに対称に作成した図形の鏡像を作成する. ②	**[ホーム]** タブ **[修正]/鏡像** を (SEL) (オブジェクトを選択：) 窓選択で全オブジェクト を (SEL) (オブジェクトを選択：) (右) 以下略
文字列も鏡像化するように設定を変更する.	(コマンド：) MIRRTEXT [Enter] ････(キー入力) (MIRRTEXTの新しい値を入力：) 1 [Enter]
辺EFに対称に作成した図形の鏡像を作成する. ③	**[ホーム]** タブ **[修正]/鏡像** を (SEL) (オブジェクトを選択：) 窓選択で全オブジェクト を (SEL) (オブジェクトを選択：) (右) 以下略

TIPS 鏡像移動

■ 「鏡像」コマンドは最後のメッセージ「元のオブジェクトを削除しますか？」の質問に「はい」と答えると，鏡像移動の意味になる.

TIPS 対称軸

■ 対称軸は1点目と2点目の位置が同じでない限り，それらの距離が短くても長くても，できる鏡像は変わらない.

■ 対称軸が水平または垂直方向ならば，2点目の指定時に「直交モード」を利用するとよい. Oスナップで指定しなくても，対称軸 はまっすぐになる.

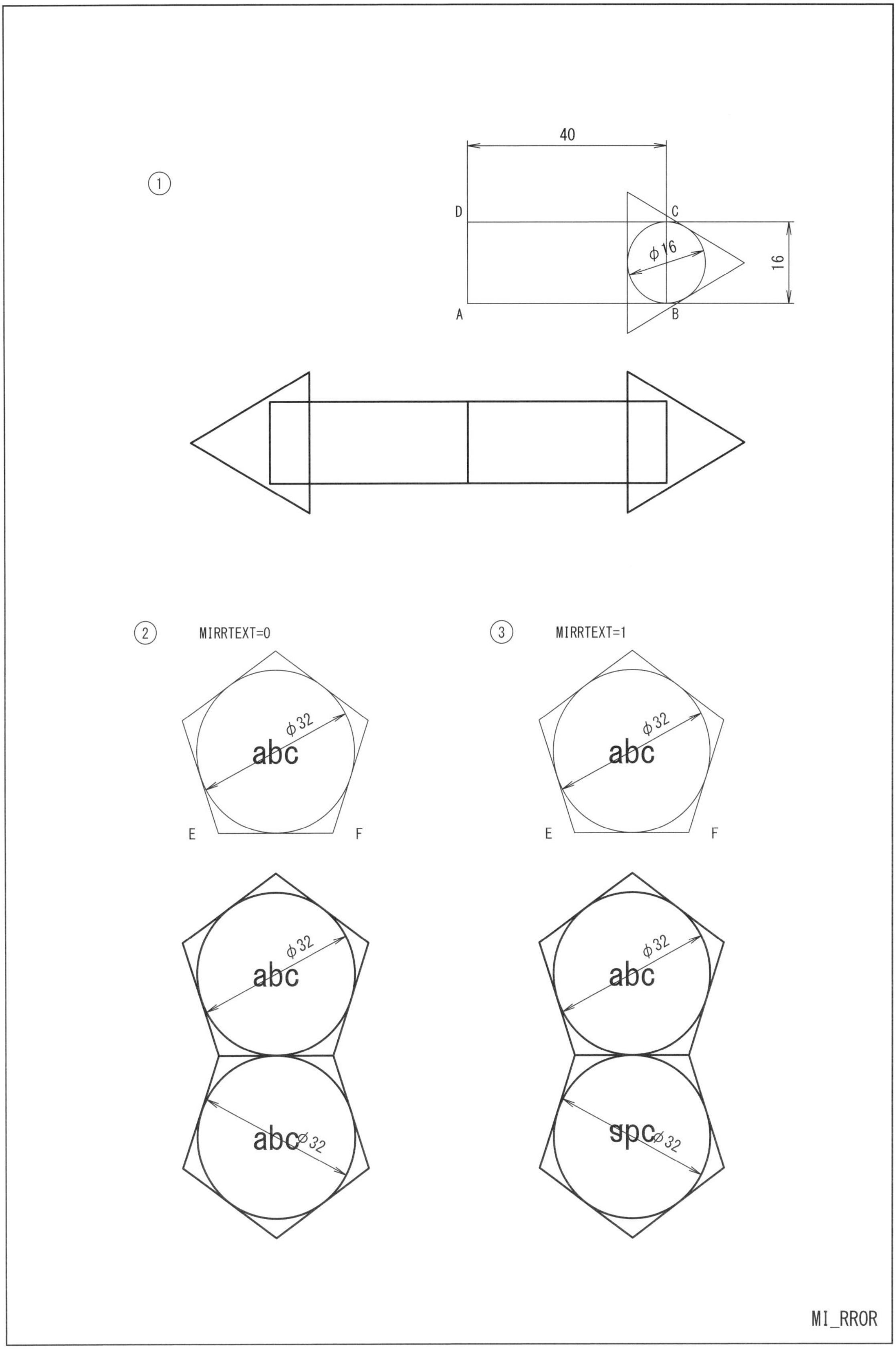

40
①
D
C
φ16
16
A
B
② MIRRTEXT=0
φ32
abc
E
F
φ32
abc
abc
φ32
③ MIRRTEXT=1
φ32
abc
E
F
φ32
abc
spc
φ32
MI_RROR

⇄ 演習 3・17　面取りとフィレット

内　容	操作手順
入力画面を準備する.	入力画面の設定方法 2 による.
45 mm × 40 mm の四角形を作成する.	**[ホーム]** タブ **[作成]/線分**　を（SEL） 以下略
四角形左下コーナーを面取りする.	**[ホーム]** タブ **[修正]/面取り**　を（SEL） （1 本目の線を選択……：）**コマンドウィンドウ** の **[距離(D)]**　を（SEL） （1 本目の面取り距離を指定：） 10 [Enter] //（2 本目の面取り距離を指定：） [Enter] （1 本目の線を選択……：） 線分 AB　を（SEL）//（2 本目の線を選択：） 線分 AD　を（SEL）
四角形右上コーナーを面取りする.	（右）**ショートカットメニュー** の **[繰り返し]**　を（SEL） （1 本目の線を選択……：）**コマンドウィンドウ** の **[距離(D)]**　を（SEL） （1 本目の面取り距離を指定：） 20 [Enter] //（2 本目の面取り距離を指定：） 10 [Enter] （1 本目の線を選択……：） 線分 CD　を（SEL）//（2 本目の線を選択：） 線分 BC　を（SEL）
四角形の左上と右下の角部をフィレットで丸める. ①	**[ホーム]** タブ **[修正]/フィレット**　を（SEL） （最初のオブジェクトを選択……：）**コマンドウィンドウ** の **[半径(R)]**　を（SEL） （フィレット半径を指定：） 5 [Enter] （最初のオブジェクトを選択……：） 線分 AD　を（SEL） （2 つ目のオブジェクトを選択：） 線分 CD　を（SEL） （右）**ショートカットメニュー** の **[繰り返し]**　を（SEL） （最初のオブジェクトを選択……：）**コマンドウィンドウ** の **[トリム(T)]**　を（SEL） （トリムモードのオプションを入力……：）**コマンドウィンドウ** の **[非トリム(N)]**　を（SEL） ‥‥（右下の角部は非トリムモードで丸める） （最初のオブジェクトを選択……：） 線分 AB　を（SEL） （2 つ目のオブジェクトを選択：） 線分 BC　を（SEL）
直径 30 mm の円を作成し, 15 mm 右側に複写する.	**[ホーム]** タブ **[作成]/円/中心, 半径**　を（SEL） 以下略
角部 4 か所をフィレットで丸める. ②	**[ホーム]** タブ **[修正]/フィレット**　を（SEL） （最初のオブジェクトを選択……：）**コマンドウィンドウ** の **[複数(M)]**　を（SEL） ‥‥（同じ半径で続けて処理をするオプション） （最初のオブジェクトを選択……：） 円上の点 E の近く　を（SEL） （2 つ目のオブジェクトを選択：） 円上の点 F の近く　を（SEL） 途中略 （最初のオブジェクトを選択……：）（右）**ショートカットメニュー** の **[Enter]**　を（SEL）
十字状に線分を作成する.	**[ホーム]** タブ **[作成]/線分**　を（SEL） 以下略
角部を半径 0 mm でフィレットする. ③（トリムしたことになる）	**[ホーム]** タブ **[修正]/フィレット**　を（SEL） （最初のオブジェクトを選択……：）**コマンドウィンドウ** の **[半径(R)]**　を（SEL） （フィレット半径を指定：） 0 [Enter] （最初のオブジェクトを選択……：）**コマンドウィンドウ** の **[トリム(T)]**　を（SEL） （トリムモードのオプションを入力……：）**コマンドウィンドウ** の **[トリム(T)]**　を（SEL） ‥‥（トリムモードに戻す） （最初のオブジェクトを選択……：） 線分 GH の端点 H の近く　を（SEL） （2 つ目のオブジェクトを選択：） 線分 JK の端点 J の近く　を（SEL）

TIPS　「非トリムモード」オプション

■ 「面取り」や「フィレット」コマンドには非トリムモードがある. 非トリムとは, 1 つ目, 2 つ目のオブジェクトを共にトリムしないというモードである.「非トリム」に設定後は, 元に戻しておかないと, 面取り, フィレット両方のコマンドに非トリムモードのままで設定が残ってしまうので注意する. コマンドを実行すると, コマンドウィンドウに現在の設定モードが表示されるので確認をし, 必要であれば, 設定を変更する.

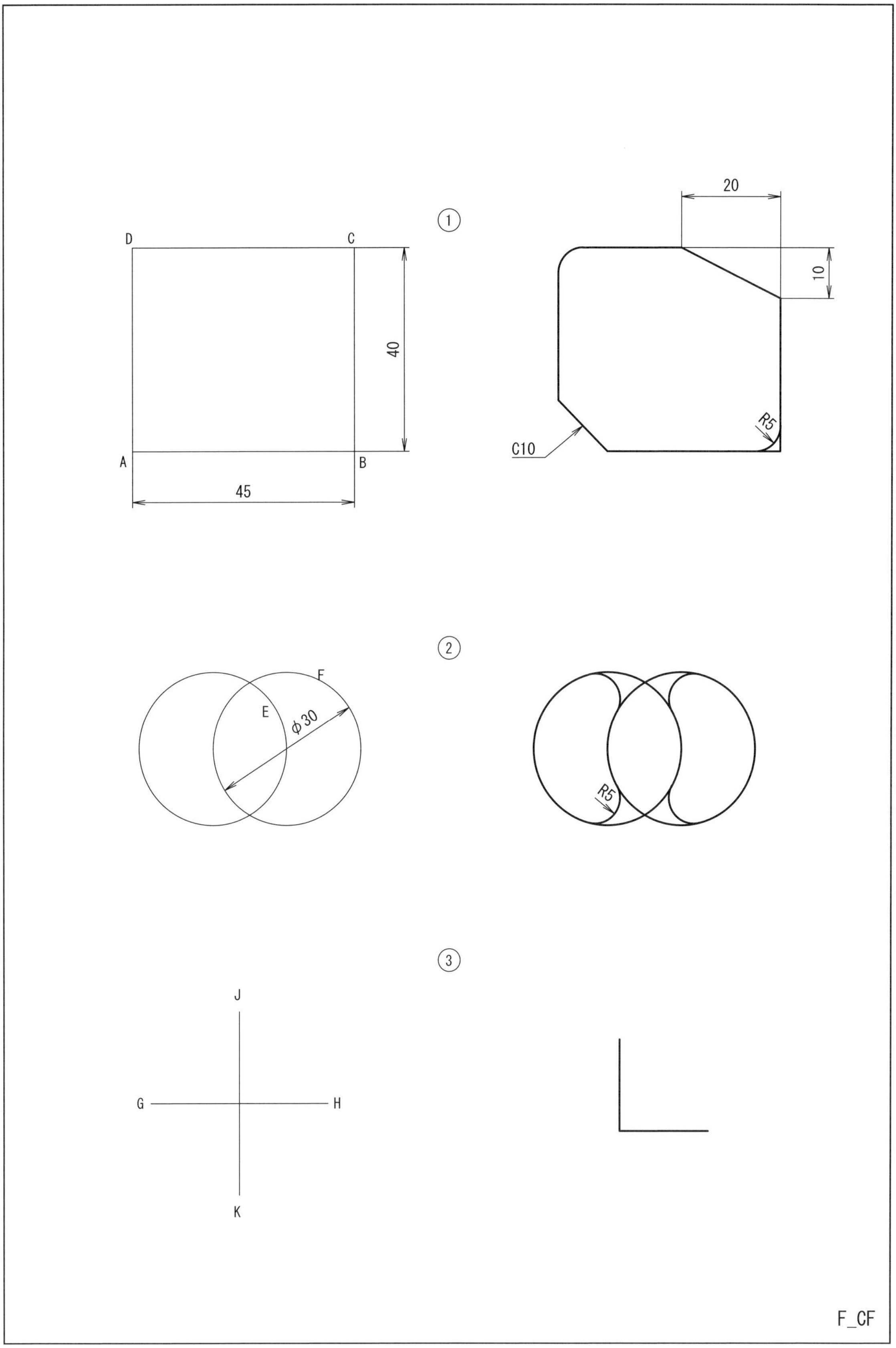

①

D C A B 40 45 20 10 R5 C10

②

F E φ30 R5

③

J G H K

F_CF

⇄ 演習3・18 移動と回転

内　　容	操作手順
入力画面を準備する.	入力画面の設定方法2による.
一辺の長さが約50 mmの正三角形を作成する.	**[ホーム]** タブ **[作成]/ポリゴン** を (SEL) (エッジの数を入力:) 3 [Enter] (ポリゴンの中心を指定……:) **コマンドウィンドウ** の **[エッジ(E)]** を (SEL) (エッジの1点目を指定:) 任意の点 を (SEL) (エッジの2点目を指定:) @50, 0 [Enter]
直径20 mmの円を作成する.	**[ホーム]** タブ **[作成]/円/中心, 半径** を (SEL) (円の中心点を指定……:) 正三角形の頂点 をOスナップ (交点) (円の半径を指定……:) 10 [Enter]
円に外接する正方形を作成する. ①	**[ホーム]** タブ **[作成]/ポリゴン** を (SEL) (エッジの数を入力:) 4 [Enter] (ポリゴンの中心を指定……:) 円の中心 をOスナップ (…… [内接 (I) /外接 (C)]:) **コマンドウィンドウ** の **[外接(C)]** を (SEL) (円の半径を指定:) 円の任意の四半円点 をOスナップ
円と正方形を複写する. ②	**[ホーム]** タブ **[修正]/複写** を (SEL) (オブジェクトを選択:) 円と正方形 を (SEL) (オブジェクトを選択:) (右) (基点を指定:) 円の中心 をOスナップ (2点目を指定……:) 正三角形の底辺の左の端点 をOスナップ (2点目を指定……:) **コマンドウィンドウ** の **[終了(E)]** を (SEL)
円と正方形を移動する. ③	**[ホーム]** タブ **[修正]/移動** を (SEL) (オブジェクトを選択:) 複写した円と正方形 を (SEL) (オブジェクトを選択:) (右) (基点を指定……:) 円の中心 をOスナップ (目的点を指定……:) 正三角形の底辺の中点 をOスナップ
正三角形の頂点の正方形を45度回転する. ④	**[ホーム]** タブ **[修正]/回転** を (SEL) (オブジェクトを選択:) 正三角形の頂点の円と正方形 を (SEL) (オブジェクトを選択:) (右) (基点を指定:) 正三角形の頂点の円の中心 をOスナップ (回転角度を指定……:) 45 [Enter]
正三角形の頂点の円と正方形を18 mm上側に移動する. ⑤	**[ホーム]** タブ **[修正]/移動** を (SEL) (オブジェクトを選択:) P [Enter] ・・・・(直前選択オブジェクトの選択) (オブジェクトを選択:) [Enter] (基点を指定……:) 0, 18 [Enter] (目的点を指定……:) [Enter]

TIPS 選択オプションP (直前)

■ この演習のように, いくつかの同じオブジェクトをセットでいったん回転してから移動するといった修正を行うことはよくある. 単一ならともかく, 直前に選択したいくつかの同じオブジェクトのために同じ選択方法を続けて使用するのは面倒である. そこで, 直前のオブジェクトと同じオブジェクトを指定する場合は選択オプションである P (直前) を使用するとよい.

TIPS 回転角度の入力法

■ 回転角度が45度ではなく, 22.5度のような場合は, 22.5または22d30' のように入力する.

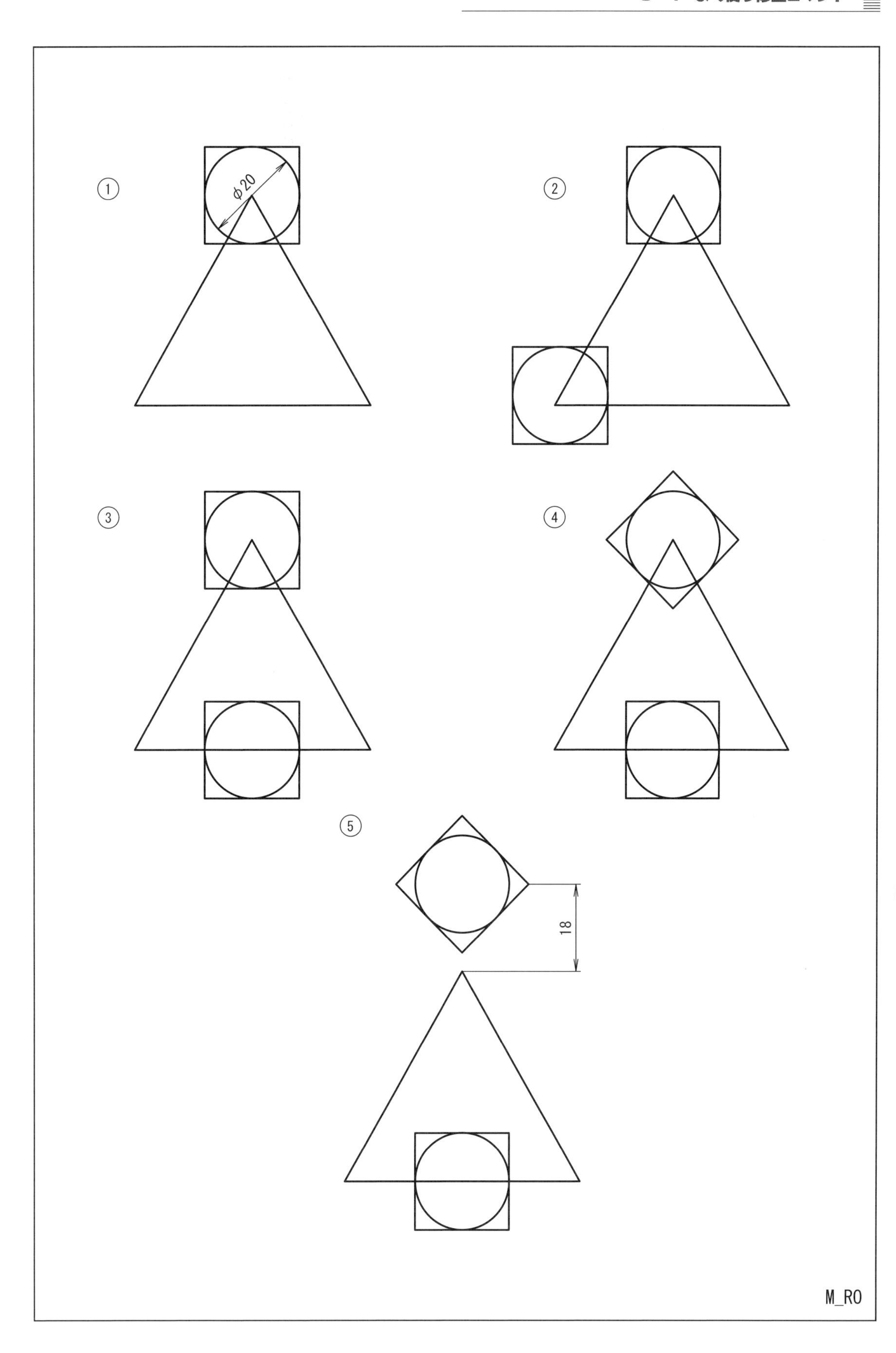

①
φ20
②
③
④
⑤
18
M_RO

⇄ 演習 3・19 ストレッチ

内容	操作手順
入力画面を準備する.	入力画面の設定方法 2 による.
①の図形を作成する.	省略
寸法を記入する. ①	**[ホーム]** タブ **[注釈]/長さ寸法記入** を (SEL) 以下略
図形①の下部の AB 部分を Y 方向に 20 mm 縮める. ②	**[ホーム]** タブ **[修正]/ストレッチ** を (SEL) (オブジェクトを選択:) 任意の点 A を (SEL) (もう一方のコーナーを指定:) 任意の点 B を (SEL) ････(必ず交差選択) (オブジェクトを選択:) (右) (基点を指定……:) 0, 20 [Enter] (目的点を指定または〈基点を移動距離として使用〉:) [Enter]
図形②の上部の CD 部分を Y 方向に 5 mm 伸ばす. ③	**[ホーム]** タブ **[修正]/ストレッチ** を (SEL) (オブジェクトを選択:) 任意の点 C を (SEL) (もう一方のコーナーを指定:) 任意の点 D を (SEL) (オブジェクトを選択:) (右) (基点を指定……:) 0, 5 [Enter] (目的点を指定または〈基点を移動距離として使用〉:) [Enter]
図形③の中央部の幅を 20 mm 縮める. ④	**[ホーム]** タブ **[修正]/ストレッチ** を (SEL) (オブジェクトを選択:) 任意の点 E 近く を (SEL) (もう一方のコーナーを指定:) 任意の点 F 近く を (SEL) (オブジェクトを選択:) (右) (基点を指定……:) −20, 0 [Enter] (目的点を指定または〈基点を移動距離として使用〉:) [Enter]

TIPS　ストレッチコマンドでは交差選択

■ ストレッチさせるオブジェクトを選択する場合, 必ず交差選択を使用すること. それ以外の方法では, ストレッチができない.
交差選択の枠線に引っかかった部分が伸縮される.
移動される部分は, 交差選択の枠線の中に入りきるように, オブジェクトを選択するときに気をつける.
交差選択では選択しづらいときは, 画層の制御 (非表示またはロック) を使用するとよい.

TIPS　寸法図形のストレッチ

■ 寸法が記入されているオブジェクトは寸法図形を含めてストレッチするとよい.
寸法図形は自動調整寸法機能が働き, 矢印・数字の大きさはそのままで, 寸法数値が新しい値に自動的に変更されるので, 交差選択するときは寸法図形の含め方にも注意する.

TIPS　計測機能のいろいろ

■ 作図がきちんと行われているか, 途中途中で確認が必要になるで. その確認を行うには, 距離計算, 面積計算, オブジェクト情報, 位置表示コマンドなどがある.

[ホーム] タブ **[ユーティリティ]/距離** ････(指定した 2 点間の距離が計測できる)
[ホーム] タブ **[ユーティリティ]/半径** ････(円弧・円の半径と直径が計測できる)
[ホーム] タブ **[ユーティリティ]/角度** ････(角度が計測できる)
[ホーム] タブ **[ユーティリティ]/面積** ････(面積が計測できる)

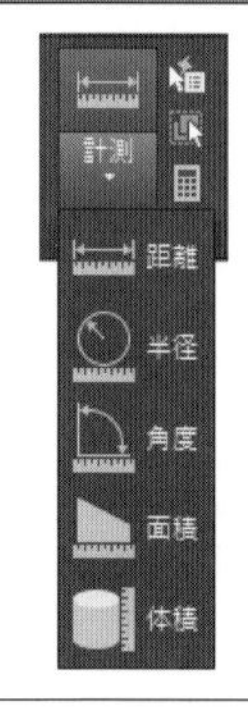

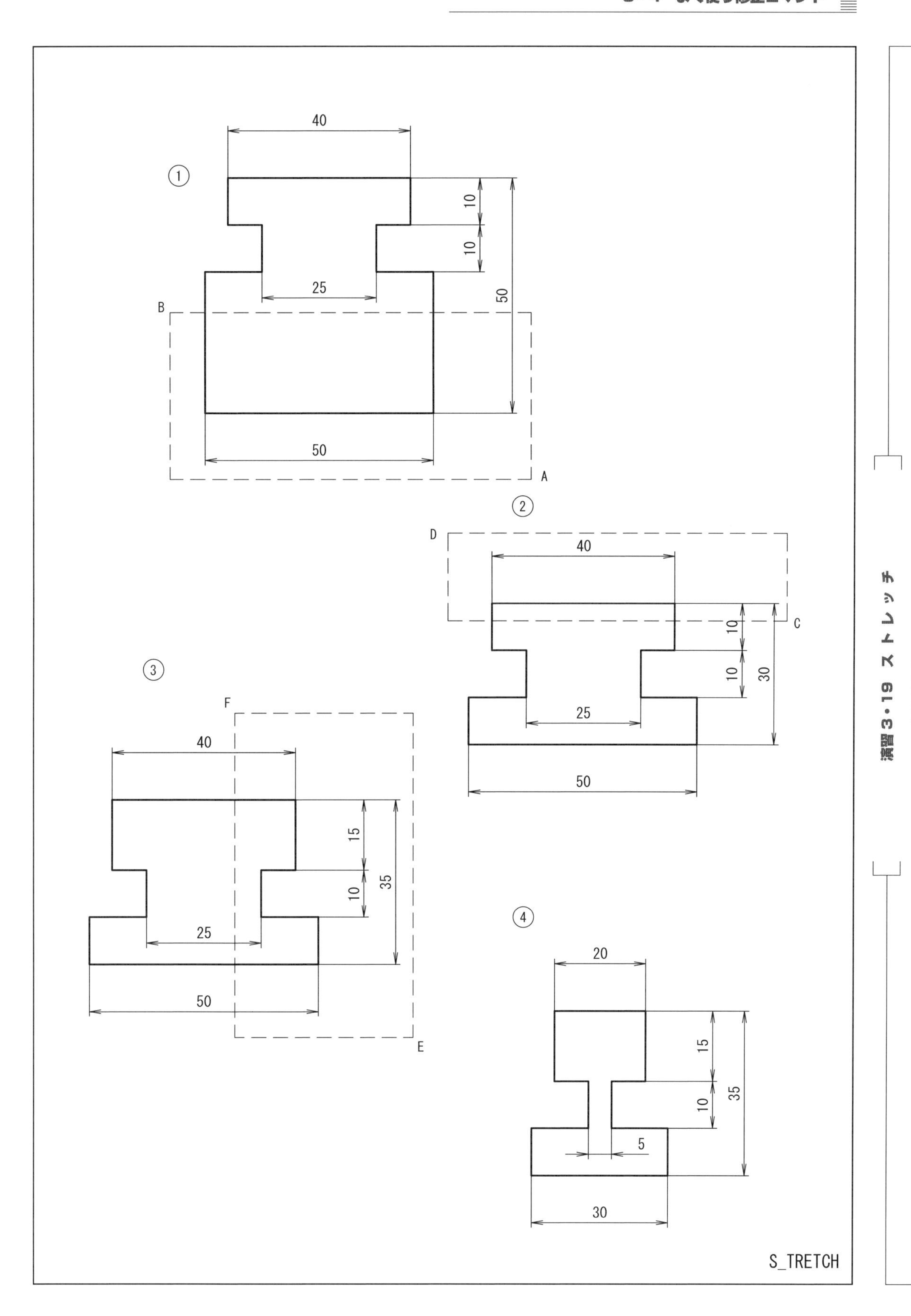
①
40
10
10
25
50
B
50
A
②
D
40
10
C
10
30
25
50
③
F
40
15
10
35
25
50
E
④
20
15
10
35
5
30
S_TRETCH

⇄ 演習3・20 尺度変更

内　容	操 作 手 順
入力画面を準備する.	入力画面の設定方法2による.
①の図形を作成する.	**演習3・9**“ポリゴンと長方形の作成”を参照.
直径20 mmの円の直径寸法を記入する. ①	**[ホーム]** タブ **[注釈]/直径寸法記入**　を（SEL） （円弧または円を選択：）　円周上の任意の点　を（SEL） （寸法線の位置を指定……：）　直径寸法を記入する位置　を（SEL）
寸法も含めた①の図形の大きさを1.2倍に変更する. ②	**[ホーム]** タブ **[修正]/尺度変更**　を（SEL） （オブジェクトを選択：）　交差選択で全オブジェクト　を（SEL） （オブジェクトを選択：）　（右） （基点を指定：）　円の中心　をOスナップ （尺度を指定……：）　1.2　[Enter]
内接の円の直径が24 mmから18 mmになるように図形の大きさを変更する. ③	**[ホーム]** タブ **[修正]/尺度変更**　を（SEL） （オブジェクトを選択：）　P　[Enter] （オブジェクトを選択：）　[Enter] （基点を指定：）　円の中心　をOスナップ （尺度を指定……：）　**コマンドウィンドウ** の **[参照(R)]**　を（SEL） （参照する長さを指定：）　24　[Enter] （新しい長さを指定……：）　18　[Enter]
正五角形の頂点Aから底辺の中点Bまでの距離が50 mmになるように図形の大きさを変更する. ④	**[ホーム]** タブ **[修正]/尺度変更**　を（SEL） （オブジェクトを選択：）　P　[Enter] （オブジェクトを選択：）　[Enter] （基点を指定：）　正五角形の頂点A　をOスナップ（交点） （尺度を指定……：）　**コマンドウィンドウ** の **[参照(R)]**　を（SEL） （参照する長さを指定：）　正五角形の頂点A　をOスナップ（交点） （2点目を指定：）　正五角形の底辺の中点B　をOスナップ （新しい長さを指定……：）　50　[Enter]

TIPS　「参照」オプション

■「尺度変更」コマンドで入力する尺度の値は，小数点入力（例：0.5）でも分数入力（例：1/2）でも可能である．ただし，分数入力の分母や分子の値に小数点を含む数値（例：2.5/5）を入力することはできない．このような場合は，「参照」オプションを使用し，たとえば，2.5/5という尺度の場合は，「（参照する長さを指定：）　5，（新しい長さ：）　2.5」と入力する．

TIPS　寸法の自動調整

■ 寸法を含めて尺度変更すると，寸法数値も自動的に変更される．

TIPS　「長さ変更」コマンド

■ 線分の長さを変更するには，「長さ変更」コマンドが便利である．
線分の長さを10 mm長くする：

[ホーム] タブ **[修正]/長さ変更**　を（SEL）
コマンドウィンドウ の **[増減(DE)]**　を（SEL）
（増減の長さを入力……：）　10　[Enter]　････（短くする場合はマイナスの値）
（変更するオブジェクトを選択……：）　線分　を（SEL）　････（伸ばす端点に近いほうでオブジェクトを選択）

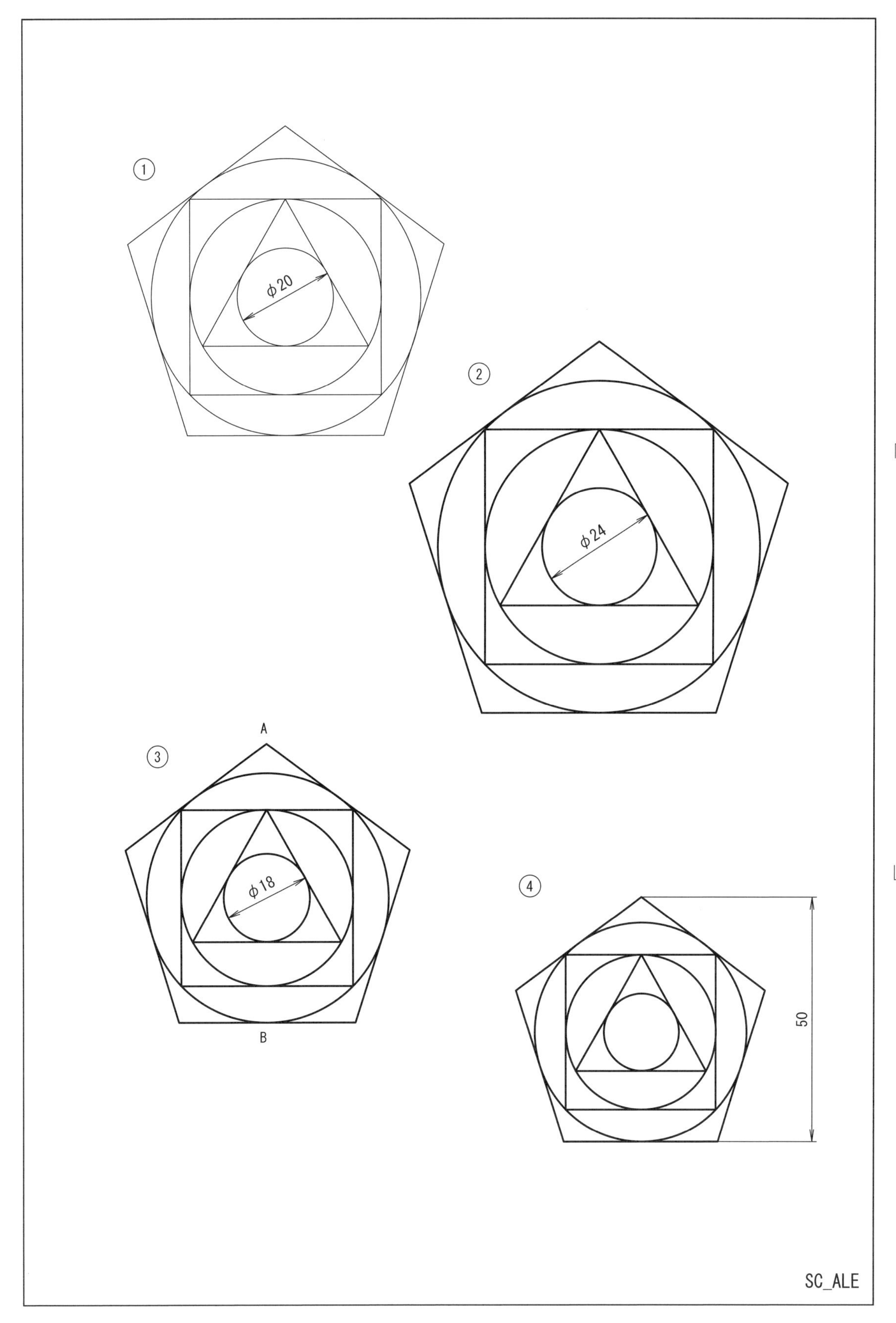
①
φ20
②
φ24
A
③
φ18
B
④
50
SC_ALE

⇄ 演習3・21 トリムと延長

内容	操作手順
入力画面を準備する.	入力画面の設定方法 2 による.
直径 32 mm の円を作成する.	**[ホーム]** タブ **[作成]**/**円**/**中心, 半径** を（SEL） （円の中心点……：） 画面上部の任意の点 を（SEL） （円の半径を指定……：） 16 [Enter]
直径 32 mm の円の上側の四半円点に直径 16 mm の円を作成する. ①	**[ホーム]** タブ **[作成]**/**円**/**中心, 半径** を（SEL） （円の中心点……：） 直径 32 mm の円の上側の四半円点 を O スナップ （円の半径を指定……：） 8 [Enter]
直径 16 mm の円を円形状に配列複写する. ②	**[ホーム]** タブ **[修正]**/**円形状配列複写** を（SEL） （オブジェクトを選択：） 直径 16 mm の円 を（SEL） （オブジェクトを選択：）（右） 以下略
直径 32 mm の円の内側部分をトリムで消去する. ③	**[ホーム]** タブ **[修正]**/**トリム** を（SEL） （切り取りエッジを選択……：） （オブジェクトを選択……：） 直径 32 mm の円 を（SEL） （オブジェクトを選択：）（右） （トリムするオブジェクト……：） トリムで消去する円弧 を（SEL） （トリムするオブジェクト……：） トリムで消去する円弧 を（SEL） 途中略 （トリムするオブジェクト……：）（右）**ショートカットメニュー** の **[Enter]** を（SEL）
任意の半径の円を 2 個作成する.	**[ホーム]** タブ **[作成]**/**円**/**中心, 半径** を（SEL） 以下略
円と円を接線でつなぐ. ④	**[ホーム]** タブ **[作成]**/**線分** を（SEL） 以下略
接線の内側の円弧をトリムで消去する. ⑤	**[ホーム]** タブ **[修正]**/**トリム** を（SEL） （切り取りエッジを選択……：） （オブジェクトを選択……：） 接線 を（SEL） （オブジェクトを選択：） もう 1 つの接線 を（SEL） （オブジェクトを選択：）（右） （トリムするオブジェクトを選択……：） トリムする円弧 を（SEL） 以下略
直径 24 mm の円を作成する.	**[ホーム]** タブ **[作成]**/**円**/**中心, 半径** を（SEL） 以下略
円に外接する正四角形を作成する. ⑥	**[ホーム]** タブ **[作成]**/**ポリゴン** を（SEL） 以下略
直径 24 mm の円を外側に 11 mm オフセットする. ⑦	**[ホーム]** タブ **[修正]**/**オフセット** を（SEL） 以下略
正四角形を 4 線分に分解する.	**[ホーム]** タブ **[修正]**/**分解** を（SEL） （オブジェクトを選択……：） 正四角形 を（SEL） （オブジェクトを選択：）（右）
外側の円まで正四角形の線分を延長する. ⑧	**[ホーム]** タブ **[修正]**/**延長** を（SEL） （境界エッジを選択……：） （オブジェクトを選択……：） 外側の円 を（SEL） （オブジェクトを選択：）（右） （延長するオブジェクトを選択……：） 線分の端点 を（SEL） （延長するオブジェクトを選択……：） 線分の別の端点 を（SEL） 途中略 （延長するオブジェクトを選択……：）（右）**ショートカットメニュー** の **[Enter]** を（SEL）

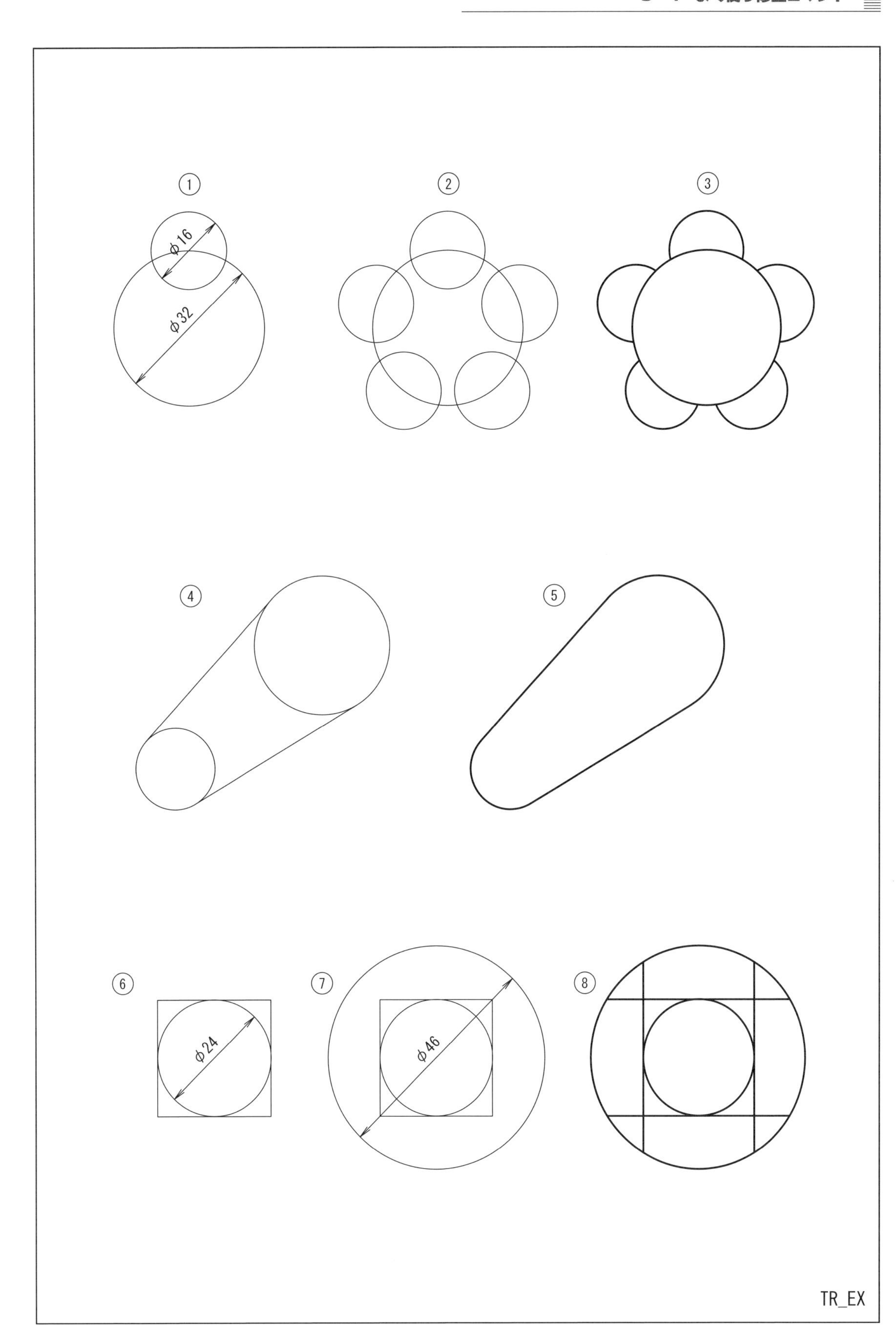
①
φ16
φ32
②
③
④
⑤
⑥
φ24
⑦
φ46
⑧
TR_EX

⇄ 演習3・22 部 分 削 除

内　　　容	操 作 手 順
入力画面を準備する.	入力画面の設定方法2による.
50 mm × 17.5 mm の四角形ABCDを作成する. ①	**[ホーム]** タブ **[作成]/線分** を（SEL） 以下略
線分DCの左端から25 mm切り取る. ②	**[ホーム]** タブ **[修正]/部分削除** を（SEL） （オブジェクトを選択：） 線分DC を（SEL） （部分削除する2点目を指定……：） **コマンドウィンドウ** の **[1点目(F)]** を（SEL） （部分削除する1点目を指定：） 端点D をOスナップ （部分削除する2点目を指定：） @25, 0 [Enter]
任意の長さの線分を作成する.	**[ホーム]** タブ **[作成]/線分** を（SEL） 以下略
線分の中点に直径25 mmの円を作成する. ③	**[ホーム]** タブ **[作成]/円/中心, 半径** を（SEL） 以下略
円の内側部分の線分を切り取る. ④	**[ホーム]** タブ **[修正]/部分削除** を（SEL） （オブジェクトを選択：） 線分 を（SEL） （部分削除する2点目を指定……：） **コマンドウィンドウ** の **[1点目(F)]** を（SEL） （部分削除する1点目を指定：） 線分と円の交点 をOスナップ （部分削除する2点目……：） もう一方の線分と円の交点 をOスナップ
一辺の長さが25 mmの正四角形を作成する.	**[ホーム]** タブ **[作成]/ポリゴン** を（SEL） 以下略
正四角形を右上側の任意の位置に, 重なるように複写する.	**[ホーム]** タブ **[修正]/複写** を（SEL） 以下略
2個の正四角形を8線分に分解する. ⑤	**[ホーム]** タブ **[修正]/分解** を（SEL） （オブジェクトを選択：） 2個の正四角形 を（SEL） （オブジェクトを選択：） （右）
線分EFを交点Pで分割する.	**[ホーム]** タブ **[修正]/部分削除** を（SEL） （オブジェクトを選択：） 線分EF を（SEL） （部分削除する2点目を指定……：） **コマンドウィンドウ** の **[1点目(F)]** を（SEL） （部分削除する1点目を指定：） 交点P をOスナップ （部分削除する2点目を指定：） @ [Enter] ‥‥（@は直前に指定した位置を指示している）
線分EHを交点Qで分割する.	**[ホーム]** タブ **[修正]/部分削除** を（SEL） （オブジェクトを選択：） 線分EH を（SEL） （部分削除する2点目を指定……：） **コマンドウィンドウ** の **[1点目(F)]** を（SEL） （部分削除する1点目を指定：） 交点Q をOスナップ （部分削除する2点目を指定：） @ [Enter]
重なっている部分の線分EP, EQをかくれ線の画層に移動する. ⑥	線分EP, EQ を（SEL） （右）**ショートカットメニュー** の **[オブジェクトプロパティ管理]** を（SEL） プロパティパレットが表示される. [画層] を（SEL） ▼ を（SEL） 画層名HIDDEN を（SEL） ☒ を（SEL） ‥‥（プロパティパレットを閉じる） [Esc]

TIPS　オブジェクトの分割

■ 「部分削除」コマンドでオブジェクト上の1点目と2点目を同じ位置に指定すると，その点でオブジェクトを分割したことになる.

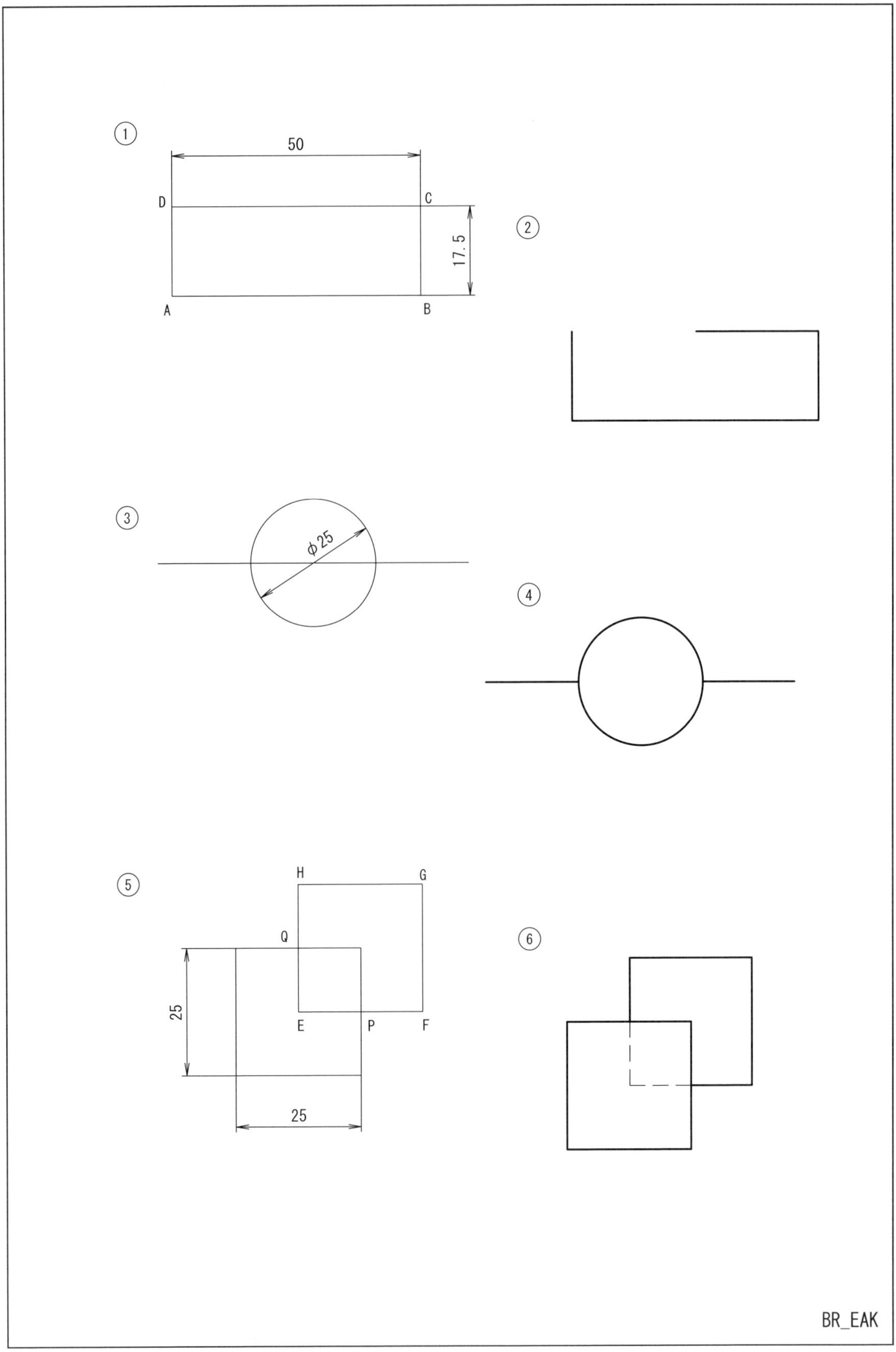

①

50

D C

17.5

A B

②

③

φ25

④

⑤

H G

Q

25

E P F

25

⑥

BR_EAK

3・5　図面の縮尺・倍尺

ここでは，モデル空間に入力した図面の縮尺・倍尺の考え方，機能について習得する．実際の操作に入る前に，それぞれの機能の概要といくつかの主要な用語について解説する．

1.　モデル空間で拡大する図面，倍尺する図面をつくる

①　**モデル空間**　「入力画面を準備する.」で表示された画面を「モデル空間」という．図形を作成する場所である．モデル空間には領域の制限がない．どんな大きな図形でも実寸で作図することができる．図形の大きさに合わせて図面範囲を設定し，作図をしていく．実際の作業現場のようなイメージを持つとよい．

②　**ワールド座標系**　モデル空間は固定のワールド座標系（WCS）で管理され，X，Y，Z の空間となっている．初期値によってオブジェクトの「厚さ」＝0，「高さ位置（高度)」＝0 に設定されているので，通常は，X 座標値と Y 座標値のみの入力で，2 次元の平面での作図ができる．画面の左下には，図 3・55 のワールド座標系を表すアイコンが表示されている．このアイコンは，X 軸が水平で，Y 軸が垂直の方向を表している．原点（0，0）は，X 軸と Y 軸が交差する位置となる．

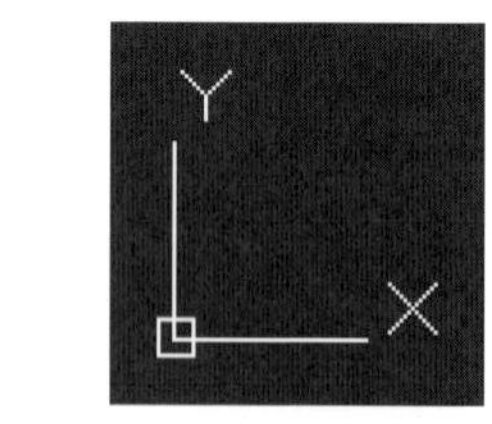

図 3・55　ワールド座標系を表すアイコン

TIPS　ワールド座標系をユーザ座標系に変更する

■　ワールド座標系のアイコンを選択すると，原点を表わす□の位置にグリップが表示される．このグリップを選択して，自由に原点位置を動かせる．右クリックして表示されるショートカットメニューから，X 軸，Y 軸方向を図形に合わせて変更することができる．

■　座標系は，作業内容に応じて，原点の位置や，X 軸と Y 軸の方向を変更することができる．原点を動かすと，その位置から絶対座標値を使用して入力ができるので，作図が容易となる．変更された移動可能な座標系を固定のワールド座標系に対してユーザ座標系（UCS）と呼ぶ．ユーザ座標系が設定されると，画面左下のアイコンは，ワールド座標系のアイコンからユーザ座標系アイコンに変更される．

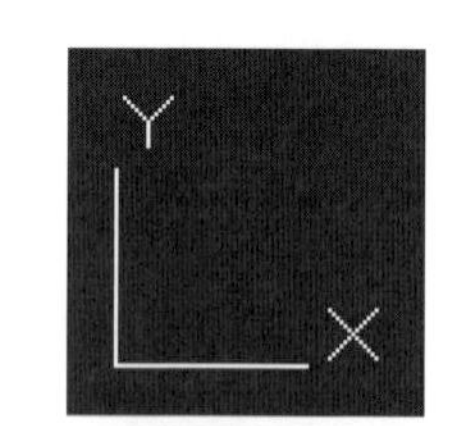

ユーザ座標系を表すアイコン

■　ワールド座標系の原点の位置を図形上の端点に設定する手順

ワールド座標系アイコン　を（SEL）
････（ワールド座標系アイコンの色が変わる）
原点位置□　を（SEL）　････（□の色が変わる）
オブジェクトの端点を O スナップ

■　原点の位置，X 軸と Y 軸の方向の位置を指定してユーザ座標系を設定する操作手順

ワールド座標系アイコン　を（SEL）
････（ワールド座標系アイコンの色が変わる）
ワールド座標系アイコンにカーソルを合わせて
（右）**ショートカットメニュー** の **[3 点]** を（SEL）
（新しい原点を指定：）原点に変更したい位置　を（SEL）
（X 軸上での正の点を指定：）原点から X 軸上の正の方向の位置　を（SEL）
（XY 平面の Y 座標上での正の点を指定）［Enter］

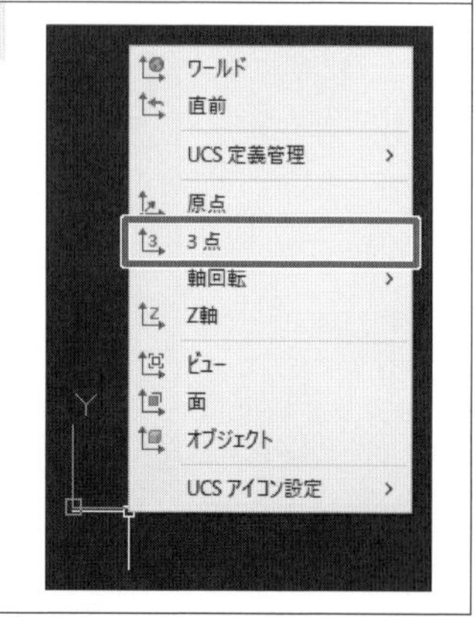

③　**モデル空間での図面の縮尺**　基本的に，モデル空間で作図をするときは実寸であり，縮尺の考え方はもたない．印刷をするときに，自由に縮尺の設定をする．

実物そのままの大きさで描き，指定した用紙サイズに収まるように印刷尺度を指定して印刷する．そのとき，実物の設計内容を伝える注釈関連の図形，寸法図形，文字や線種に関しては，表現の尺度に気をつけなければならない．

手描きやほかのCADと大きく異なるこのAutoCAD特有の考え方に慣れるには，かなりの時間を要するであろう．すなわち，縮尺して印刷する場合は，用紙の大きさの何倍かの大きな領域を設定して作図をはじめる．倍尺して印刷する場合は，用紙の何分の1かの小さな領域を設定して作図をはじめる．どちらにしても，実物そのままの大きさで作図をすればよいので，入力しやすいし，仕上がりの正確さも望める．

この考え方に慣れるためにも，縮尺または倍尺する尺度のことを考慮にいれて，テンプレートファイルを作成しておくとよい．その場合，寸法図形や線種の尺度（目の粗さ）は，図形に合わせたイメージをもって設定しなければならないので，尺度の数値を考慮した設定が必要となる．文字を入力する場合も，尺度倍の数値を考慮した文字高さで入力する．

演習3・23では，次のような設定をした．

● 線種の尺度を50倍に設定．

「入力画面の設定方法2」で，acadltiso.linファイルからロードした線種をA4縦の領域に合うようにもともと尺度を0.5倍にしているため，A4縦の100倍の領域に合うように，この値からさらに100倍した新しい尺度50を設定した．

● 文字高さを250 mmに設定．

文字の高さは，印刷された用紙上の文字高さを2.5 mmにするため，印刷出力時に1/100に縮尺する場合，文字入力時の高さは，250 mmになる．

演習3・25の10倍の倍尺図面では，1/10倍のため，線種の尺度は0.05，文字入力時の高さは0.25 mmとなる．

④　**異尺度対応オブジェクト**　印刷するときの図面の尺度に合わせて，注釈の大きさを設定するという操作をわかりやすくするために，「異尺度対応」という設定がある．ハッチング，文字，寸法，幾何公差，マルチ引出線，ブロック，属性を異尺度対応に設定しておくことができる．

あらかじめステータスバー右下にある「現在のビューの注釈尺度」の欄から図面の印刷尺度を設定（図3・56）しておくと，異尺度対応オブジェクトは，その設定した尺度にもとづいて，自動的に適切なサイズで入力される．

TIPS　ユーザ座標系をワールド座標系に戻す

■　ユーザ座標系からワールド座標系に戻す操作手順

ユーザ座標系アイコン　を（SEL）

····（ワールド座標系アイコンの色が変わる）

ユーザ座標系原点位置□　にカーソルを近づける ····（□の色が変わる）

ショートカットメニュー　の **［ワールド］**　を（SEL）

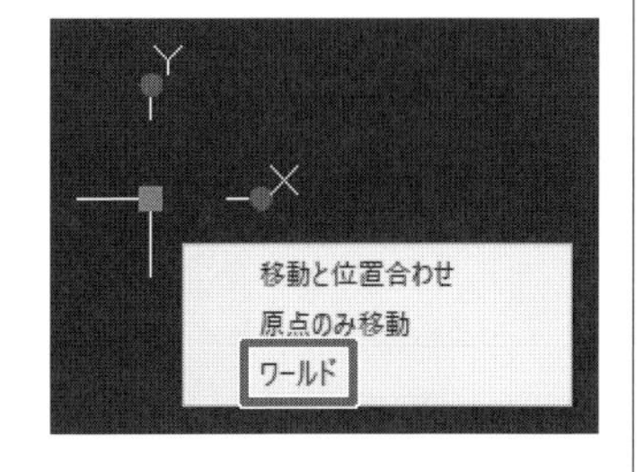

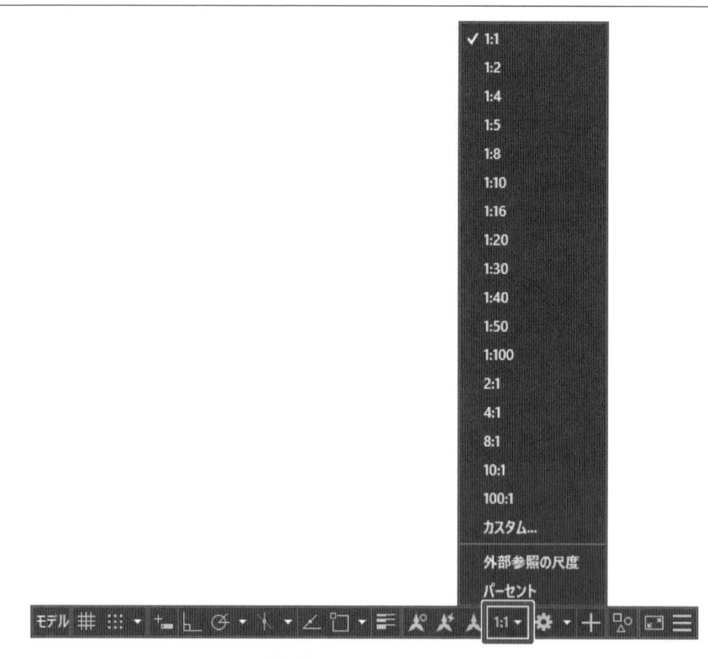

図3・56 「現在のビューの注釈尺度」ボタン

たとえば，文字は，異尺度対応の設定をしていないと，印刷尺度の値を考慮した文字高さを計算し，入力時に指定しなければいけない（1：100で印刷する場合，出力時2.5 mmの文字は250 mmで入力する）．異尺度対応の設定（図3・57）をしておくと，用紙上の高さで指定することができる（用紙上のサイズ2.5 mmで入力する．自動的に図面上では注釈尺度1：100にもとづいて250 mmで入力される）．

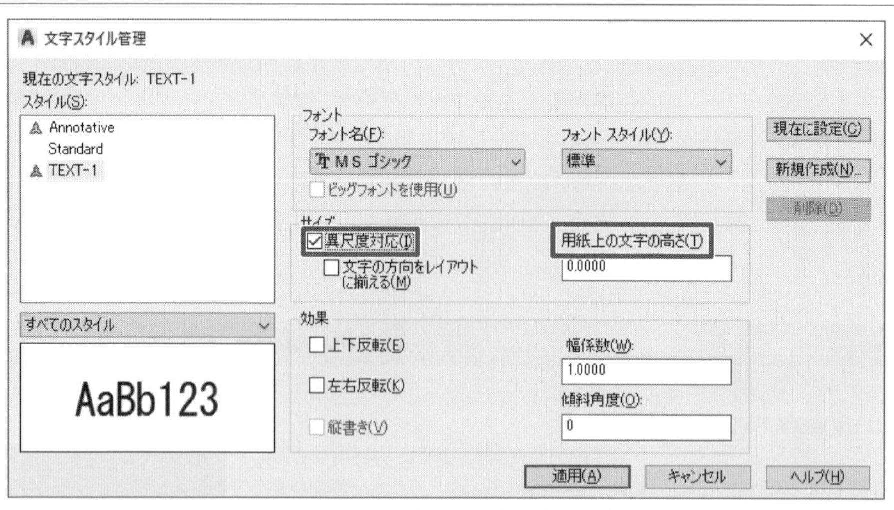

図3・57 文字スタイルの異尺度対応の設定

注釈尺度を変更したときに異尺度対応オブジェクトに尺度を追加 - オン

図3・58 「注釈尺度を変更したときに異尺度対応オブジェクトに尺度を追加」アイコンボタン

印刷する尺度が途中で変更になった場合でも，ステータスバー右下の「注釈尺度を変更したときに異尺度対応オブジェクトに尺度を追加」アイコンボタン（図3・58）をオンにしておくと，注釈尺度の設定を変更するだけで，自動的に，すべての異尺度対応オブジェクトの大きさが変更される（注釈尺度1：100の設定で250 mmで入力された文字は，1：50に変更すると125 mmになる）．

寸法図形の異尺度対応は「寸法スタイル管理」の設定画面の「フィット」タブの寸法図形の尺度欄で設定する（図3・59）．

図3・59　寸法スタイルの異尺度対応の設定

⑤　**注釈尺度と線種の表示尺度**　「線種管理」の設定画面には，異尺度対応を設定する項目はない．「注釈尺度」を設定すると，その尺度に合わせて，線種の見映えが調整される（グローバル線種尺度の値が変更されるわけではない．あくまでも表示する尺度が注釈尺度に応じて調整される）．

「注釈尺度」を変更する前に作図されているオブジェクトの線種の見映えは，注釈尺度を変更しても変更されない．再作図コマンド（キーボードからRE［Enter］と入力する）を実行すると注釈尺度の値に合わせて表示し直される．

演習3・24，演習3・26では注釈尺度を設定し，異尺度対応機能を使用した．

文字の入力に関しては，印刷尺度を考慮せず，用紙上の文字高さを指定できるので，わかりやすい（図3・60）．

線種は，注釈尺度を考慮して表現される．わざわざ線種の尺度を印刷尺度に合わせて変更する必要がない．

```
コマンド: _text
現在の文字スタイル: "TEXT-1" 文字の高さ: 2.5000 異尺度対応: はい 位置合わせ: 左寄せ
文字列の始点を指定 または [位置合わせオプション(J)/文字スタイル変更(S)]:
TEXT 用紙上の文字の高さを指定 <2.5000>:
```

図3・60

⇄ 演習 3・23　縮尺する図面（1：100）

内　　容	操　作　手　順
入力画面を準備する.	入力画面の設定方法 2 による.
図面範囲を A4 縦の 100 倍の大きさに変更する.	コマンドウィンドウに　LI　と入力 一覧された中から　LIMITS　を（SEL） （左下コーナーを指定……：）　0，0　[Enter] （右上コーナーを指定……：）　21000，29700　[Enter]
図面全体を画面で表示する.	**ナビゲーションバー** の **[図面全体ズーム]** を（SEL）
グリッド間隔を変更する.	**ステータスバー** の **[作図グリッドを表示]** を（右）**[グリッドの設定...]**　を（SEL） グリッド間隔欄 （グリッド X 間隔：）　1000　と入力 （グリッド Y 間隔：）　1000　と入力 [OK] を（SEL）
線種の尺度を変更する.	**[ホーム]** タブ **[プロパティ]** 線種欄 ▼　を（SEL） [その他] を（SEL） （グローバル線種尺度：）　50　と入力 [OK]　を（SEL）
寸法図形の大きさを実際の品物の大きさに合わせる. A4 縦で設定した寸法スタイルを使用して，大きさに関してのみ変更する.	**[注釈]** タブ **[寸法記入]** のダイアログボックスランチャーの矢印　を（SEL） [修正]　を（SEL） [フィット] タブ　を（SEL） 寸法図形の尺度欄 （全体の尺度：）　100　と入力 [OK]　を（SEL）// [閉じる]　を（SEL）
テンプレートとして保存する.	**クイックアクセスツールバー** の **[名前を付けて保存...]**　を（SEL） （ファイルの種類：）　AutoCAD LT 図面テンプレート　を（SEL） （ファイル名：）　a4_1_100　と入力 [保存]　を（SEL） [OK]　を（SEL）
中心線を作成する.	CENTER の画層を現在層にする.　····（**2・9** 節参照） **[ホーム]** タブ **[作成]/線分**　を（SEL） 以下略
中心線の上端近くに半径 2000 mm の円弧を作成する.	OBJECTS の画層を現在層にする. **[ホーム]** タブ **[作成]/円弧/始点,終点,角度**　を（SEL） （円弧の始点……：）　中心線の上端近く　を O スナップ（近接点） （円弧の終点を指定：）　@2000，−2000　[Enter] （中心角を指定：）　90　[Enter]
いま作成した円弧を指定した位置に連続複写する.	**[ホーム]** タブ **[修正]/複写**　を（SEL） （オブジェクトを選択：）　円弧　を（SEL） （オブジェクトを選択：）（右） （基点を指定……：）　円弧の上側の端点　を O スナップ （2 点目を指定……：）　@500，−2500　[Enter] （2 点目を指定……：）　@1000，−5000　[Enter] （2 点目を指定……：）　@1500，−7500　[Enter] （2 点目を指定……：）　[Enter]
いま作成した 4 円弧を，中心線を対称に鏡像を作成する.	**[ホーム]** タブ **[修正]/鏡像**　を（SEL） （オブジェクトを選択：）　4 円弧　を（SEL） 以下略
線分を作成する.	**[ホーム]** タブ **[作成]/線分**　を（SEL） 以下略
寸法を記入する.	DIMS の画層を現在層にする. **[ホーム]** タブ **[寸法]/半径寸法記入**　を（SEL） 以下略
文字を記入する.	TEXT の画層を現在層にする. **[ホーム]** タブ **[注釈]/文字記入**　を（SEL） （文字列の始点を指定……：）　任意の点　を（SEL） （高さを指定：）　250　[Enter] （文字列の角度を指定：）　0　[Enter] （1：100）　[Enter] [Enter]

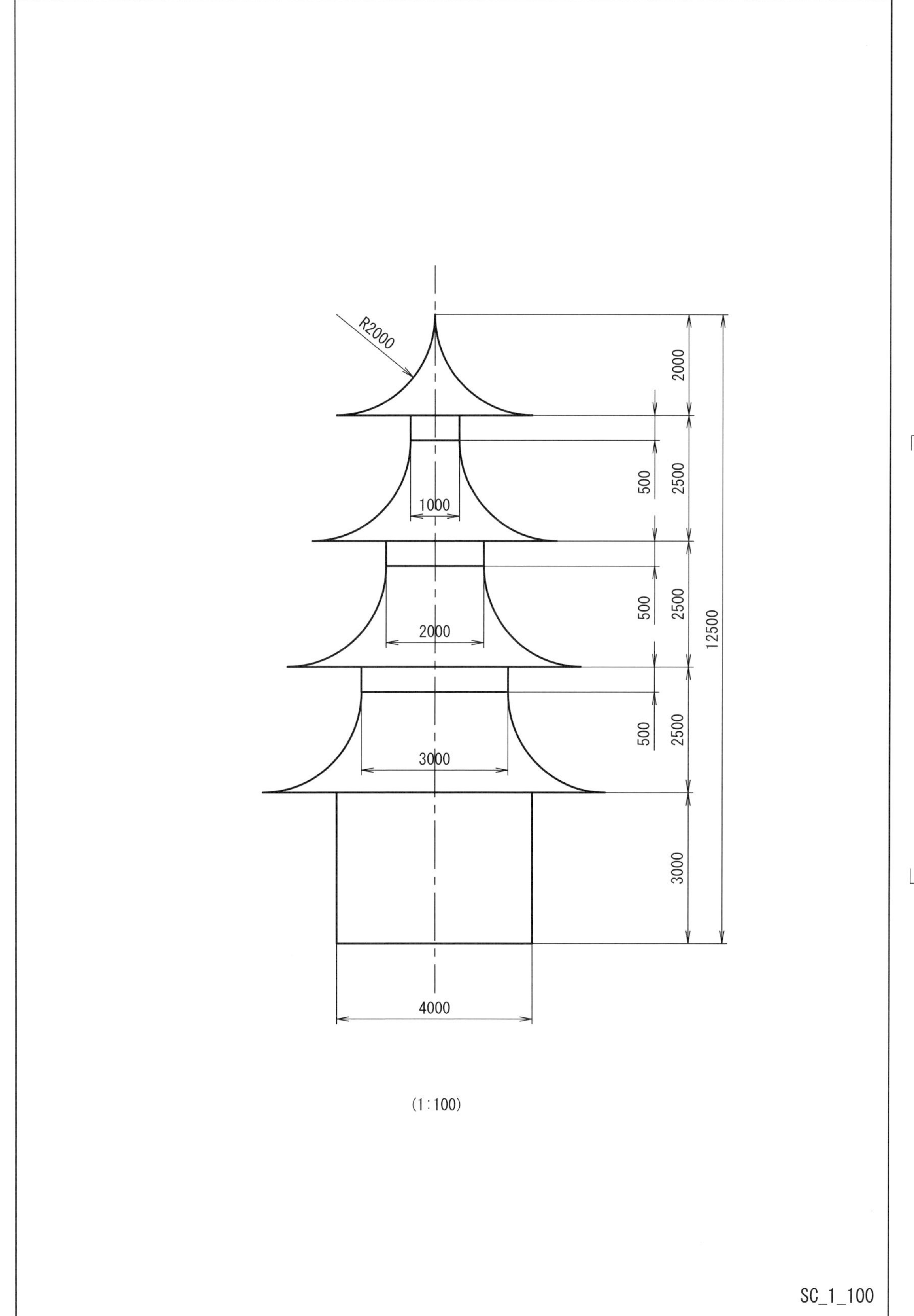

演習3・23　縮尺する図面（1：100）

⇄ 演習 3・24　縮尺する図面（1：100）異尺度対応機能を使用する

内　　容	操 作 手 順
演習 3・23 で保存したテンプレートを使用して入力画面を準備する.	**クイックアクセスツールバー** の **［クイック新規作成］** を（SEL） （ファイル名：） a4_1_100.dwt　を（SEL） ［開く］ を（SEL）
注釈尺度を 1：100 に設定する.	**ステータスバー** の **［現在のビューの注釈尺度］** を（SEL） 1：100　を（SEL）
注釈尺度が変更されたときに，自動的に異尺度対応オブジェクトの大きさが更新されるように設定する.	**ステータスバー** の **［注釈尺度を変更したときに異尺度対応オブジェクトに尺度を追加］** をオンにする.
寸法スタイルを異尺度対応に設定する.	**［注釈］** タブ **［寸法記入］** のダイアログボックスランチャーの矢印　を（SEL） ［修正］ を（SEL） ［フィット］タブ　を（SEL） 寸法図形の尺度欄 □異尺度対応　を（SEL）　…・（✔をつける） ［OK］ を（SEL） ［閉じる］ を（SEL）
文字スタイルを異尺度対応に設定する.	**［注釈］** タブ **［文字］** のダイアログボックスランチャーの矢印　を（SEL） サイズ欄 □異尺度対応　を（SEL）　…・（✔をつける） ［適用］ を（SEL） ［閉じる］ を（SEL）
線種の尺度を変更する.	**［ホーム］** タブ **［プロパティ］** 線種欄 ▼　を（SEL） ［その他］ を（SEL） （グローバル線種尺度：） 0.5　と入力 ［OK］ を（SEL）
テンプレートとして保存する.	**クイックアクセスツールバー** の **［名前を付けて保存...］** を（SEL） （ファイルの種類：） AutoCAD LT 図面テンプレート　を（SEL） （ファイル名：） a4_1_100_2　と入力 ［保存］ を（SEL） ［OK］ を（SEL）
図形を作成する.	CENTER の画層を現在層にする. **［ホーム］** タブ **［作成］/線分**　を（SEL） 以下略
寸法を記入する.	DIMS の画層を現在層にする. **［ホーム］** タブ **［寸法］/半径寸法記入**　を（SEL） 以下略
文字を記入する.	TEXT の画層を現在層にする. **［ホーム］** タブ **［注釈］/文字記入**　を（SEL） （文字列の始点を指定……：） 任意の点　を（SEL） （用紙上の文字の高さを指定：） 2.5　［Enter］ （文字列の角度を指定：） 0　［Enter］ （1：100）　［Enter］ ［Enter］

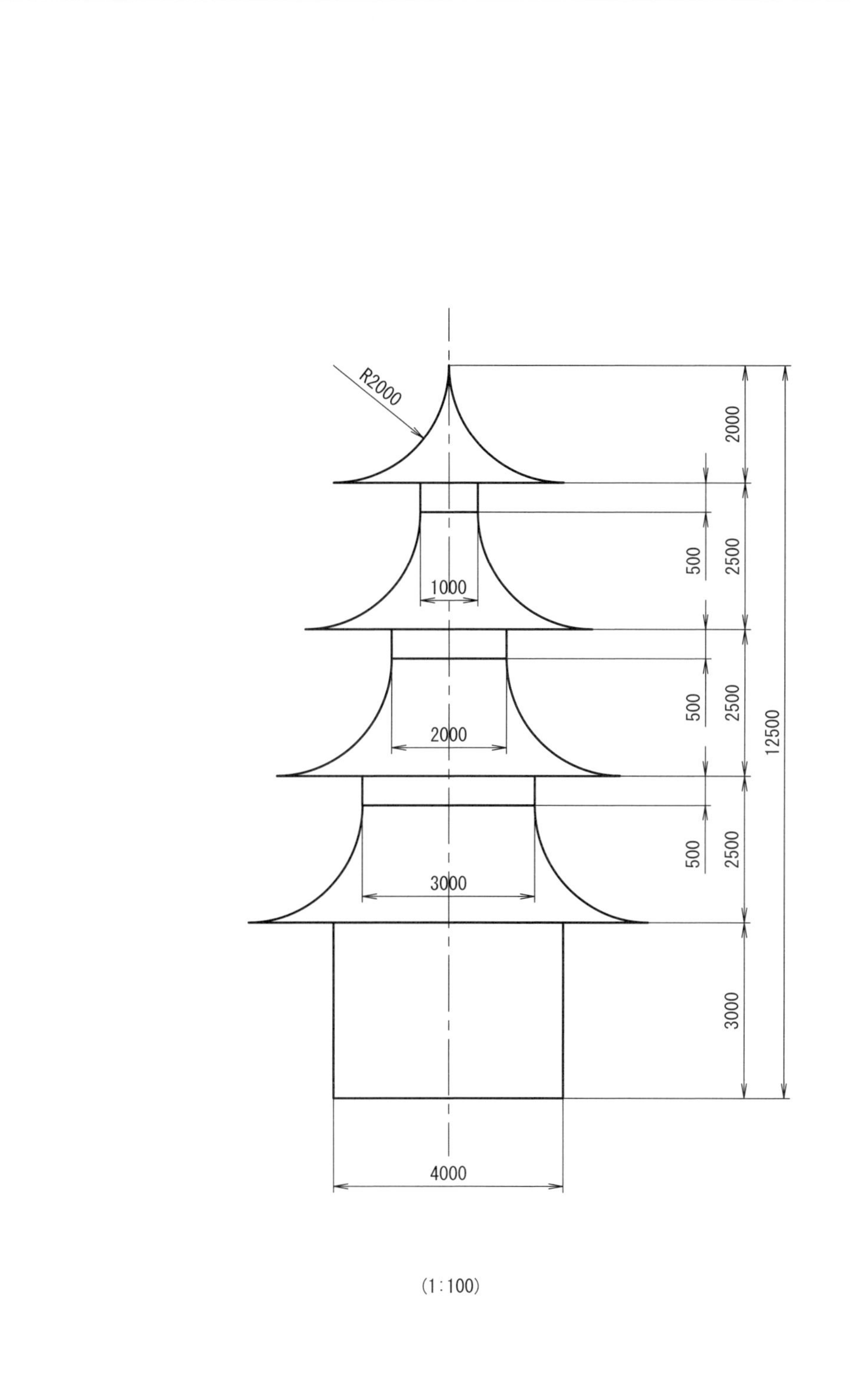
R2000
2000
500
2500
1000
500
2500
2000
12500
500
2500
3000
3000
4000
(1:100)
SC_1_100

⇄ 演習3・25　倍尺する図面（10：1）

内　容	操　作　手　順
入力画面を準備する.	入力画面の設定方法2による.
図面範囲をA4縦の1/10の大きさに変更する.	コマンドウィンドウに　LI　と入力 一覧された中から　LIMITS　を（SEL） （左下コーナーを指定……：）　0, 0　[Enter] （右上コーナーを指定……：）　21, 29.7　[Enter]
図面全体を画面で表示する.	**ナビゲーションバー** の **[図面全体ズーム]** を（SEL）
グリッド間隔を変更する.	**ステータスバー** の **[作図グリッドを表示]** を（右）**[グリッド設定...]** を（SEL） グリッド間隔　欄 （グリッドX間隔：）　1　と入力 （グリッドY間隔：）　1　と入力 [OK]　を（SEL）
線種の尺度を変更する.	**[ホーム]** タブ **[プロパティ]** 線種欄 ▼　を（SEL）// [その他]　を（SEL） （グローバル線種尺度：）　0.05　と入力 [OK]　を（SEL）
寸法図形の大きさを実際の品物の大きさに合わせる. A4縦で設定した寸法スタイルを使用して，大きさに関してのみ変更する.	**[注釈]** タブ **[寸法]** のダイアログボックスランチャーの矢印　を（SEL） [修正]　を（SEL） [フィット]タブ　を（SEL） 寸法図形の尺度欄 （全体の尺度：）　0.1　と入力 [OK]　を（SEL）// [閉じる]　を（SEL）
テンプレートとして保存する.	**クイックアクセスツールバー** の **[名前を付けて保存...]** を（SEL） （ファイルの種類：）　AutoCAD LT 図面テンプレート　を（SEL） （ファイル名：）　a4_10_1　と入力 [保存]　を（SEL）// [OK]　を（SEL）
線分ABを作成する.	OBJECTSの画層を現在層にする. **[ホーム]** タブ **[作成]/線分**　を（SEL） 以下略
線分CDを作成する.	**[ホーム]** タブ **[作成]/線分**　を（SEL） 以下略
線分ABを左右に，線分CDを上側にオフセットする.	**[ホーム]** タブ **[修正]/オフセット**　を（SEL） （オフセット距離を指定……：）　0.75　[Enter] （オフセットするオブジェクト……：）　線分AB　を（SEL） （オフセットする側の点を指定……：）　線分ABの左側　を（SEL） （オフセットするオブジェクト……：）　線分AB　を（SEL） （オフセットする側の点を指定……：）　線分ABの右側　を（SEL） （オフセットするオブジェクト……:）　**コマンドウィンドウ** の **[終了(E)]** を（SEL） 以下略
不要部分をトリムで消去する.	**[ホーム]** タブ **[修正]/トリム**　を（SEL） （オブジェクトを選択……：）（右） ····（すべてのオブジェクトが切り取りエッジとなる） 以下略
中心線をCENTERの画層に移動する.	中心線となる線分　を（SEL） **[ホーム]** タブ **[画層]** 画層名表示欄 ▼　を（SEL） 画層名　CENTER　を（SEL） [Esc]
寸法を記入する.	DIMSの画層を現在層にする. 以下略
文字を記入する.	TEXTの画層を現在層にする. **[ホーム]** タブ **[注釈]/文字記入**　を（SEL） （文字列の始点を指定……：）　任意の点　を（SEL） （高さを指定：）　0.25　[Enter] （文字列の角度を指定：）　0　[Enter] （10：1）　[Enter] [Enter]

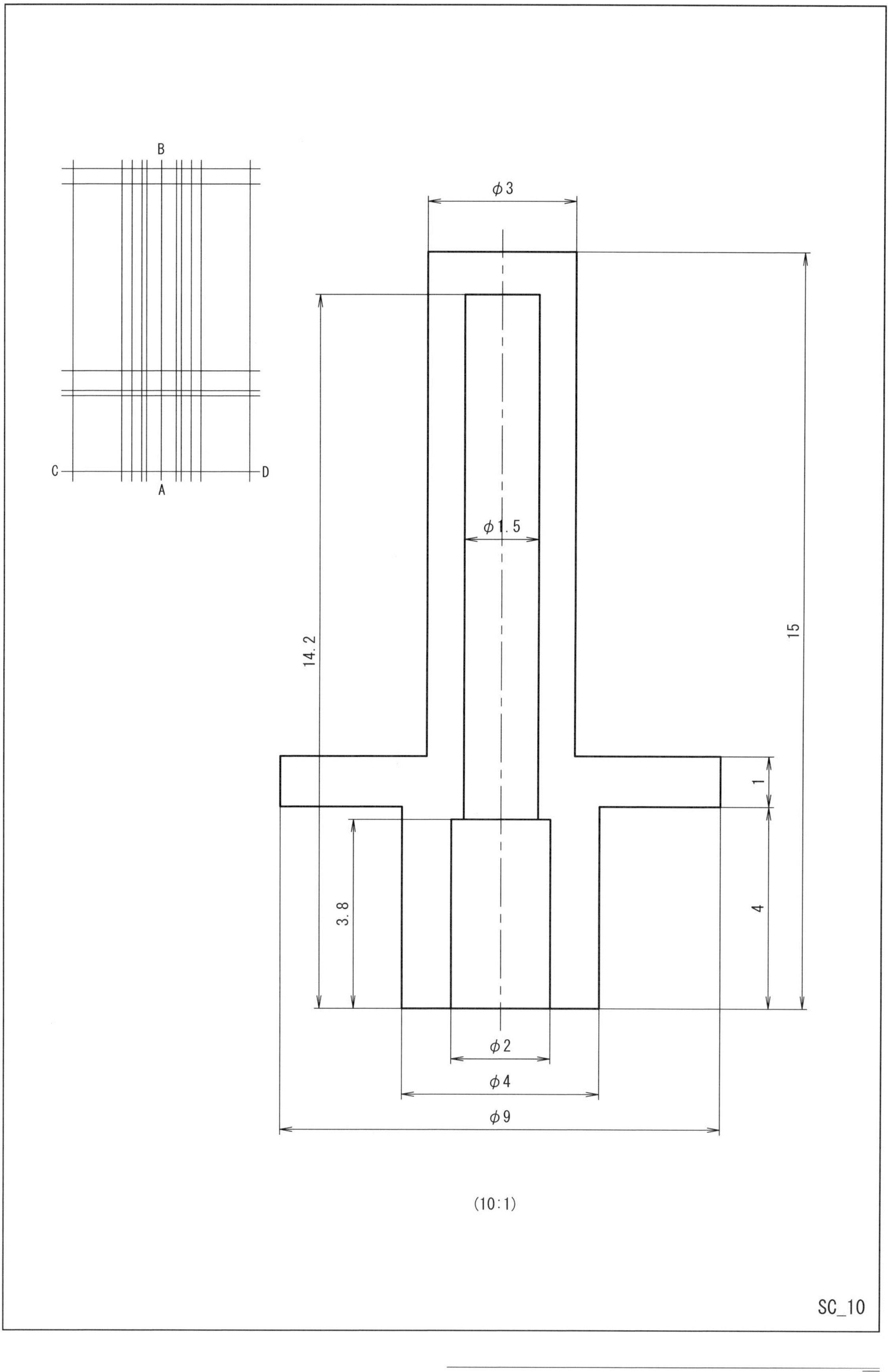

演習3・25 倍尺する図面（10：1）

B

C D

A

φ3

φ1.5

14.2

15

1

4

3.8

φ2

φ4

φ9

(10:1)

SC_10

⇄ 演習３・26　倍尺する図面（10：1）　異尺度対応機能を使用する

内　　容	操 作 手 順
演習３・24で保存した異尺度対応の設定済みテンプレートで入力画面を準備する.	**[ファイル]/新規作成...**　を（SEL） （ファイル名：）　a4_1_100_2　を（SEL） ［開く］　を（SEL）
図面範囲をA4縦の1/10倍の大きさに変更する.	コマンドウィンドウに　LI　と入力 一覧された中から　LIMITS　を（SEL） （左下コーナーを指定：）　0,　0　[Enter] （右上コーナーを指定：）　21,　29.7　[Enter]
図面全体を画面で表示する.	**ナビゲーションバー**　の　**[図面全体ズーム]**　を（SEL）
グリッド間隔を変更する.	**ステータスバー**　の　**[作図グリッド表示]**　を（右）**[グリッドの設定...]**　を（SEL） グリッド間隔欄 （グリッドX間隔：）　1　と入力 （グリッドY間隔：）　1　と入力 [OK]　を（SEL）
注釈尺度を10：1に設定する.	**ステータスバー**　の　**[現在のビューの注釈尺度]**　を（SEL） 10：1　を（SEL）
テンプレートとして保存する.	**クイックアクセスツールバー**　の　**[名前を付けて保存...]**　を（SEL） （ファイルの種類：）　AutoCAD LT 図面テンプレート　を（SEL） （ファイル名：）　a4_10_2　と入力 [保存]　を（SEL） [OK]　を（SEL）
図形を作成する.	OBJECTSの画層を現在層にする. **[ホーム]** タブ　**[作成]/線分**　を（SEL） 以下略
寸法を記入する.	DIMSの画層を現在層にする. 以下略
文字を記入する.	TEXTの画層を現在層にする. **[ホーム]** タブ　**[注釈]/文字記入**　を（SEL） （文字列の始点を指定……：）　任意の点　を（SEL） （用紙上の文字の高さを指定：）　2.5　[Enter] （文字列の角度を指定：）　0　[Enter] （10：1）　[Enter] [Enter]

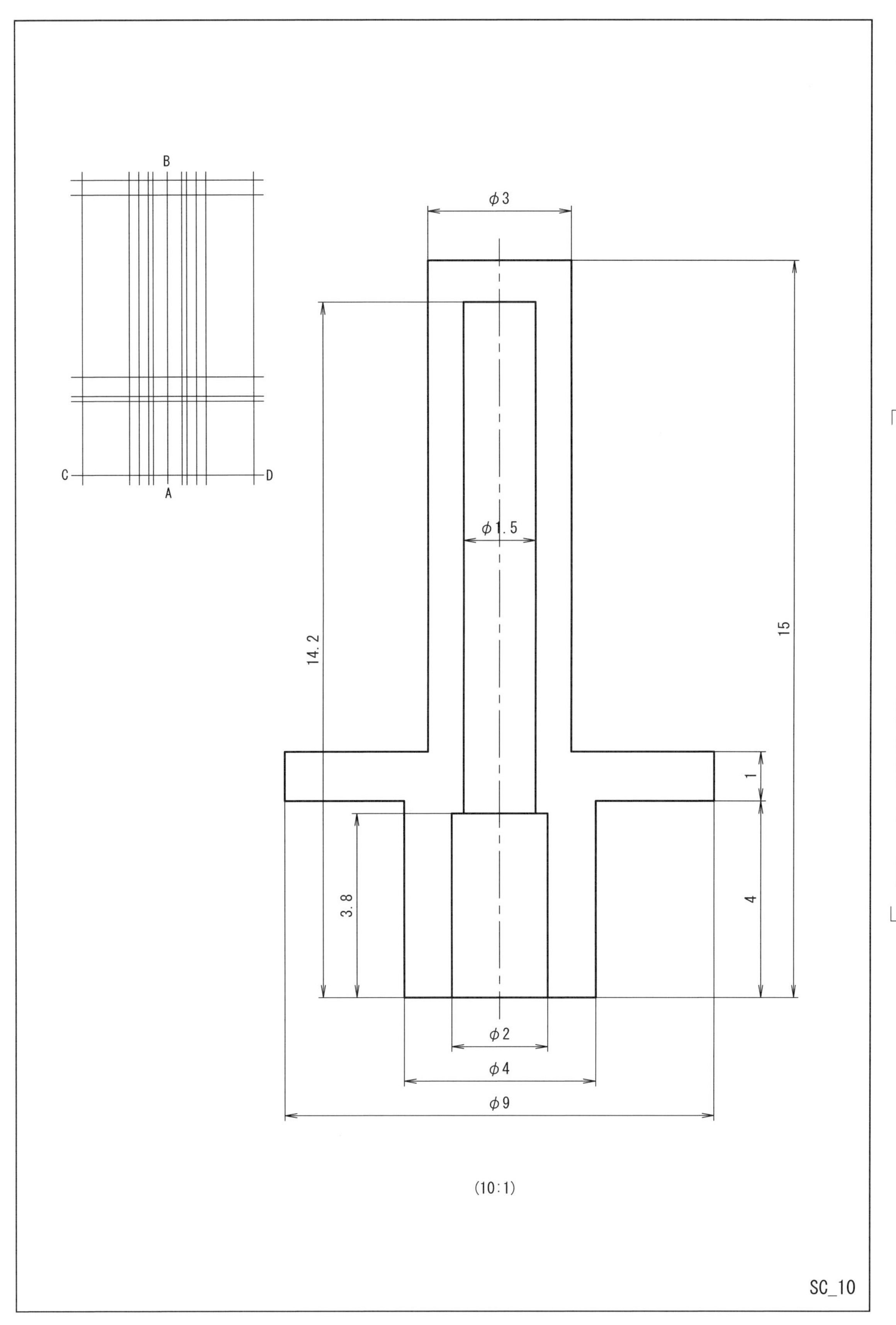
B
C
D
A
φ3
φ1.5
14.2
15
1
4
3.8
φ2
φ4
φ9
(10:1)
SC_10

2.　ペーパー空間のレイアウト機能

①　**ペーパー空間**　モデル空間に作図したオブジェクトを印刷するために，印刷レイアウトを設定しておく画面を「ペーパー空間」という．

②　**レイアウト**　印刷レイアウトは1通りではなく，1枚の図面から何通りも設定しておくことができる．モデル空間からもそのままの画面表示イメージで，1種類の印刷尺度を設定して印刷することができるが，ペーパー空間では，1枚の用紙上で，複数の印刷尺度をレイアウト設定することができるので，部分拡大図を表現する場合に必要となる．

レイアウトでは，印刷する用紙の設定を行う．また，図面枠や図面タイトル，注釈などをモデル空間と同様の操作で入力することができる．

作図画面左下にある，切り替えのタブで，モデル空間の表示とペーパー空間上のレイアウト表示を切り替える（図3・61）．

ペーパー空間のレイアウトでは，画面左下に，図3・62のアイコンが表示される．

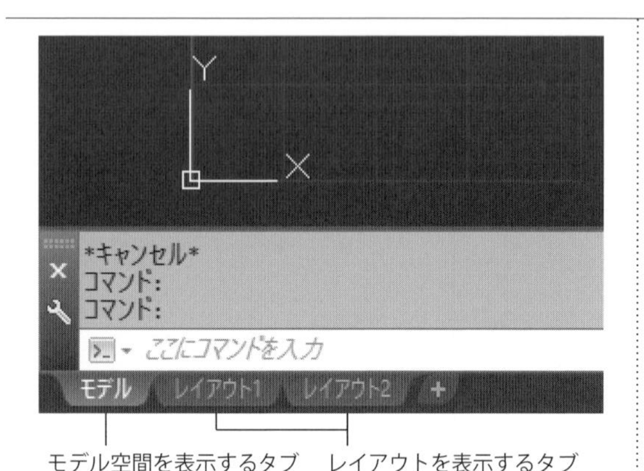

図3・61　モデル空間とペーパー空間のレイアウトの切り替えタブ

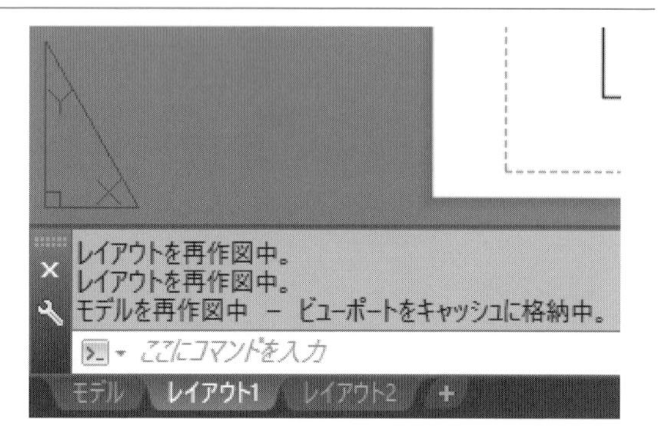

図3・62　ペーパー空間のレイアウトで表示されるアイコン

③　**ビューポート**　モデル空間に作図したオブジェクトを印刷するために，ペーパー空間のレイアウト上にビューポートを作成し，並べてレイアウトする．ビューポートは，モデル空間のオブジェクトをある視点から見ている窓のようなものだ．モデル空間のオブジェクトをさまざまな方向から見ることができ，尺度を設定することができる．ビューポートは，他のオブジェクトと同様に移動コマンドで位置を移動したり，ストレッチコマンドで大きさを変更できる．グリップ機能を用いてもよい．

部分拡大図を表現する場合は，全体図のビューポートとその一部の拡大したい部分を表示するビューポートを並べ，それぞれのビューポートに違う尺度を設定する．

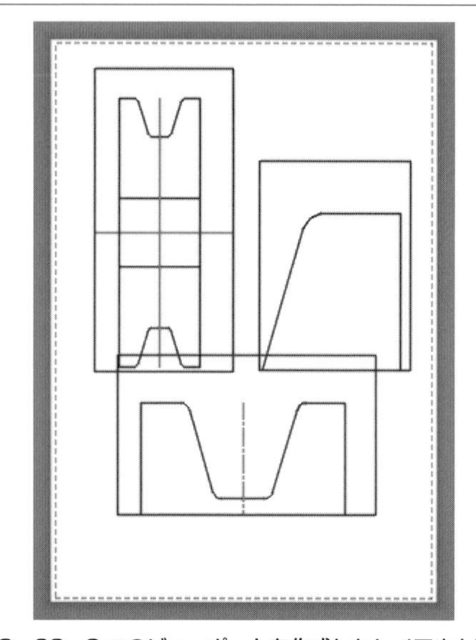

図3・63　3つのビューポートを作成したレイアウト画面

④　**ビューポート尺度**　レイアウト上でビューポートの枠線を選択すると，画面右下，ステータスバーに「選択されたビューポート尺度」を設定するボタンが表示される〔図３・64 (a)〕．ボタンを選択して一覧〔図３・64 (b)〕からビューポート尺度を変更すると，注釈尺度も同じ値に変更される．

(a)

(b)

図３・64　選択されたビューポートの尺度設定

⑤　**レイアウトでの異尺度対応オブジェクト**　ビューポートごとの注釈尺度の値に基づいて，異尺度対応オブジェクトの大きさは調整される．寸法図形や文字など，異尺度対応に設定をしておけば，違う尺度が設定されたどのビューポート内でも，一定の大きさで表示される（図３・65）．

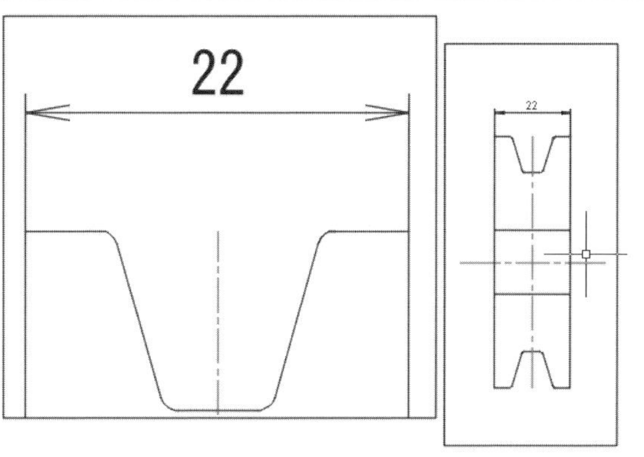

図３・65　異尺度対応に設定していない寸法を入力した例

入力されている寸法図形は，部分拡大図（5：1）と全体図（1：1）のビューポートで違う大きさで表示される．部分拡大図では全体図の５倍になる．

寸法スタイルで異尺度対応の設定をしておけば，ビューポートの注釈尺度に合わせた大きさが計算され，同じ大きさで寸法図形は表示される（図3・66）.

⑥　**ビューポートごとの注釈オブジェクトの表示**　ステータスバーの「注釈オブジェクトを表示」を設定するアイコンボタン（図3・67）では，各ビューポートで入力した寸法図形を，注釈尺度が違う他のビューポートで表示するかどうかを設定できる.

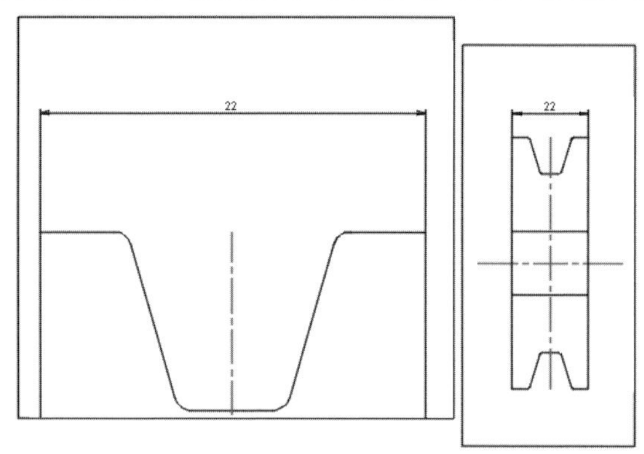

図3・66　異尺度対応に設定した寸法を入力した例

入力されている寸法図形は，部分拡大図（5：1），全体図（1：1）で同じ大きさで表示される.

注釈オブジェクトを表示 - 常に

図3・67　「注釈オブジェクトを表示」アイコンボタン

既定値ではボタンの設定がオフで，ビューポートの尺度に合っている寸法図形のみが表示される（図3・68）．設定をオンにすると，それぞれのビューポートでそれぞれの注釈尺度で入力されたすべての寸法図形が，どのビューポートにも表示される（図3・69）．部分拡大図に入力した寸法を全体図で表示したくない場合，わざわざ画層の制御をしなくてもよい.

この設定は，寸法図形だけでなく，すべての異尺度対応オブジェクトの表示/非表示に対応する.

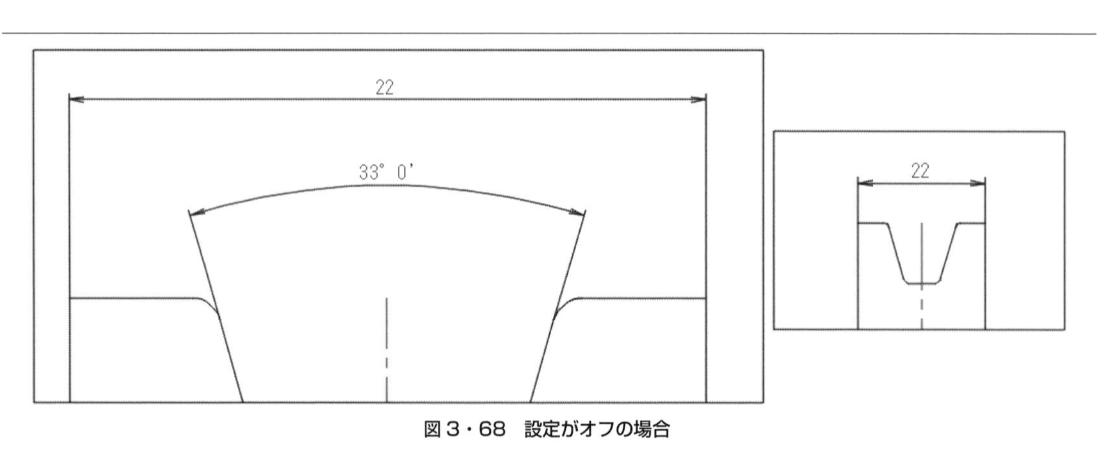

図3・68　設定がオフの場合

ビューポートで入力した寸法図形を違う注釈尺度のビューポートで表示しない.

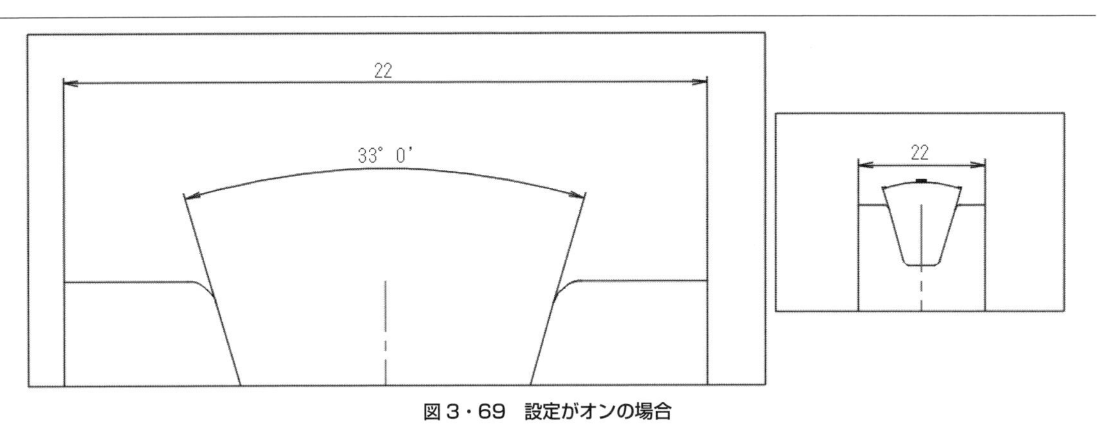

図 3・69　設定がオンの場合

ビューポートで入力した寸法図形を，注釈尺度に関係なく，すべてのビューポートで表示する．

⑦　**ビューポート尺度と線種の尺度**　「線種管理」の設定画面に，「尺度設定にペーパー空間の単位を使用」という設定項目がある（図 **3・70**）．この設定にチェックをすると，ビューポート尺度に合わせて線種の尺度が調整される（図 **3・71**）．

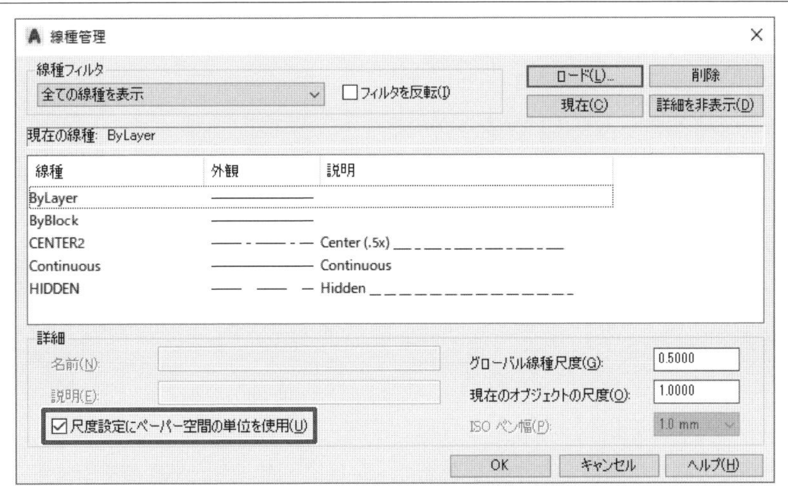

図 3・70　「尺度設定にペーパー空間の単位を使用」を設定

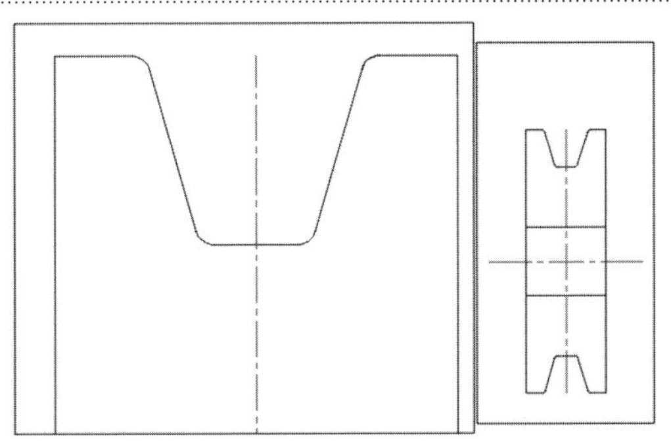

図 3・71　「尺度設定にペーパー空間の単位を使用」を設定している例

中心線が部分拡大図（5：1），全体図（1：1）のどちらのビューポートでも，同じ目の粗さで表示される．

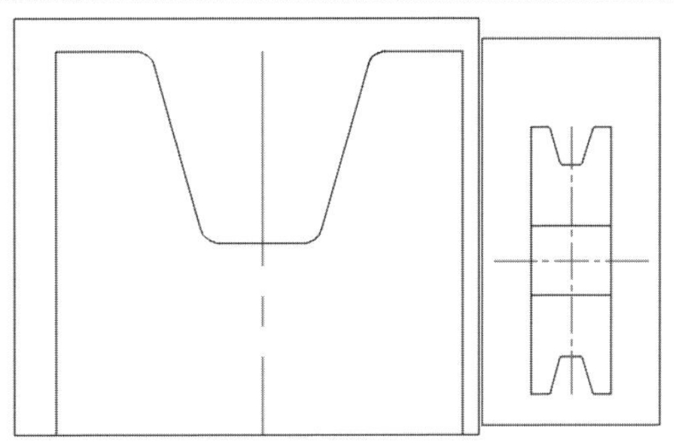

図 3・72　「尺度設定にペーパー空間の単位を使用」を設定していない例

中心線が部分拡大図（5：1）のビューポートでは，全体図（1：1）の 5 倍の目の粗さで表示される．

⑧　**ペーパー空間でモデル空間のオブジェクトを修正**　画面がペーパー空間のレイアウト表示になっていると，ペーパー空間で作図された図形や文字，またビューポートの枠がオブジェクトとして管理されているので，ビューポートの中に見えている内容は修正することができない．

図 3・73　ステータスバーの［ペーパー］ボタン

ビューポート内のオブジェクトを修正するときに選択する．選択すると［モデル］の表示になる．

図 3・74　ステータスバーの［モデル］ボタン

各ビューポートからオブジェクトを修正できる状態．

レイアウト作業中に，モデル空間で作図された図形を修正する場合は，画面右下ステータスバーの［ペーパー］を選択する（図 3・73）．ビューポート枠内をダブルクリックしてもよい．表示が［モデル］になる（図 3・74）．ビューポート左下に座標系アイコンが表示され，ビューポート枠が太線になる（図 3・75），そのビューポートからモデル空間へ入っていくことができ，表示されているオブジェクトを修正することができる．どのビューポートから入って，オブジェクトを修正するのかは，ビューポートの中をクリックするだけで選択できる．選択されているビューポートが太線になる．

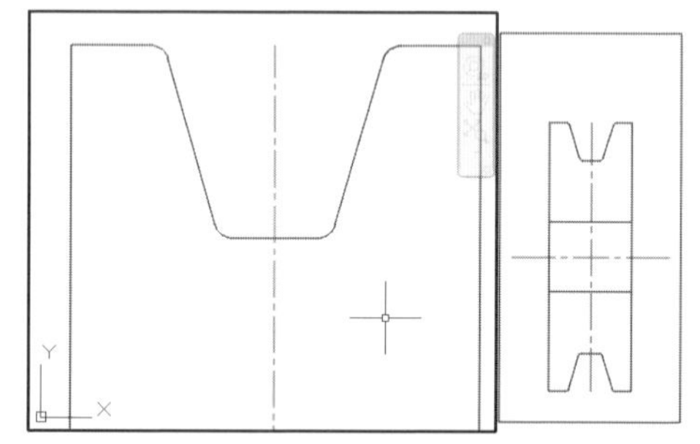

図 3・75　ペーパー空間でモデル空間のオブジェクトが修正できる状態の画面

図 3・76　ペーパー空間からモデル空間に切り替える

図面に大幅な変更が生じた場合は，画面左下の「モデル」タブを選択して，レイアウト表示をやめて，モデル空間に画面を戻して修正作業をしたほうがよい（図 3・76）．

⑨　**ビューポートでの画層の制御**　レイアウト上で，各ビューポート内の画層を制御することができる．レイアウト上でビューポート枠内をダブルクリックし，**［ホーム］**タブ**［画層］/画層プロパティ管理**を実行すると，ビューポートの色や線種，線の太さを設定する項目が表示される（図 3・77）．

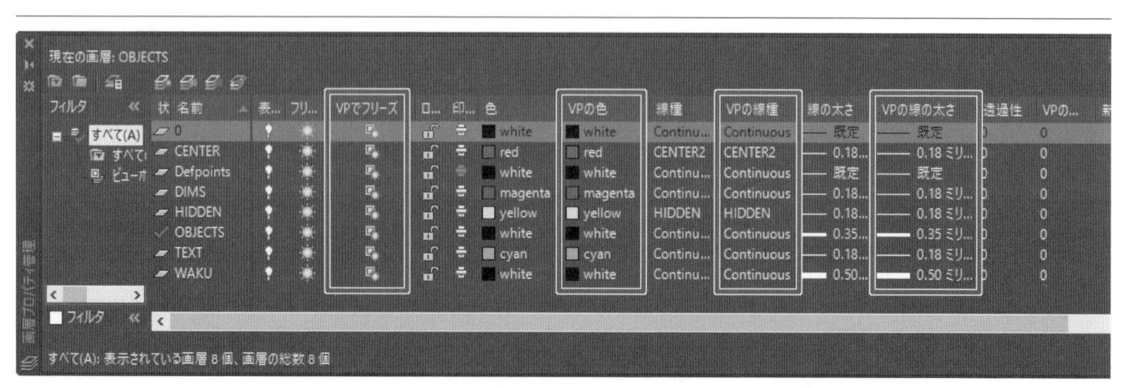

図 3・77　レイアウト上のビューポートごとの画層プロパティ管理画面

あらかじめ設定してある内容と違う設定をすることができる．また，ビューポートごとに画層のフリーズの設定ができる（図３・78）．

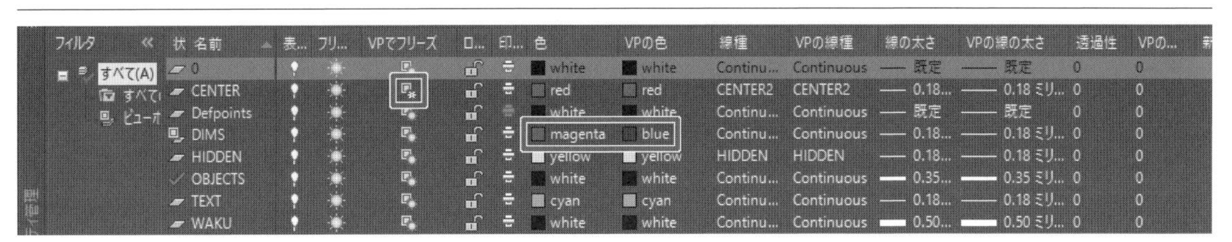

図３・78 ビューポートの「CENTER」の画層をフリーズし，［DIMS］の色を「blue」に設定

TIPS　レイアウトの印刷

■ ペーパー空間でレイアウト作成した図面の印刷は，
　印刷領域欄　印刷対象を「レイアウト」にする．
　印刷尺度欄　尺度は１：１になる．

印刷領域
印刷対象(W):
レイアウト
印刷オフセット（基準は印刷可能領域）
X: 0.00 ミリメートル　印刷の中心(C)
Y: 0.00 ミリメートル
印刷尺度
用紙にフィット(I)
尺度(S): 1:1
1 ミリメートル =
1 長さの単位(N)
線の太さの尺度を有効(L)

TIPS　「再作図」コマンド

■ 「再作図」コマンドは，すべてのオブジェクトの画面座標表示を再計算して，図面全体を再作図し，画面表示やオブジェクト選択が最適な状態で行えるようになる．
作図過程で，円や楕円などの曲線部分がだんだんと滑らかでなくなってくるときも，再作図コマンドを実行するとよい．

　再作図コマンドを実行する操作手順
　キーボードから　RE　［Enter］

TIPS　「レイアウトをモデルに書き出し」コマンド

■ レイアウト上に表現した全体図と部分拡大図をそのままのイメージで，新規の図面でペーパー空間の内容ではなく，モデル空間上に表現された状態で書き出すことができる．
拡大図は全体図の一部分が拡大された図形で表現され，入力されている寸法の値は，自動的にビューポート尺度５：１の値を考慮して，実長の 1/5 の数値となる．
レイアウトの設定を認識しない他の CAD ソフトに，DXF ファイルとして渡す場合などに利用するとよい．

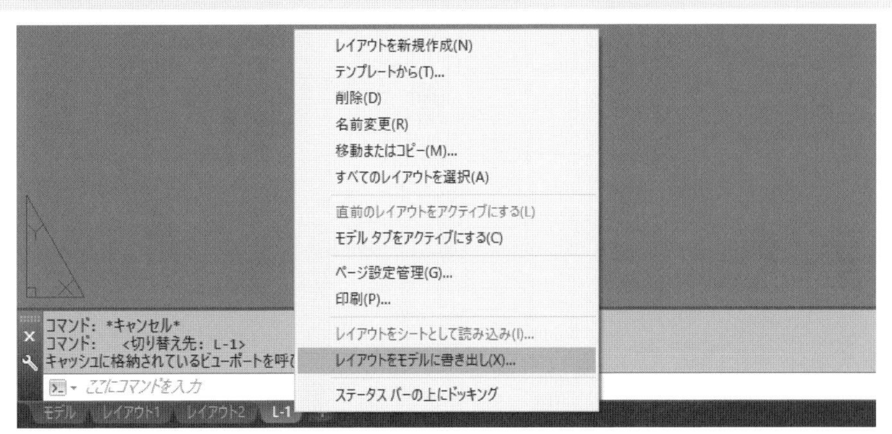

⇄ 演習 3・27　レイアウトを作成する（部分拡大図）

内　　容	操　作　手　順
入力画面を準備する.	入力画面の設定方法2による.
図形を作成する. ①	画面ほぼ中央に図形①を作成する.　・・・・（図形①の寸法はp.129を参照）
寸法スタイルを異尺度対応に設定する. （ビューポートごとの尺度で調整されるようになる.）	**［注釈］** タブ **［寸法記入］** のダイアログボックスランチャーの矢印　を（SEL） ［修正］　を（SEL） ［フィット］タブ　を（SEL） 寸法図形の尺度欄 □異尺度対応　を（SEL）　・・・・（✔をつける） ［OK］　を（SEL） ［閉じる］　を（SEL）
レイアウトを新規作成する.	画面左下レイアウトタブの［レイアウト1］　を（右） **ショートカットメニュー** の **［レイアウトを新規作成］**　を（SEL）
レイアウトの名前を変更する.	新しく作成されたレイアウトタブ［レイアウト3］　を（右） **ショートカットメニュー** の **［名前変更］**　を（SEL） L-1　と入力し［Enter］
印刷するためにページ設定する.	名前を変更したレイアウトタブ［L-1］　を（SEL） **［ホーム］** タブ **［修正］/削除**　を（SEL） （オブジェクトを選択：）レイアウト上のビューポート枠線　を（SEL） （オブジェクトを選択：）（右） ・・・・（既定値でビューポートがひとつ配置されているのを消す） ［L-1］タブ　を（右）**ショートカットメニュー** の **［ページ設定管理...］**　を（SEL） ［修正］　を（SEL） プリンタ／プロッタ欄 （名前：）使用するプリンタ名　を（SEL） 用紙サイズ欄 （用紙サイズ：）A4　を（SEL） 印刷領域欄 （印刷対象：）レイアウト　を（SEL） 印刷尺度欄 （尺度：）1：1　を（SEL） 印刷スタイルテーブル（ペンの割り当て）欄 monochrome.ctb　を（SEL） 図面の方向欄 ○縦　を（SEL）　・・・・（●をつける） ［OK］　を（SEL） ［閉じる］　を（SEL） 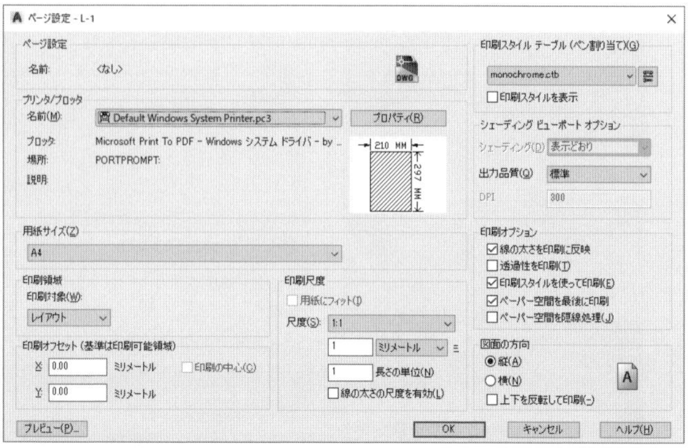

①

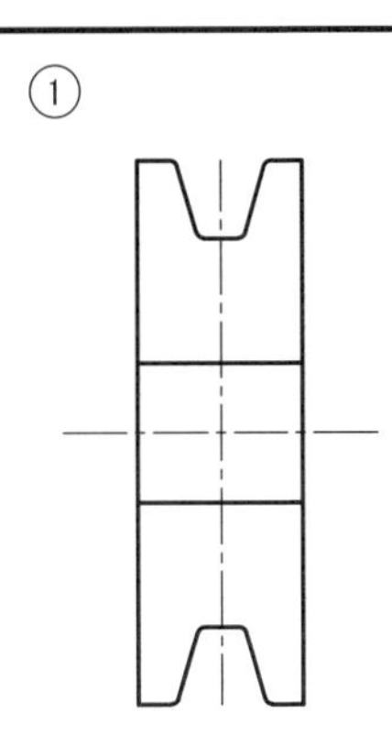

② ビューポートをレイアウトする.

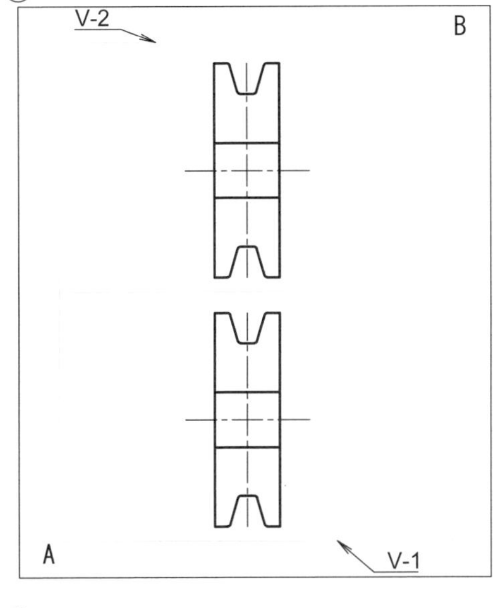

③ 図形の配置を整える.

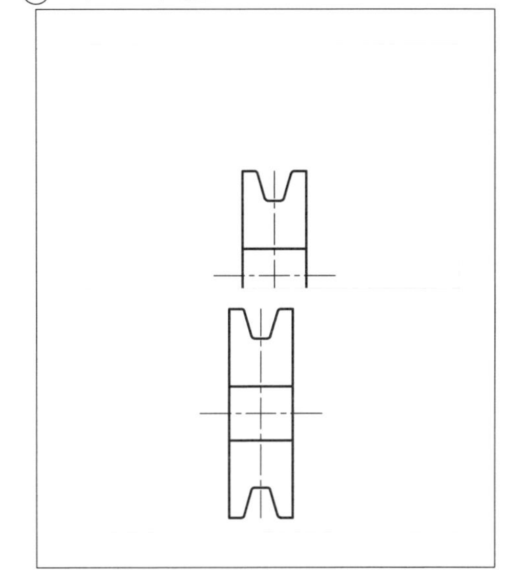

④ ビューポートの尺度を設定する.

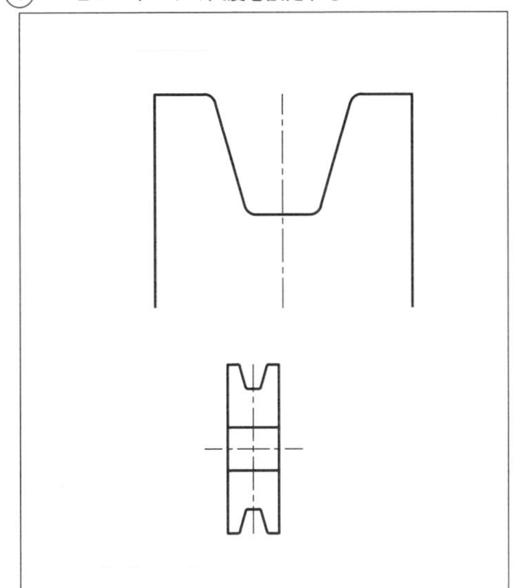

⑤ ビューポートの配置を整える.

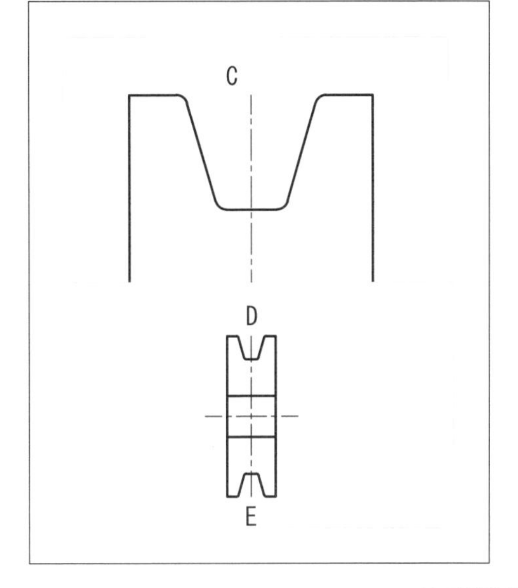

P_SPACE2

ビューポートをレイアウトする．②	**[レイアウト]** タブ **[レイアウトビューポート]** のダイアログボックスランチャーの矢印を（SEL） [新規ビューポート] タブ　を（SEL） 標準ビューポート欄 [2 分割：横]　を（SEL） [OK]　を（SEL） （1 番目のコーナーを指定…：）A 点近く　を（SEL） （もう一方のコーナーを指定：）B 点近く　を（SEL） 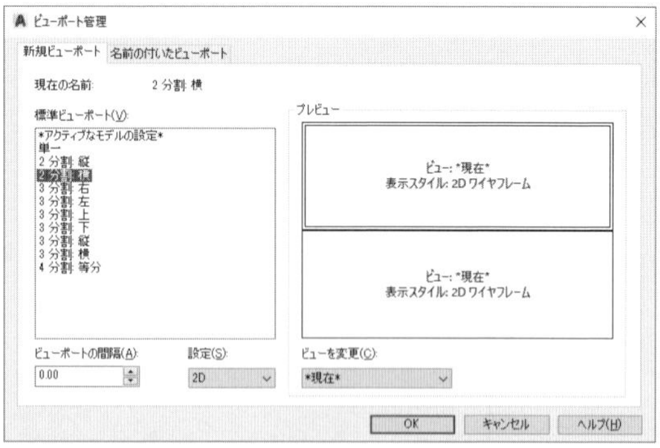
図形の配置をととのえる．③ （図面の全体を表すビューポートを V-1，部分拡大図を表すビューポートを V-2 とする．）	**ステータスバー** の **[ペーパー]**　を（SEL）　・・・・（[モデル] になる） ・・・・（V-2 枠内をダブルクリックしてもよい） ビューポート V-2 枠内にワールド座標系アイコンが表示される． 図 ③ を参考に配置をととのえる． ・・・・（V-2 の枠が太く表示される） **ナビゲーションバー** の **[画面移動]**　を（SEL） （V-1 の全体図は図形のビューポートの中央に配置されているのでそのままでよい）
ビューポートの尺度を設定する．④	**ステータスバー** の **[モデル]**　を（SEL）　・・・・（[ペーパー] になる） V-1 の枠線　を　（SEL）　・・・・（V-1 の枠線が破線になる） **ステータスバー** の **[選択されたビューポート尺度]**　を（SEL） ・・・・（p.121 図 **3・64** を参照） [1：1]　を（SEL） [Esc] V-2 の枠線　を（SEL）　・・・・（V-2 の枠線が破線になる） **ステータスバー** の **[選択されたビューポート尺度]**　を（SEL） [カスタム...]　を（SEL） [追加]　を（SEL） 尺度名欄 （尺度リストに表示される名前：）　5：1　と入力 尺度プロパティ欄 （用紙単位：）　5　と入力 （作図単位：）　1　と入力 [OK]　を（SEL）// [OK]　を（SEL） V-2 の枠線　を（SEL）　・・・・（V-2 の枠線が破線になる） **ステータスバー** の **[選択されたビューポート尺度]**　を（SEL） [5：1]　を（SEL）// [Esc]
線種の表示をビューポート尺度に合うように，再作図する．	**ステータスバー** の **[ペーパー]**　を（SEL）　・・・・（[モデル] になる） V-1 の枠内　を（SEL） RE [Enter] V-2 の枠内　を（SEL） RE [Enter]
ビューポートの配置を整える．⑤	全体図と部分拡大図の中心線位置が合うように，ビューポートを移動する． **ステータスバー** の **[モデル]**　を（SEL）　・・・・（[ペーパー] になる） **[ホーム]** タブ **[修正]**/**移動**　を（SEL） （オブジェクトを選択：）　V-2 の枠線　を（SEL） （オブジェクトを選択：）（右） （基点を指定……：）　V-2 で表示されている 中心線の端点 C　を O スナップ （基点を指定……：）　V-1 で表示されている 中心線 DE 上の任意の点　を O スナップ（垂線） p.127 図 ⑤ を参考に移動する．

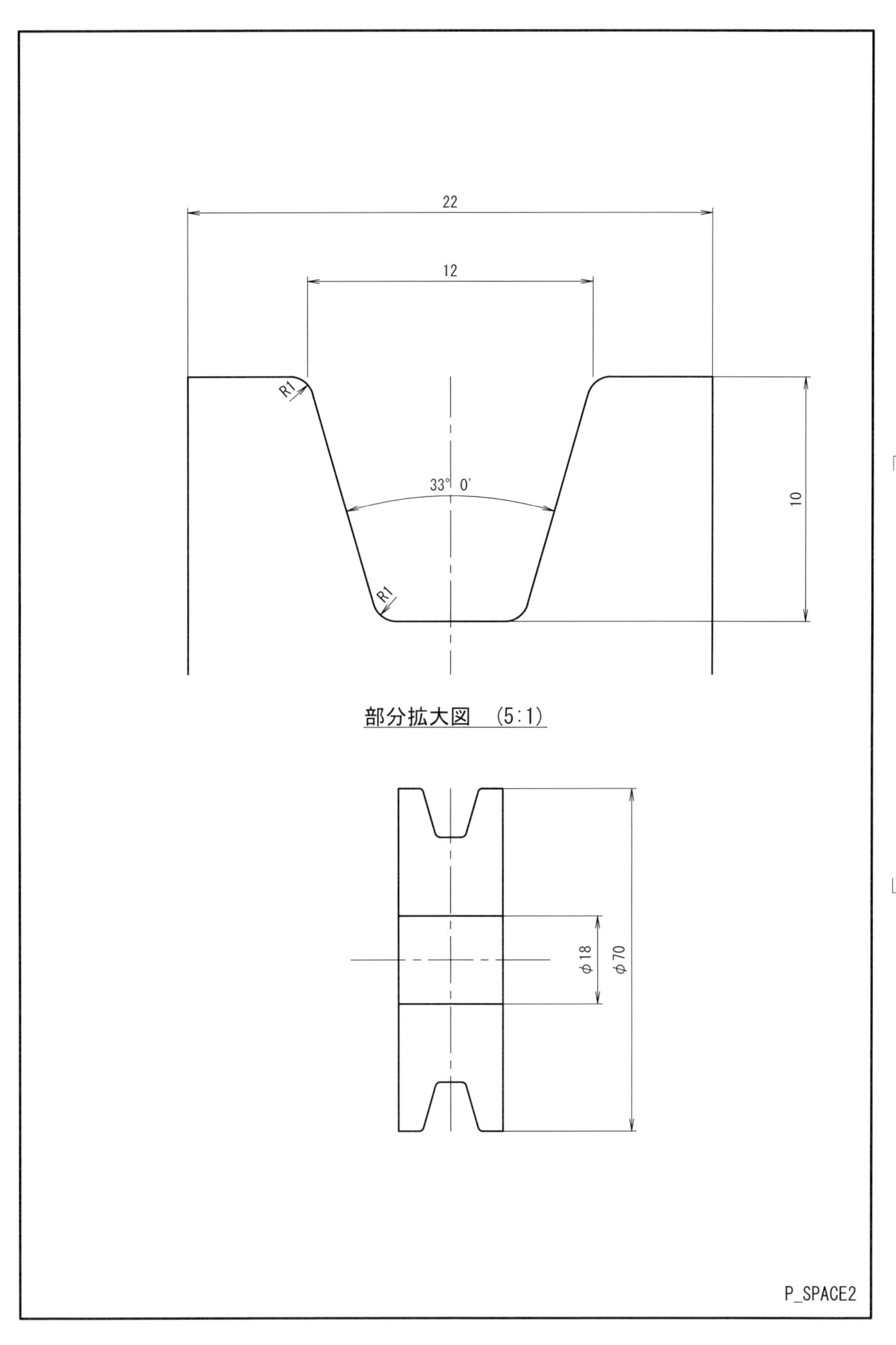
22
12
R1
33°　0'
10
R1
部分拡大図　(5:1)
φ18
φ70
P_SPACE2

注釈オブジェクトを表示の設定を確認する.	**ステータスバー** の **[注釈オブジェクトを表示]** を（SEL） ····（ボタンがオフの状態：現在の尺度のみにする. p.122 図 3・67 を参照）
ビューポート V-1 で表している全体図を拡大ズームする.	**ナビゲーションバー** の **[窓ズーム]** を（SEL） 以下略 ····（全体図の図形を囲むようにズームする） ペーパー上でズームする. ビューポート内をモデル空間にしてからズームすると, ビューポート尺度が変更されるので注意する.
ビューポート V-1 で表している全体図に寸法を記入する.	**ステータスバー** の **[ペーパー]** を（SEL）　····（[モデル] になる） ····（V-1 枠内をダブルクリックしてもよい） ····（V-1 の枠線が太く表示される） DIMS の画層を現在層にする. ····〔V-1 枠が太く表示されないときは V-1 の枠内を（SEL）〕 **[ホーム]** タブ **[注釈]/長さ寸法記入** を（SEL） 以下略
前画面ズームで前の表示状態に戻す.	**ステータスバー** の **[モデル]** を（SEL）　····（[ペーパー] になる） **ナビゲーションバー** の **[前画面ズーム]** を（SEL）
ビューポート V-2 で表している部分拡大図の寸法を入力する部分を拡大ズームする.	**ナビゲーションバー** の **[窓ズーム]** を（SEL） 以下略　····（部分拡大図の寸法を入力する部分を囲むようにズームする） 寸法入力時, ビューポート内のモデル空間からズーム操作をすると, ビューポート尺度が変更されるので, 注意する. 必ず, ズーム操作をする場合は, ペーパー上で行う.
部分拡大図に寸法を記入する.	**ステータスバー** の **[ペーパー]** を（SEL）　····（[モデル] になる） ····（V-2 の枠線が太く表示される） **[ホーム]** タブ **[注釈]/長さ寸法記入** を（SEL） 以下略
前画面ズームで前の表示状態に戻す.	**ステータスバー** の **[モデル]** を（SEL）　····（[ペーパー] になる） **ナビゲーションバー** の **[前画面ズーム]** を（SEL）
ペーパー空間に文字を記入する.	TEXT の画層を現在層にする. **[ホーム]** タブ **[注釈]/文字記入** を（SEL） （文字列の始点を指定……：） 部分拡大図ビューポート近くの任意の点　を（SEL） （高さを指定：）　3.5　[Enter] （文字列の角度を指定：）　0 %%U　部分拡大図　（5：1）　%%U　[Enter] // [Enter]
ビューポートの枠を印刷されないようにする.	V-1, V-2 の枠線　を（SEL） **[ホーム]** タブ **[画層]** 画層名表示欄 ▼ を（SEL） 画層名　Defpoints　を（SEL）　····（V-1, V-2 の枠線を印刷しない） [Esc]
印刷する.	**クイックアクセスツールバー** の **[印刷]** を（SEL） 1 シートの印刷を継続　を（SEL） [OK]　を（SEL）
モデル空間に戻る.	画面左下 **[モデル]** タブ　を（SEL）　····（p.124 図 3・76 参照）

TIPS　レイアウト上でも寸法記入はできる

■ 演習 3・27 では, レイアウトされているビューポートからモデル空間に入っていき, モデル空間のオブジェクトに寸法を入力したが, ビューポートに表示されているオブジェクトに直接記入することもできる. レイアウトされているビューポートに表示されているオブジェクトは, 修正することはできないが, 寸法を記入できる. オブジェクトスナップを使用して, 表示されているオブジェクトの計測の起点を正確に指定できる.
レイアウトされているビューポート内のオブジェクトに寸法記入すると, ビューポート尺度を認識し, 表示されている大きさではなく, オブジェクトの実寸法が表記される.

TIPS　画層の設定状況を保存する

■ 「画層プロパティ管理」画面の「画層状態管理」アイコンボタンで，画層の設定状況に名前を付けて保存しておくことができる．図面完成時や同様の画層状態の変更作業を繰り返すときなど，必要なときに状態を「復元」ボタンで設定状況を復元できる．「画層の表示/非表示」，「フリーズ/フリーズ解除」，「ロック/ロック解除」，「印刷する/しない」，また，「画層の色」，「線種」，［線の太さ］などの設定状況を保存できる．

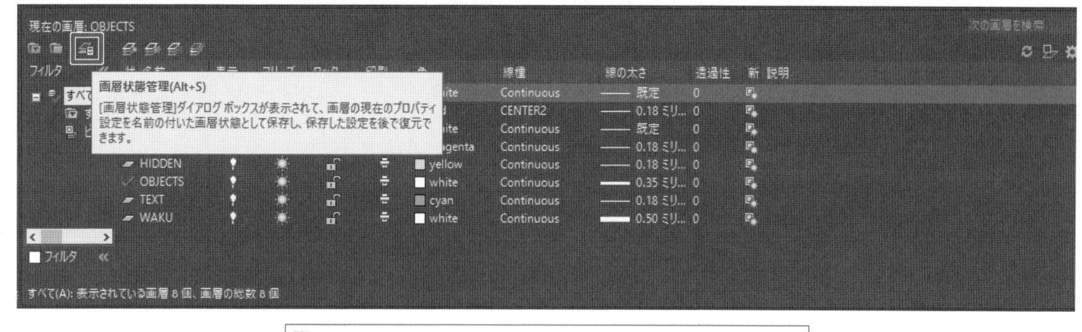

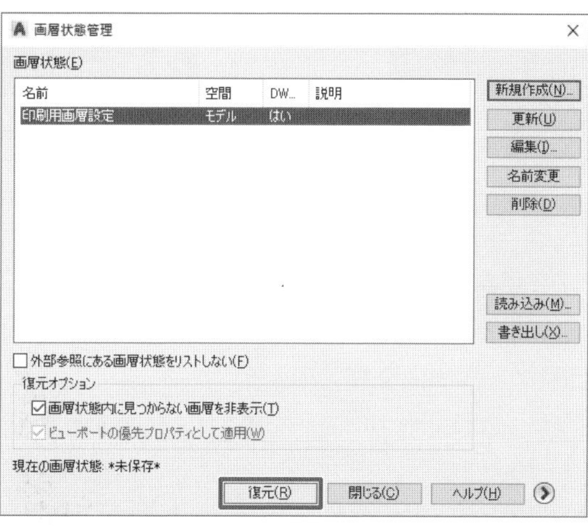

TIPS　クイック選択

■ オブジェクトの中から色や線種，図形の種類などの検索条件を設定し，オブジェクトを選び出すことが，「クイック選択」という機能でできる．
図面の中に作図されているオブジェクトの中で，画層 TEXT に作図されているオブジェクトをすべて選択する操作手順．

（右）**ショートカットメニュー** の **［クイック選択...］** を（SEL）
（適用先：）　図面全体　を（SEL）
（オブジェクトタイプ：）　複数　を（SEL）
（プロパティ：）　画層　を（SEL）
（演算子：）　＝等しい　を（SEL）
（値：）　TEXT　を（SEL）//［OK］ を（SEL）

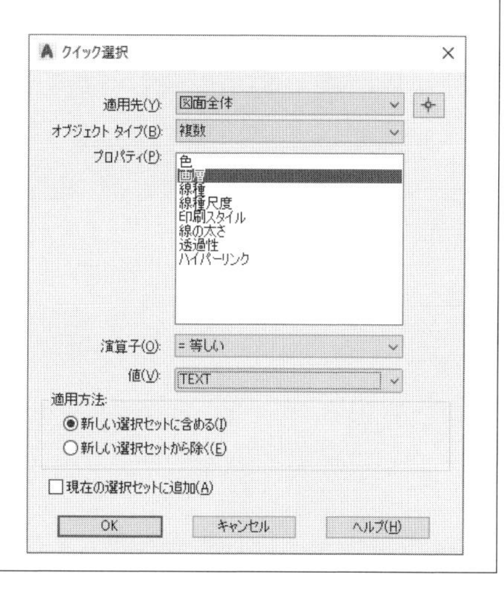

3・6　ブロック図形の活用

①　**ブロック作成**　繰り返し使用される記号や部品図形は，ブロックとして作成しておくとよい．定義されたブロック図形は図面に挿入できる．

ブロックを定義するときに，挿入基点を決めておけるので，ブロックを挿入するときは，正確な位置に配置できる．

ブロック作成は **[挿入]** タブ **[ブロック定義]/ブロック作成** を実行する（図3・79）．

ブロック図形は，ファイルとして書き出すこともできる．ブロック図形をファイルとして書き出すには，**[挿入]** タブ **[ブロック定義]/ブロック書き出し** を実行する（図3・80）．

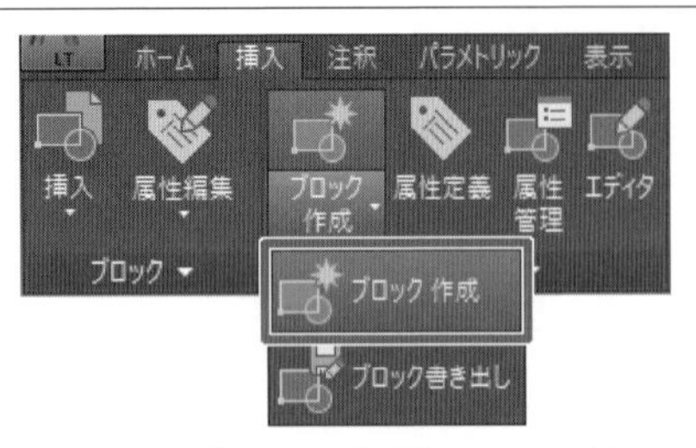

図3・79　「ブロック作成」アイコンボタン

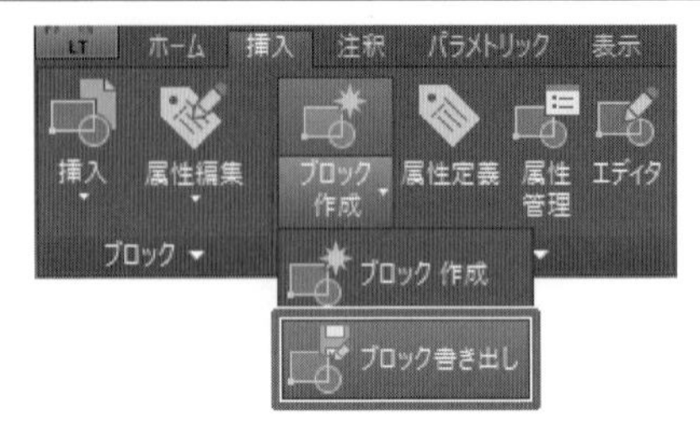

図3・80　「ブロック書き出し」アイコンボタン

②　**ブロック挿入**　ブロックを定義した図面で，そのブロックをいつでも必要なときに挿入できる．再度作図するという手順が省け，ひとまとまりの図形になり，扱いやすくなるため，作業効率が上がる．

大きさや角度（向き）を変更してブロックを挿入できる．

ファイルとして書き出したブロックは，他の図面でも挿入することができる．また，他の図面ファイルをブロックとして挿入することもできる．

ブロック挿入は，**[挿入]** タブ **[ブロック]/挿入** を実行する（図3・81）．「挿入」のアイコンボタンを選択すると，定義されているブロックのリボンギャラリー画面が表示される（図3・82）．ギャラリーからアイコンを選択すると，簡単にブロックを挿入することができる．コマンドウィンドウからオプションを選択して，尺度（大きさ）や回転（向き）が変更できる．ギャラリーの「その他のオプション…」を選択すると「ブロック挿入」画面で，ブロックの尺度や回転角度を設定することができる（図3・83）．

図3・81　「ブロック挿入」アイコンボタン

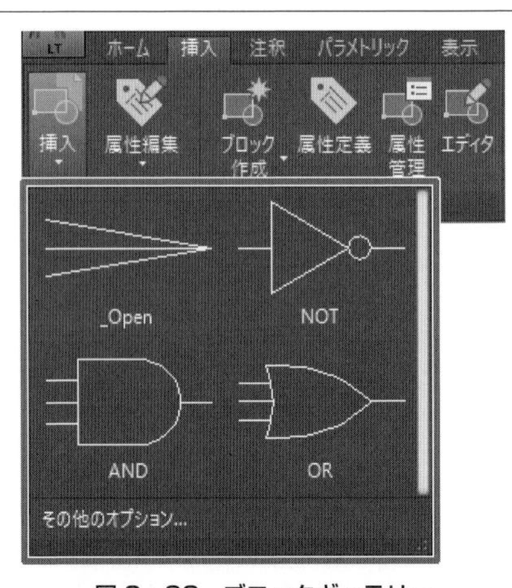

図3・82　ブロックギャラリー

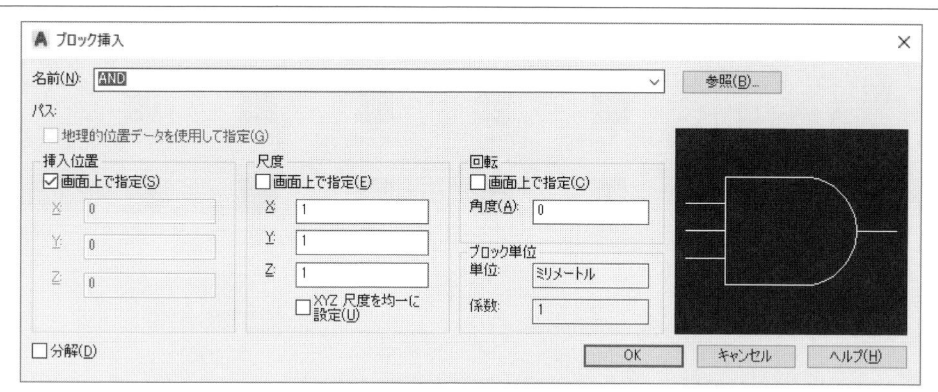

図 3・83 「その他のオプション ...」を選択して表示される画面

③　DesignCenter（デザインセンター）

[表示] タブ **[パレット]** / DesignCenter を実行すると（図 3・84），「DESIGNCENTER」ウィンドウが表示され，別の図面がもっているブロックを作図中の図面に挿入することができる．

図 3・84 「DesignCenter」アイコンボタン

「DESIGNCENTER」ウィンドウの左側の欄ではファイルが一覧され，呼び出したいブロックをもっているファイルを選択する．ファイルを選択しにくい場合は，「ロード」アイコンを使用するとよい．図面ファイルを開くときと同じ操作で挿入したいブロックをもっているファイルを見つけることができる（図 3・85）．

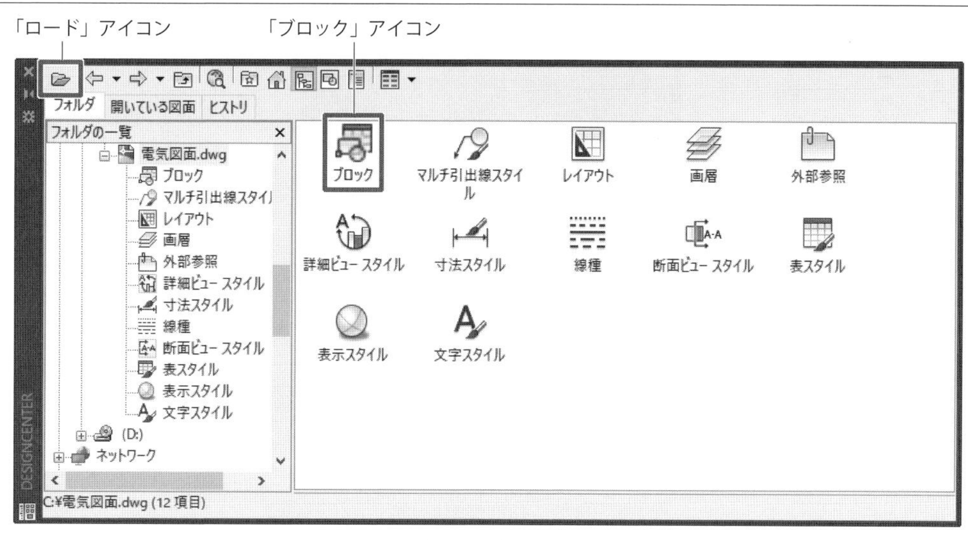

図 3・85　DESIGNCENTER ウィンドウ

「DESIGNCENTER」ウィンドウからブロックを挿入する場合は，「ブロック」アイコンをダブルクリックし，ブロックを定義したときと同じ大きさ，回転，角度（向き）で挿入する場合，ドラッグ＆ドロップ操作でも挿入することができる（図 3・86）．

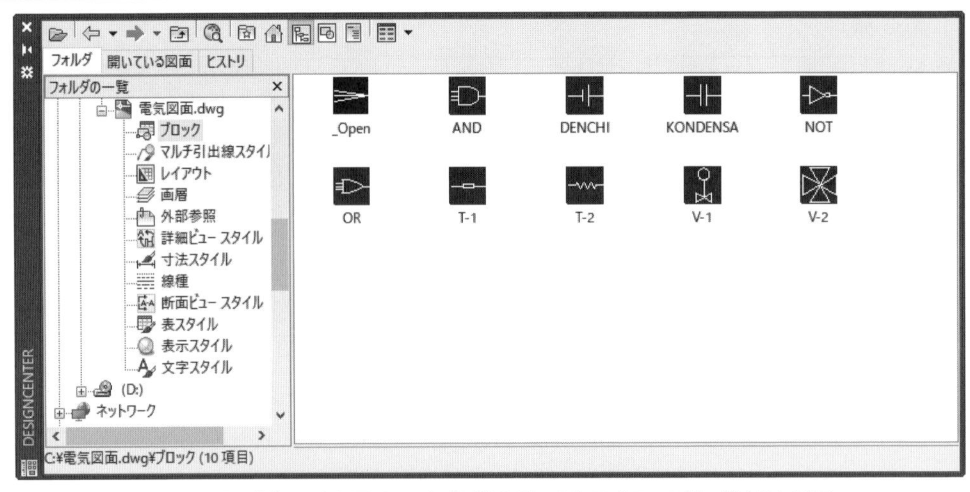

図3・86　「ブロック」アイコンをダブルクリックしてブロックが一覧された画面

ブロックが一覧された画面で挿入するブロックをダブルクリックする.「ブロック挿入」画面で，ブロックの尺度と回転角度を設定してブロックを挿入することができる.

DesignCenterでは，ブロック以外に，別の図面がもっているマルチ引出線スタイル，レイアウト，画層，外部参照，詳細ビュースタイル，寸法スタイル，線種，断面ビュースタイル，表スタイル，表示スタイル，文字スタイルを作業図面に挿入してくることができる.

④　**ブロック属性**　ブロック図形に文字情報を属性値として付けることができる．属性値は，ブロック図形と一緒に表示することも非表示にすることもできる．可変データを設定した場合は，ブロック挿入時，設

図3・87　「属性定義」アイコンボタン

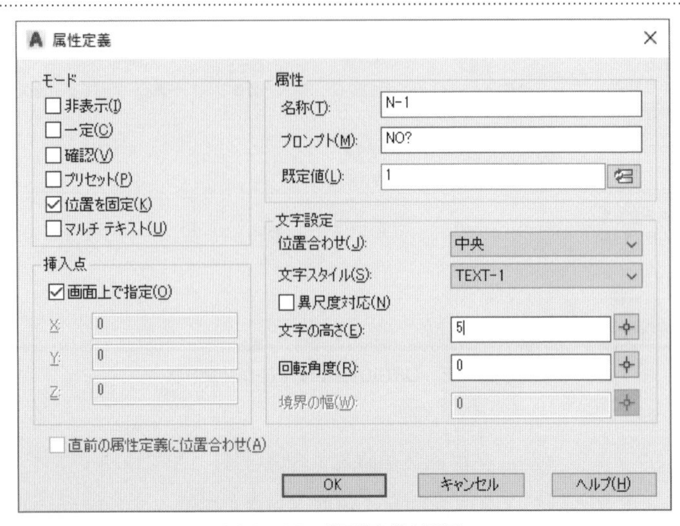

図3・88　「属性定義」画面

定したプロンプトに従って，属性値をそのつど入力できる．属性値は図面から書き出すことができ，部品表を作成することができる．ブロック属性を定義するには，**［挿入］**タブ**［ブロック定義］/属性定義**を実行する（図3・87，図3・88）．

TIPS　ギャラリー表示のコントロール

■「ブロック挿入」コマンドを実行すると，リボンギャラリーが表示される．具体的なイメージ図からブロックを選択できる．ギャラリーの表示が必要ない場合は，GALLERYVIEW コマンドを実行して変更することができる．
ギャラリー表示は，ブロック挿入コマンド以外に，文字スタイル選択，寸法スタイル選択，マルチ引出線スタイル選択，表スタイル選択でも表示される．

■ ギャラリー表示をオフにする：

GALLERYVIEW　[ENTER]
（GALLERYVIEW の新しい値を入力：）　0　[ENTER]　‥‥（ギャラリー表示がオフになる　オンにする場合は値 1）

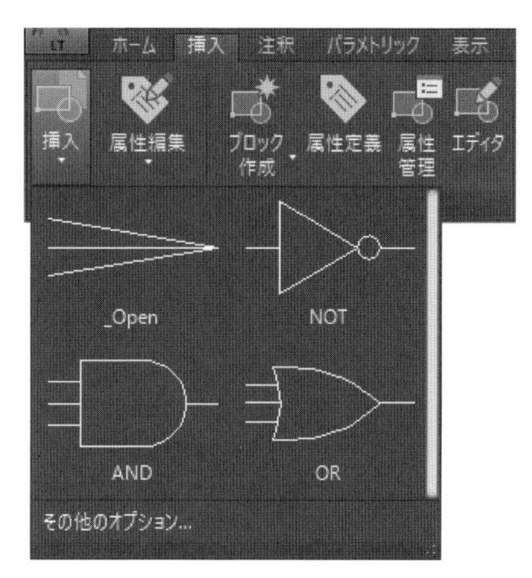

ブロック挿入のギャラリー表示

TIPS　ギャラリー

■ 文字スタイル，寸法スタイル，マルチ引出線スタイルのスタイル変更にも，ギャラリー表示はわかりやすい．
たとえば，文字スタイルを複数作成しているとき，入力する文字を，どのスタイルで作成するのか注意する必要がある．
文字スタイル名表示欄を確認し，違うスタイルを用いる場合は，ギャラリー表示で変更できる．

文字スタイル，寸法スタイル，マルチ引出線スタイルのギャラリー表示をするボタン

文字スタイルのギャラリー表示

⇄ 演習3・28　ブロック定義と挿入

現行図面でのみ使用できるブロック図形を定義し，挿入する．

内　　容	操　作　手　順
入力画面を準備する．	入力画面の設定方法2による．
ブロック図形として登録する図形のためにまず線分を作成する．①	0（ゼロ）の画層を現在層にする． **ステータスバー** の **［カーソルの動きを直交に強制］** を（SEL）し，直交モードにする． **［ホーム］** タブ **［作成］/線分** を（SEL） 以下略
不要部分をトリムで消去する．②	**［ホーム］** タブ **［修正］/トリム** を（SEL） 以下略
角部を面取りまたはフィレットで丸める．③	省略
ブロック図形を登録する．	**［挿入］** タブ **［ブロック定義］/ブロック作成** を（SEL） （名前：）B1　と入力 基点欄 ［挿入基点を指定］アイコン　を（SEL） （挿入基点を指定：）ブロックにする図形の中点P　をOスナップ オブジェクト欄 ［オブジェクトを選択］アイコン　を（SEL） （オブジェクトを選択：）ブロックにする全オブジェクト　を（SEL） （オブジェクトを選択：）（右） ○削除　を（SEL）　····（●をつける） ［OK］を（SEL）
ブロック図形を挿入する図形を作成する．	OBJECTSの画層を現在層にする． **［ホーム］** タブ **［作成］/線分** を（SEL） （1点目を指定：）画面左下の任意の点　を（SEL） 以下略
A，B，C，D，E，Fの各位置にブロック図形を挿入する（挿入時の角度は，Cは−60度，D，Eは180度，Fは90度である）．	**［挿入］** タブ **［ブロック］/挿入** を（SEL） （図面のもっているブロックがギャラリー表示される．挿入時に尺度や向きを変更する場合は［その他のオプション］を選択） ［その他のオプション］を（SEL） （名前：）B1　を（SEL） 挿入位置欄 □画面上で指定　を（SEL）　····（✔をつける） 尺度欄 □画面上で指定　を（SEL）　····（✔をつける） 回転欄 □画面上で指定　を（SEL）　····（✔をつける） ［OK］を（SEL） （挿入位置を指定……：）線分LMの中点　をOスナップ （X方向の尺度……：）1［Enter］//（Y方向の尺度……：）1［Enter］ （回転角度を指定：）0［Enter］ （右）**ショートカットメニュー** の **［繰り返し］** を（SEL） 以下略
ファイルを保存して閉じる．	**アプリケーションメニュー** の **［閉じる］** を（SEL） （Drawing1.dwgへの変更を保存しますか？）//［はい］を（SEL） （保存先：）保存するフォルダ　を（SEL） （ファイル名：）B_LOCK　と入力//［保存］を（SEL）

TIPS　角度寸法表記の精度を0d00' から0d（例：60° 00' から60°）に変更する操作手順

変更する寸法値　を（SEL）
（右）**ショートカットメニュー** の **［精度］** を（SEL）
0　を（SEL）

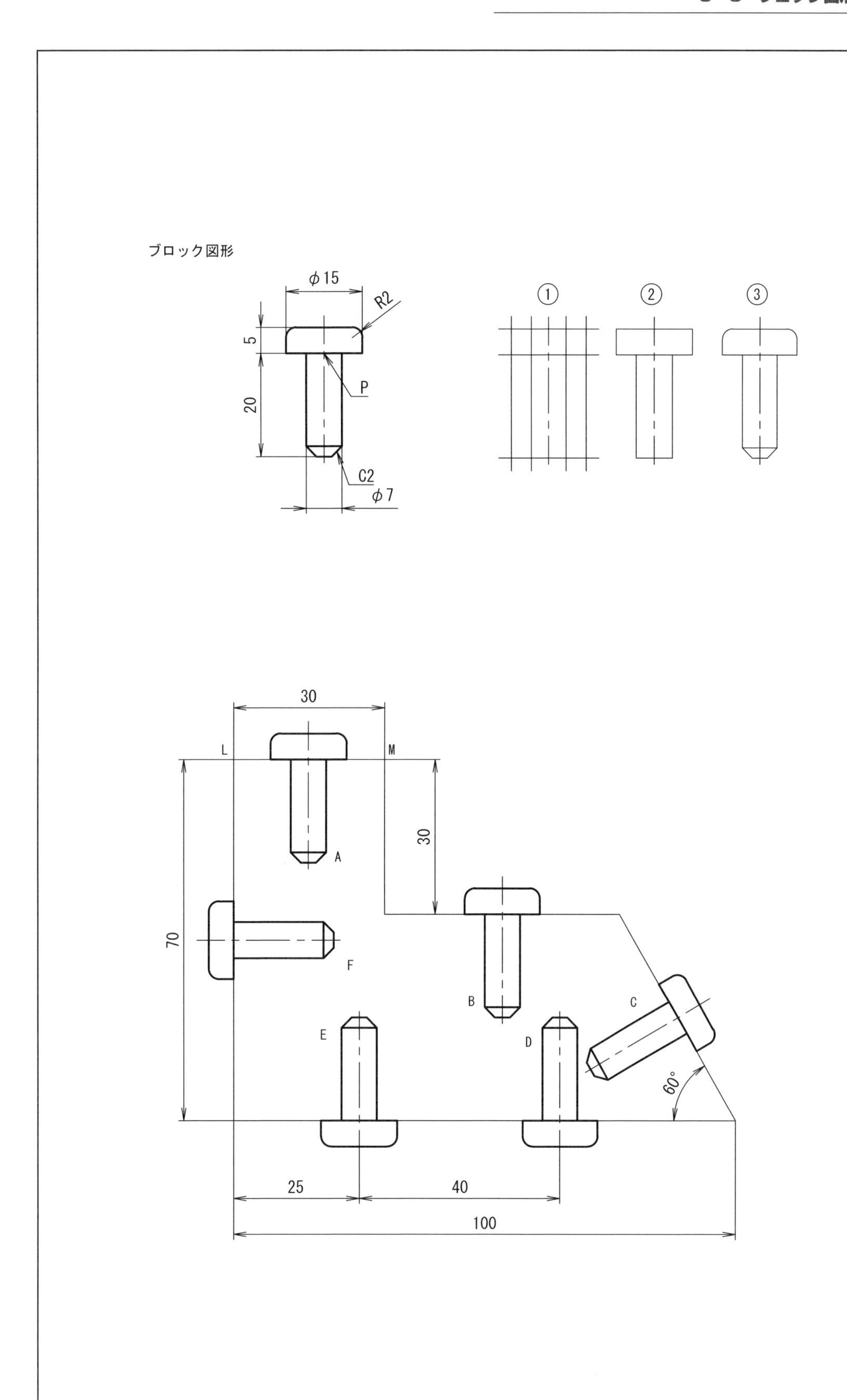
ブロック図形
φ15
R2
5
20
P
C2
φ7
①
②
③
30
L
M
30
A
70
F
B
C
E
D
60°
25
40
100
B_LOCK

演習 3・28 ブロック定義と挿入

演習3・29　DesignCenter

DesignCenterを使用して，別の図面で定義されているブロック図形を挿入する．

内　　容	操　作　手　順
新しい入力画面を準備する．	入力画面の設定方法2による．
ブロック図形を挿入する図形を作成するため，まず，中心線と円を作成する．①	OBJECTSの画層を現在層にする． **ステータスバー** の **[カーソルの動きを直交に強制]** を（SEL）し，直交モードにする． **[作成]/線分** を（SEL） 以下略
水平と垂直の線分を左右と下側にオフセットする．②	**[ホーム]** タブ **[修正]/オフセット** を（SEL） 以下略
足らない部分は延長し，不要な部分はトリムで消去する．③	**[ホーム]** タブ **[修正]/延長** を（SEL） 以下略
丸めの部分に半径5 mmの円を作成する．④	**[ホーム]** タブ **[作成]/円/接点,接点,半径** を（SEL） 以下略
不足部分を補い，不要部分はトリムで消去．図形を完成する．⑤	**[ホーム]** タブ **[修正]/トリム** を（SEL） 以下略
中心線をCENTERの画層にする．	変更する線分　を（SEL） **[ホーム]** タブ **[画層]** 画層名表示欄▼ を（SEL） 画層名　CENTER　を（SEL）
デザインセンターを使用して，ブロック図形を挿入する．	**[表示]** タブ **[パレット]/DesignCenter** を（SEL） DESIGNCENTER ウィンドウ が表示される． [ロード] アイコン　を（SEL）　····（p.133 図3・85を参照） ロード画面 より （探す場所：）　図面ファイルB_LOCKが保存されているフォルダ　を（SEL） （ファイル名：）　B_LOCK　を（SEL） [開く]　を（SEL） DESIGNCENTER ウィンドウ　右欄より [ブロック] アイコン　をダブルクリック [B1] アイコン　をダブルクリック 挿入位置欄 □画面上で指定　を（SEL）　····（✔をつける） 尺度欄 □画面上で指定　を（SEL）　····（✔をつける） 回転欄 □画面上で指定　を（SEL）　····（✔をつける） [OK]　を（SEL） （挿入位置を指定……：）　交点A　をOスナップ （X方向の尺度……：）　1　[Enter] （Y方向の尺度……：）　1　[Enter] （回転角度を指定：）　0　[Enter] （右）**ショートカットメニュー** の **[繰り返し]** を（SEL） 以下略 DESIGNCENTER ウィンドウ の ☒ を（SEL）

TIPS　同じ名前のブロックに注意

■ DesignCenterを使用して，別の図面からブロックを挿入する場合，作業している図面に同じ名前のブロック図形が定義されていないかどうかを確認する．同じ名前のブロック図形がすでに定義されていると，別の図面から挿入した同じ名前のブロックは作業している図面のブロック図形に置き換わって挿入される．ブロックを定義するときに，ほかで使用されていないブロック名を付けるようにする．

TIPS　DESIGNCENTERウィンドウの配置

■ DESIGNCENTER ウィンドウが画面中央部に表示された場合は，図面が見づらくなり，ブロックの挿入もしづらい．DESIGNCENTERとタイトルが表示されている部分をマウスの左ボタンを押したままドラッグすると，自由に画面内で浮動させることができる．画面右側か左側にドッキングさせておくとよい．

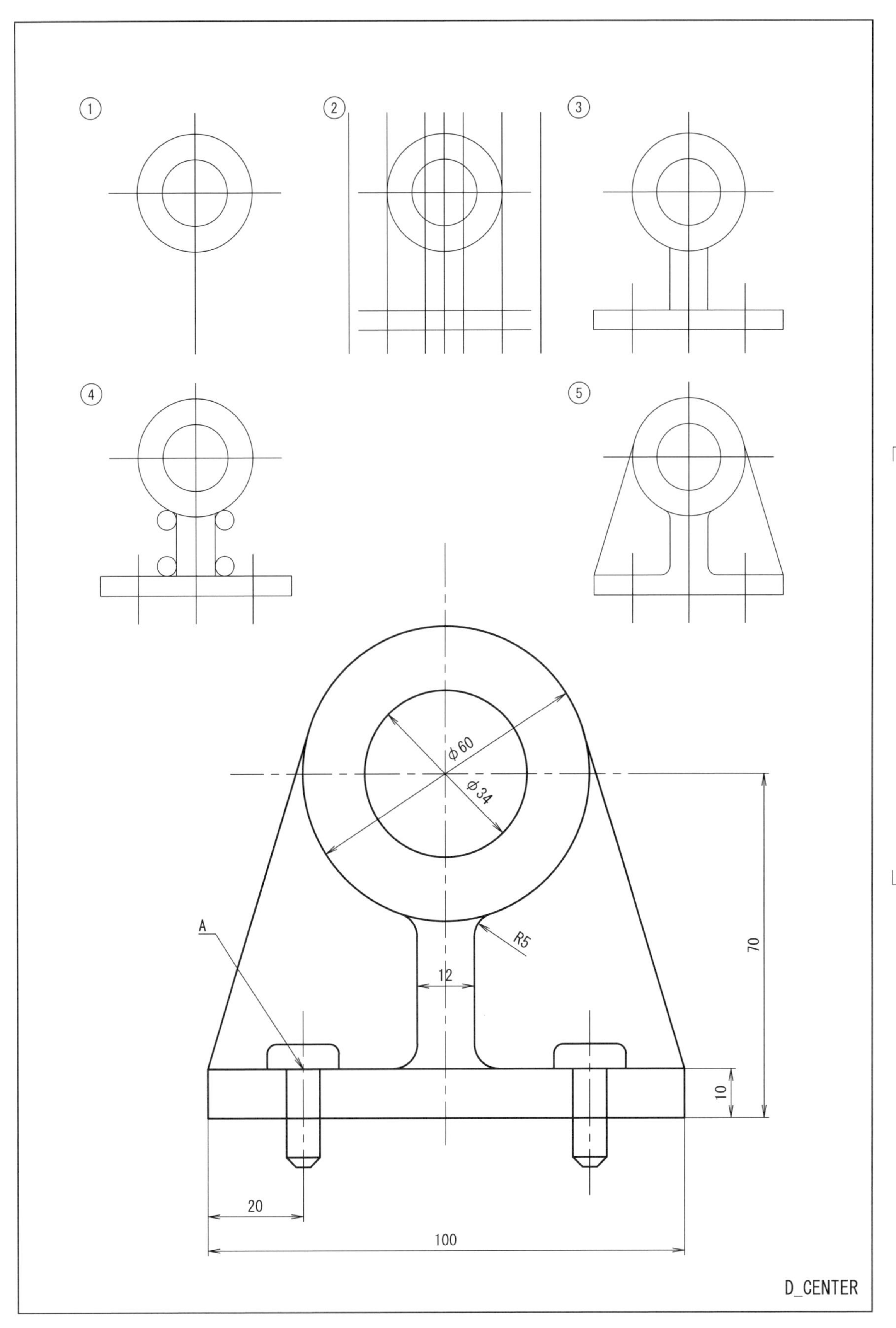
①
②
③
④
⑤
φ60
φ34
A
R5
12
70
10
20
100
D_CENTER

演習 3・30　ブロックと属性定義

内　　容	操 作 手 順
入力画面を準備する.	入力画面の設定方法 2 による.
ブロック MARUSUJI として定義する図形のために円を作成する.	TEXT の画層を現在層にする. **[ホーム]** タブ **[作成]/円/中心, 半径**　を（SEL） （円の中心点を指定……：）　任意の点　を（SEL） （円の半径を指定……：）　4　[Enter]
属性を定義する.	**[挿入]** タブ **[ブロック定義]/属性定義**　を（SEL） 属性欄 （名称：）　N-1　と入力 （プロンプト：）　NO ?　と入力 ····（ブロック挿入時，コマンドウィンドウに表示されるメッセージとなる） （既定値：）　1　と入力　····（属性値の初期値となる） 挿入点欄 □画面上で指定　を（SEL）　····（✔をつける） 文字設定欄 （位置合わせ：）　中央　を（SEL） （文字スタイル：）　TEXT-1　を（SEL） [文字の高さ] 5　と入力 [回転角度] 0　と入力 [OK]　を（SEL） （始点を指定：）　円の中心 A　を O スナップ
ブロック名 SANKAKUSUJI として定義する図形のために，まず一辺 12 mm の正三角形を作成する.	**[ホーム]** タブ **[作成]/ポリゴン**　を（SEL） （エッジの数を入力：）　3　[Enter] （ポリゴンの中心を指定……：）　**コマンドウィンドウ** の **[エッジ(E)]**　を（SEL） （エッジの 1 点目を指定：）　任意の点　を（SEL） （エッジの 2 点目を指定：）　@12，0　[Enter]
高さ 12 mm の正三角形に尺度変更する.	**[ホーム]** タブ **[修正]/尺度変更**　を（SEL） （オブジェクトを選択：）　正三角形　を（SEL） （オブジェクトを選択：）　（右） （基点を指定：）　正三角形頂点 B　を O スナップ （尺度を指定……：）　**コマンドウィンドウ** の **[参照(R)]**　を（SEL） （参照する長さを指定：）　正三角形頂点 B　を O スナップ （2 点目を指定：）　正三角形の底辺の中点 C　を O スナップ （新しい長さを指定……：）　12　[Enter]
属性を定義する.	**[挿入]** タブ **[ブロック定義]/属性定義**　を（SEL） 属性欄 （名称：）　N-2　と入力 （プロンプト：）　NO ?　と入力 ····（ブロック挿入時，コマンドウィンドウに表示されるメッセージとなる） （既定値：）　1　と入力　····（属性値の初期値となる） 挿入点欄 □画面上で指定　を（SEL）　····（✔をつける） 文字設定欄 （位置合わせ：）　中央　を（SEL） （文字スタイル：）　TEXT-1　を（SEL） [文字の高さ] 5　と入力 [回転角度] 0　と入力 [OK]　を（SEL） （始点を指定：）　正三角形の図心　を O スナップ

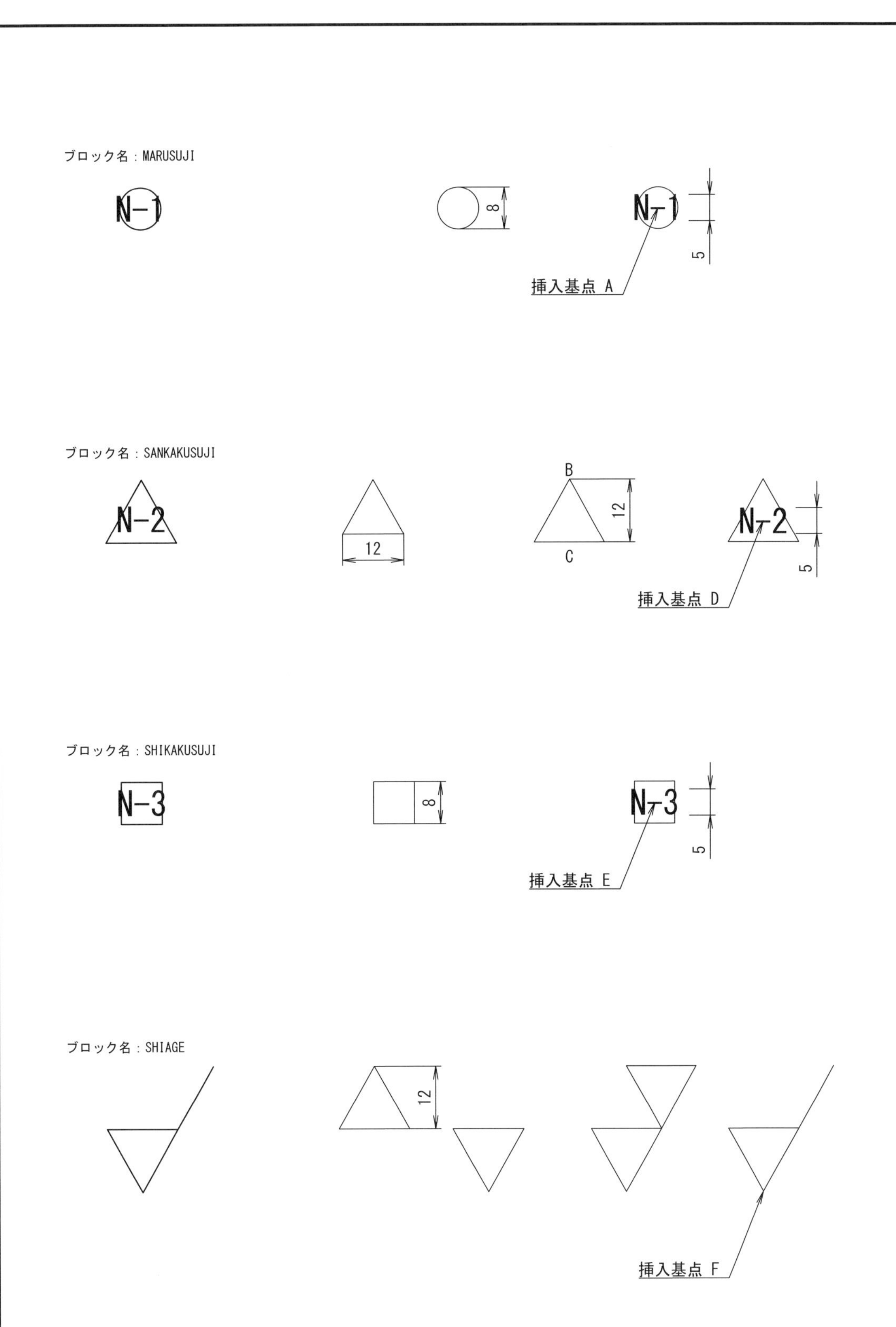

ブロック名：MARUSUJI
N-1
8
N-1
5
挿入基点 A
ブロック名：SANKAKUSUJI
N-2
12
B
12
C
N-2
5
挿入基点 D
ブロック名：SHIKAKUSUJI
N-3
8
N-3
5
挿入基点 E
ブロック名：SHIAGE
12
挿入基点 F
A_TTDEF_1

ブロック名SHIKAKUSUJIとして定義する図形のために正方形を作成する.	**[ホーム]** タブ **[作成]/長方形**　を（SEL） （一方のコーナーを指定……：）　任意の点　を（SEL） （もう一方のコーナーを指定……：）　@8，8　[Enter]
属性を定義する.	**[挿入]** タブ **[ブロック定義]/属性定義**　を（SEL） 属性欄 （名称：）　N-3　と入力 （プロンプト：）　NO ?　と入力 ····（ブロック挿入時，コマンドウィンドウに表示されるメッセージとなる） （既定値：）　1　と入力　····（属性値の初期値となる） 挿入点欄 □画面上で指定　を（SEL）　····（✔をつける） 文字設定欄 （位置合わせ：）　中央　を（SEL） （文字スタイル：）　TEXT-1　を（SEL） [文字の高さ] 5　と入力 [回転角度] 0　と入力 [OK]　を（SEL） （始点を指定：）　長方形の図心　をOスナップ
ブロック名SANKAKUSUJIの正三角形を複写して，ブロック名SHIAGEとして定義する図形を作成する.	ブロック名SANKAKUSUJIの図形を複写する. **[ホーム]** タブ **[修正]/複写**　を（SEL） （オブジェクトを選択：）　ブロック名SANKAKUSUJIの正三角形　を（SEL） （オブジェクトを選択：）（右） 以下略
複写してきた正三角形を180度回転する.	**[ホーム]** タブ **[修正]/回転**　を（SEL） 以下略
回転した正三角形を複写する.	**[ホーム]** タブ **[修正]/複写**　を（SEL） 以下略
不要部分を消去して図形を完成する.	ポリラインオブジェクトである正三角形を分解し，2本の線分を削除する. **[ホーム]** タブ **[修正]/分解**　を（SEL） （オブジェクトを選択：）　2本の線分を削除する正三角形　を（SEL） （オブジェクトを選択：）（右） **[ホーム]** タブ **[修正]/削除**　を（SEL） 以下略
ブロックNOTとして定義する図形を作成する.	OBJECTSの画層を現在層にする. 以下略
ブロック名AND以降の図形を作成する.	省略
ブロックとして定義する13個の図形を図面全体にうまく配置する.	省略
MARUSUJIをブロック図形として定義する.	**[挿入]** タブ **[ブロック定義]/ブロック作成**　を（SEL） （名前：）　MARUSUJI　と入力 基点欄 [挿入基点を指定] アイコン　を（SEL） （挿入基点を指定……：）　円の中心　をOスナップ オブジェクト欄 [オブジェクトを選択] アイコン　を（SEL） （オブジェクトを選択：）　MARUSUJIとなる円と属性　を（SEL） （オブジェクトを選択：）（右） ○削除　を（SEL）　····（●をつける） [OK]　を（SEL）

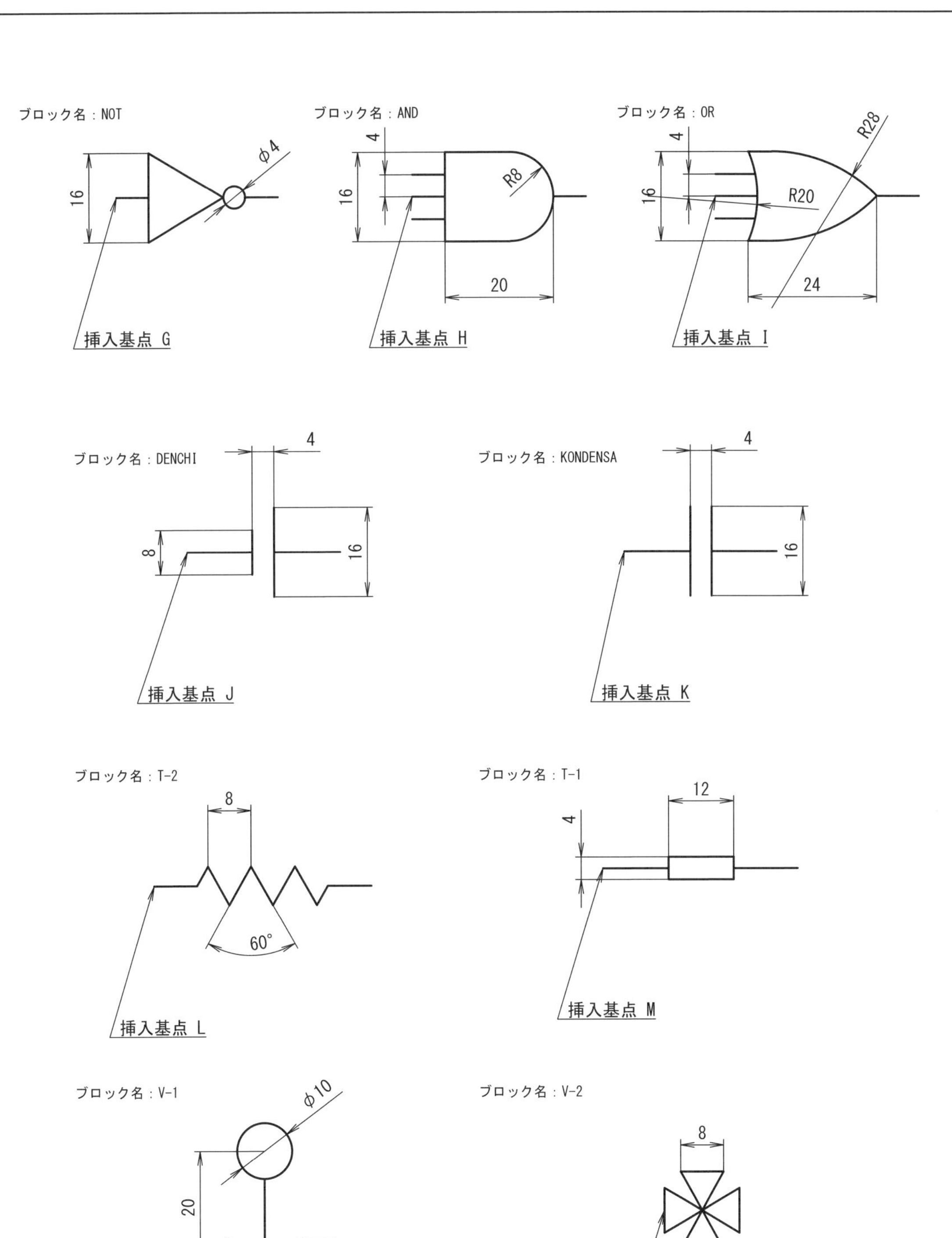
ブロック名：NOT
16
φ4
挿入基点 G
ブロック名：AND
4
16
R8
20
挿入基点 H
ブロック名：OR
4
16
R28
R20
24
挿入基点 I
ブロック名：DENCHI
4
8
16
挿入基点 J
ブロック名：KONDENSA
4
16
挿入基点 K
ブロック名：T-2
8
60°
挿入基点 L
ブロック名：T-1
12
4
挿入基点 M
ブロック名：V-1
φ10
20
8
挿入基点 N
ブロック名：V-2
8
挿入基点 O
A_TTDEF_2

SANKAKUSUJIをブロック図形として定義する.	（右）**ショートカットメニュー** の **[繰り返し]** を（SEL） （名前：） SANKAKUSUJI と入力 基点欄 ［挿入基点を指定］アイコン を（SEL） （挿入基点を指定……：） 三角形に内接する円の中心 をOスナップ オブジェクト欄 ［オブジェクトを選択］アイコン を（SEL） （オブジェクトを選択：） SANKAKUSUJIとなる正三角形と属性 を（SEL） （オブジェクトを選択：）（右） ○削除 を（SEL） ····（●をつける） ［OK］ を（SEL）
同様の手順で，ブロック定義する.	省略
ファイルを保存して閉じる.	**アプリケーションメニュー** の **[閉じる]** を（SEL） （Drawing1.dwgへの変更を保存しますか？）［はい］ を（SEL） （保存先：） 保存するフォルダ を（SEL） （ファイル名：） KIGOU-1 と入力 ［保存］ を（SEL）
入力画面を準備する.	入力画面の設定方法2による.
図形①を作成する.（寸法は任意）	OBJECTSの画層を現在層にする. **[ホーム]** タブ **[作成]**/**線分** を（SEL） 以下略
MARUSUJIを挿入する.	TEXTの画層を現在層にする. **[表示]** タブ **[パレット]**/**DesignCenter** を（SEL） DESIGNCENTERウィンドウ が表示される. ［ロード］アイコン を（SEL） ロード 画面より （探す場所：） KIGOU-1が保存されているフォルダ を（SEL） （ファイル名：） KIGOU-1 を（SEL） ［開く］ を（SEL） DESIGNCENTERウィンドウ右欄 ［ブロック］アイコン をダブルクリック ［MARUSUJI］アイコン をダブルクリック 挿入位置欄 □画面上で指定 を（SEL） ····（✔をつける） 尺度欄 □画面上で指定 を（SEL） ····（✔をつける） 回転欄 □画面上で指定 を（SEL） ····（✔をつける） ［OK］ を（SEL） （挿入位置を指定……：） 任意の点 を（SEL） （X方向の尺度……：） 1 [Enter] （Y方向の尺度……：） 1 [Enter] （回転角度を指定：） 0 [Enter] ····（「属性編集」画面が表示される） ［OK］ を（SEL） ····（属性値初期値1のまま変更しない）
ブロックMARUSUJIを複写する.	**[ホーム]** タブ **[修正]**/**複写** を（SEL） （オブジェクトを選択：） ブロックMARUSUJI を（SEL） （オブジェクトを選択：）（右） 以下略
数字を変更する.	**[挿入]** タブ **[ブロック]**/**属性**/**属性編集/単一** を（SEL） （ブロックを選択：） 変更するブロック図形 を（SEL） ····（「拡張属性編集」画面が表示される） （値：） 2 と入力 ［OK］を（SEL） （右）**ショートカットメニュー** の **[繰り返し]** を（SEL） 以下略

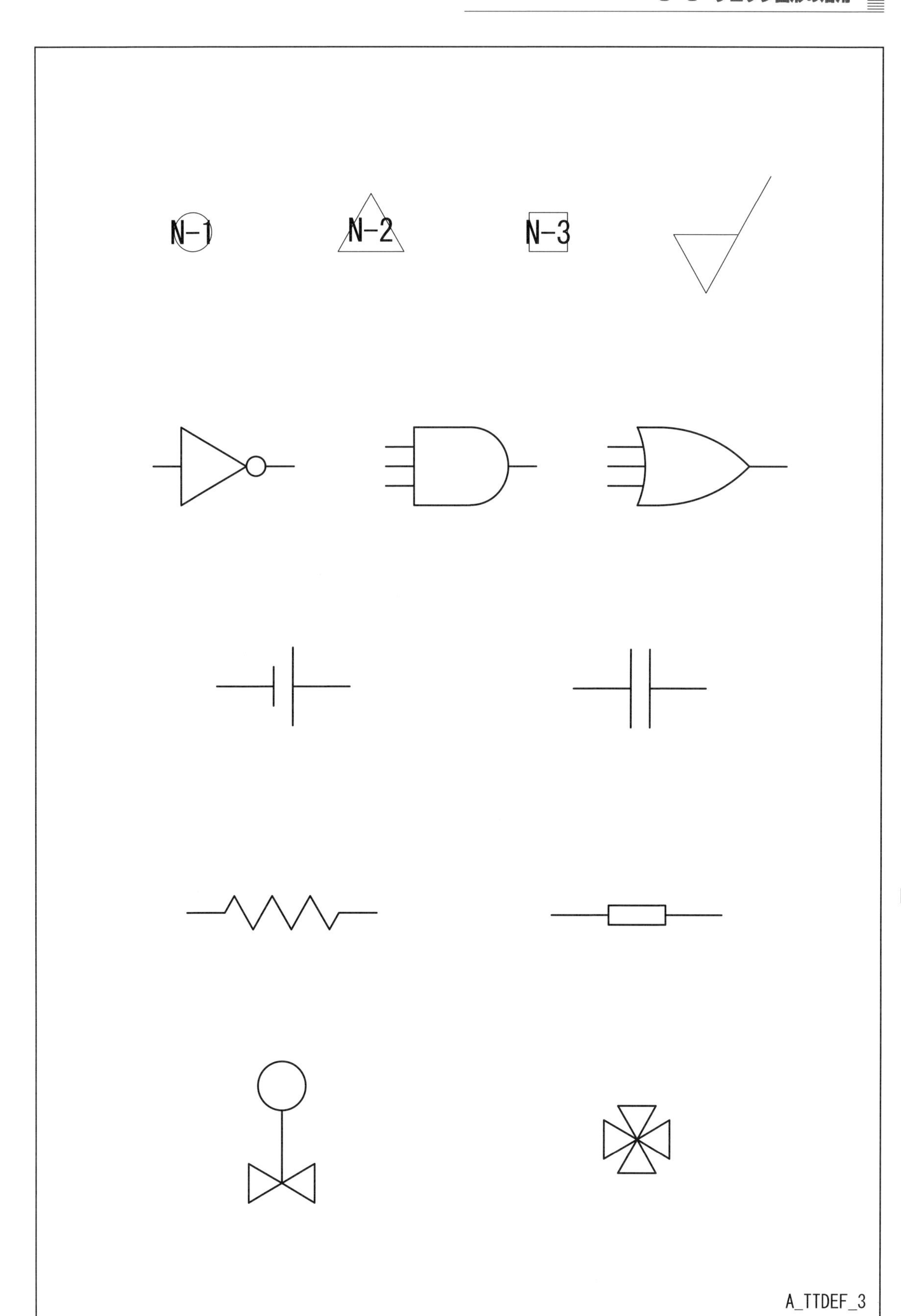
N-1
N-2
N-3
A_TTDEF_3

SHIAGEを挿入する.	DESIGNCENTERウィンドウ の［SHIAGE］アイコン　をダブルクリック ［OK］　を（SEL） （挿入位置を指定……：）　線分中点　をOスナップ （X方向の尺度……：）　0.5　［Enter］ （Y方向の尺度……：）　0.5　［Enter］ （回転角度を指定：）　0　［Enter］
ブロックSHIAGEを複写する.	**［ホーム］**タブ **［修正］/複写**　を（SEL） （オブジェクトを選択：）　ブロックSHIAGE　を（SEL） （オブジェクトを選択：）（右） 以下略
T-2を挿入する.	OBJECTSの画層を現在層にする. DESIGNCENTERウィンドウ の［T-2］アイコン　をダブルクリック ［OK］　を（SEL） （挿入位置を指定……：）　任意の点　を（SEL） （X方向の尺度……：）　1　［Enter］ （Y方向の尺度……：）　1　［Enter］ （回転角度を指定：）　0　［Enter］ 以下同様の手順でブロックを挿入し，図②，③を完成する.

TIPS　ブロック図形の特性

■ ブロック図形を定義するときは，ブロック図形をつくるときのプロパティに気をつける.
ブロックMARUSUJIはTEXT画層で，設定してあるプロパティ（色，線種，線の太さをBylayer設定）のまま作成し，定義した.
このブロックMARUSUJIは，OBJECTS画層（画層の色はWhite）を現在層にして挿入しても，TEXT画層で設定してある色(Cyan：水色）になる。
挿入先の画層のプロパティに従うように作成しておく場合は，プロパティの設定をBylayer（バイレイヤー）ではなく，Byblock（バイブロック）にする．ブロック挿入後に，ブロック図形の色や線種，線の太さというプロパティを変更できるようになる．たとえば，同じブロック図形を複数配置したときに，ひとつだけ，色，線種，線の太さを変えることができる.

また，ブロックを挿入すると，ブロックをつくったときの画層がつくられる.
ブロックを挿入することで，図面に必要のない画層が新規につくられないように，ブロック図形はどの図面でも最初から存在する0画層で作成するとよい.

TIPS　属性値を変更する方法

■ 属性値を変更する方法には，3通りある．文字修正コマンドでは修正できない.
- **［挿入］**タブ **［ブロック］/属性編集/単一** コマンドで修正
- 属性値をダブルクリックして拡張属性編集画面から修正
- オブジェクトプロパティ管理画面の属性欄で修正

TIPS　ブロックエディタ

■ **［挿入］**タブ **［ブロック定義］/ブロックエディタ** を実行すると，作図画面がブロックエディタ画面に切り替わる.
画面に表示されている領域は作図領域ではなく，ブロックを作成する専用の場所だ.
ブロックエディタでもブロック定義をすることができる．基点を指定しないと，原点（0,　0）位置がブロックの挿入基点となる．また，ブロックエディタで作成した図形をファイル（dwg）として名前を付けて保存することができる．ファイルとして保存すると，他の図面でも「ブロック挿入」コマンドで挿入することができる．ブロック挿入コマンドでブロック図形を指定する際，［参照］ボタンを選択して，ファイル名を指定すればよい.
このブロックエディタは，主に「ダイナミックブロック」を作成するときに使用する．ダイナミックブロックは，ブロックに情報と振る舞いを持たせることができる．詳細については，p.148「参考 ダイナミックブロック」に記載する.

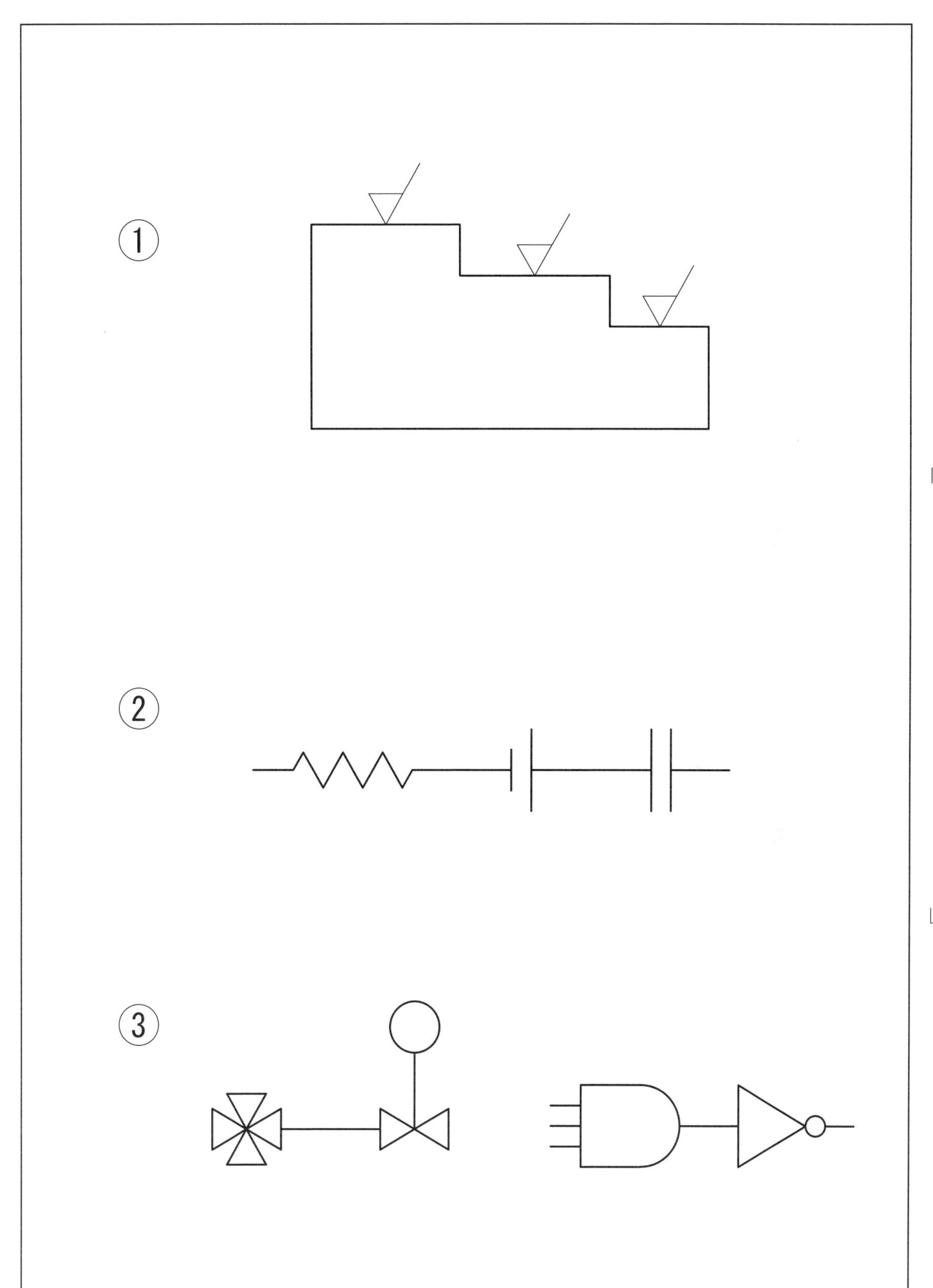
①
②
③
A_TTDEF_4

参考　ダイナミックブロック

通常のブロック図形は，挿入時に，定義した内容の挿入位置，尺度，回転角度の3つの要素のみ変更することができる．ダイナミックブロックは，さらに，様々な情報とその情報に合わせた動きをオブジェクトと一緒に登録しておくことができる．それにより，設定した内容で変形したり，向きを変えたりと，柔軟な汎用性をもったブロック図形となり，運用の幅が広がる．ダイナミックブロックは，ブロックを構成する図形に加えて，パラメータとアクションといった内容を付加させる．

1.　ブロックエディタ

ダイナミックブロックを登録するには，ブロックエディタを使用する．ブロックエディタを表示するには**[挿入]** タブ **[ブロック定義]/エディタ**を選択する．

「ブロック定義を編集」画面で作成するブロック名を入力して［OK］ボタンを選択すると（図3・89），ブロックエディタ画面になる（図3・90）．

ブロックエディタは，作図画面と大変似ているが，「ブロックエディタ」専用のリボンタブ，パラメータとアクションを設定する「オーサリングパレット」が表示され，ブロック図形を作図する専用の画面となっ

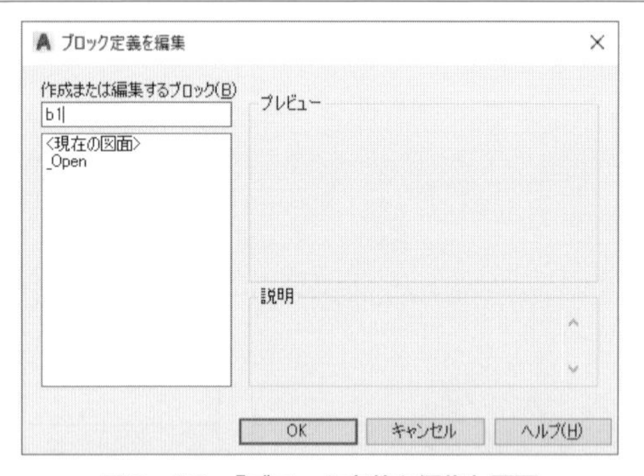

図3・89 「ブロック定義を編集」画面

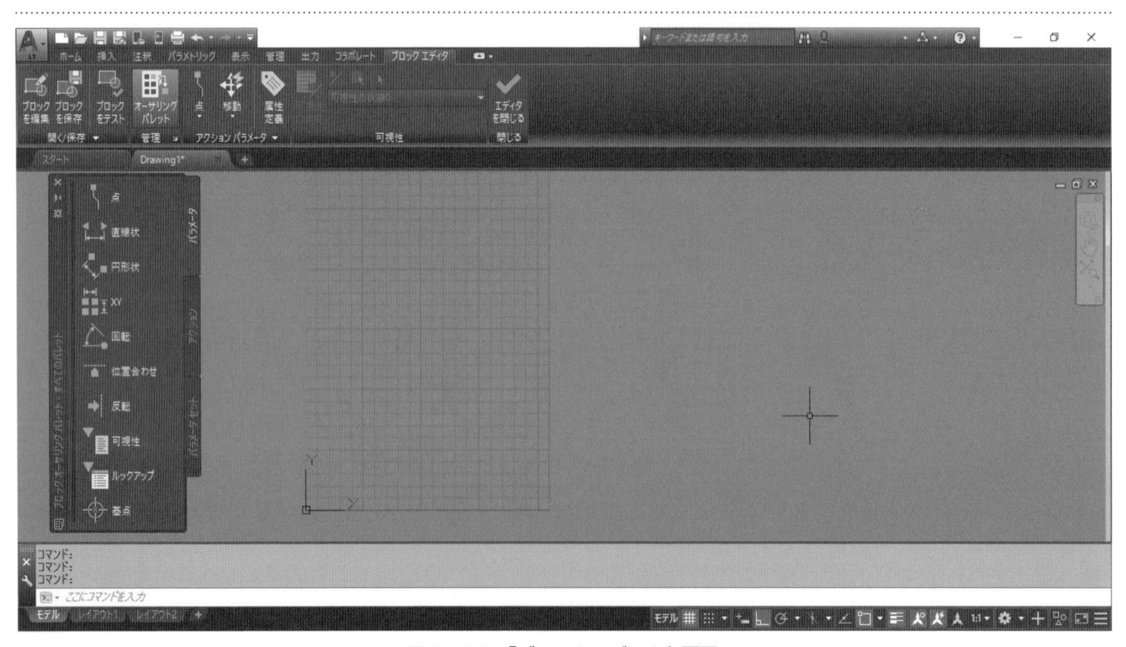

図3・90 「ブロックエディタ」画面

ている．作図画面と同様の操作手順で，ブロック図形を作図する．

完成した図形は，**[開く／保存]/ブロックを保存** でブロック図形として定義する（図3・91）．

図3・91 「ブロックを保存」アイコンボタン

[開く/保存]/ブロックに名前を付けて保存 を選択し（図3・92），「ブロックに名前を付けて保存」画面で「ブロック定義を図面ファイルに保存」にチェックを付けると（図3・93），ブロック図形をファイルとして保存できる．ファイルとして保存されたブロックは，他の図面でも，ブロック挿入コマンドで挿入できる．

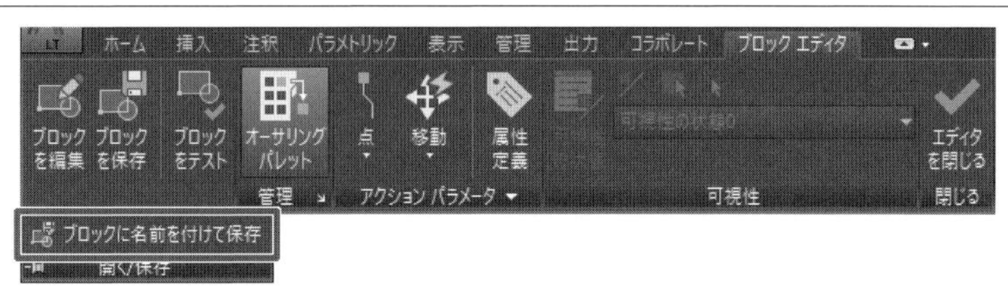

図3・92 「ブロックに名前を付けて保存」ボタン

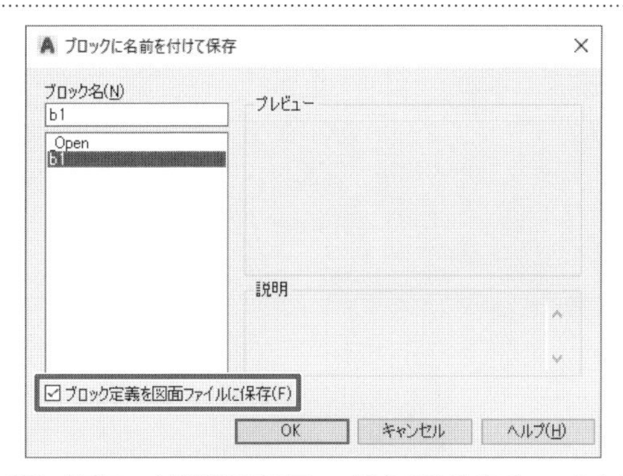

図3・93 「ブロック定義を図面ファイルに保存」にチェックを付ける

ブロックエディタでブロック図形を保存すると，原点が挿入基点になる．挿入基点を別の位置に設定するには，「オーサリングパレット」の「パラメータ」タブから「基点」を選択して，図形上の位置を指定する．

2. パラメータ

ダイナミックブロックに定義する情報ツールをパラメータと呼ぶ．最初に設定する内容となる．オーサリングパレットのパラメータタブ（図3・94）からパラメータを定義すると，図形上にグリップが表示される．このグリップを使用してブロック図形の情報や値を変更できる．

3. アクション

パラメータで設定した情報を，ブロック図形に含まれているどのオブジェクトに対して，どのような動作にさせるのかを設定するツールをアクションと呼ぶ．オーサリングパレットのアクションタブ（図3・95）から定義する．

4. パラメータセット

パラメータとアクションには，組み合わせできる設定と組み合わせできない設定とがある．「オーサリングパレット」の「パラメータセット」タブには，パラメータとアクションの基本的な組み合わせが登録されているので，参考にするとよい．

5. ダイナミックブロック作成例

① **「位置合わせ」パラメータ**　「位置合わせ」パラメータを設定すると，ブロック図形挿入時，配置するオブジェクトにカーソルを近づけると，そのオブジェクトの角度を認識し，自動的にそのオブジェクトに沿った角度で挿入される．挿入角度を数値で入力したり，オブジェクトスナップを使用してオブジェクトの向きに合わせるといった，挿入時の面倒な操作がいらなくなる．通常は，パラメータとアクションのセットでダイナミックブロックを定義するが，「位置合わせ」パラメータはアクションの設定は必要ない．

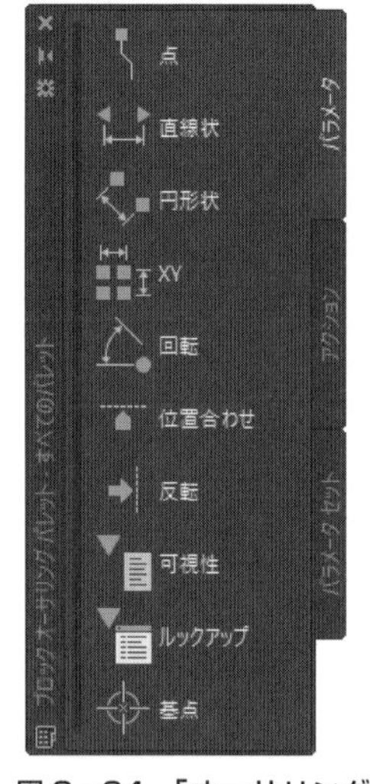

図 3・94　「オーサリングパレット」の「パラメータ」タブ

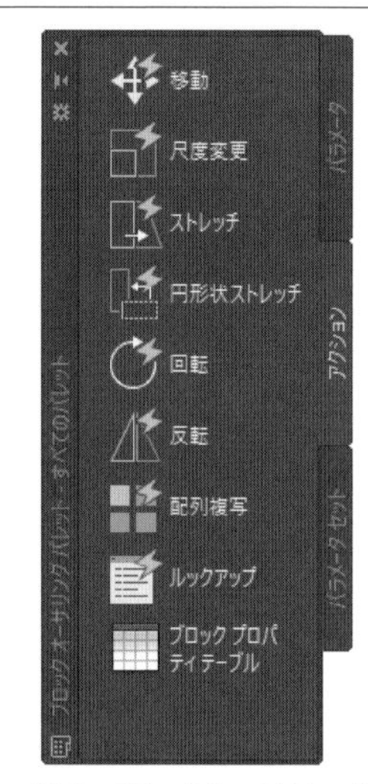

図 3・95　「オーサリングパレット」の「アクション」タブ

自動的に図形に沿って配置されるブロック図形を定義	
内　容	操　作　手　順
入力画面を準備する．	入力画面の設定方法 2 による．
ブロックエディタを表示する．	**[挿入]** タブ **[ブロック定義]/エディタ**　を（SEL） 「ブロック定義を編集」画面 （作成または編集するブロック：）　b1　と入力 [OK]　を（SEL）
ブロックにする図形を作図する．	挿入基点になる位置を原点に配置して作図する．　‥‥（図形作図方法は**演習 3・28** 参照） または，図形作図後，挿入基点の位置を原点位置に移動する．　‥‥（**図 3・96**） 図 3・96　挿入基点を原点に配置して図形を作図

位置合わせパラメータを設定する.	**ブロックオーサリングパレット** の「パラメータ」タブ　を（SEL） ［位置合わせ］　を（SEL） （位置合わせの基点を指定……：）　中点 A　を O スナップ （位置合わせの方向……を指定：）　端点 B　を O スナップ　　　　　　…・（図 3・97） …・（位置合わせパラメータ特有のグリップ記号が表示される. 図 3・98） 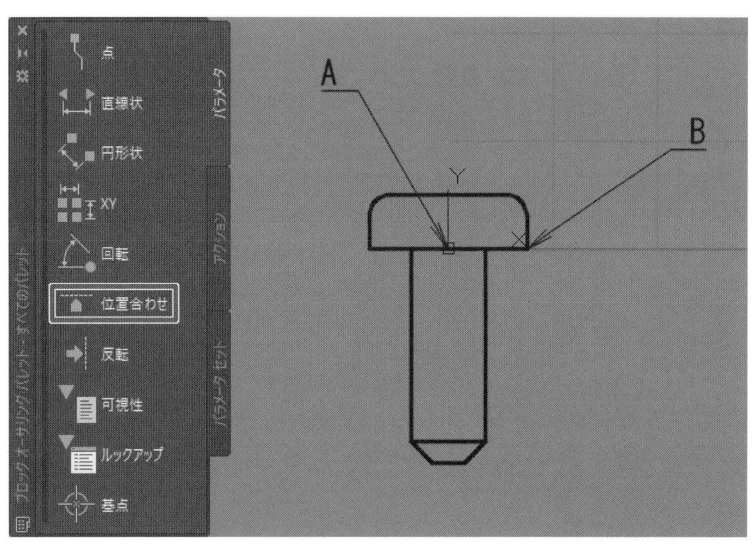 図 3・97　「位置合わせ」パラメータで基点（A）と方向（B）を設定 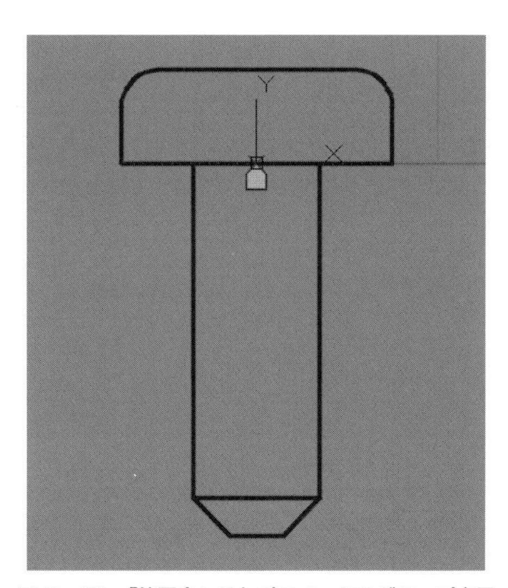 図 3・98　「位置合わせ」パラメータのグリップ表示
ブロックを保存する.	**［ブロックエディタ］** タブ **［開く/保存］/ブロックを保存**　を（SEL） …・（p.149 図 3・91 を参照）
ブロックエディタを閉じる.	**［ブロックエディタ］** タブ **［閉じる］/エディタを閉じる**　を（SEL）
ブロックを挿入する図形を作成する.	…・（演習 3・28 参照）

ブロックを挿入する.	**[挿入]** タブ **[ブロック]**/**挿入**　を（SEL） ブロックギャラリーから　b1　を（SEL） （挿入位置を指定……：）　線分LMの中点　をOスナップ **[挿入]** タブ **[ブロック]**/**挿入**　を（SEL） ブロックギャラリーから　b1　を（SEL） （挿入位置を指定……：）　線分NOの中点　をOスナップ ····（線分の角度に沿って挿入される．**図3・99**）

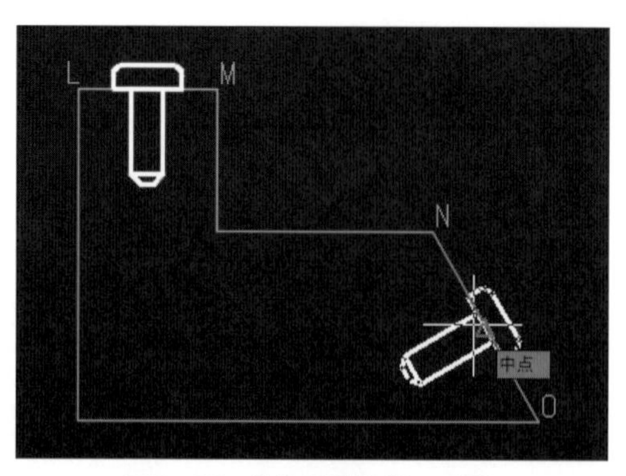

図3・99　線分の角度に沿って挿入

② **「直線状」パラメータと「ストレッチ」アクション**　「直線状」パラメータと「ストレッチ」アクションの組み合わせの設定で，ブロック図形のまま，グリップ操作で指定した部分の長さを変更することができる．長さの変更を設定した箇所は，プロパティパレットの「カスタム」欄で「距離」という値で管理される．この値を変更し，簡単に指定した長さにできる．

長さを変更して配置できるブロックを定義	
内　　容	操　作　手　順
入力画面を準備する.	入力画面の設定方法2による.
ブロックエディタを表示する.	**[挿入]** タブ **[ブロック定義]**/**エディタ**　を（SEL） 「ブロック定義を編集」画面 （作成または編集するブロック：）　b2　と入力 [OK] を（SEL）
ブロックにする図形を作図する.	挿入基点になる位置を原点に配置して作図する. または，図形作図後，挿入基点の位置を原点位置に移動する.
直線状パラメータを設定する.	**ブロックオーサリングパレット**「パラメータ」タブ　を（SEL） [直線状]　を（SEL） （始点を指定……：）　中点A　をOスナップ （終点を指定：）　中点B　をOスナップ （ラベルの位置を指定：）　任意の点　C　を（SEL） ····（直線状パラメータ特有のグリップとラベルが表示される．**図3・100**）

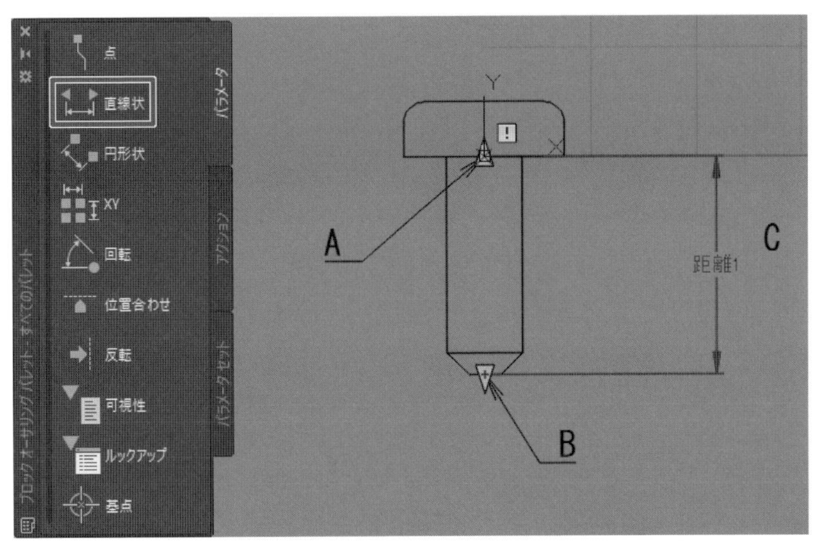

図３・100　「直線状」パラメータで始点，終点を設定

ストレッチアクションを設定する．

ブロックオーサリングパレット「アクション」タブ　を（SEL）
［ストレッチ］　を（SEL）
（パラメータを選択：）　図形上に表示されている直線状パラメータ　を（SEL）
････（距離１と表示されているパラメータオブジェクトを選択）
（アクションと関連付けるパラメータ点を指定……：）
コマンドウィンドウ の **［2 点目(S)］**　を（SEL）
････（ストレッチ操作に直線状パラメータの２点目のグリップを使用する）
（ストレッチ枠の最初の点を指定……：）　任意の点　D　を（SEL）
（もう一方のコーナーを指定：）　任意の点　E　を（SEL）　････（図３・101）

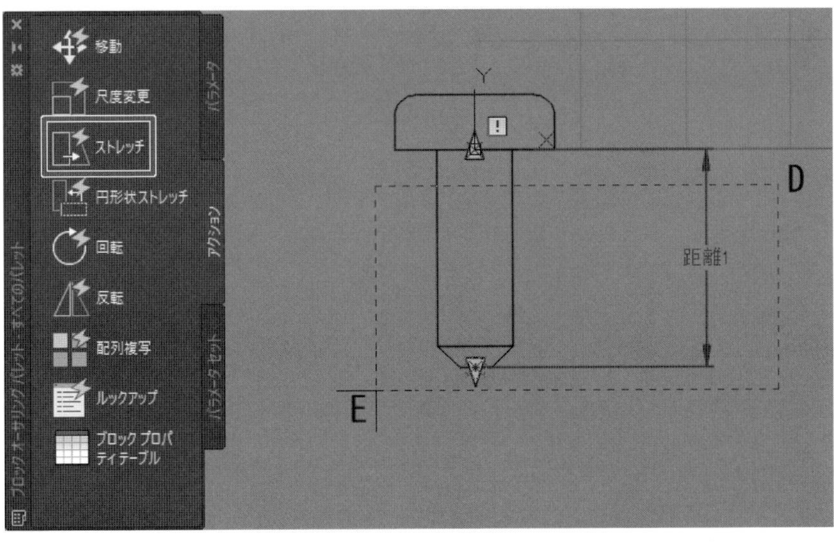

図３・101　「ストレッチ」アクションで動作させるオブジェクトを設定

（オブジェクトを選択：）　任意の点　F　を（SEL）
（オブジェクトを選択：）　任意の点　G　を（SEL）
（オブジェクトを選択：）　（右）
････（ストレッチ動作に関連するオブジェクトを窓選択．図３・102）

	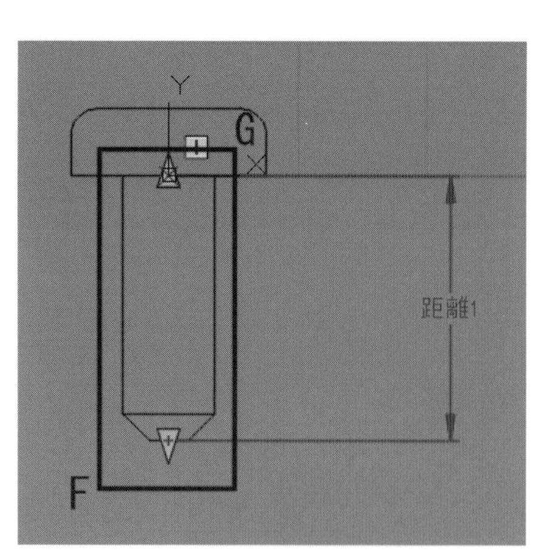 **図3・102　選択するオブジェクト**
ブロックを保存する.	**[ブロックエディタ]** タブ **[開く/保存]/ブロックを保存**　を（SEL）
ブロックエディタを閉じる.	**[ブロックエディタ]** タブ **[閉じる]/エディタを閉じる**　を（SEL）
任意の位置にブロックを挿入する.	**[挿入]** タブ **[ブロック]/挿入**　を（SEL） ブロックギャラリーから　b2　を（SEL） （挿入位置を指定……：）任意の位置　を（SEL）
ブロックのABの長さを20 mmから25 mmに変更する.	挿入したブロック　を（SEL）　････（グリップが表示される. **図3・103**） 先端にある三角のグリップ　を（SEL） （点の位置を指定……：）@0,　－5　［Enter］　････（**図3・104**）  **図3・103　グリップ表示** 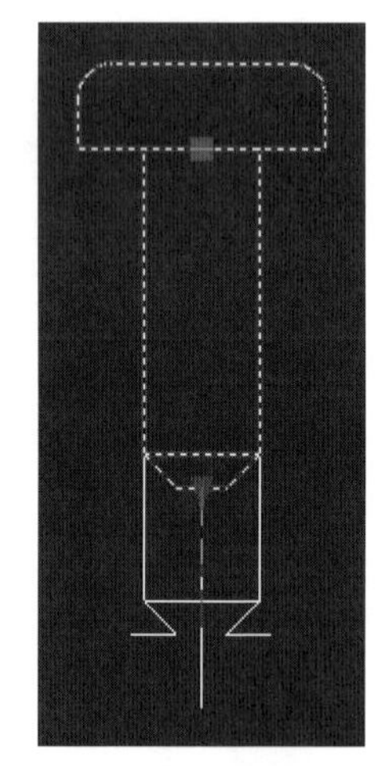 **図3・104　ストレッチアクションの動作**
プロパティパレットからABの長さを25 mmから30 mmに変更する.	挿入したブロック　を（SEL） （右）**ショートカットメニュー** の **[オブジェクトプロパティ管理]**　を（SEL） カスタム欄 ［距離1］　を（SEL） 30　と入力　････（**図3・105**）

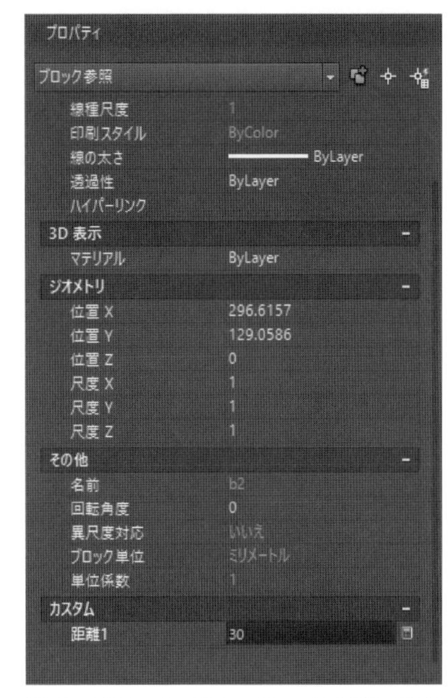

図3・105　プロパティパレットで距離の指定

TIPS　クラウドサービス　A360

■ AutoCAD LT2019では，「Autodesk　A360」というクラウドサービスを提供している．
このクラウドサービスを利用すると，インターネット上にある保管場所にオートデスク社が提供するいろいろなツールを使用して，データの保管，データの編集，データの閲覧，モバイル表示が行えるようになる．
クラウドサービスを利用するためには，アカウントを作成する．
アカウントの作成は，メールアドレスとパスワードの指定で誰でも無償でできる．

TIPS　PDF 出力

■ 印刷コマンドで，ニーズに合わせた PDF 出力を選択できる．
プリンタ/プロッタ欄から PDF を選択すると，［PDF オプション］ボタンが表示され，そのボタンをクリックして品質などの設定をすることができる．

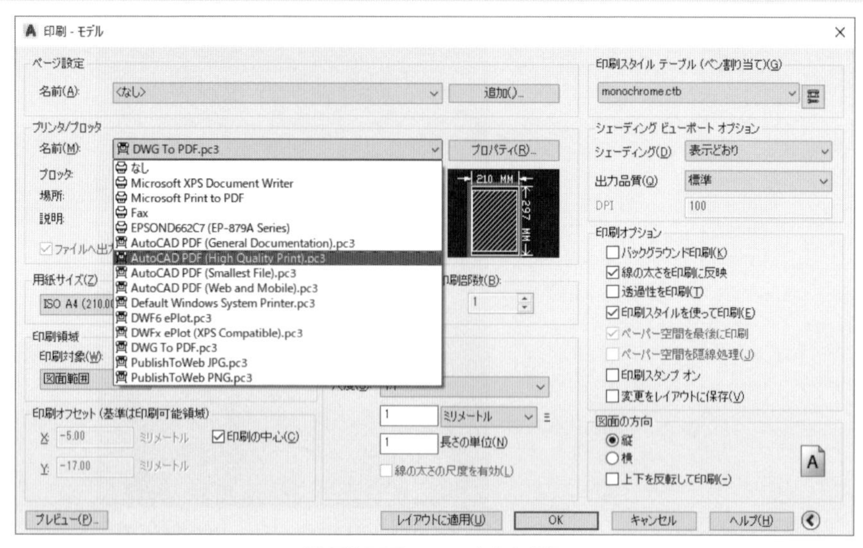

「印刷」画面で PDF 出力を選択

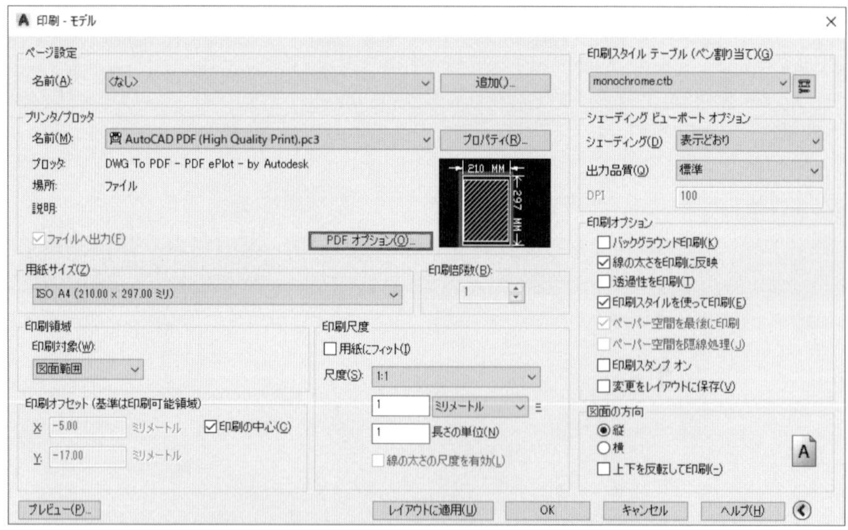

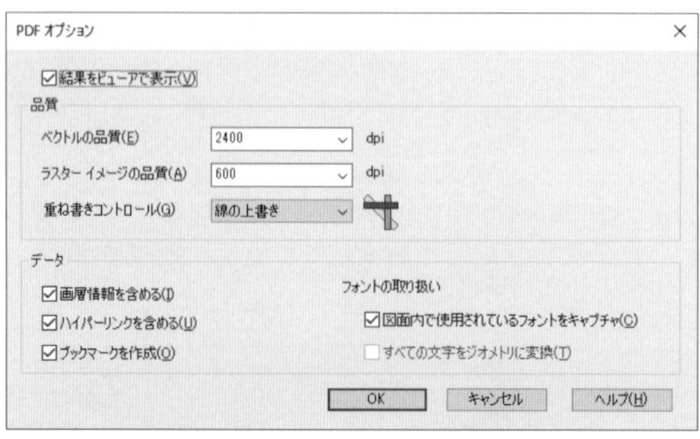

「PDF オプション」ボタンから設定画面へ

CHAPTER 4　CAD の演習

本章では，CADの演習を用意した．これらはCADの基本操作の理解度を自分自身でチェックするのにも適している．まずは操作手順を見ないでチャレンジし，再度操作手順に沿って学習してほしい．

なお，本章以降，3章で実習したコマンドに関してリボンのタブ名の表記を省略する．また，とくに必要があると考えられる場合を除き，コマンドウィンドウのメッセージも省略している．また，コマンドのオプション機能の選択については，コマンドウィンドウから直接選択する操作で解説する．たとえば，ポリゴンコマンドのエッジオプションを選択する操作はコマンドウィンドウに表示される［エッジ］を直接選択する．操作手順では ［エッジ(E)］を（SEL） と表記している．

演習4・1　正七角形と内接円

内　　容	操　作　手　順
入力画面を準備する．	入力画面の設定方法2による．
直径100 mmの円を作成する．	OBJECTSの画層を現在層にする． **［作成］/円/中心，半径**　を（SEL） 画面中央の任意の点C　を（SEL）//50　［Enter］
直径100 mmの円に外接する正七角形を作成する．	**［作成］/ポリゴン**　を（SEL） 7　［Enter］ 円の中心　をOスナップ ［外接(C)］を（SEL）//50　［Enter］
補助線を作成する． （図では破線であるが，この補助線は最終的に消去するので，実線のままで可）	**［作成］/線分**　を（SEL） 交点A　をOスナップ 円の中心　をOスナップ 交点B　をOスナップ （右）ショートカットメニュー の［Enter］　を（SEL）
正七角形に内接する7個の円のうちの1個を作成する．①	**［作成］/円/接線，接線，接線**　を（SEL） 辺AB　を（SEL） 線分BC　を（SEL） 線分CA　を（SEL）
円形状配列複写によって上で作成した円を7個にする．②	**［修正］/円形状配列複写**　を（SEL） （オブジェクトを選択：）　上で作成した円　を（SEL） （オブジェクトを選択：）（右） （配列複写の中心を指定……：）　直径100 mmの円の中心　をOスナップ ［項目］で （項目：）　7　と入力 ［閉じる］/［配列複写を閉じる］　を（SEL） ····（「埋める」の値は360のまま．360度を7つの円で配列複写）
7個の円と接する中央の円を作成する．	**［作成］/円/接線，接線，接線**　を（SEL） 任意の円の中心寄りの点　を（SEL） 別の任意の円の中心寄りの点　を（SEL） 別の任意の円の中心寄りの点　を（SEL）
不要部分を消去する．	省略

TIPS　寸法値の移動

■　ϕ 100の寸法数値は計測した円の内側に記入されるが，寸法を選択して表示される寸法数値の上のグリップを選択し，円の外側に移動することができる．

TIPS　長さ寸法，平行寸法，角度寸法などの寸法値移動

■　寸法値を選択して表示される値の上のグリップを選択し（グリップは色が変わる），移動したい位置にカーソルを動かすと，寸法値と一緒に寸法線も動く．事前に寸法値のみが動くように設定を変更してから行う．

変更する寸法図形　を（SEL）
（右）ショートカットメニュー の［オブジェクトプロパティ管理］　を（SEL）
フィット欄
［寸法値の移動］　を（SEL）
▼　を（SEL）
［寸法値を移動，引出線なし］　を（SEL）
☒　を（SEL）//［Esc］

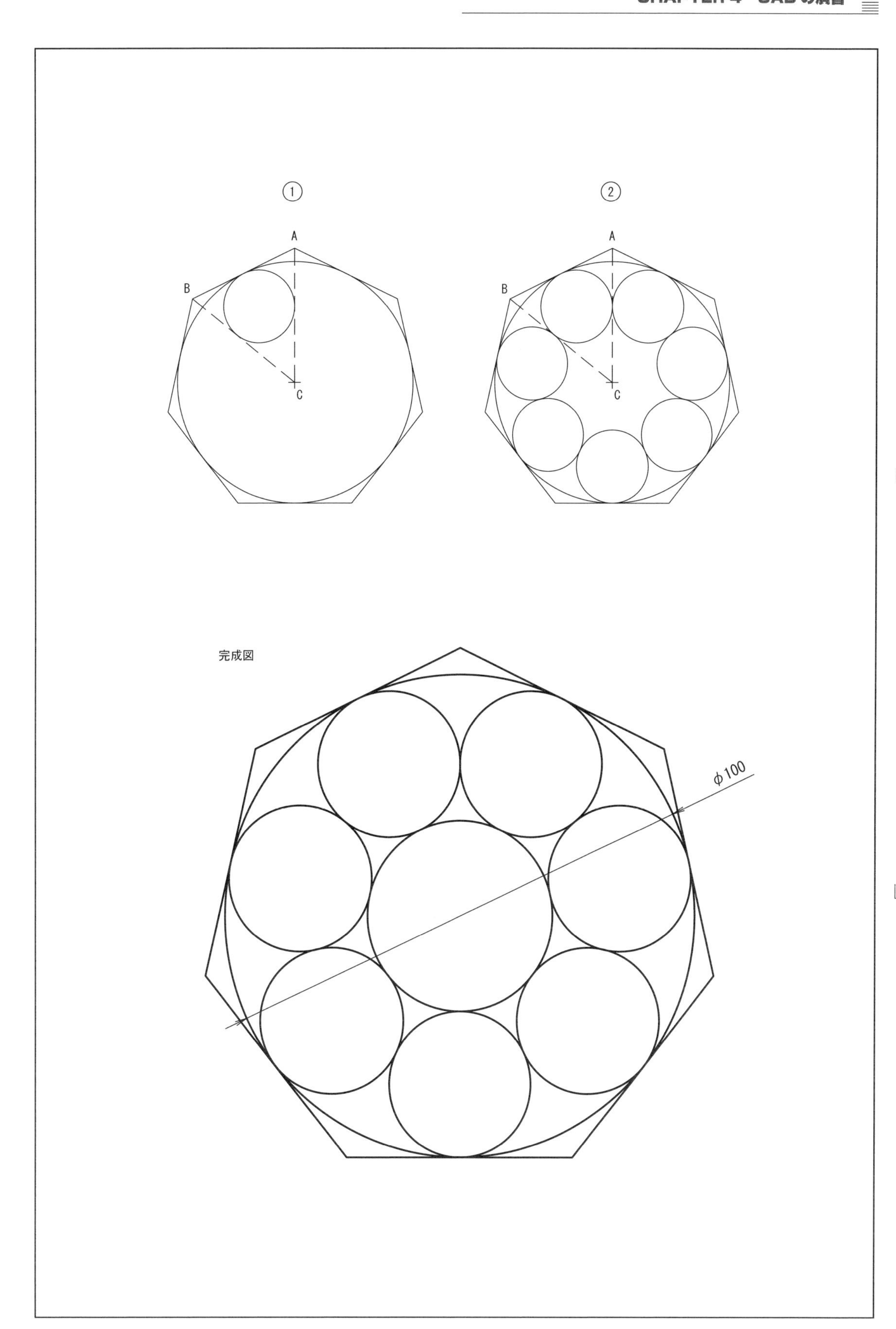
①
②
A
B
C
A
B
C
完成図
φ100

⇄ 演習 4・2　正三角形と内接円

<table>
<tr><th>内　　容</th><th colspan="2">操 作 手 順</th></tr>
<tr><td>入力画面を準備する.</td><td colspan="2">入力画面の設定方法 2 による.</td></tr>
<tr><td>水平と垂直の中心線を作成する.</td><td colspan="2">ステータスバー の［カーソルの動きを直交に強制］ を（SEL）
‥‥（直交モードにする）
CENTER の画層を現在層にする.
[作成]/線分　を（SEL）
　画面中央左の任意の点 C　を（SEL）
　@110，0　[Enter]　//　[Enter]
　以下略</td></tr>
<tr><td>半径 100 mm の円弧を 2 個作成する.</td><td colspan="2">ステータスバー の［カーソルの動きを直交に強制］ を（SEL）
‥‥（直交モードを解除）
[作成]/円弧/中心, 始点, 終点　を（SEL）
　中心線の交点 C　を O スナップ
　@100，0　[Enter]　//@0，100　[Enter]
[作成]/円弧/中心, 始点, 終点　を（SEL）
　水平の中心線と円弧との交点 D　を O スナップ
　@0，100　[Enter]　//@ −100，0　[Enter]</td></tr>
<tr><td>一辺の長さが 100 mm の正三角形を作成する.</td><td>OBJECTS の画層を現在層にする.
[作成]/線分　を（SEL）
　3 つの交点 A，D，C　を順次 O スナップ
　（右）ショートカットメニュー の [Enter]　を（SEL）</td><td>《上記手順の別の方法》
[作成]/ポリゴン　を（SEL）
　3　[Enter]
　［エッジ(E)］　を（SEL）
　任意の点　を（SEL）
　@100，0　[Enter]</td></tr>
<tr><td>正三角形の頂点 A から底辺への垂線を作成する. ①</td><td colspan="2">[作成]/線分　を（SEL）
　正三角形の頂点 A　を O スナップ（交点）
　正三角形の底辺　を O スナップ（垂線）
　（右）ショートカットメニュー の [Enter]　を（SEL）</td></tr>
<tr><td>正三角形の高さ（垂線）を 7 等分する. ②</td><td colspan="2">[作成]/点/ディバイダ　を（SEL）
　線分 AB　を（SEL）
　7　[Enter]</td></tr>
<tr><td>正三角形に内接する直径の等しい 3 個の円を作成する.</td><td colspan="2">[作成]/円/中心, 半径　を（SEL）
　点 J　を O スナップ
　点 K　を O スナップ
　（右）ショートカットメニュー の［繰り返し］　を（SEL）
　点 L　を O スナップ//点 M　を O スナップ
　（右）ショートカットメニュー の［繰り返し］　を（SEL）
　点 N　を O スナップ//点 M　を O スナップ</td></tr>
<tr><td>正三角形に内接する残りの 9 個の円を作成する.</td><td colspan="2">[作成]/円/接線, 接線, 接線　を（SEL）
　以下略</td></tr>
<tr><td>不要部分を削除またはトリムで消去し，完成する.</td><td colspan="2">[修正]/トリム　を（SEL）
　以下略</td></tr>
</table>

TIPS　オブジェクトを分割するコマンド

- **[ホーム]** タブ **[作成]/ディバイダ** コマンドは，オブジェクトを任意の数に等分割する．分割した箇所に点オブジェクトを配置して分割表示するが，オブジェクトは一つのままである．
  点の形，大きさは「PTYPE」コマンドを実行し，「点スタイル」画面で変更できる．
  似たようなコマンドに，**[ホーム]** タブ **[修正]/部分削除** コマンドの分割機能がある．こちらは 1 つのオブジェクトを 2 つのオブジェクトに分割する．

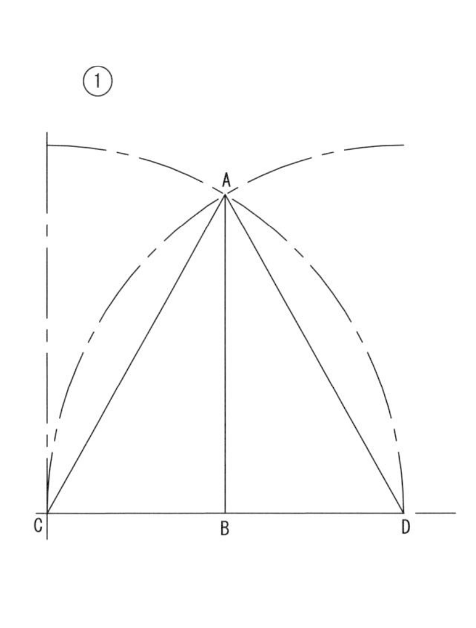

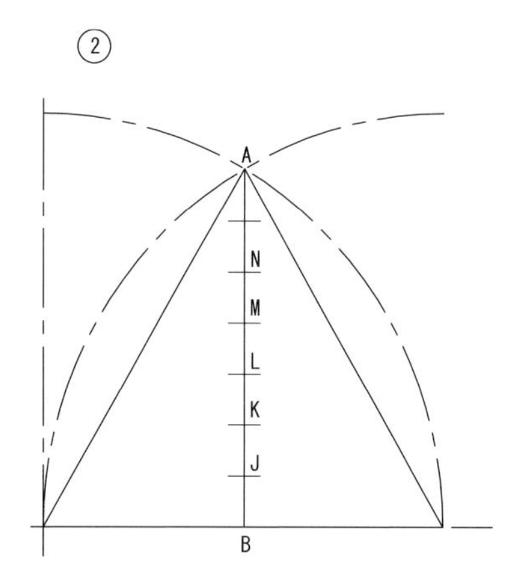

完成図

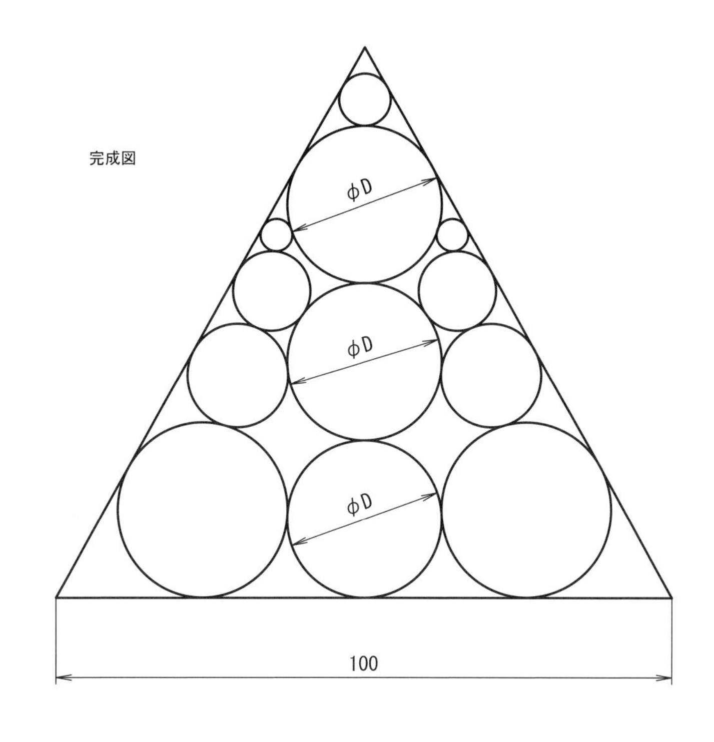

⇄ 演習 4・3 連 続 半 円

内　　容	操 作 手 順
入力画面を準備する.	入力画面の設定方法 2 による.
水平と垂直の中心線を作成する.	ステータスバー の［カーソルの動きを直交に強制］ を（SEL） ‥‥（直交モードにする） CENTER の画層を現在層にする. **［作成］/線分** を（SEL） 画面中央左の任意の点 A を（SEL） 画面中央右の任意の点 B を（SEL）　‥‥（水平の中心線） （右）ショートカットメニュー の［Enter］ を（SEL） （右）ショートカットメニュー の［繰り返し］ を（SEL） 画面中央上の任意の点 C を（SEL） 画面中央下の任意の点 D を（SEL）　‥‥（垂直の中心線） （右）ショートカットメニュー の［Enter］ を（SEL）
45 度傾斜した中心線 EF を作成する.	ステータスバー の［カーソルの動きを直交に強制］ を（SEL） ‥‥（直交モードを解除） **［修正］/円形状配列複写** を（SEL） （オブジェクトを選択：） 垂直の中心線 CD を（SEL） （オブジェクトを選択：）（右） （配列複写の中心を指定……：） 中心線の交点 G を O スナップ ［項目］で （項目：） 2 と入力 （間隔：） 45 と入力 ［閉じる］/［配列複写を閉じる］ を（SEL）
50 mm 左にオフセットした中心線を作成する.	**［修正］/オフセット** を（SEL） 50 ［Enter］ 垂直の中心線 CD を（SEL） 左側の任意の点 を（SEL） ［終了(E)］ を（SEL）
左端の三日月状を 1 個作成する. ①	OBJECTS の画層を現在層にする. **［作成］/円/中心, 半径** を（SEL） 以下略
円形状に配列複写し, 左端の三日月状を 6 個にする. ②	**［修正］/円形状配列複写** を（SEL） （オブジェクトを選択：） 三日月を形成する 2 円弧 を（SEL） （オブジェクトを選択：）（右） （配列複写の中心を指定……：） 中心線の交点 G を O スナップ ［項目］で （項目：） 6 と入力 （埋める：） 90 と入力 ［閉じる］/［配列複写を閉じる］ を（SEL）
左下の 6 個の三日月状を 45 度傾斜した中心線 EF を対称軸として 6 個の鏡像を作成する.	**［修正］/鏡像** を（SEL） 左下の 6 個の三日月 を（SEL） （右） 中心線 EF の端点 E を O スナップ 中心線 EF の端点 F を O スナップ ［いいえ(N)］ を（SEL）
寸法を記入する.	省略

TIPS　円形状配列複写コマンドの「項目」「間隔」「埋める」の意味

- 「項目」　元のオブジェクトを含めた複写の個数（項目数）
- 「間隔」　オブジェクト間の角度
- 「埋める」　配列複写の最初と最後の項目間の角度（全体の複写角度）

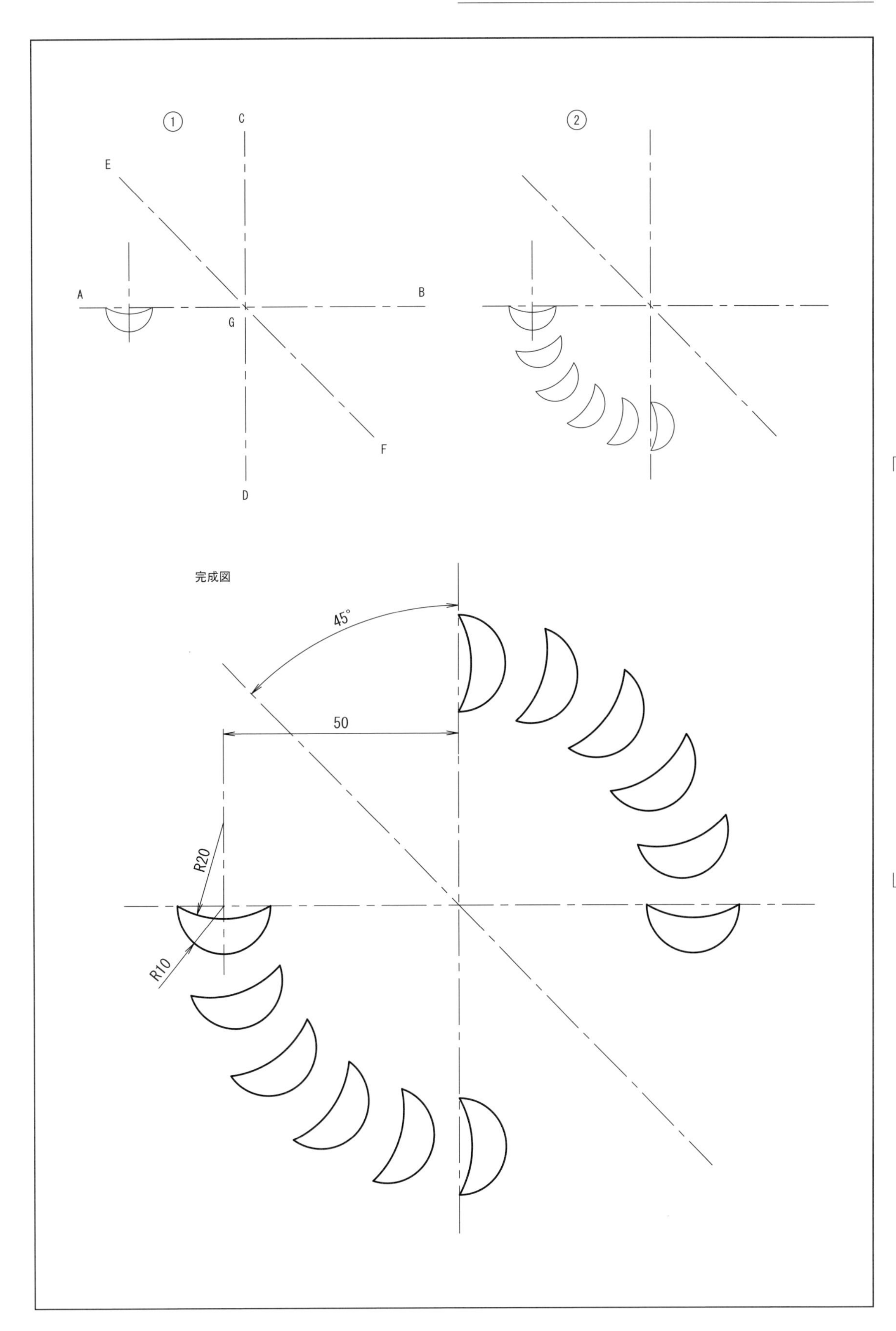
①
C
E
A
B
G
F
D
②
完成図
45°
50
R20
R10

⇄ 演習 4・4　平 行 四 辺 形

内　　容	操 作 手 順
入力画面を準備する.	入力画面の設定方法 2 による.
水平と垂直の中心線を作成する.	ステータスバー の［カーソルの動きを直交に強制］ を（SEL） ‥‥（直交モードにする） CENTER の画層を現在層にする. **［作成］/線分**　を（SEL） 以下略
線分 BC，CD を作成する.	ステータスバー の［カーソルの動きを直交に強制］ を（SEL） ‥‥（直交モードを解除） OBJECTS の画層を現在層にする. **［作成］/線分**　を（SEL） 中心線の交点 C　を O スナップ @70<50 ［Enter］　‥‥（少し長めに作成しておく） （右）ショートカットメニュー の［Enter］ を（SEL） （右）ショートカットメニュー の［繰り返し］ を（SEL） 中心線の交点 C　を O スナップ @30<15 ［Enter］　‥‥（線分 CD） （右）ショートカットメニュー の［Enter］ を（SEL）
線分 DA を作成する.	**［修正］/複写**　を（SEL） 線分 BC　を（SEL） （右） 線分 BC の端点 C　を O スナップ 線分 CD の端点 D　を O スナップ ［終了(E)］ を（SEL）
線分 EF を作成する. ①	**［修正］/オフセット**　を（SEL） 30 ［Enter］ 線分 CD　を（SEL） 上側の任意の点　を（SEL） ［終了(E)］ を（SEL）
平行四辺形を完成する. ②	**［修正］/フィレット**　を（SEL） ［半径（R)］ を（SEL） 0 ［Enter］ ［複数(M)］ を（SEL） 線分 DA の点 D 近くの任意の点　を（SEL） 線分 EF の点 F 近くの任意の点　を（SEL） 線分 BC の平行四辺形として残す側の任意の点　を（SEL） 線分 EF の平行四辺形として残す側の任意の点　を（SEL）） 以下略
円形状配列複写によって平行四辺形を 6 個にする.	**［修正］/円形状配列複写**　を（SEL） （オブジェクトを選択：） 平行四辺形を形成する 4 線分　を（SEL） （オブジェクトを選択：）（右） （配列複写の中心を指定……：） 中心線の交点 C　を O スナップ ［項目］で （項目：） 6　と入力 （埋める：） 360　と入力 ［閉じる］/［配列複写を閉じる］ を（SEL）
寸法を記入する.	**［注釈］/長さ寸法記入**　を（SEL） 端点 G　を O スナップ 端点 D　を O スナップ ［回転(R)］ を（SEL） 105 ［Enter］ 寸法線を記入する位置　を（SEL） 以下略

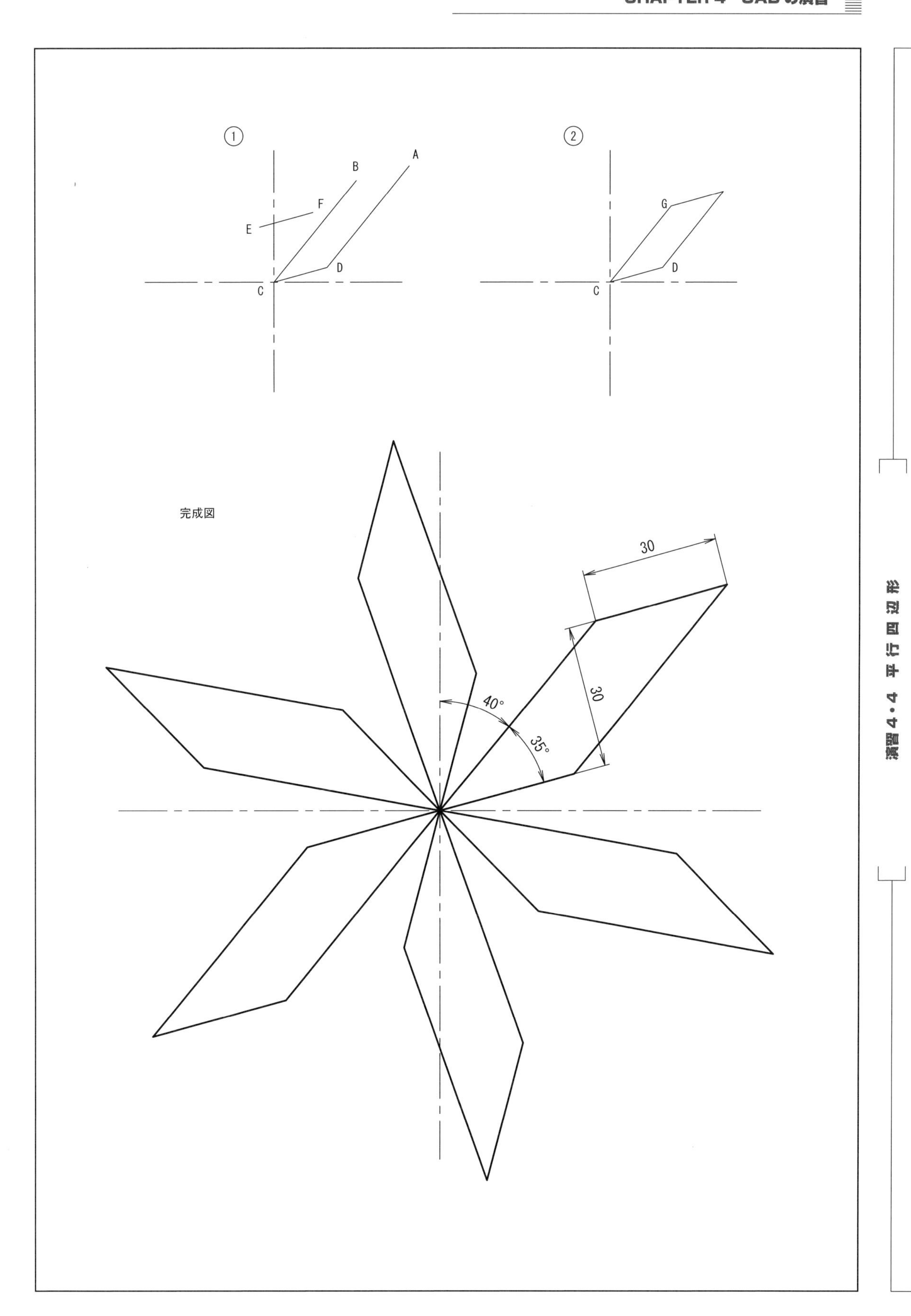
①
A
B
F
E
D
C
②
G
D
C
完成図
30
30
40°
35°

⇄ 演習 4・5　鍔（つば）

内　容	操作手順
入力画面を準備する.	入力画面の設定方法 2 による.
水平と垂直の中心線を作成する.	ステータスバー の［カーソルの動きを直交に強制］ を（SEL） ・・・・（直交モードにする） CENTER の画層を現在層にする. **［作成］/線分**　を（SEL） 　以下略
直径 110 mm の円を作成する.	ステータスバー の［カーソルの動きを直交に強制］ を（SEL） ・・・・（直交モードを解除） OBJECTS の画層を現在層にする. **［作成］/円/中心, 半径**　を（SEL） 　中心線の交点　を O スナップ 　55　［Enter］
半径 150 mm の円弧 AB を作成する. ①	まず, 円弧の中心点を作成する. **［作成］/円/中心, 半径**　を（SEL） 　交点 A　を O スナップ 　150　［Enter］ 　（右）ショートカットメニュー の［繰り返し］ を（SEL） 　交点 B　を O スナップ 　150　［Enter］ **［作成］/円弧/始点, 中心, 終点**　を（SEL） 　交点 A　を O スナップ 　半径 150 mm の 2 個の円の交点 C　を O スナップ 　交点 B　を O スナップ
不要になった半径 150 mm の 2 個の円を消去する. ②	**［修正］/削除**　を（SEL） 以下略
線分を作成する. ③	**［作成］/線分**　を（SEL） 　交点 A　を O スナップ 　交点 D　を O スナップ 　（右）ショートカットメニュー の［Enter］ を（SEL） **［修正］/オフセット**　を（SEL） 　15　［Enter］ 　線分 AD　を（SEL） 　円の中心点近くの任意の点　を（SEL） 　［終了(E)］ を（SEL）
作成した円弧と線分を円形状に配列複写する. ④	**［修正］/円形状配列複写**　を（SEL） 　（オブジェクトを選択：）　いま作成した円弧と 2 線分　を（SEL） 　（オブジェクトを選択：）（右） 　（配列複写の中心を指定……：）ϕ110 mm の円の中心　を O スナップ 　［項目］で 　（項目：）　2　と入力 　（間隔：）　180　と入力 　［閉じる］/［配列複写を閉じる］ を（SEL）
不足部分を補い，不要部分を削除またはトリムで消去する.	省略

TIPS　ツールチップを非表示

■ リボン上のコマンドアイコンボタンにカーソルを近づけて表示されるツールチップは，操作の参考になるが，操作に慣れ，いちいち表示されるのが邪魔に感じる場合は，表示されないようにするとよい.

（右）ショートカットメニュー の［オプション］ を（SEL）
オプション画面の「表示」タブ　を（SEL）
ウィンドゥの要素欄
□ツールチップを表示　を（SEL）
［適用］ を（SEL）
［OK］ を（SEL）

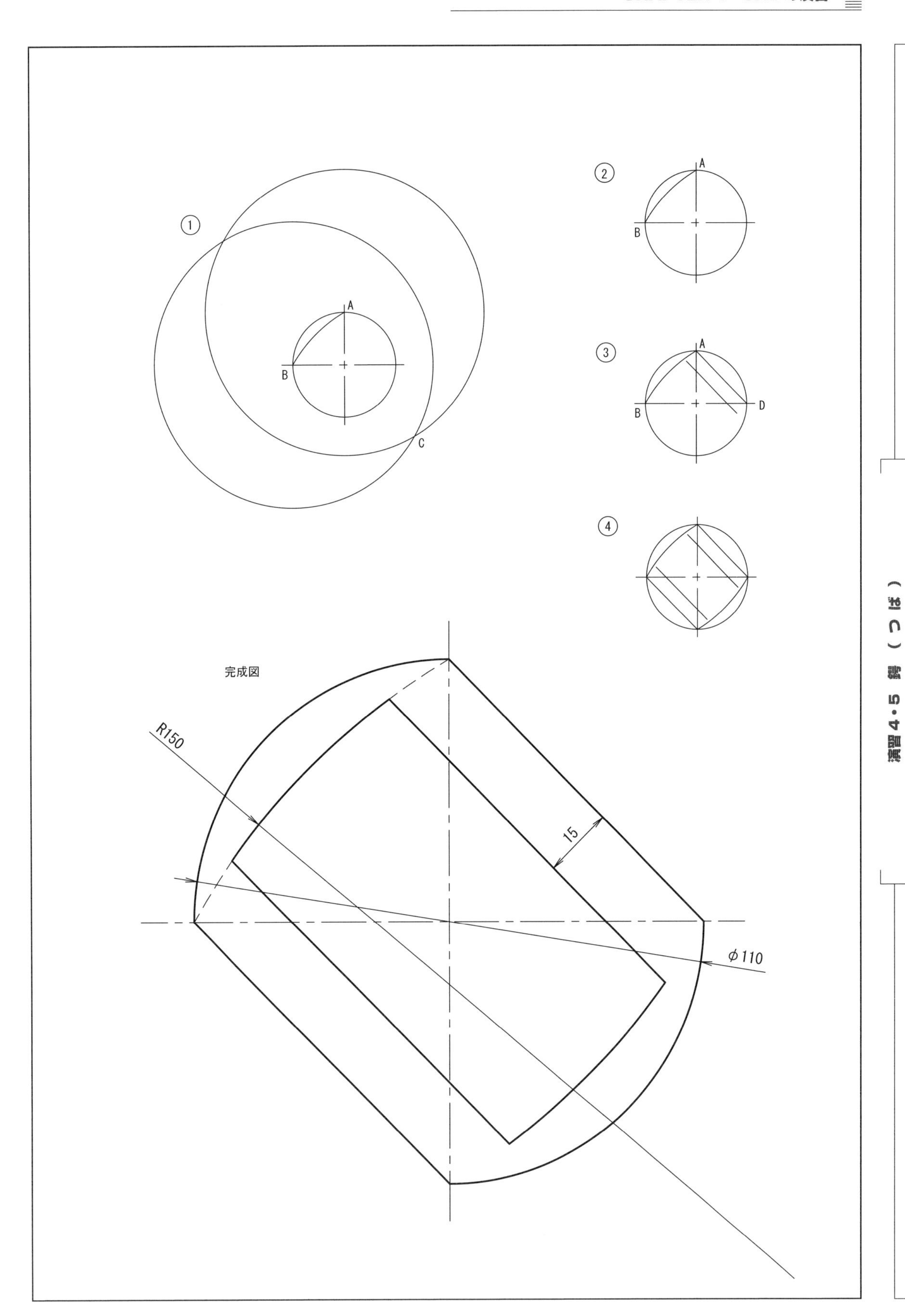
①
A
B
C
②
A
B
③
A
B
D
④
完成図
R150
15
φ110

⇄ 演習4・6 三　角　穴

内　　容	操 作 手 順
入力画面を準備する.	入力画面の設定方法2による.
水平と垂直の中心線を作成する.	ステータスバー の［カーソルの動きを直交に強制］ を（SEL） ・・・・（直交モードにする） CENTERの画層を現在層にする. **[作成]**/**線分** を（SEL） 以下略
半径100 mmの円弧を作成する.	ステータスバー の［カーソルの動きを直交に強制］ を（SEL） ・・・・（直交モードを解除） **[作成]**/**円**/**中心, 半径** を（SEL） 中心線の交点A をOスナップ 100 ［Enter］ 以下略
幅20 mmの三角形ABCを作成する. ①	**[修正]**/**オフセット** を（SEL） 20 ［Enter］ 垂直の中心線AB を（SEL） 垂直の中心線ABの左側の任意の点 を（SEL） ［終了(E)］ を（SEL） OBJECTSの画層を現在層にする. **[作成]**/**線分** を（SEL） 交点C をOスナップ 垂直の中心線 をOスナップ（垂線） 中心線の交点A をOスナップ ［閉じる（C)］ を（SEL）
一点鎖線CDを円形状に配列複写する. ②	**[修正]**/**円形状配列複写** を（SEL） （オブジェクトを選択：） 一点鎖線CD を（SEL） （オブジェクトを選択：）（右） （配列複写の中心を指定……：） 交点D をOスナップ ［項目］で （項目：） 4 と入力 （埋める：） 60 と入力 ［閉じる］/［配列複写を閉じる］ を（SEL）
三角形ABCを複写し，4個にする.	**[修正]**/**複写** を（SEL） 三角形を構成する線分AB，BC，CA を（SEL） （右） 交点C をOスナップ 交点E をOスナップ 交点F をOスナップ 交点G をOスナップ ［終了(E)］ を（SEL）
不要部分を削除またはトリムにより消去する.	**[修正]**/**トリム** を（SEL） 以下略

TIPS　角度寸法表記を0d00'から十進表記に変更する操作手順（例：22° 30' → 22.5°）

変更する寸法値 を（SEL）
（右）ショートカットメニュー の［オブジェクトプロパティ管理］ を（SEL）
基本単位欄
［角度の形式］ を（SEL）
▼ を（SEL）
［度（十進表記)］ を（SEL）
☒ を（SEL）//［Esc］

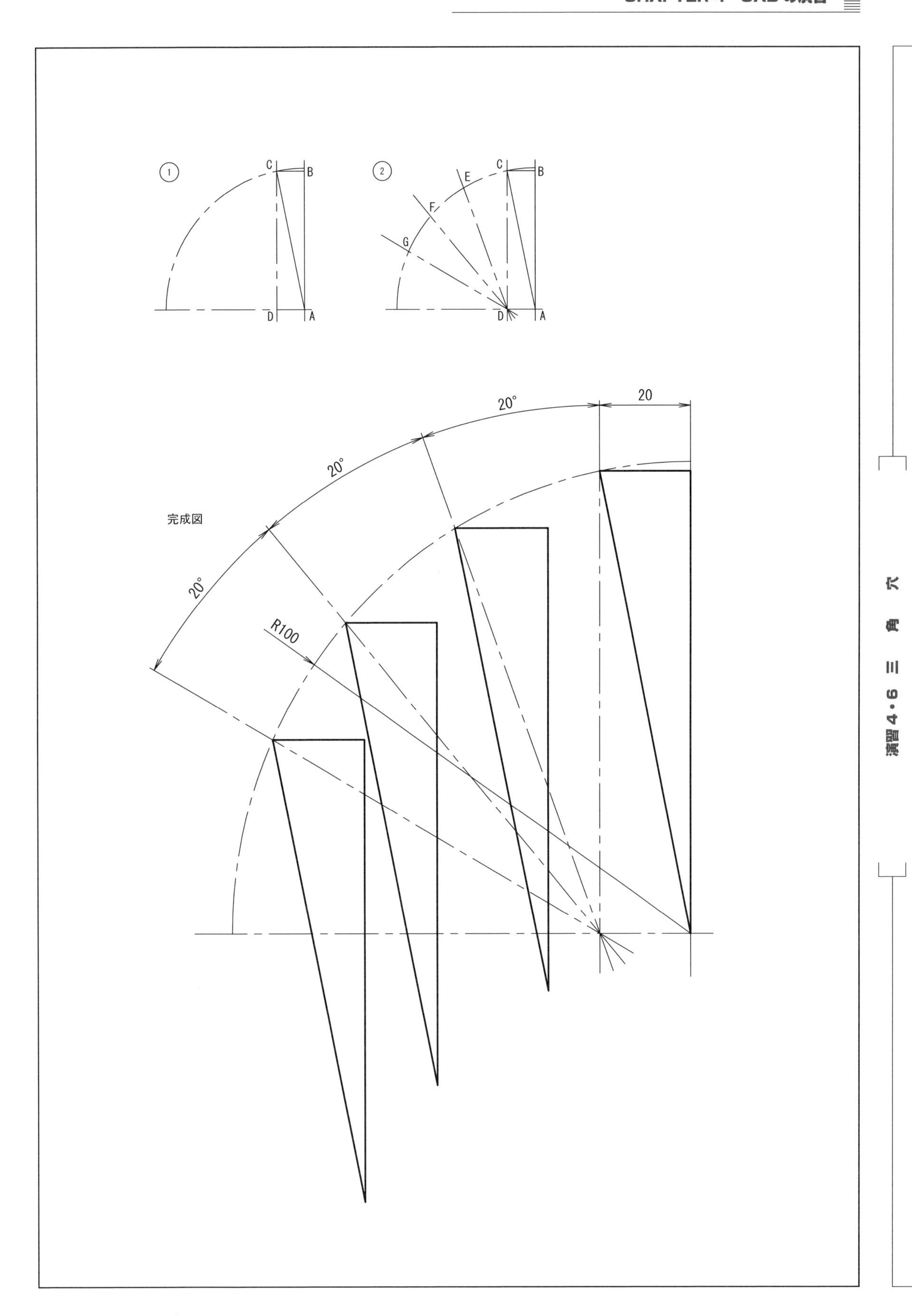
①
C
B
D
A
②
C
B
E
F
G
D
A
完成図
20°
20°
20°
20
R100

⇄ 演習４・７　トロコイドもどき

内　　　　容	操　作　手　順
入力画面を準備する.	入力画面の設定方法 2 による.
水平と垂直の中心線を作成する.	ステータスバー の［カーソルの動きを直交に強制］ を（SEL） ‥‥（直交モードにする） CENTER の画層を現在層にする. **［作成］/線分**　を（SEL） 以下略
半径 50 mm の円を作成する.	ステータスバー の［カーソルの動きを直交に強制］ を（SEL） ‥‥（直交モードを解除） **［作成］/円/中心, 半径**　を（SEL） 中心線の交点 C　を O スナップ 50 ［Enter］
D 点に半径 5 mm の円を作成する. ①	OBJECTS の画層を現在層にする. **［作成］/円/中心, 半径**　を（SEL） 交点 D　を O スナップ 5 ［Enter］
半径 5 mm の円を D 点から E 点に移動する.	**［修正］/移動**　を（SEL） 半径 5 mm の円　を（SEL） （右） 円の中心 D　を O スナップ 交点 E　を O スナップ
角度 50 度の線分を作成する. ②	**［作成］/線分**　を（SEL） 半径 5 mm の円の任意の点　を O スナップ（接線） @30<155 ［Enter］　‥‥（少し長めに作成しておく） （右）ショートカットメニュー の［Enter］ を（SEL） **［修正］/鏡像**　を（SEL） いま作成した線分　を（SEL） （右） 水平の中心線の一方の端点　を O スナップ 水平の中心線の他方の端点　を O スナップ ［いいえ(N)］ を（SEL）
不要部分をトリムにより消去する.	**［修正］/トリム**　を（SEL） いま作成した 2 線分　を（SEL） （右） 半径 5 mm の円の消去する側の任意の点　を（SEL） （右）ショートカットメニュー の［Enter］ を（SEL）
円形状に配列複写する. ③	**［修正］/円形状配列複写**　を（SEL） （オブジェクトを選択：） いま作成した円弧と 2 線分　を（SEL） （オブジェクトを選択：）（右） （配列複写の中心を指定……：） φ100 mm の円の中心　を O スナップ ［項目］で （項目：） 6　と入力 （埋める：） 360　と入力 ［閉じる］/［配列複写を閉じる］ を（SEL）
角部を丸める.	**［修正］/フィレット**　を（SEL） ［半径(R)］ を（SEL） 20 ［Enter］ ［複数（M)］ を（SEL） 以下略
直径 40 mm の円を作成する.	省略

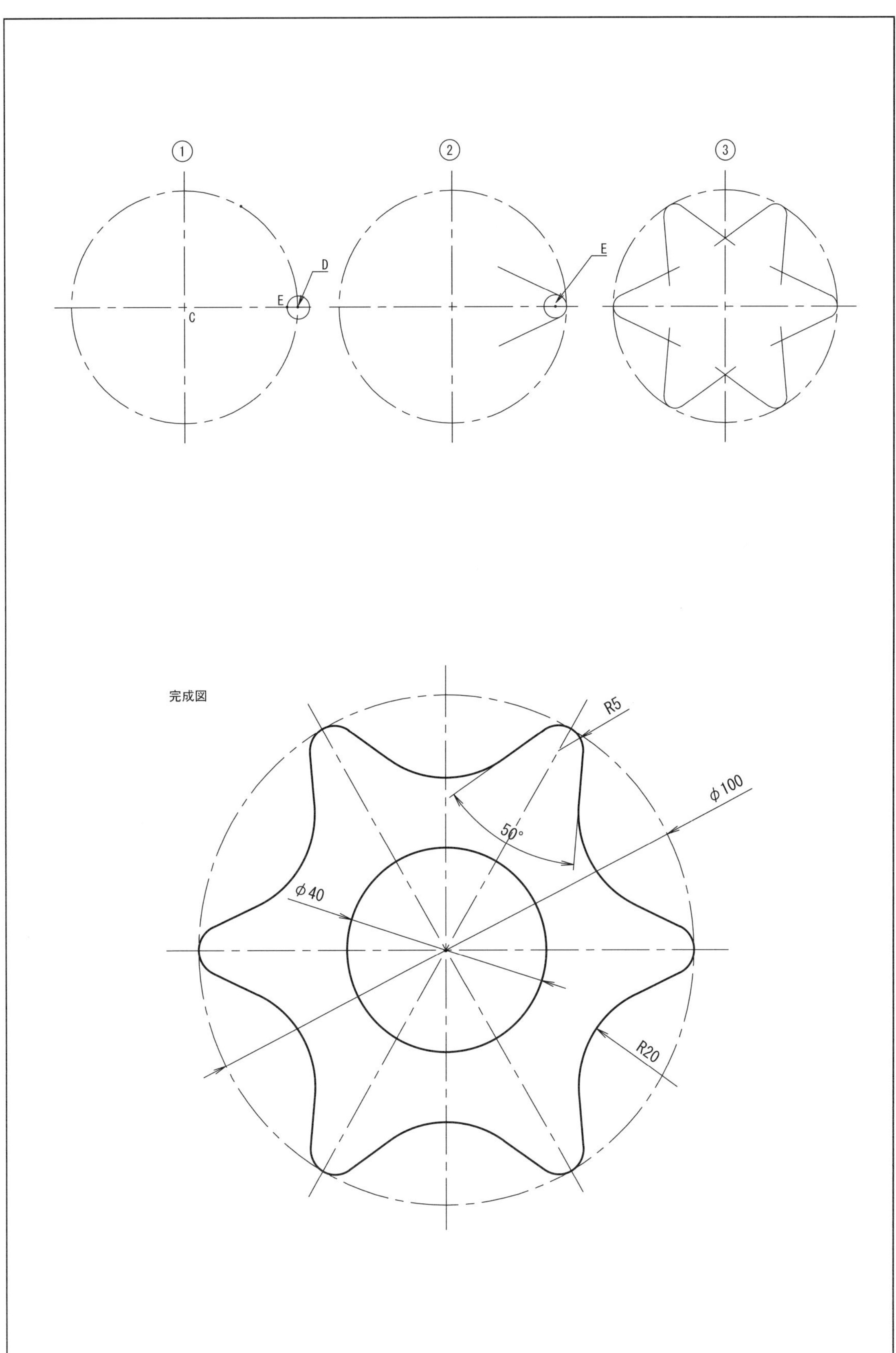
①
②
③
D
E
C
E
完成図
R5
φ100
50°
φ40
R20

⇄ 演習４・８　プレス打ち抜き材①

内　　　容	操　作　手　順
入力画面を準備する．	入力画面の設定方法2による．
幅60 mm，高さ90 mmの四角形を作成する．	OBJECTSの画層を現在層にする． **[作成]/線分**　を（SEL） 画面左下の任意の点A　を（SEL） @60，0　[Enter] @0，90　[Enter] @－60，0　[Enter] [閉じる（C）]　を（SEL）
四角形の対角線の交点を通り，底辺と右側の垂辺に接する円を作成する．①	**[作成]/円/3点**　を（SEL） [Shift]＋（右） [2点間の中点]　を（SEL） 辺ABの中点　をOスナップ 辺CDの中点　をOスナップ 底辺AB　をOスナップ（接線） 垂辺BC　をOスナップ（接線） 同様にしてもう一つの円を作成する．
2つの円の不要部分をトリムしてS字型にする．②	**[修正]/トリム**　を（SEL） 以下略
左下の角部Aをフィレットで丸める．	**[修正]/フィレット**　を（SEL） [半径（R）]　を（SEL） 30　[Enter] 線分AB　を（SEL） 線分AD　を（SEL）
左上の角部Dの面取りをする．	**[修正]/面取り**　を（SEL） [距離（D）]　を（SEL） 3　[Enter] 12　[Enter] 線分AD　を（SEL） 線分CD　を（SEL）
不要な部分をトリムまたは削除で消去し，左半分を完成する（線分BCは残す）．③	**[修正]/トリム**　を（SEL） 以下略
線分BCに対称の鏡像を作成する．	**[修正]/鏡像**　を（SEL） 鏡像を作成するすべてのオブジェクト　を（SEL） （右） 端点B　をOスナップ 端点C　をOスナップ [いいえ(N)]　を（SEL）
不要部分を消去する．	**[修正]/削除**　を（SEL） 線分BC　を（SEL） （右）

TIPS　トリムコマンド，延長コマンドの応用テクニック

■ トリムコマンドの切り取りエッジを選択する際に，トリムコマンドでは，最初に切り取りエッジとなるオブジェクトを選択する．そのときにオブジェクトを選択せずに右クリックをすると，すべてのオブジェクトが切り取りエッジとして選択され，不要な部分がトリムできる．一度に数箇所のトリミングを行う場合は効率がよい場合もある．

■ トリムコマンドでオブジェクトを切り取るとき，コマンドウィンドウのメッセージに「トリムするオブジェクトを選択　または［Shift］を押して延長するオブジェクトを選択」と表示される．これは，トリムコマンドの実行時に［Shift］キーを押すと，延長コマンドの実行に切り替えることができる．ただし，境界エッジがなければ延長されない．同様に，延長コマンドを［Shift］キーでトリムコマンドに切り替えることができる．

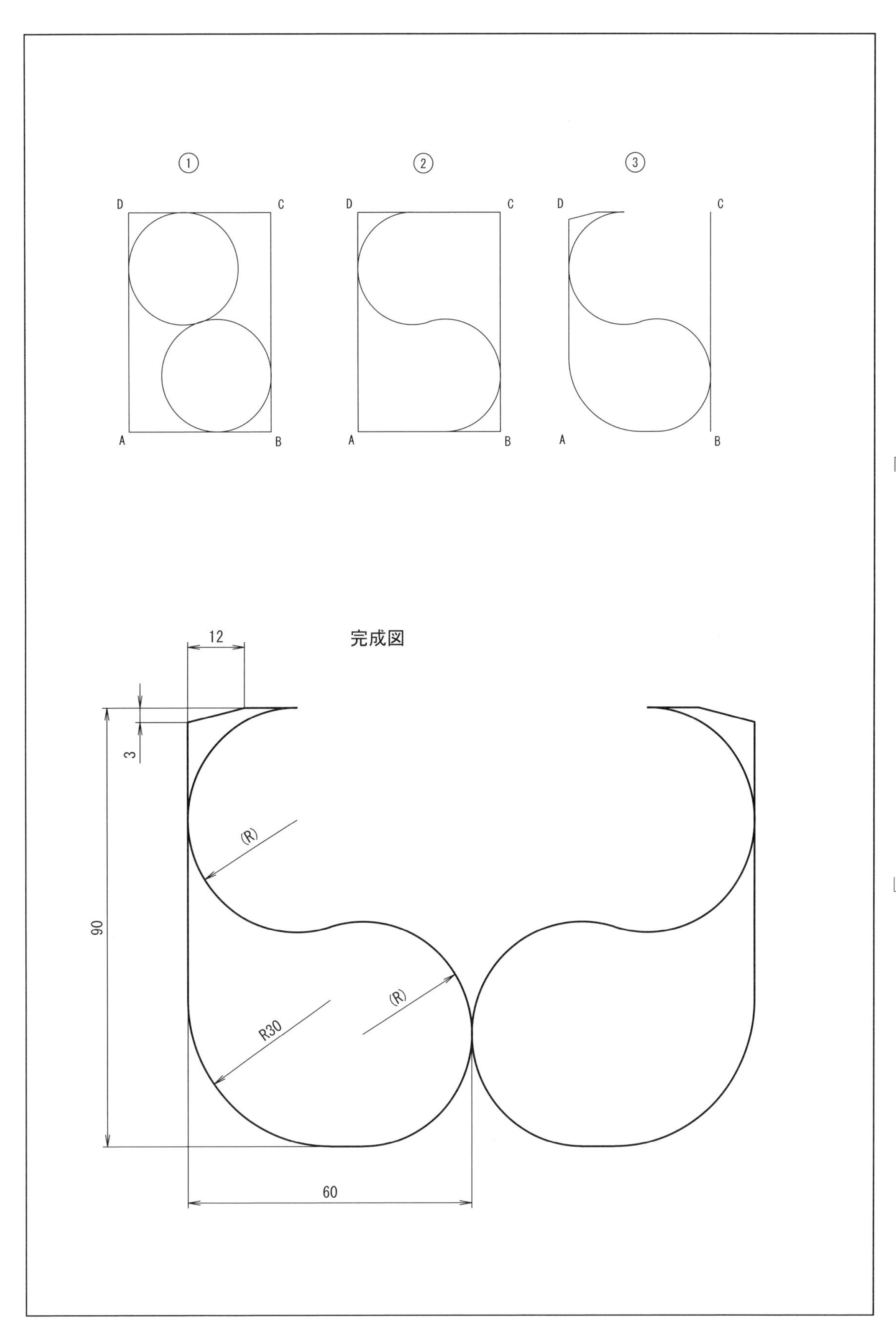
①
②
③
D
C
A
B
D
C
A
B
D
C
A
B
完成図
12
3
90
(R)
R30
(R)
60

⇄ 演習４・９　プレス打ち抜き材②

内　　　容	操　作　手　順
入力画面を準備する.	入力画面の設定方法2による.
水平と垂直の中心線を作成する.	ステータスバー の［カーソルの動きを直交に強制］ を（SEL） ････（直交モードにする） CENTERの画層を現在層にする. **［作成］/線分** を（SEL） 画面左中央の任意の点 を（SEL） 画面右中央の任意の点 を（SEL）　････（水平の中心線） （右）ショートカットメニュー の［Enter］ を（SEL） 以下略
水平の中心線を上下に20 mmと29 mmオフセットする. 同様に，垂直の中心線を左右に8 mmオフセットする.	ステータスバー の［カーソルの動きを直交に強制］ を（SEL） ････（直交モードを解除） **［修正］/オフセット** を（SEL） 20 ［Enter］ 以下略
幅100 mm，高さ120 mmの長方形を作成する.	OBJECTSの画層を現在層にする. **［作成］/線分** を（SEL） 以下略
長方形の左右の垂直の線分を内側に10 mmオフセットする. ①	**［修正］/オフセット** を（SEL） 以下略
点Aと点Bを結ぶ線分の垂直二等分線CDを作成する. ②	**［作成］/円/中心, 半径** を（SEL） 交点A をOスナップ 30 ［Enter］ （右）ショートカットメニュー の［繰り返し］ を（SEL） 交点B をOスナップ 30 ［Enter］ **［作成］/線分** を（SEL） 交点C をOスナップ 交点D をOスナップ （右）ショートカットメニュー の［Enter］ を（SEL）
円弧の部分を作成する. ③	**［作成］/円/中心, 半径** を（SEL） 交点E をOスナップ 交点A をOスナップ
不要部分を削除とトリムで消去する. ④	**［修正］/削除** を（SEL） 以下略
水平の中心線FGに対称に円弧部分の鏡像を作成する.	**［修正］/鏡像** を（SEL） 円弧 を（SEL） （右） 端点F をOスナップ 端点G をOスナップ ［いいえ(N)］ を（SEL）
垂直の中心線HIに対称に2円弧の鏡像を作成する.	**［修正］/鏡像** を（SEL） 2円弧 を順次（SEL） （右） 端点H をOスナップ 端点I をOスナップ ［いいえ(N)］ を（SEL）
不要オブジェクトを消去する.	**［修正］/削除** を（SEL） 以下略

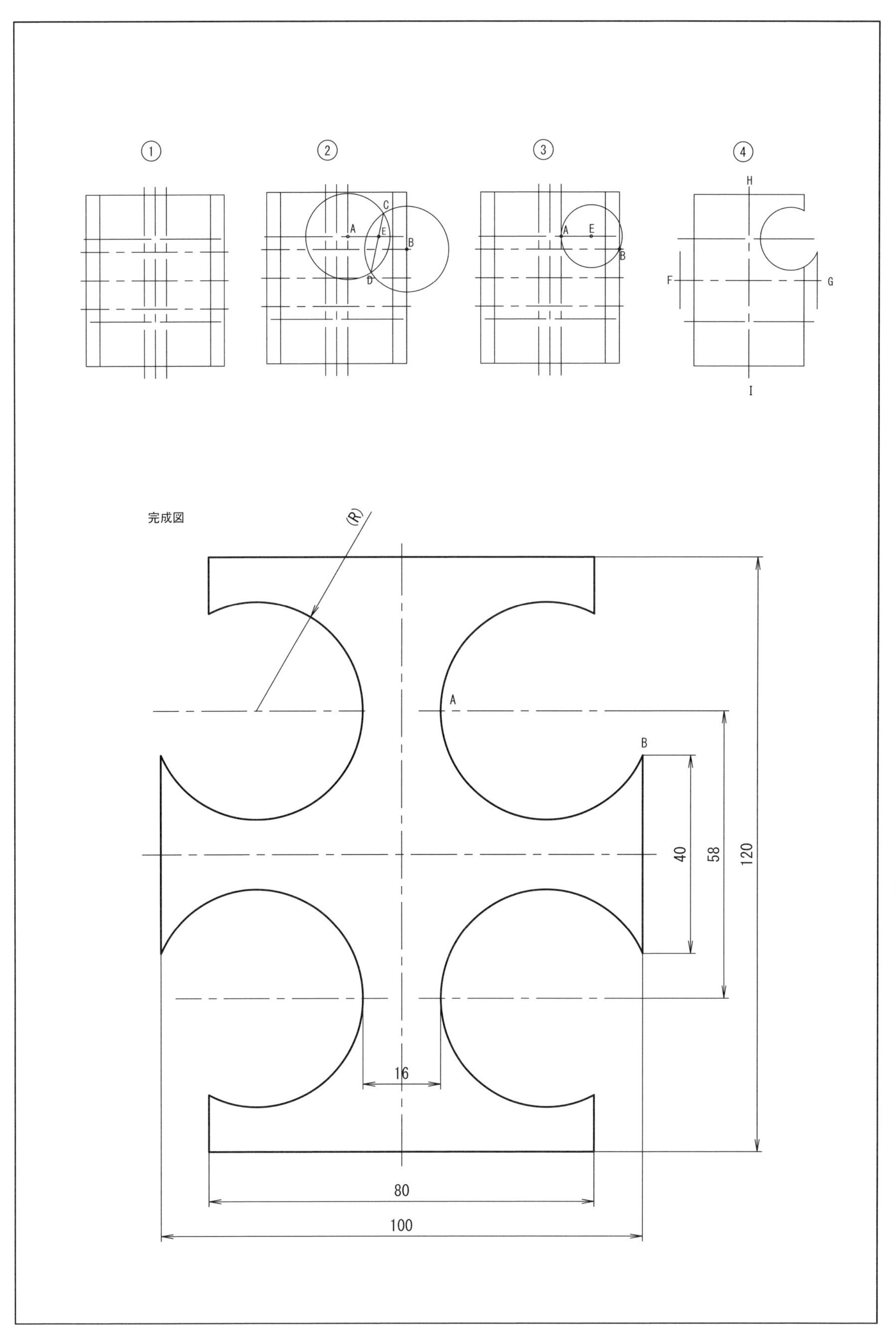
①
②
③
④
A
B
C
D
E
F
G
H
I
完成図
(R)
A
B
40
58
120
16
80
100

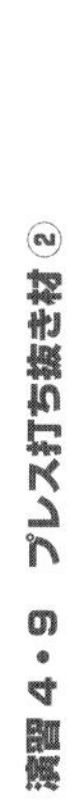
演習 4・9　プレス打ち抜き材 ②

⇄ 演習4・10　プレス打ち抜き材③

内　　　容	操　作　手　順
入力画面を準備する.	入力画面の設定方法2による.
一辺の長さ50 mmの正方形を作成する. ①	OBJECTSの画層を現在層にする. **[作成]/線分**　を（SEL） 画面中央左の任意の点A　を（SEL） @50, 0　[Enter] 以下略
交点Aから線分ADに30度の線分を作成する.	**[作成]/線分**　を（SEL） 交点A　をOスナップ @55<60　[Enter] （右）ショートカットメニュー　の［Enter］　を（SEL）　‥‥（少し長めに作成）
交点Dからいま作成した斜めの線分に対し垂線を作成する. ②	**[作成]/線分**　を（SEL） 交点D　をOスナップ 斜めの線分　をOスナップ（垂線） （右）ショートカットメニュー　の［Enter］　を（SEL）
②で作成した垂線に平行な線分を作成する. ③	**[修正]/オフセット**　を（SEL） 30　[Enter] 以下略
③で作成した線分の端点と交点Dを結ぶ線分を作成する. ④	**[作成]/線分**　を（SEL） 垂線の端点D　をOスナップ 他方の垂線の端点　をOスナップ （右）ショートカットメニュー　の［Enter］　を（SEL）
角部をフィレットで丸め，不要部分をトリムで消去する. ⑤	**[修正]/フィレット**　を（SEL） ［半径(R)］　を（SEL）//8　[Enter]　//　［複数(M)］　を（SEL） 角を構成する線分　を（SEL） 角を構成する他方の線分　を（SEL） 以下略 **[修正]/トリム**　を（SEL） 以下略
正方形を形成する線分AB, BC, CD以外のオブジェクトを円形状に配列複写する. ⑥	まず，配列複写のための回転中心を準備する. **[作成]/線分**　を（SEL） 交点A　をOスナップ 交点C　をOスナップ （右）ショートカットメニュー　の［Enter］　を（SEL） **[修正]/円形状配列複写**　を（SEL） （オブジェクトを選択：）　3線分以外のすべてのオブジェクト　を（SEL） （オブジェクトを選択：）（右） （配列複写の中心を指定……：）　対角線ACの中点　をOスナップ ［項目］で （項目：）　4　と入力 （埋める：）　360　と入力 ［閉じる]/[配列複写を閉じる］　を（SEL）
不要部分をトリムまたは削除で消去する.	**[修正]/トリム**　を（SEL） 以下略
寸法を記入する.	**[寸法]/長さ寸法記入**　を（SEL） （1本目の寸法補助線の起点を指定：）　交点E　をOスナップ （2本目の寸法補助線の起点を指定：）　端点F　をOスナップ （寸法線の位置を指定……：）　［回転(R)］を（SEL） （寸法線の角度を指定：）　60　[Enter] （寸法線の位置を指定……：）　寸法線を記入する位置　を（SEL） 以下略

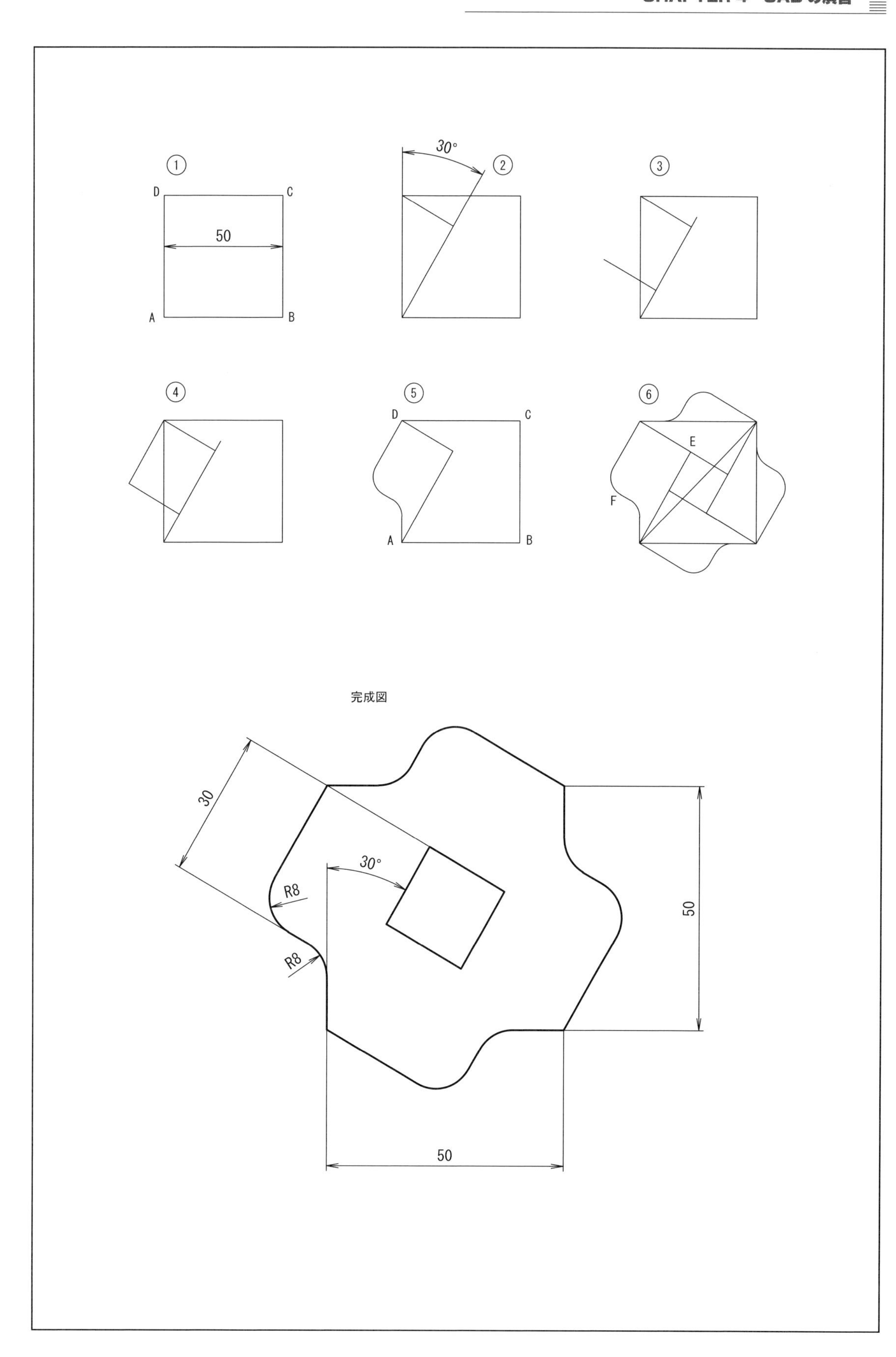

①
D
C
50
A
B
30°
②
③
④
⑤
⑥
E
F
完成図
30
30°
R8
R8
50
50

⇄ 演習4・11　板製スパナ

内　容	操作手順
入力画面を準備する.	入力画面の設定方法2による.
水平の中心線ABと3本の垂直の中心線を作成する.	ステータスバー の［カーソルの動きを直交に強制］ を（SEL） ・・・・（直交モードにする） CENTERの画層を現在層にする. **[作成]/線分** を（SEL） 以下略
中心線ABを上に9mmと11mm，下に9mmオフセットする．同様に，C点を通る垂直の中心線を左に10mm，右に20mmオフセットする．①	ステータスバー の［カーソルの動きを直交に強制］ を（SEL） ・・・・（直交モードを解除） **[修正]/オフセット** を（SEL） 9 ［Enter］ 中心線AB を（SEL） 上側の任意の点 を（SEL） 中心線AB を（SEL） 下側の任意の点 を（SEL） ［終了(E)］ を（SEL） 以下略
角部をフィレットで半径5mmに丸める.	**[修正]/フィレット** を（SEL） ［半径（R)］ を（SEL） 5 ［Enter］ 角部を形成する線分 を（SEL） 角部を形成する他方の線分 を（SEL）
外形線になるオブジェクトをCENTERからOBJECTSの画層に移動する．②	最初に作成した4本の中心線以外のすべてのオブジェクト を（SEL） ［画層］画層名表示欄▼ を（SEL） OBJECTS を（SEL） ［Esc］
半径25mmと50mmの円を作成する．③	OBJECTSの画層を現在層にする. **[作成]/円/中心, 半径** を（SEL） 交点C をOスナップ 25 ［Enter］ （右）ショートカットメニュー の［繰り返し］ を（SEL） 交点D をOスナップ 50 ［Enter］
不要部分をトリムする.	省略
半径50mmの円弧を6mm内側にオフセットする．④	**[修正]/オフセット** を（SEL） 6 ［Enter］ 半径50mmの円弧 を（SEL） 中心側の任意の点 を（SEL） ［終了(E)］ を（SEL）
半径6mmの円を作成する．⑤	**[作成]/円/中心, 半径** を（SEL） 交点E をOスナップ 6 ［Enter］
不要部分をトリムする．⑥	省略
水平の中心線ABに対称に鏡像を作成する．⑦	**[修正]/鏡像** を（SEL） 鏡像に必要なすべてのオブジェクト を（SEL） （右） 端点A をOスナップ//端点B をOスナップ ［いいえ(N)］ を（SEL）
垂直の中心線FGに対称に鏡像を作成し，不要部分を消去する.	**[修正]/鏡像** を（SEL） 以下略

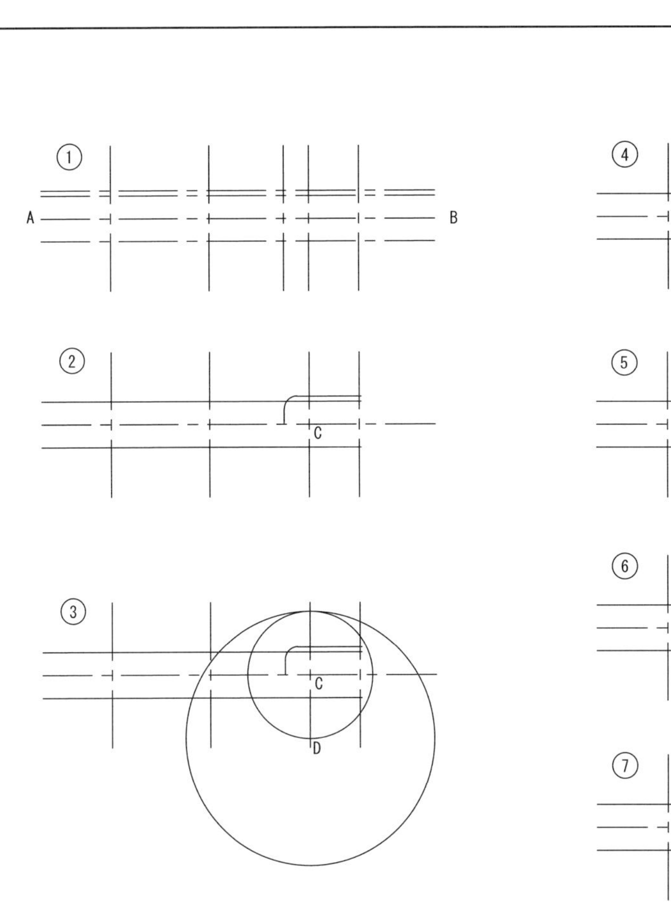
①
A
B
②
C
③
C
D

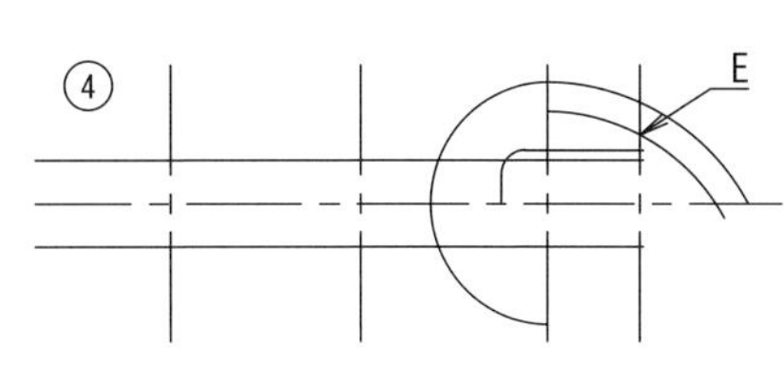
④
E

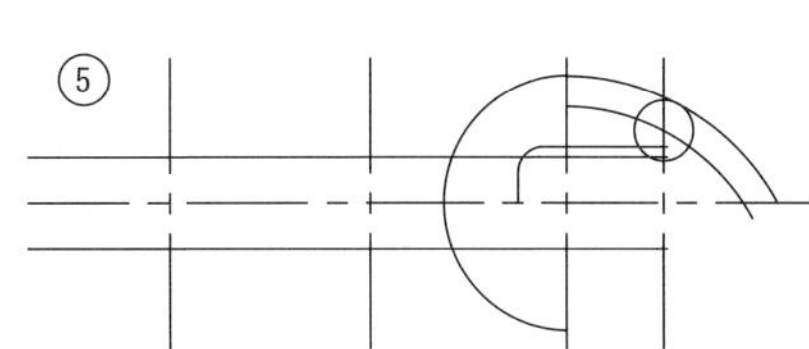
⑤

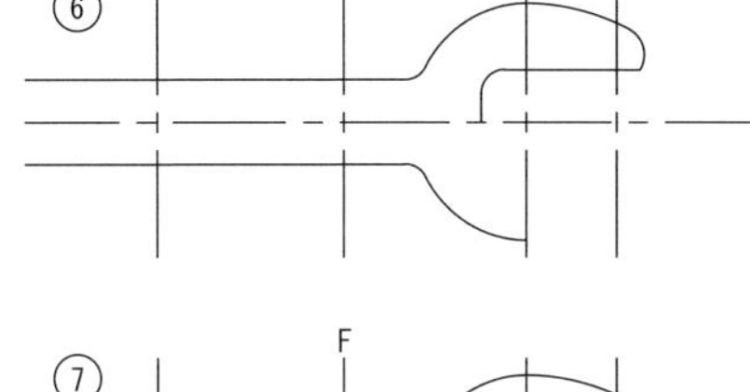
⑥

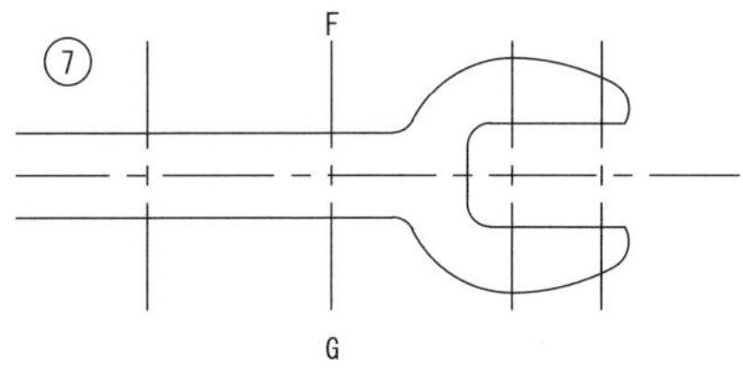
⑦
F
G

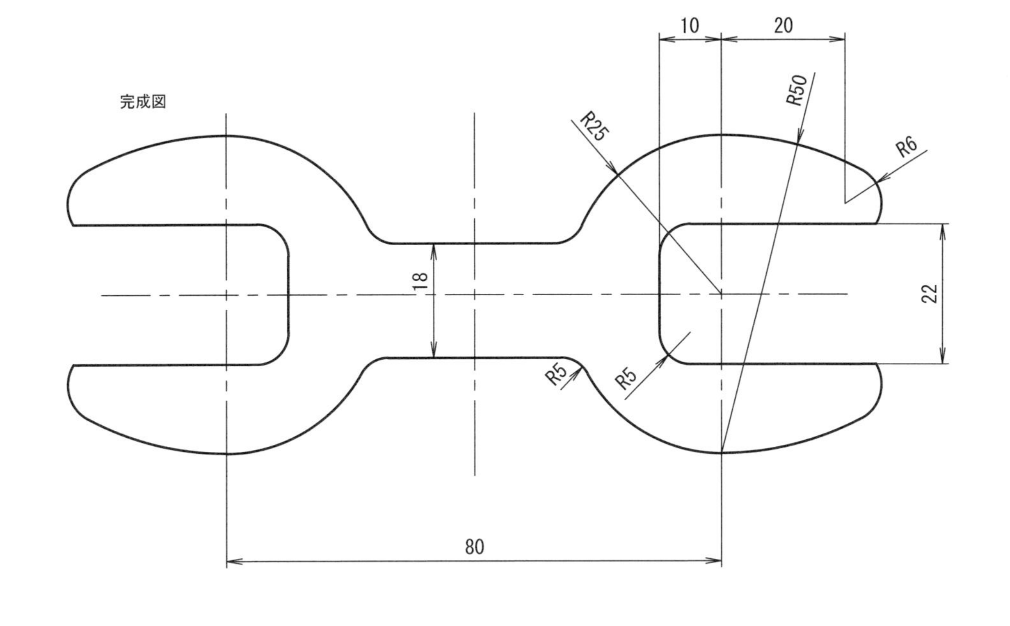
完成図
10
20
R50
R25
R6
18
22
R5
R5
80

⇄ 演習 4・12　プレス打ち抜き材 ④

内　容	操 作 手 順
入力画面を準備する.	入力画面の設定方法 2 による.
長さ 55 mm の水平の線分 AB を作成する.	OBJECTS の画層を現在層にする. **[作成]/線分**　を（SEL） 画面中央左の任意の点 A　を（SEL） @55，0　[Enter] //（右）ショートカットメニュー の [Enter]　を（SEL）
線分 AB の左の端点 A から 35 mm の点 C を中心とする半径 32.5 mm の円を作成する. ①	**[作成]/円/中心, 半径**　を（SEL） [Shift] ＋（右） [基点設定]　を（SEL） 線分 AB の左の端点 A　を O スナップ @35，0　[Enter] //32.5　[Enter]
線分 AB の右の端点 B を中心とする半径 30 mm の円を作成する. ②	**[作成]/円/中心, 半径**　を（SEL） 線分 AB の右の端点 B　を O スナップ 30　[Enter]
2 つの円の交点 D と半径 32.5 mm の円の中心 C を結ぶ線分を作成する.	**[作成]/線分**　を（SEL） 2 つの円の交点 D　を O スナップ 半径 32.5 mm の円の中心 C　を O スナップ （右）ショートカットメニュー の [Enter]　を（SEL）
2 つの円の交点 D と水平の線分 AB の右の端点 B を結ぶ線分を作成する. ③	**[作成]/線分**　を（SEL） 2 つの円の交点 D　を O スナップ 水平の線分 AB の右の端点 B　を O スナップ （右）ショートカットメニュー の [Enter]　を（SEL）
不要になった 2 つの円を消去する.	**[修正]/削除**　を（SEL） 2 つの円　を（SEL）//（右）
線分 CD を左に 35 mm 移動する. ④	**[修正]/移動**　を（SEL） 線分 CD　を（SEL）//（右） 交点 C　を O スナップ 線分 AB の左の端点 A　を O スナップ
端点 E と端点 D を結ぶ線分 DE を作成する.	**[作成]/線分**　を（SEL） 線分 AE の端点 E　を O スナップ 線分 BD の端点 D　を O スナップ （右）ショートカットメニュー の [Enter]　を（SEL）
点 A, B, D, E に半径 4 mm と 7.5 mm の円を作成する.	**[作成]/円/中心, 半径**　を（SEL） 以下略
線分 AB を交点 A を基点に, 線分 ED を交点 E を基点に，それぞれ−5 度回転する.	**[修正]/回転**　を（SEL） 線分 AB　を（SEL）//（右） 交点 A　を O スナップ//−5　[Enter] 同様にして線分 ED も回転する.
角部をフィレットで丸め，不要部分をトリムと削除で消去する.	**[修正]/フィレット**　を（SEL） 以下略
寸法を記入し，精度を確認する.	**[寸法]/平行寸法**　を（SEL） 点 B　を O スナップ（中心） 点 D　を O スナップ（中心） 以下略

TIPS　基点設定

■　コマンド実行中に点を指定するプロンプトに対して，ある位置からのオフセット位置を指定するときに使用する.

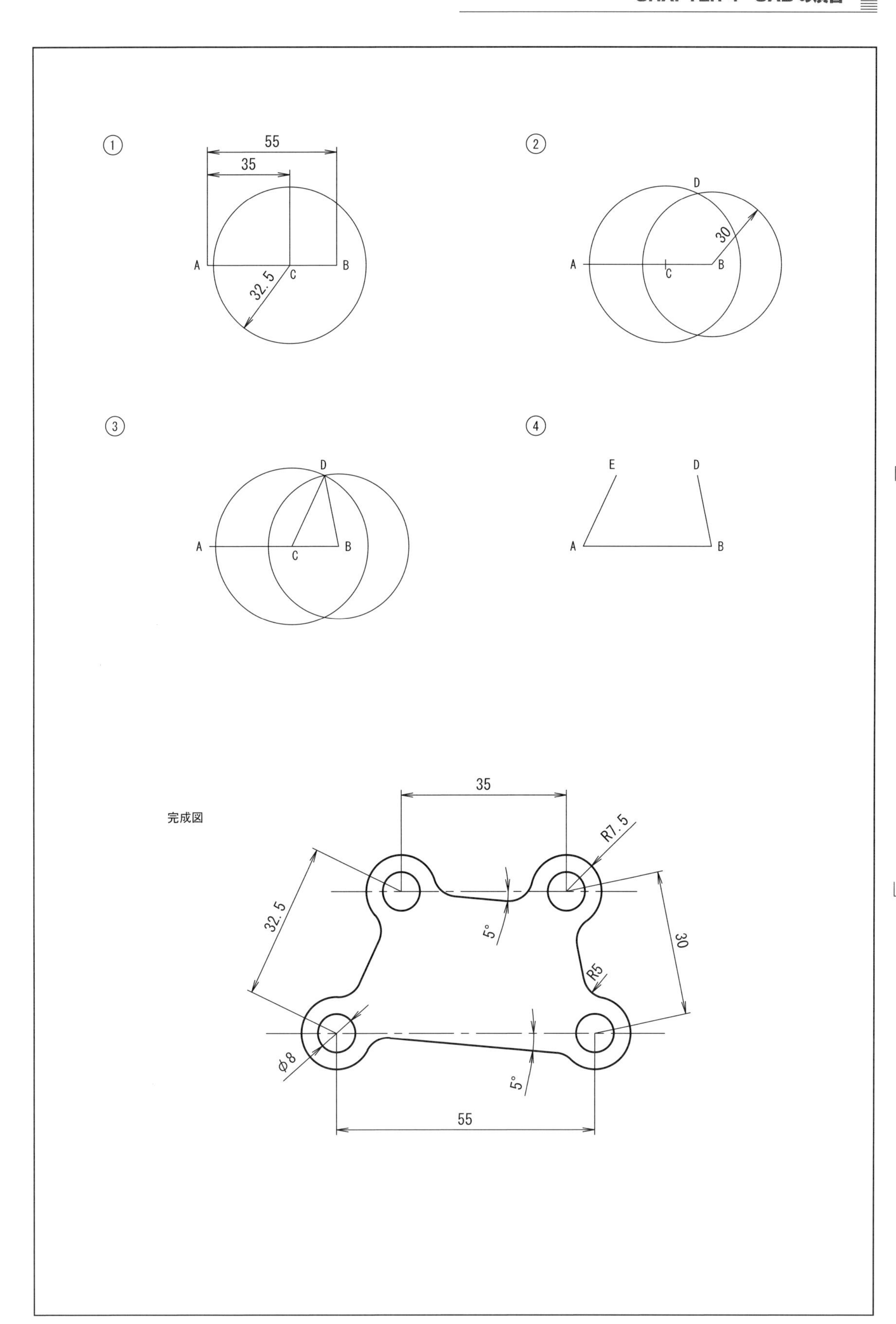
①
55
35
A
C
B
32.5
②
D
30
A
C
B
③
D
A
C
B
④
E
D
A
B
完成図
35
R7.5
32.5
5°
30
R5
φ8
5°
55

TIPS　コマンドプレビュー

■　修正コマンドでは，結果がプレビュー表示され，確定前に確認ができる．
これにより，間違った結果を元に戻してやり直すということがなくなる．
また，「ハッチング」コマンドも同様に，操作を終了する前に，ハッチング結果をプレビュー確認できる．

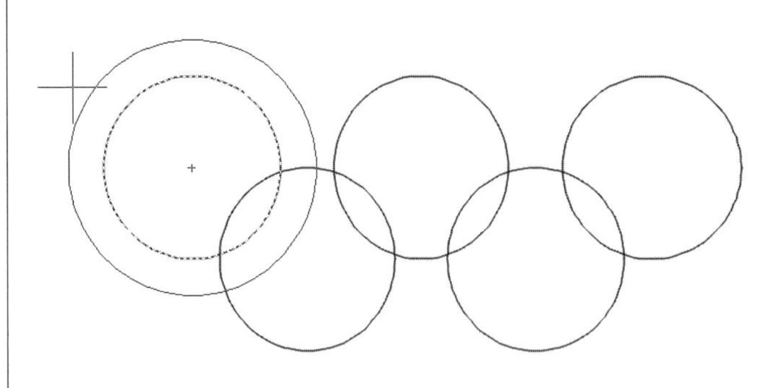

図４・１　「オフセット」コマンドのプレビュー表示

図４・２　「面取り」コマンドのプレビュー表示

TIPS　カーソルバッチ

■　カーソルの形は，コマンドが選択されていない状態では作図領域上でクロスヘアカーソルと呼ばれる十字の形状をしている．コマンドが選択されていないと，オブジェクトを選択するピックボックスと呼ばれる四角いボックスつきで表示され（図４・３），線分を作図するときなど位置を指定するときは，十字の形状のみ表示される（図４・４）．修正コマンドでオブジェクトを選択するときは，ピックボックスになる（図４・５）．
また，本書で扱う以下のコマンドでは，カーソルバッチと呼ばれるマークがカーソル右上に表示され，修正する作業内容を把握しながら操作を進めることができる．カーソルバッチは非表示にすることもできる．
削除／複写／移動／回転／尺度変更／トリム／延長

■　カーソルバッチを非表示にする：

CURSORBADGE　[Enter]
（GALLERYVIEW の新しい値を入力：）　1 [Enter]　　　・・・・（カーソルバッチが非表示なる表示する場合は値 2）

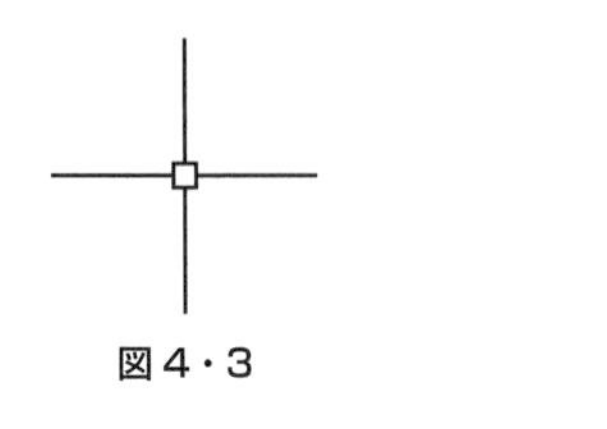

図４・３

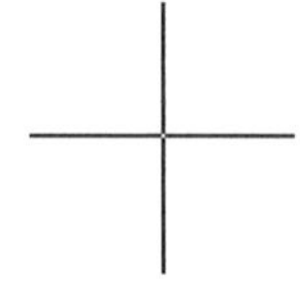

図４・４

図４・５

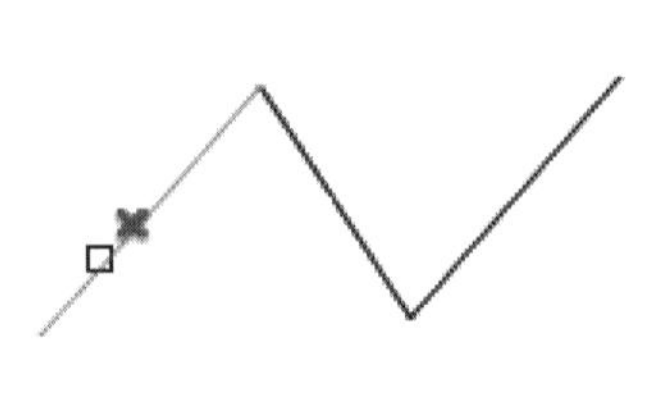

図４・６　「削除」コマンド実行時のカーソルバッチ
（削除を意味する ✖ マーク）

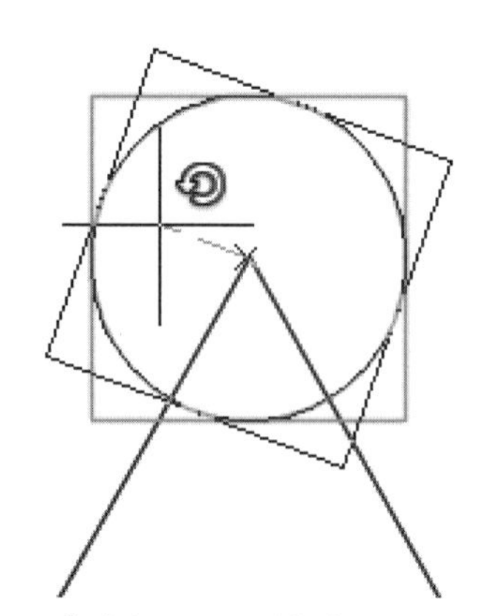

図４・７　「回転」コマンド実行時のカーソルバッチ
（回転を意味する マーク）

CHAPTER 5　AutoCAD LT による機械製図

機械製図は，機械製図の知識とこれまでの基本操作で習得したCADのコマンドが自由自在に使いこなせれば，時間はかかるが，誰でも容易にできる．

さて，立体の形状を表現するには，一般にはいくつかの投影図を使う．もし，ひとつの投影図で表現できればベストである．この一面図で完全に表現できない場合には二面図で，さらに必要なら三面図と投影図を増やしていくが，投影図の数が増えれば複雑で難しいというわけではない．しかし，CADの操作手順からみると類似点が多い．

そこで，本章の演習では，“一面図”，“二面図”，“三面図など”のように分類した．

5・1　一　面　図

ひとつの投影図のみで立体を表現する一面図から始めよう．

⇄ 演習5・1　板厚の表示

内　容	操作手順
入力画面を準備する．	入力画面の設定方法2による．
外形を作成する．	OBJECTSの画層を現在層にする． 画面中央左の任意の点E′から順に線分を作成する． **[作成]/線分**　を（SEL） 画面左の任意の点E′　を（SEL） @0，−30　[Enter] @68，0　[Enter] @43，58　[Enter] （右）ショートカットメニュー　の［Enter］　を（SEL）　････① **[修正]/オフセット**　を（SEL） 70　[Enter] 線分BC　を（SEL） 線分BCの左側の任意の点　を（SEL）//［終了(E)］　を（SEL） **[作成]/線分**　を（SEL） 端点C　をOスナップ//端点D　をOスナップ （右）ショートカットメニュー　の［Enter］　を（SEL）　････② **[修正]/フィレット**　を（SEL） ［半径（R）］　を（SEL） 0　[Enter] 線分AE′　を（SEL）//線分DE″　を（SEL）　････③
直径20mmの円を作成する．④	**[作成]/円/中心, 直径**　を（SEL） [Shift]＋（右） ［基点設定］　を（SEL） 交点A　をOスナップ @45，32　[Enter]//20　[Enter]
板厚を記入する．	TEXTの画層を現在層にする． **[注釈]/文字記入**　を（SEL） （文字列の始点を指定……：）　板厚を記入したい任意の位置　を（SEL） （高さを指定：）　2.5　[Enter] （文字列の角度を指定：）　0　[Enter] （文字列を入力：）　t3　[Enter] （文字列を入力：）　[Enter]
水平寸法，直列寸法を記入する．	DIMSの画層を現在層にする． **[寸法]/長さ寸法記入**　を（SEL） 交点A　をOスナップ//交点B　をOスナップ 寸法線を記入したい位置　を（SEL） **[寸法]/直列寸法記入**　を（SEL） 交点C　をOスナップ
平行寸法を記入する．	**[寸法]/平行寸法記入**　を（SEL）//（右）　････（直接オブジェクトを選択する） 線分CD　を（SEL） 寸法線を記入したい位置　を（SEL）
残りの寸法を記入する．	省略

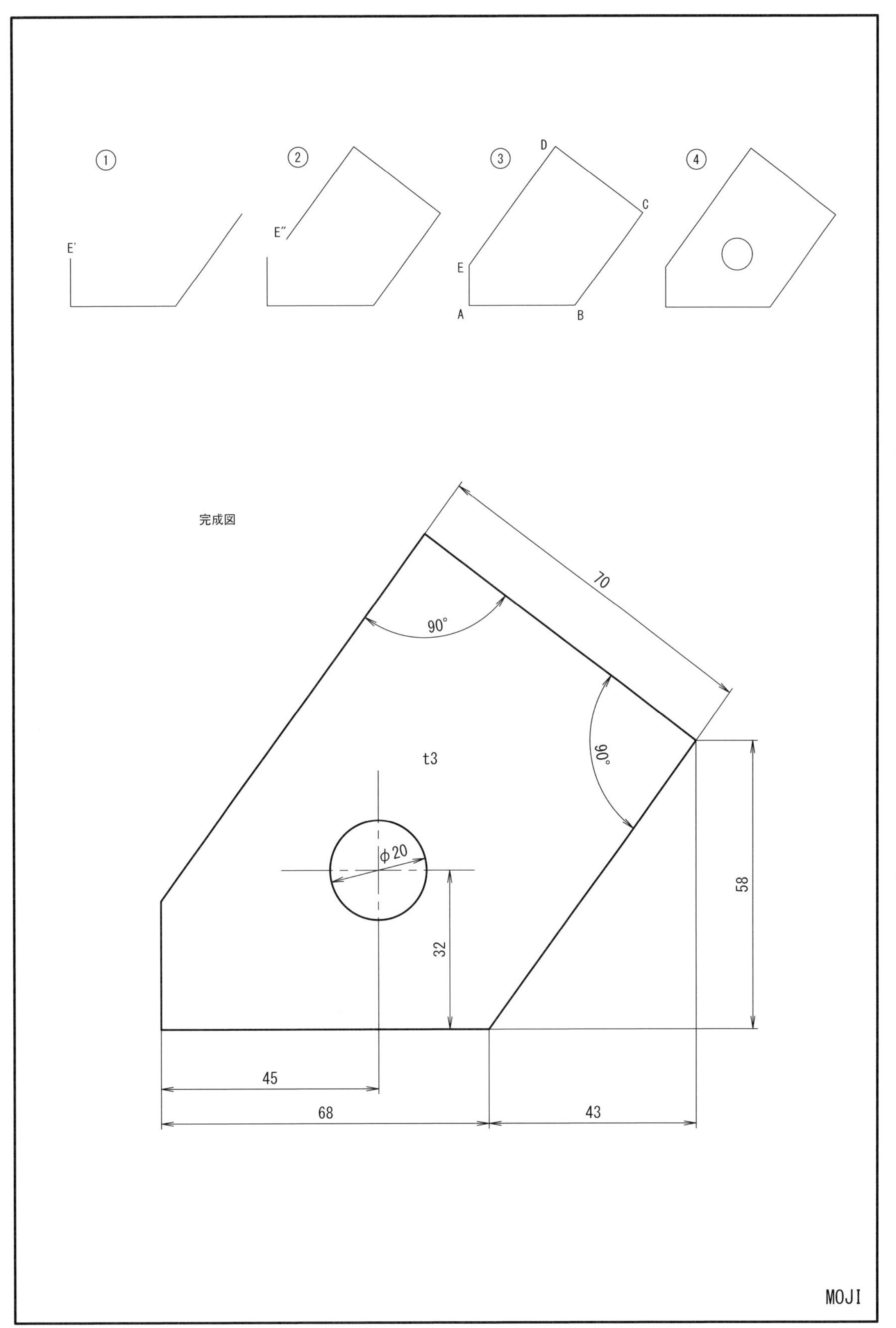

①
②
③
④
E′
E″
D
C
E
A
B
完成図
70
90°
90°
t3
φ20
58
32
45
68
43
MOJI

⇄ 演習 5・2　φと□付き寸法

機械製図以外ではあまり使われない製図上でのルールがいくつかある．たとえば，文字による板厚の表示方法や公差，機械要素の略図法，断面が円形であるとき，その形を図に表さないで円形であることを示す場合には，直径の記号φを寸法数値の前に記入する．正方形の場合には□を寸法数値の前に記入する．

内　　容	操　作　手　順
入力画面を準備する．	入力画面の設定方法 2 による．
外形線作成の準備をする．①	ステータスバー の［カーソルの動きを直交に強制］ を（SEL） ････（直交モードにする） OBJECTS の画層を現在層にする． **［作成］/線分**　を（SEL） 約 110 mm の水平線を画面中央に作成する． 約 100 mm の垂直線を画面左に作成する．
水平線を上下に 10 mm，14 mm，40 mm オフセットする．	**［修正］/オフセット**　を（SEL） 10 ［Enter］ 水平線　を（SEL） 上側の任意の点　を（SEL） 水平線　を（SEL） 下側の任意の点　を（SEL） 以下略
垂直線を右に 63 mm，88 mm，100 mm オフセットする．②	**［修正］/オフセット**　を（SEL） 63 ［Enter］ 垂直線　を（SEL） 右側の任意の点　を（SEL） ［終了(E)］ を（SEL）//（右）ショートカットメニュー の［繰り返し］ を（SEL） 88 ［Enter］ 垂直線　を（SEL） 以下略
不要部分をトリムまたは削除で消去し，外形線を仕上げる．③	**［修正］/トリム**　を（SEL） 以下略
中心線を CENTER の画層に移動する．	中心線にする線分　を（SEL） ［画層］画層名表示欄 ▼　を（SEL） CENTER　を（SEL） ［Esc］ ステータスバー の［カーソルの動きを直交に強制］ を（SEL） ････（直交モードを解除）
平面を表す対角線を作成する．	TEXT の画面に移動する．　････（対角線を TEXT と同じ細い実線で作成） **［作成］/線分**　を（SEL） 以下略
寸法を記入する．	DIMS の画層を現在層にする． **［寸法］/長さ寸法記入**　を（SEL）//（右） φ 80 を記入する線分 AB　を（SEL） ［寸法値（T)］ を（SEL） %%C<>　［Enter］　････（φ 80 の寸法） 寸法線を記入する位置　を（SEL） **［寸法］/長さ寸法記入**　を（SEL）//（右） □ 28 を記入する線分 DE　を（SEL） ［寸法値（T)］ を（SEL） □<>　［Enter］　････（□は日本語入力モードで入力する） 寸法線を記入する位置　を（SEL） **［寸法］/長さ寸法記入**　を（SEL） 左上の交点 C　を O スナップ 右上の交点 D　を O スナップ 寸法線を記入する位置　を（SEL） 以下略

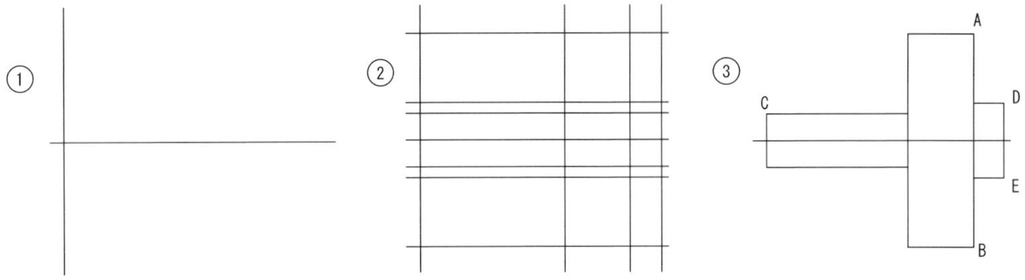

①
②
③
A
B
C
D
E
完成図 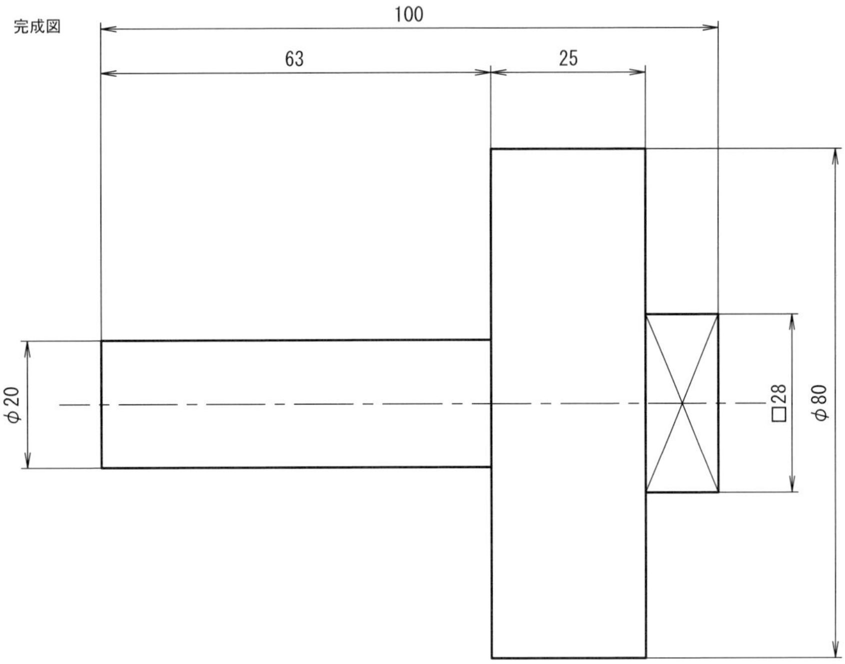
100
63
25
φ20
□28
φ80
MARUMARK

演習5・3 ボルト略図

内容	操作手順
入力画面を準備する.	入力画面の設定方法 2 による.
外形線作成の準備をする. ①	ステータスバー の［カーソルの動きを直交に強制］ を（SEL） ・・・・（直交モードにする） OBJECTS の画層を現在層にする. **[作成]/線分** を（SEL） 約 100 mm の水平線を画面中央に作成する. 約 45 mm の垂直線を水平線の左端に作成する.
垂直線を 15 mm, 30 mm, 55 mm, 70 mm, 90 mm 右側に, 水平線を上下に 8 mm, 10 mm, 20 mm オフセットする. ②	**[修正]/オフセット** を（SEL） 15 [Enter] 垂直線 を（SEL） 以下略
不要な部分をトリムまたは削除で消去する. ③	**[修正]/トリム** を（SEL） 以下略
半径 30 mm の円と半径 20 mm の円を作成する. ④	**[作成]/円/中心, 半径** を（SEL） 交点 A を O スナップ 以下略
ボルトの頭部の小円弧を作成する. ⑤	**[作成]/線分** を（SEL） 交点 E を O スナップ 点 F を通る線分の任意の点 を O スナップ（垂線） （右）ショートカットメニュー の［Enter］ を（SEL） **[作成]/円/3点** を（SEL） 交点 F を O スナップ 点 G を通る線分の任意の点 を O スナップ（接線） 交点 E を O スナップ
不要な部分をトリムまたは削除で消去する.	**[修正]/トリム** を（SEL） 以下略
不完全ねじ部を作成する. ⑥	**[作成]/線分** を（SEL） 完全ねじを示す線分の端点 H を O スナップ @4<150 [Enter] （右）ショートカットメニュー の［Enter］ を（SEL）
頭部の面取り部の小円弧と不完全ねじ部の線分の鏡像を作成する. ⑦	**[修正]/鏡像** を（SEL） 小円弧 を（SEL） 不完全ねじ部の線分 を（SEL） 以下略
中心線を CENTER の画層に移動する.	中心線にする線分 を（SEL） ［画層］画層名表示欄▼ を（SEL） CENTER を（SEL） [Esc]
ねじ底の線を TEXT の画層に移動する. （細い実線に変更する）	不完全ねじ部を含め, ねじ底となる線分のすべて を（SEL） ［画層］画層名表示欄▼ を（SEL） TEXT を（SEL） [Esc]
引出線を記入する.	**[寸法]/マルチ引出線** を（SEL） 矢の先端 を（SEL） 指定した点から右上の任意の点 を（SEL）//（右） M20 と入力 ［テキストエディタ］タブ［閉じる］/［エディタを閉じる］ を（SEL）
長さ寸法を記入する.	省略

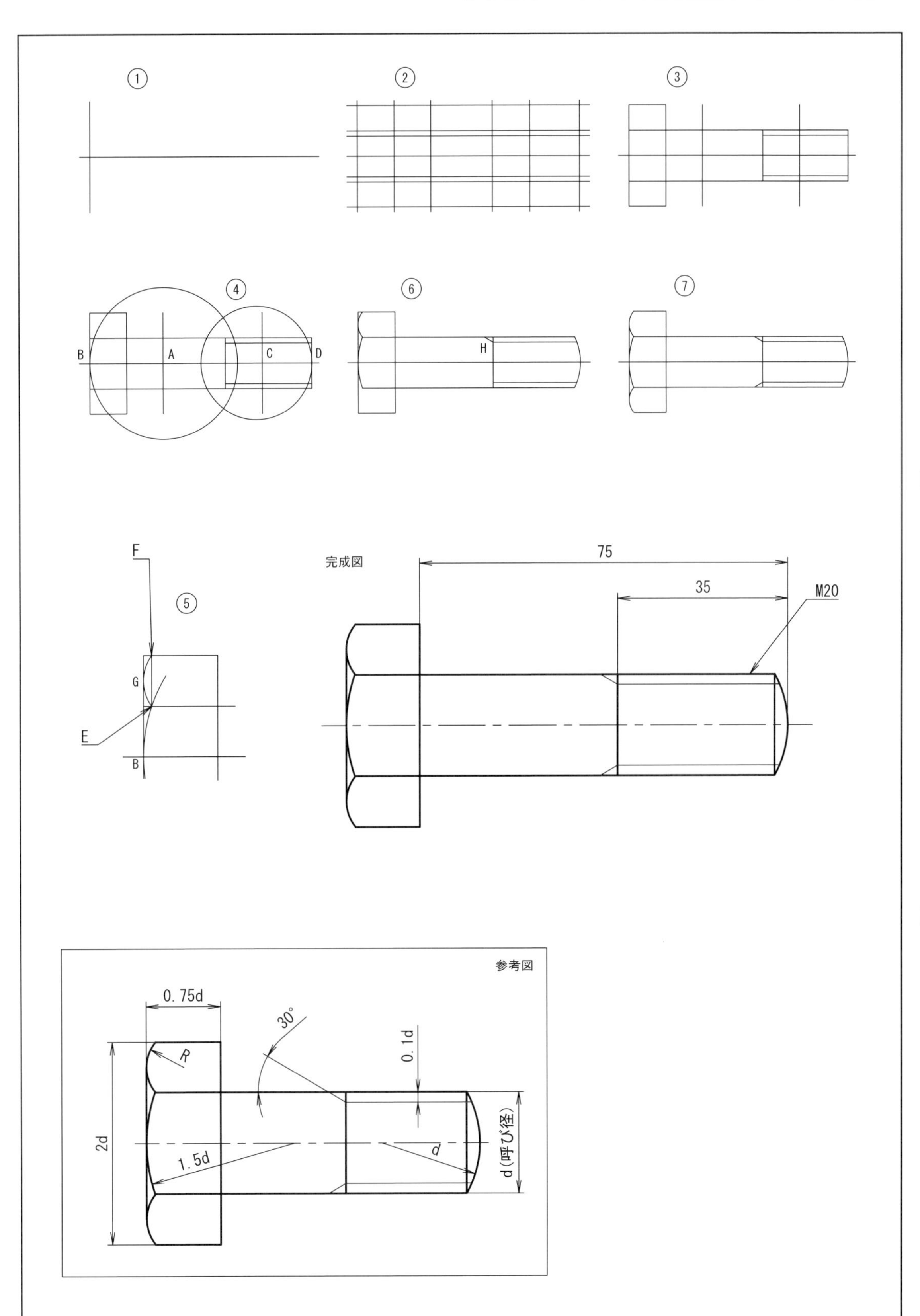
①
②
③
④
B
A
C
D
⑥
H
⑦
F
⑤
G
E
B
完成図
75
35
M20
参考図
0.75d
30°
R
0.1d
2d
1.5d
d
d(呼び径)
B_NRYAKU

⇄ 演習５・４　ボルト２（ストレッチ）

演習５・３の“ボルト略図”で作成した①を修正し，首下長さの異なるボルト②，ねじ部の長さの異なるボルト③や呼び径の異なるボルト④を作成する．

内　　容	操　作　手　順
演習５・３で作成したボルト略図を入力画面に呼び出す．	**[ファイル]/開く...**　を（SEL） （ドライブ：）　J：　を（SEL）　····（ファイルの場所） （ファイル名：）　B_NRYAKU.dwg　を（SEL） ····（**演習５・３**“ボルト略図”参照） [開く]
ボルト①を約 60 mm 下に複写する．	**[修正]/複写**　を（SEL） ボルト①の寸法を含む全オブジェクト　を（SEL） （右） 0，−60　[Enter] [終了(E)]　を（SEL）
いま複写したボルトを首下長さが 100 mm のボルトに修正する．②	**[修正]/ストレッチ**　を（SEL） いま複写したボルトの任意の点 A　を（SEL） 任意の点 B　を（SEL） （右） 25，0　[Enter] [Enter]
ボルト②を約 60 mm 下に複写する．	**[修正]/複写**　を（SEL） ボルト②の寸法を含む全オブジェクト　を（SEL） （右） 0，−60　[Enter] [Enter]
ねじ部の長さが 25 mm のボルトに修正する．③	**[修正]/ストレッチ**　を（SEL） いま複写したボルトの任意の点 C　を（SEL） 任意の点 D　を（SEL） （右） −10，0　[Enter] [Enter]
ボルト③を約 60 mm 下に複写する．	**[修正]/複写**　を（SEL） ボルト③の寸法を含む全オブジェクト　を（SEL） （右） 0，−60　[Enter] [Enter]
いま複写したボルトのサイズを 1/2 に尺度変更で縮小する．	**[修正]/尺度変更**　を（SEL） いま複写したボルトの全オブジェクト　を（SEL） （右） ボルト頭部の交点 E　を O スナップ 0.5　[Enter]
呼び径 10 mm，首下長さ 100 mm，ねじ部の長さが 25 mm のボルトに修正する．④	まず，首下長さを 100 mm に修正する． **[修正]/ストレッチ**　を（SEL） 以下略 ねじ部を 25 mm に修正する． **[修正]/ストレッチ**　を（SEL） 以下略 寸法線の位置を修正する． **[修正]/ストレッチ**　を（SEL） 以下略
引出線，全体の配置などを修正する．	省略

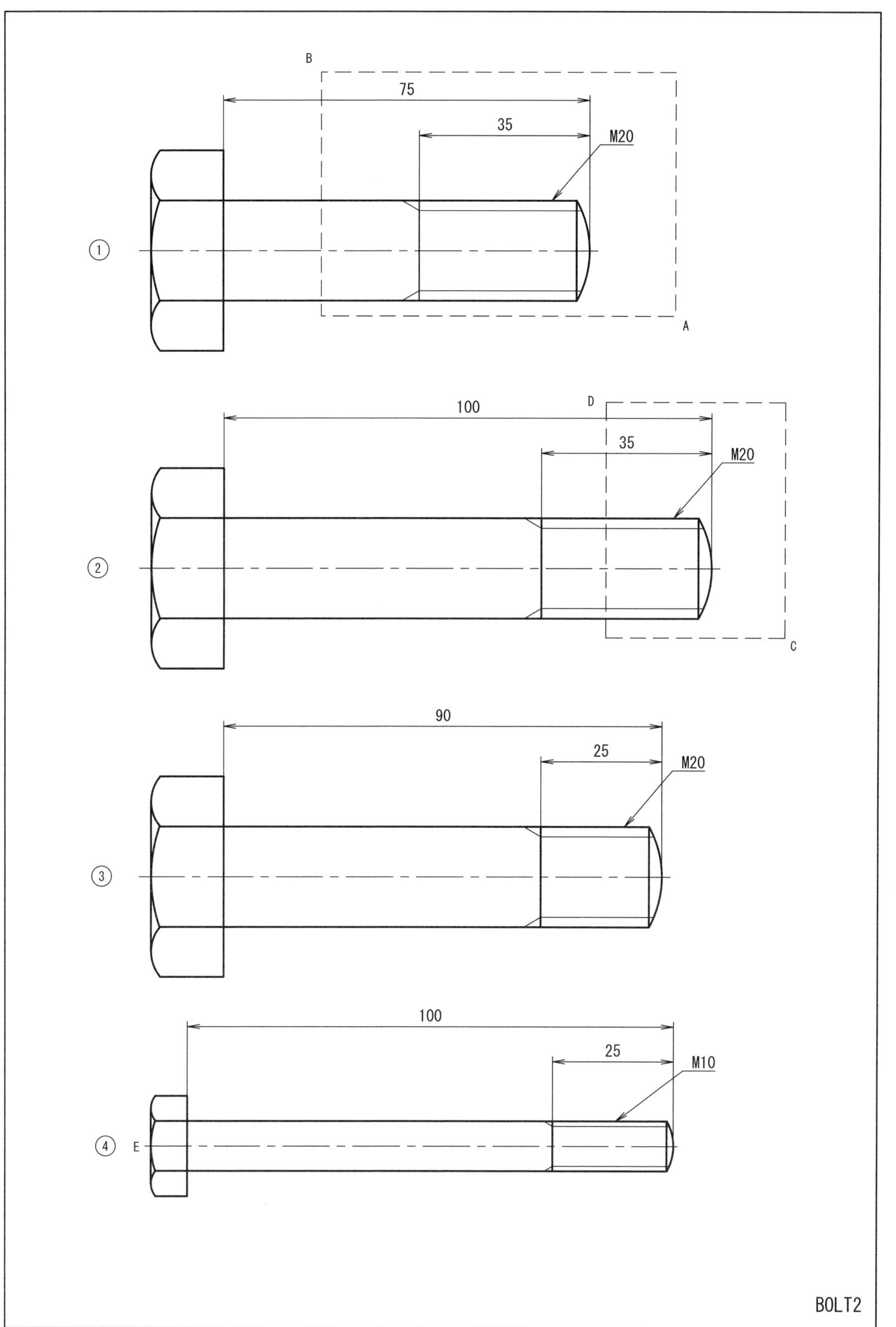
B
75
35
M20
①
A
100
D
35
M20
②
C
90
25
M20
③
100
25
M10
④
E
BOLT2

⇄ 演習5・5 公差の記入

内　容	操作手順
入力画面を準備する.	入力画面の設定方法2による.
一辺の長さ 60 mm の正五角形を作成する.	OBJECTS の画層を現在層にする. **[作成]/ポリゴン**　を（SEL） 5 ［Enter］ ［エッジ（E）］ を（SEL） 画面左下の任意の点A　を（SEL） @60, 0 ［Enter］
10 mm 内側にオフセットした正五角形を作成する.	**[修正]/オフセット**　を（SEL） 10 ［Enter］ いま作成した正五角形　を（SEL） 正五角形の内側の任意の点　を（SEL） ［終了（E）］ を（SEL）
中心線となる内側の正五角形を CENTER の画層に移動する. ①	内側の正五角形　を（SEL） ［画層］画層名表示欄 ▼　を（SEL） CENTER　を（SEL） ［Esc］
外側の正五角形の外接円を作成する.	TEXT の画層を現在層にする.　・・・・（円を細い実線の TEXT の画層で作成） **[作成]/円/3点**　を（SEL） 交点A　を（SEL） 以下略
平面図の水平と垂直の中心線を作成する.	CENTER の画層を現在層にする. **[作成]/線分**　を（SEL） 外側の正五角形の外接円の四半円点　を（SEL） 以下略
交点Bに 8 mm の円と，その円に外接する正六角形を作成する.	OBJECTS の画層を現在層にする. **[作成]/円/中心, 半径**　を（SEL） 交点B　をOスナップ 4 ［Enter］ **[作成]/ポリゴン**　を（SEL） 6 ［Enter］ 交点B　をOスナップ ［外接（C）］を（SEL） 4 ［Enter］
交点Bより左側 12 mm と右側 12 mm に正六角形を複写する. ②	**[修正]/複写**　を（SEL） 以下略
3個の正六角形をセットで円形状に配列複写する.	**[修正]/円形状配列複写**　を（SEL） （オブジェクトを選択：）　3個の正六角形　を（SEL） （オブジェクトを選択：）（右） （配列複写の中心を指定……：）　外接円の中心　をOスナップ ［項目］で （項目：）　5　と入力 （埋める：）　360　と入力 ［閉じる］/［配列複写を閉じる］　を（SEL）

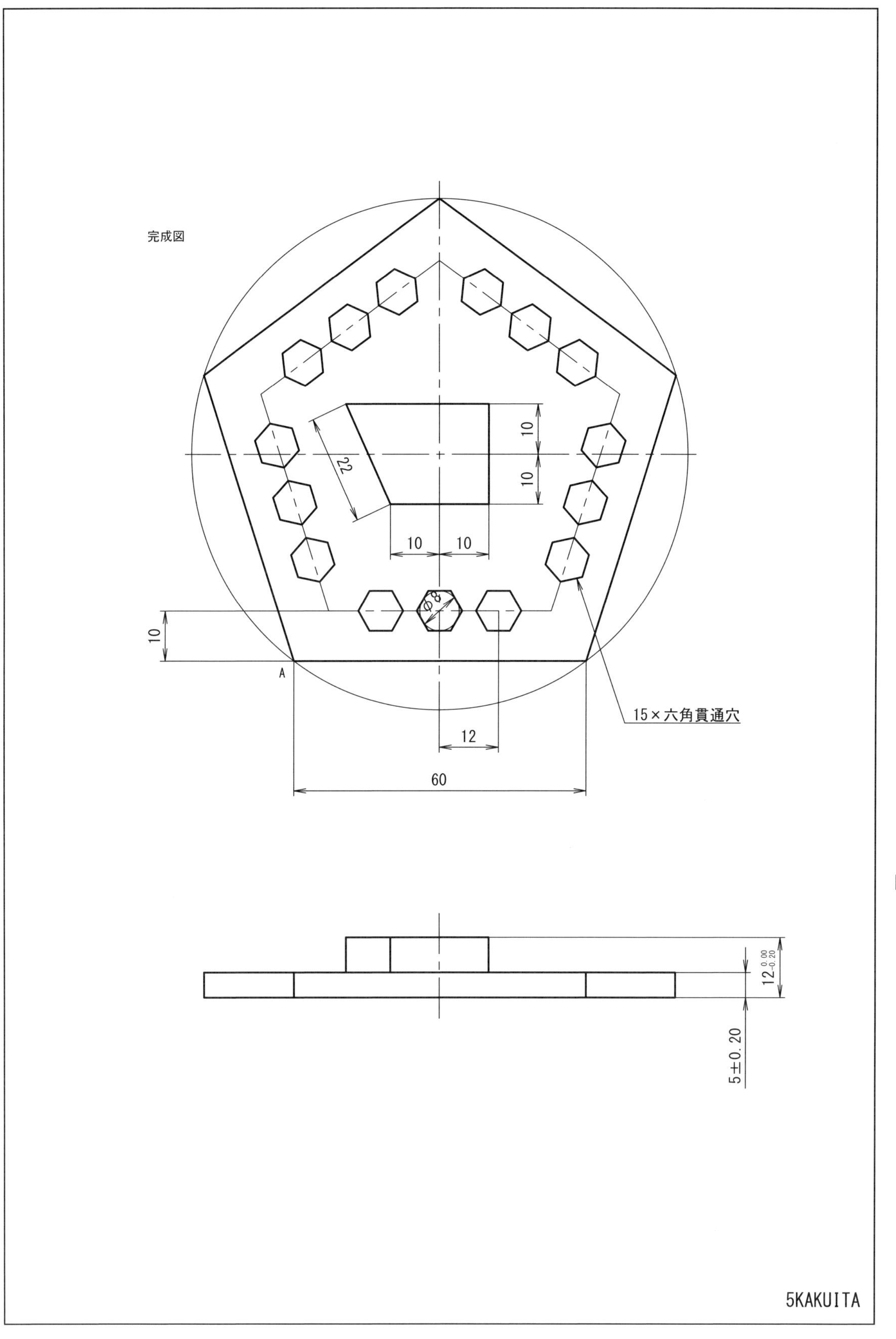
完成図
10
10
22
10
10
φ8
10
A
15×六角貫通穴
12
60
$12^{0.00}_{-0.20}$
5±0.20
5KAKUITA

平面図の残りの外形線を作成する．③	省略
正面図を作成する．	省略
寸法を記入する．	DIMS の画層を現在層にする． 以下略
正面図の寸法（12 mm）に公差を記入する．	12 の寸法　を（SEL） （右）ショートカットメニュー の［オブジェクトプロパティ管理］ を（SEL） 許容差欄 ［許容差表示］ を（SEL） ▼ を（SEL） 上下　を（SEL） ［許容差のマイナス値］ 0.2　と入力 ［許容差のプラス値］ 0　と入力 ［許容差の垂直方向の位置］ を（SEL） ▼ を（SEL） 中央　を（SEL） ［許容差の精度］ を（SEL） ▼ を（SEL） 0.00　を（SEL） ［許容差の接頭の 0 を省略］ を（SEL） ▼ を（SEL） いいえ　を（SEL） ［許容差の末尾の 0 を省略］ を（SEL） ▼ を（SEL） いいえ　を（SEL） ［許容差の文字高さ］ 0.5　と入力　････（寸法数値の 0.5 のサイズ） ［Esc］
正面図の寸法（5 mm）に公差を記入する．	5 の寸法　を（SEL） 許容差欄 ［許容差表示］を（SEL） ▼ を（SEL） 1 つ　を（SEL） ［許容差のプラス値］ 0.2　と入力 ［許容差の垂直方向の位置］ を（SEL） ▼ を（SEL） 中央　を（SEL） ［許容差の精度］を（SEL） ▼ を（SEL） 0.00　を（SEL） ［許容差の接頭の 0 を省略］ を（SEL） ▼ を（SEL） いいえ　を（SEL） ［許容差の末尾の 0 を省略］ を（SEL） ▼ を（SEL） いいえ　を（SEL） ［許容差の文字高さ］ 1　と入力　････（寸法数値と同じサイズ） ☒ を（SEL）　････（プロパティパレットを閉じる） ［Esc］

①

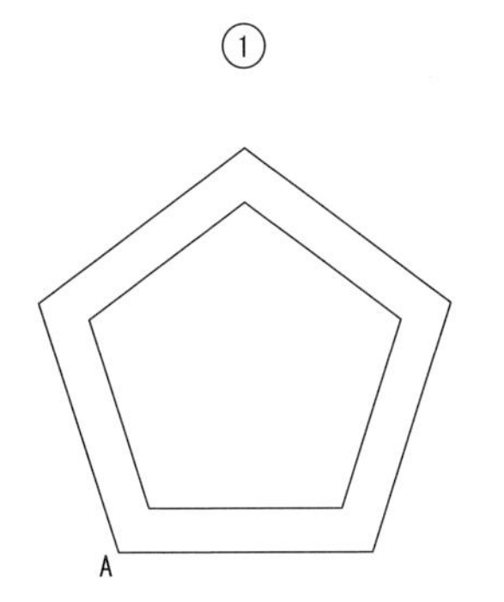

②

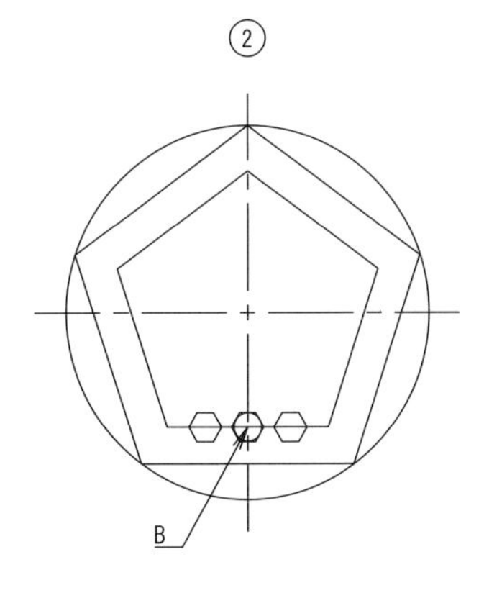

③

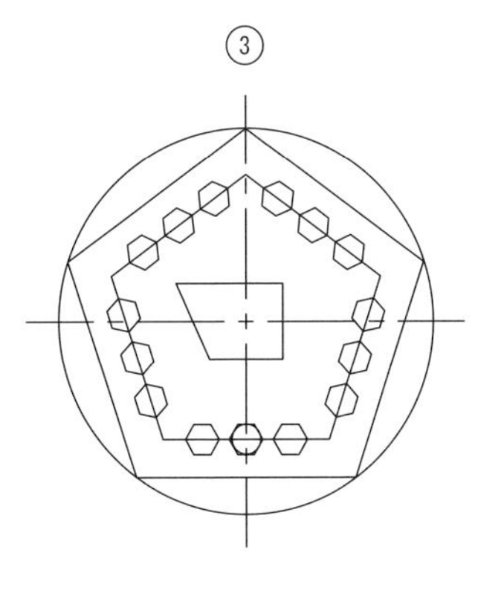

5KAKUITAO

⇄ 演習 5・6　ロッカーアーム

内　容	操 作 手 順
入力画面を準備する.	入力画面の設定方法 2 による.
中心線を作成する.	CENTER の画層を現在層にする. ステータスバー の［カーソルの動きを直交に強制］ を（SEL） ････（直交モードにする） **［作成］/線分**　を（SEL） 以下略
同心円を 3 個作成する. ①	ステータスバー の［カーソルの動きを直交に強制］ を（SEL） ････（直交モードを解除） OBJECTS の画層を現在層にする. **［作成］/円/中心, 半径**　を（SEL） 中心線の交点 X　を O スナップ 10 ［Enter］ いま作成した円を 8 mm, 12.5 mm オフセットする. **［修正］/オフセット**　を（SEL） 8 ［Enter］ 円　を（SEL） 円の外側の任意の点　を（SEL） ［終了 (E)］ を（SEL）//（右）ショートカットメニュー の［繰り返し］ を（SEL） 以下略
垂直の中心線を 100 mm 左側にオフセットする. （画面に向かって左側）	**［修正］/オフセット**　を（SEL） 100 ［Enter］ 垂直の中心線　を（SEL） 垂直の中心線の左側の任意の点　を（SEL） ［終了 (E)］ を（SEL）
線分 BC を作成する. ②	**［修正］/オフセット**　を（SEL） 5 ［Enter］ 水平の中心線 AX　を（SEL） 中心線の上側の任意の点　を（SEL） ［終了 (E)］ を（SEL） （右）ショートカットメニュー の［繰り返し］ を（SEL） 15 ［Enter］ 水平の中心線 AX　を（SEL） 中心線の下側の任意の点　を（SEL） ［終了 (E)］ を（SEL） **［作成］/線分**　を（SEL） 交点 A　を O スナップ @4<75 ［Enter］ （右）ショートカットメニュー の［Enter］ を（SEL） いま作成した線分を B 点と C 点まで延長する. **［修正］/延長**　を（SEL） 以下略
線分 CD を作成する.	**［作成］/線分**　を（SEL） 端点 C　を O スナップ @25<15 ［Enter］ （右）ショートカットメニュー の［Enter］ を（SEL）
線分 CD を 3 mm, 6 mm 下側にオフセットする.	**［修正］/オフセット**　を（SEL） 3 ［Enter］ 線分 CD　を（SEL） 線分 CD の下側の任意の点　を（SEL） ［終了 (E)］ を（SEL）//（右）ショートカットメニュー の［繰り返し］ を（SEL） 以下略
線分 CE と DF を作成する. ③	**［作成］/線分**　を（SEL） 端点 C　を O スナップ 端点 E　を O スナップ 以下略

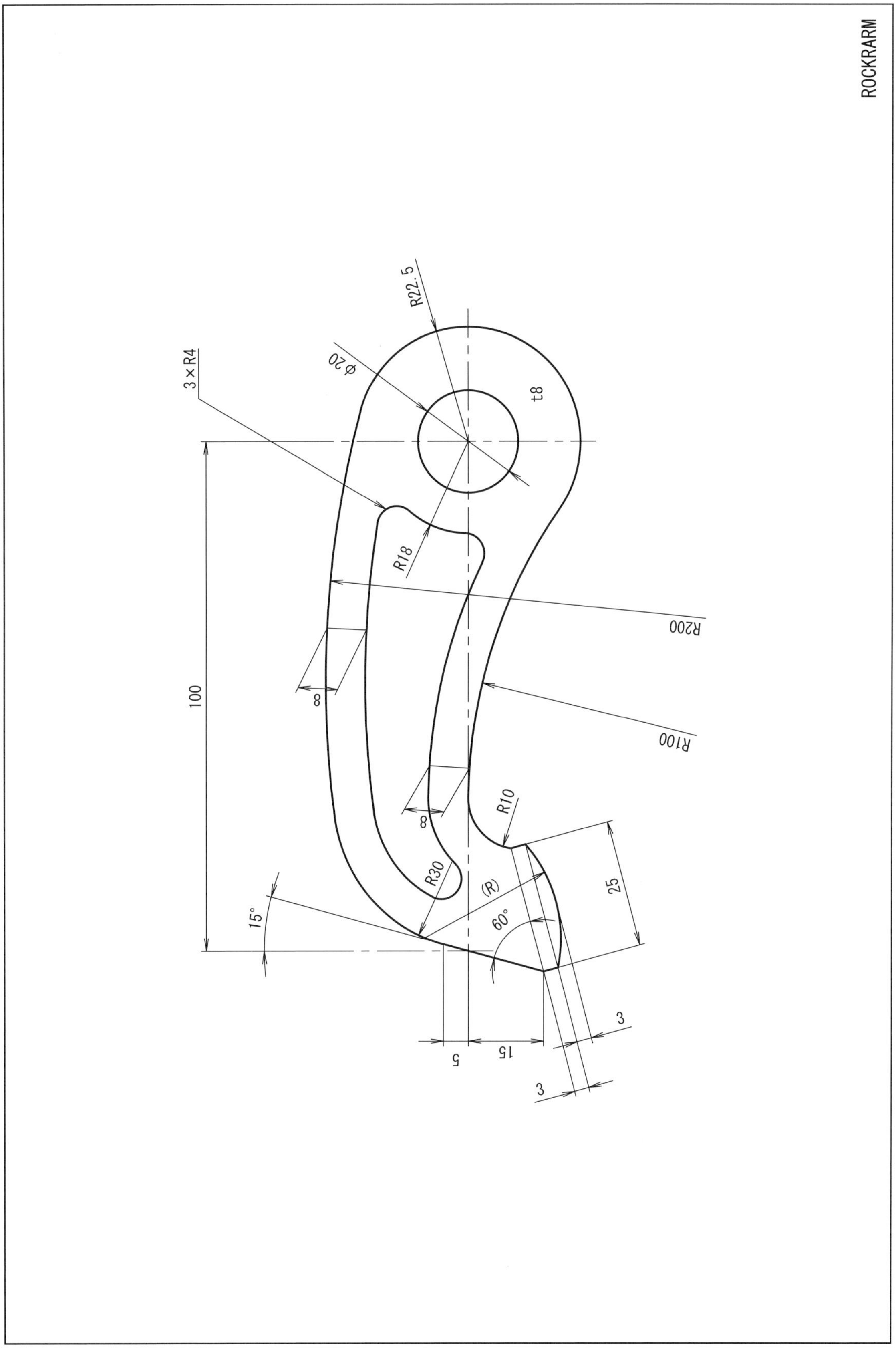

演習5・6 ロッカーアーム

ROCKRARM

R22.5
φ20
3×R4
t8
R18
R200
R100
100
8
8
R10
R30
(R)
60°
15°
25
5
15
3
3

線分 BC を右に 30 mm オフセットする.	**[修正]/オフセット**　を（SEL） 30　[Enter] 線分 BC　を（SEL） 線分 BC の右側の任意の点　を（SEL） [終了(E)]　を（SEL）
半径 10 mm の円弧部分作成の準備をする. ④	水平の中心線を下側に 10 mm オフセットする. **[修正]/オフセット**　を（SEL） 以下略 端点 D を中心とする半径 10 mm の円を作成する. **[作成]/円/中心, 半径**　を（SEL） 端点 D　を O スナップ 10　[Enter]
半径 10 mm の円を移動する. ⑤	**[修正]/移動**　を（SEL） いま作成した円　を（SEL）//（右） 円の中心　を O スナップ 交点 H　を O スナップ
半径 30 mm の円弧部分を作成する. ⑥	**[作成]/円/中心, 半径**　を（SEL） 端点 G　を O スナップ 端点 B　を O スナップ
スリッパ部の円弧を作成する. ⑦	**[作成]/円弧/3点**　を（SEL） 端点 I　を O スナップ 中点 K　を O スナップ 端点 J　を O スナップ
半径 200 mm の円弧部分を作成する.	**[作成]/円/接点, 接点, 半径**　を（SEL） 半径 30 mm の円の任意の点 L　を（SEL） 半径 22.5 mm の円の任意の点 M　を（SEL） 200　[Enter]
半径 100 mm の円弧部分を作成する. ⑧	**[作成]/円/接点, 接点, 半径**　を（SEL） 半径 10 mm の円の任意の点 N　を（SEL） 半径 22.5 mm の円の任意の点 P　を（SEL） 100　[Enter]
不要部分をトリムまたは削除で消去する.	**[修正]/トリム**　を（SEL） 以下略
穴の円弧部分を作成する. ⑨ （外側の円弧を内側に 8 mm オフセットする.）	**[修正]/オフセット**　を（SEL） 8　[Enter] 半径 200 mm の円弧　を（SEL） 円弧の内側の任意の点　を（SEL） [終了(E)]　を（SEL） （右）ショートカットメニュー　の　[繰り返し]　を（SEL） （右）ショートカットメニュー　の　[Enter]　を（SEL） ・・・・（オフセット距離〈8〉確定） 半径 100 mm の円弧　を（SEL） 円弧の外側の任意の点　を（SEL） [終了(E)]　を（SEL） （右）ショートカットメニュー　の　[繰り返し]　を（SEL） （右）ショートカットメニュー　の　[Enter]　を（SEL） 半径 30 mm の円弧　を（SEL） 円弧の内側の任意の点　を（SEL） [終了(E)] を（SEL） （右）ショートカットメニュー　の　[繰り返し]　を（SEL） （右）ショートカットメニュー　の　[Enter]　を（SEL） 半径 10 mm の円弧　を（SEL） 円弧の外側の任意の点　を（SEL） [終了(E)]　を（SEL）
フィレットで穴の円弧の接続部を半径 4 mm の円弧で丸める.	**[修正]/フィレット**　を（SEL） 以下略
不要部分をトリムまたは削除で消去する.	**[修正]/トリム**　を（SEL） 以下略
板厚, 寸法を記入する.	省略

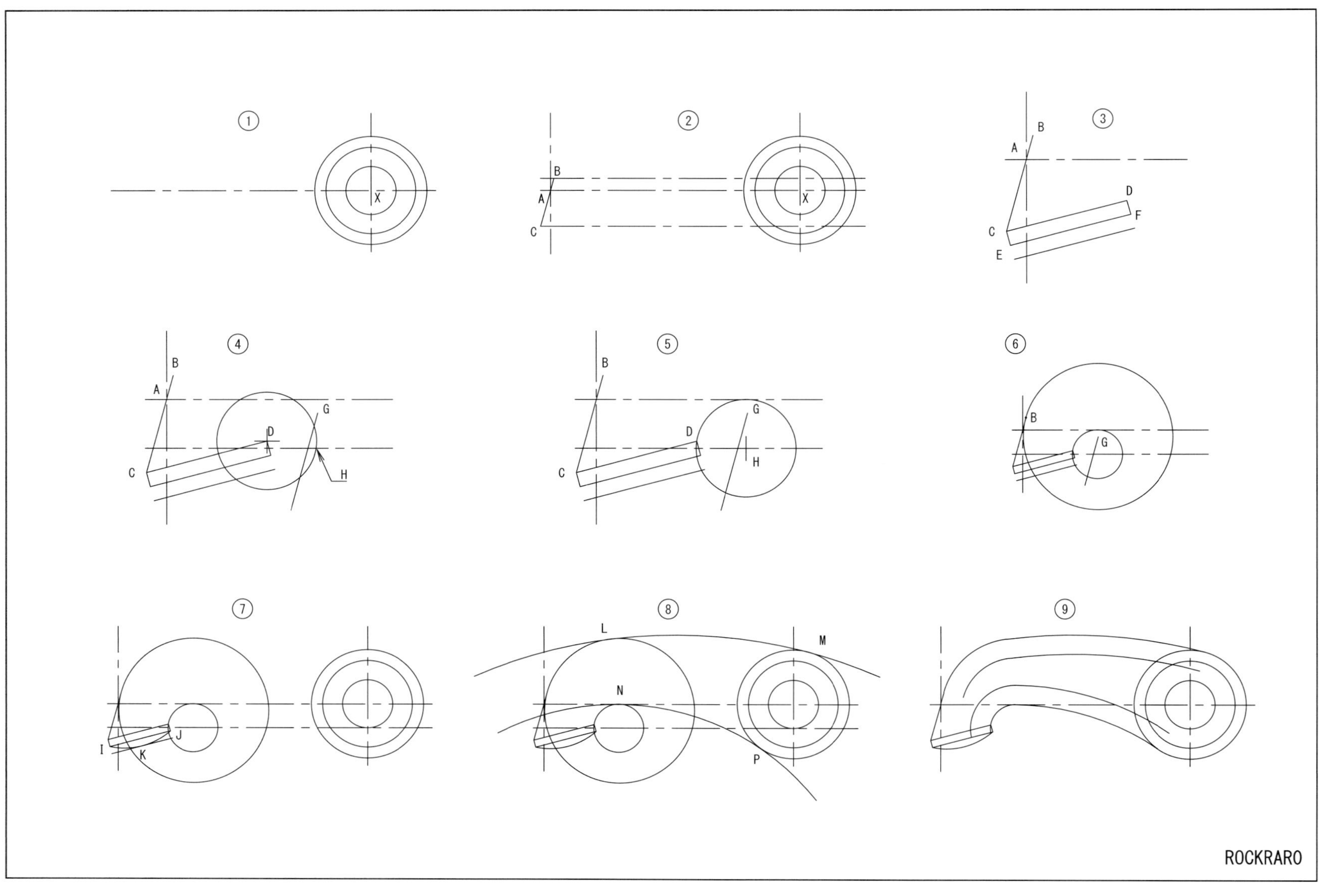

演習5・6 ロッカーアーム

5・2 二面図

二面図，三面図や補助投影図のように，複数の投影図を作図する場合には，F ブロックや V ブロックに見られるように，1 つの投影図を完成し，オブジェクトスナップをうまく活用して隣の投影図を作成する方法と，U 継手で見られるように，碁盤目状に線分を作成し，不要な部分をトリムや削除コマンドによって消去して 2 つ投影図を同時に作成する方法とがある．前者のほうが一見簡単そうであるが，実務では一方に偏らず，両者を組み合わせて作図するとよい．

ここでとり上げた演習でも，オブジェクトスナップを多用する方法のみでなく，碁盤目状に下書き線を作成してから仕上げていく方法，さらに線種は気にしないで作図し，ほぼ完成してからそれぞれの画層にオブジェクトを移動して仕上げる方法というように変化をもたせた．ケースバイケースで使いやすい手法で実行すればよい．

演習 5・7 F ブロック

内容	操作手順
入力画面を準備する.	入力画面の設定方法 2 による.
線分 AB を作成する. ①	OBJECTS の画層を現在層にする. ステータスバー の［カーソルの動きを直交に強制］ を（SEL）‥‥（直交モードにする） **[作成]/線分** を（SEL） 画面中央上の任意の点 A を（SEL） カーソルを点 A の下側に移動する. 80 ［Enter］//（右）ショートカットメニュー の［Enter］ を（SEL）
線分 AB を右に 40 mm, 58 mm オフセットする. ②	**[修正]/オフセット** を（SEL） 40 ［Enter］ 線分 AB を（SEL）//線分 AB の右側の任意の点 を（SEL）//［終了(E)］ を（SEL） （右）ショートカットメニュー の［繰り返し］ を（SEL） 58 ［Enter］ 線分 AB を（SEL）//線分 AB の右側の任意の点 を（SEL）//［終了(E)］ を（SEL）
正面図の外形線を作成する. ③	**[作成]/線分** を（SEL） 端点 A を O スナップ カーソルを端点 A の左側に移動する. //40 ［Enter］ ‥‥（直接距離入力） @ −20, −20 ［Enter］ カーソルを下側に移動し，10 ［Enter］ カーソルを右側に移動し，10 ［Enter］ カーソルを下側に移動し，50 ［Enter］ カーソルを右側に移動し，20 ［Enter］ カーソルを上側に移動し，25 ［Enter］ @18, 15 ［Enter］ カーソルを右側に移動する. //12 ［Enter］ （右）ショートカットメニュー の［Enter］ を（SEL）
正面図の主要な点から線分 CD に垂線を作成する.	**[作成]/線分** を（SEL） 交点 A を O スナップ//線分 CD を O スナップ（垂線） （右）ショートカットメニュー の［Enter］ を（SEL） （右）ショートカットメニュー の［繰り返し］ を（SEL） 端点 B を O スナップ//線分 CD を O スナップ（垂線） （右）ショートカットメニュー の［Enter］ を（SEL） （右）ショートカットメニュー の［繰り返し］ を（SEL） 交点 E を O スナップ//線分 CD を O スナップ（垂線） （右）ショートカットメニュー の［Enter］ を（SEL） （右）ショートカットメニュー の［繰り返し］ を（SEL） 交点 F を O スナップ//線分 CD を O スナップ（垂線） （右）ショートカットメニュー の［Enter］ を（SEL） （右）ショートカットメニュー の［繰り返し］ を（SEL） 以下略
不要部分をトリムまたは削除で消去する. ④	**[修正]/トリム** を（SEL） 以下略
かくれ線を HIDDEN の画層に移動する.	省略
寸法を記入する.	省略

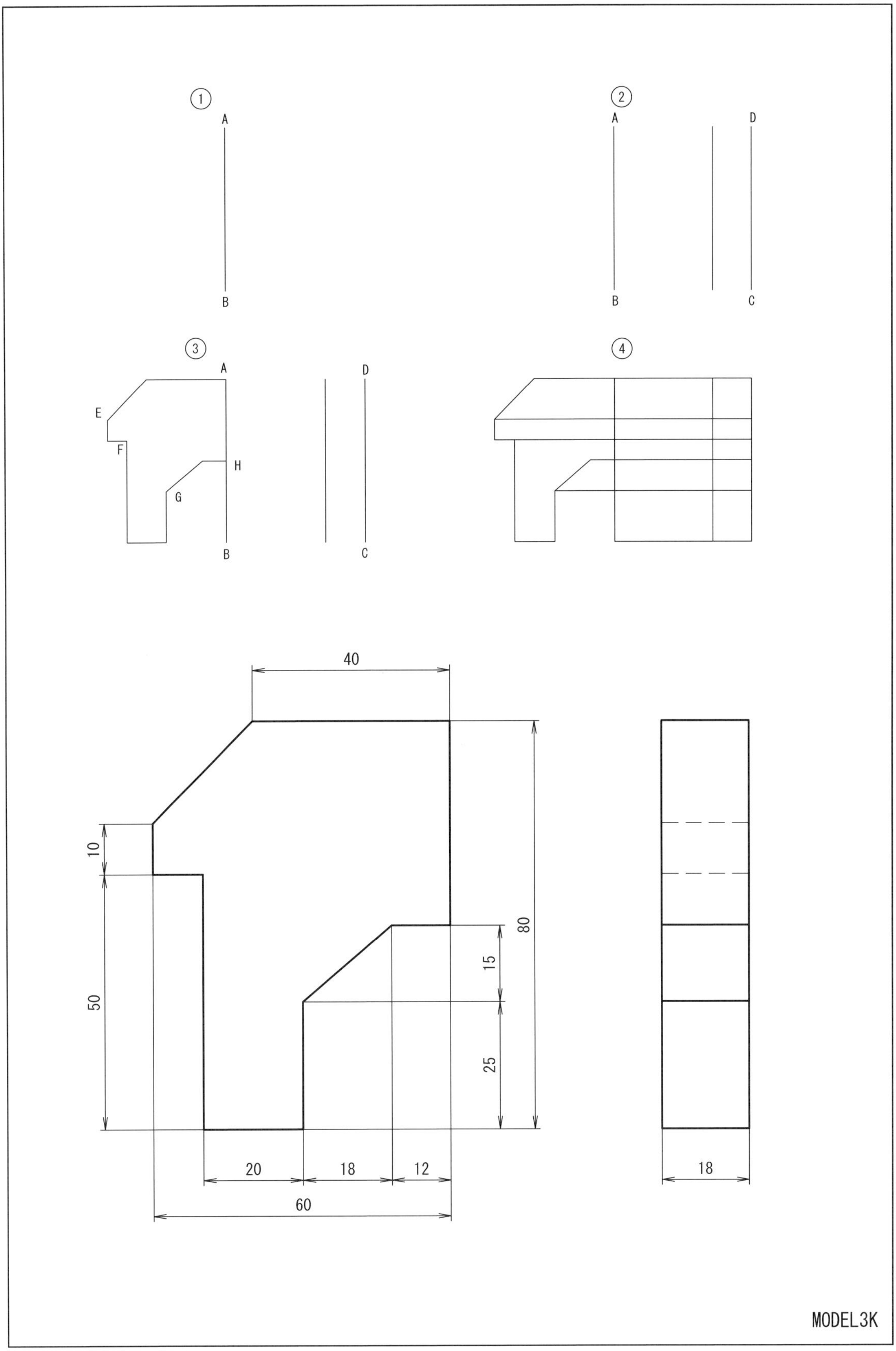

①
A
B
②
A
D
B
C
③
A
E
F
H
G
B
D
C
④
40
10
50
80
15
25
20
18
12
60
18
MODEL3K

⇄ 演習5・8 V ブロック

内　容	操作手順
入力画面を準備する.	入力画面の設定方法 2 による.
平面図の中心線ABを作成する. ①	ステータスバー の［カーソルの動きを直交に強制］ を（SEL） ・・・・（直交モードにする） CENTER の画層を現在層にする. **[作成]/線分** を（SEL） 画面中央上の任意の点 A を（SEL） @0, −40 [Enter] （右）ショートカットメニュー の［Enter］ を（SEL）
中心線ABを左右に45 mmオフセットする.	**[修正]/オフセット** を（SEL） 45 [Enter] 線分 AB を（SEL） 線分 AB の左側 を（SEL） 線分 AB を（SEL） 線分 AB の右側 を（SEL） ［終了(E)］ を（SEL）
線分 CD を作成する.	OBJECTS の画層を現在層にする. **[作成]/線分** を（SEL） 任意の点 C を（SEL） 線分 DF を O スナップ（垂線） （右）ショートカットメニュー の［Enter］ を（SEL）
線分CDを下に30 mmオフセットし，線分 EF を作成する. ②	**[修正]/オフセット** を（SEL） 30 [Enter] 線分 CD を（SEL） 線分 CD の下側 を（SEL） ［終了(E)］ を（SEL）
角のはみ出している部分をフィレットで消去する. ③	**[修正]/フィレット** を（SEL） ［半径（R)］を（SEL） 0 [Enter] ［複数（M)］を（SEL） 線分 CE を（SEL） 線分 CD を（SEL） 線分 CD を（SEL） 線分 DF を（SEL） 以下略
線分 CE, DF を OBJECTS の画層に移動する. ④	線分 CE を（SEL） 線分 DF を（SEL） ［画層］画層名表示欄▼ を（SEL） OBJECTS を（SEL） [Esc]

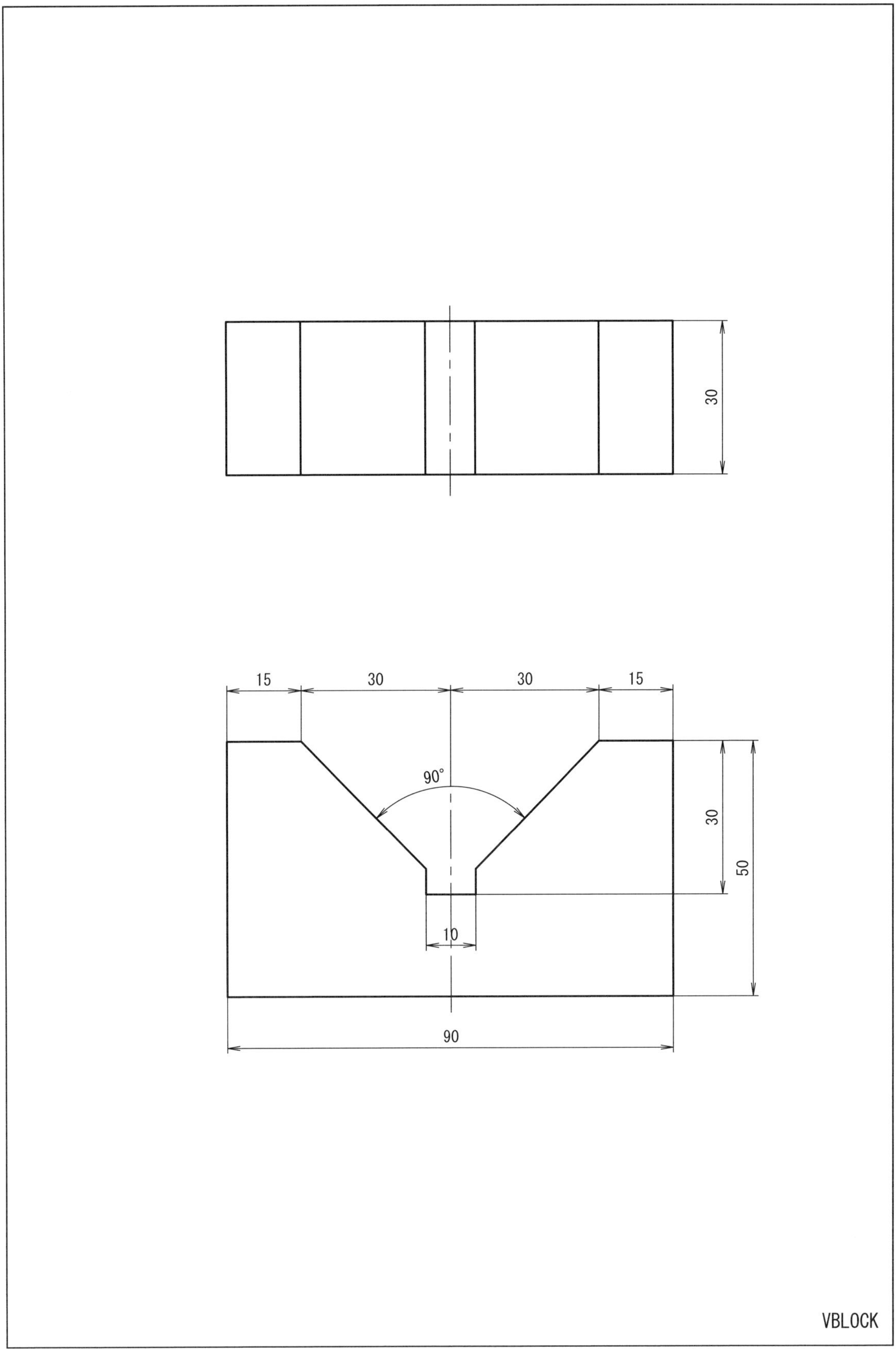

30

15 30 30 15

90°

30

50

10

90

VBLOCK

平面図の線分 EF を 30 mm，55 mm，60 mm，80 mm オフセットして，正面図の水平の 4 線分を作成する．⑤	**[修正]/オフセット**　を（SEL） 30　[Enter] 線分 EF　を（SEL） 線分 EF の下側　を（SEL） [終了(E)]　を（SEL） （右）ショートカットメニュー の［繰り返し］ を（SEL） 55　[Enter] 線分 EF　を（SEL） 線分 EF の下側　を（SEL） [終了(E)]　を（SEL） （右）ショートカットメニュー の［繰り返し］ を（SEL） 60　[Enter] 線分 EF　を（SEL） 線分 EF の下側　を（SEL） [終了(E)]　を（SEL） （右）ショートカットメニュー の［繰り返し］ を（SEL） 80　[Enter] 線分 EF　を（SEL） 線分 EF の下側　を（SEL） [Enter]
平面図の主要ポイントを正面図に反映させ，正面図の垂直の線分を作成する．	**[作成]/線分**　を（SEL） 端点 E　を O スナップ 線分 GH　を O スナップ（垂線） （右）ショートカットメニュー の［Enter］ を（SEL） （右）ショートカットメニュー の［繰り返し］ を（SEL） 以下略
正面図の中心線を作成する．	CENTER の画層を現在層にする． **[作成]/線分**　を（SEL） 端点 B　を O スナップ 線分 GH　を O スナップ（垂線）
いま作成した線分を 5 mm 下に移動する．⑥	**[修正]/移動**　を（SEL） いま作成した線分　を（SEL）//（右） 0，−5　[Enter] [Enter]
斜めの線分を作成する．⑦	ステータスバー の［カーソルの動きを直交に強制］ を（SEL） ····（直交モードを解除） OBJECTS の画層を現在層にする． **[作成]/線分**　を（SEL） 交点　を O スナップ 他方の交点　を O スナップ 以下略
正面図と平面図の間の不要部分をトリムで消去する．⑧	**[修正]/トリム**　を（SEL） 線分 EF　を（SEL） 線分 JK　を（SEL） （右） 消去したい部分　を順次（SEL） （右）ショートカットメニュー の［Enter］ を（SEL）
不要な部分をトリムまたは削除で消去する．	**[修正]/トリム**　を（SEL） 以下略
寸法を記入する．	省略

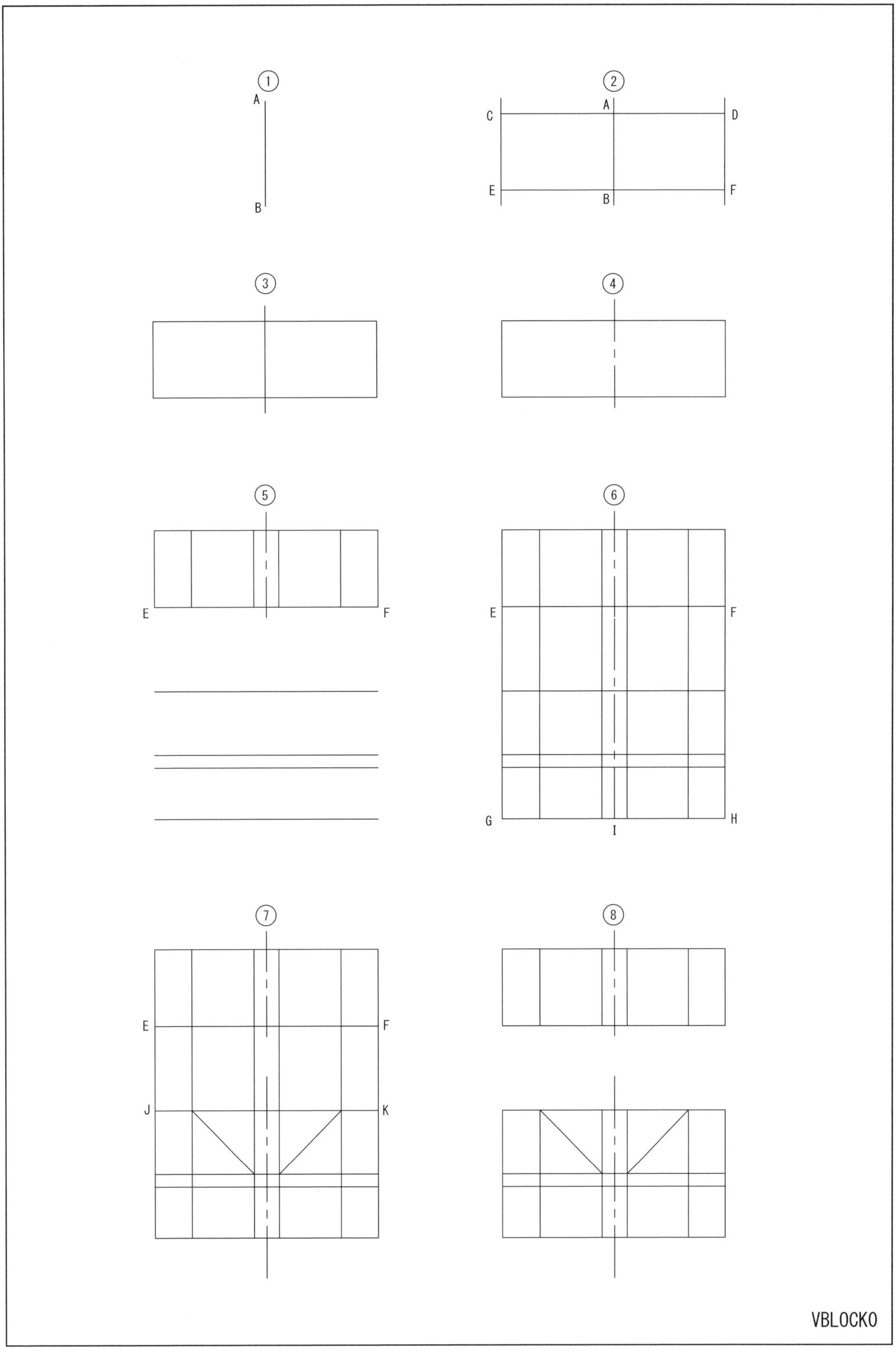

①
A
B
②
C
A
D
E
B
F
③
④
⑤
E
F
⑥
E
F
G
I
H
⑦
E
F
J
K
⑧
VBLOCK0

⇄ 演習5・9 U 継手

内容	操作手順
入力画面を準備する.	入力画面の設定方法 2 による.
線分 AB を作成し，上下に 7.5 mm，15 mm，16 mm，25 mm オフセットする.	ステータスバー の［カーソルの動きを直交に強制］ を（SEL） ････（直交モードにする） OBJECTS の画層を現在層にする. **［作成］/線分** を（SEL） 画面中央左の点 A を（SEL） @100，0 ［Enter］ ････（線分 AB） （右）ショートカットメニュー の［Enter］ を（SEL） **［修正］/オフセット** を（SEL） 7.5 ［Enter］ 線分 AB を（SEL） 線分 AB 上側の任意の点 を（SEL） 線分 AB を（SEL） 線分 AB 下側の任意の点 を（SEL） ［終了(E)］ を（SEL） 以下略
線分 AB を 70 mm 下側にオフセットし，線分 CD を作成する.	**［修正］/オフセット** を（SEL） 70 ［Enter］ 線分 AB を（SEL） 線分 AB 下側の任意の点 を（SEL） ［終了(E)］ を（SEL）
線分 CD を上下に 7.5 mm，16 mm，20 mm オフセットする.	**［修正］/オフセット** を（SEL） 以下略
垂直の線分を作成する.	**［作成］/線分** を（SEL） 画面左下の任意の点 E を（SEL） 画面左上の任意の点 F を（SEL） （右）ショートカットメニュー の［Enter］ を（SEL）
線分 EF を右側に 30 mm，40 mm，60 mm，70 mm，80 mm，90 mm オフセットする. ①	**［修正］/オフセット** を（SEL） 30 ［Enter］ 以下略
交点 G に半径 10 mm と 20 mm の円を作成する.	**［作成］/円/中心, 半径** を（SEL） 以下略
半径 5 mm の丸み（4 か所）を作成する. ②	**［修正］/フィレット** を（SEL） ［半径(R)］ を（SEL） 5 ［Enter］ ［複数（M)］ を（SEL） 丸みをつける角の 2 線分 を（SEL） 以下略
不要な部分をトリムまたは削除で消去する.	**［修正］/トリム** を（SEL） 以下略
中心線は CENTER の画層に，かくれ線は HIDDEN の画層に移動する.	中心線にする線分 を（SEL） ［画層］画層表示欄 ▼ を（SEL） CENTER を（SEL） ［Esc］ かくれ線にする線分 を（SEL） ［画層］画層表示欄 ▼ を（SEL） HIDDEN を（SEL） ［Esc］
寸法を記入する.	省略

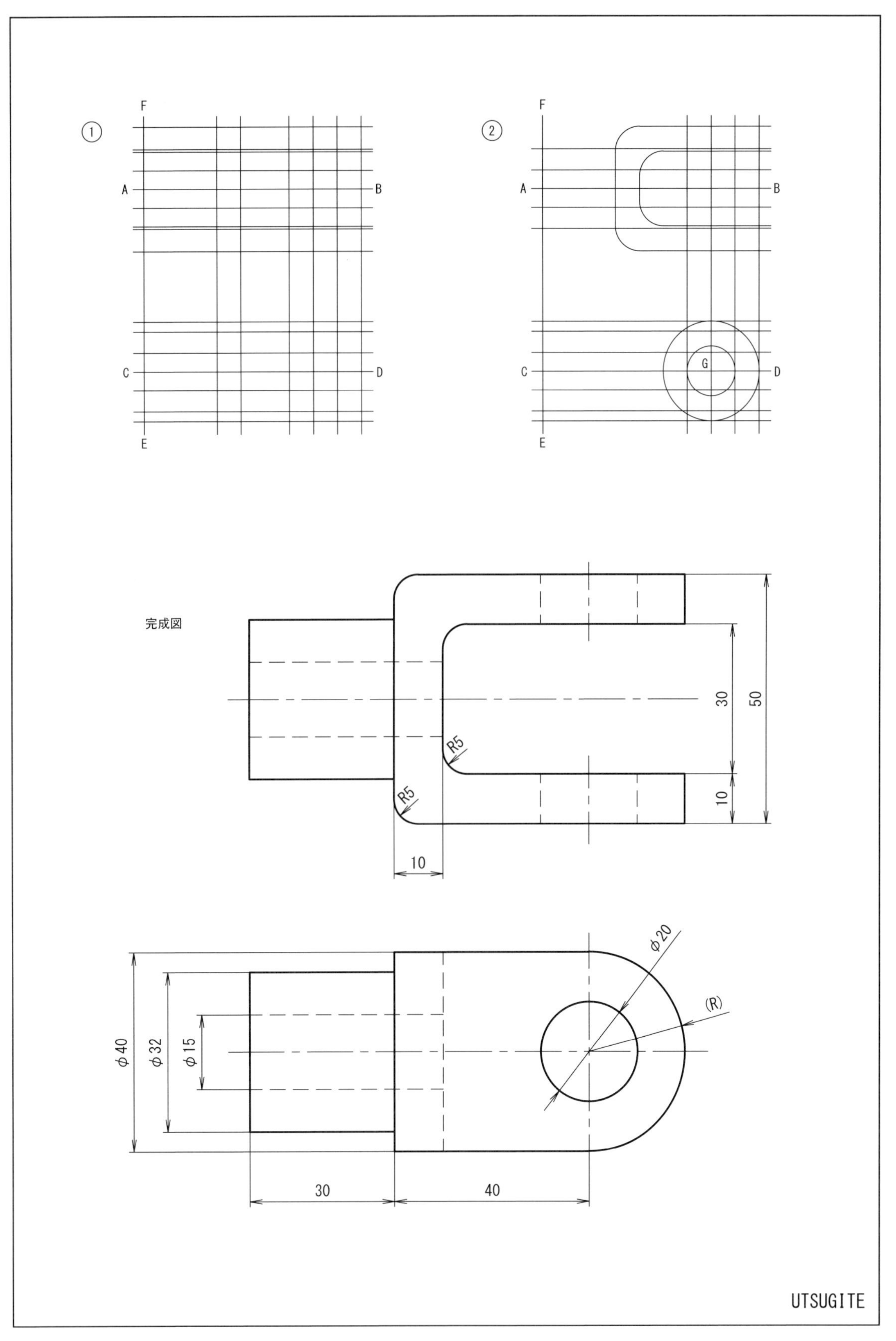

①
②
F
A
B
C
D
E
G
完成図
R5
R5
10
30
50
10
φ20
(R)
φ40
φ32
φ15
30
40
UTSUGITE

演習 5・10　ダ イ ア ル

内　　　容	操 作 手 順
入力画面を準備する.	入力画面の設定方法 2 による.
正面図と右側面図の水平の中心線を作成する.	ステータスバー の［カーソルの動きを直交に強制］ を（SEL） ・・・・（直交モードにする） OBJECTS の画層を現在層にする. **［作成］/線分** を（SEL） 画面中央の任意の点 A を（SEL） 以下略
右側面図の垂直の中心線と，水平の中心線に対し 45 度と −45 度の中心線を円形状配列複写によって作成する.	**［修正］/円形状配列複写** を（SEL） （オブジェクトを選択：） 水平の中心線 AB を（SEL） （オブジェクトを選択：） （右） （……中心を指定……：） 水平の中心線 AB の中点 を O スナップ ［項目］で （項目：） 4 と入力 （埋める：） 135 と入力 ［閉じる］/［配列複写を閉じる］ を（SEL）
交点 C に直径 72 mm と 60 mm の円を作成する.	**［作成］/円/中心, 半径** を（SEL） 交点 C を O スナップ 36 ［Enter］ （右）ショートカットメニュー の［繰り返し］ を（SEL） 交点 C を O スナップ 30 ［Enter］
交点 B に半径 8 mm の円を作成する. ①	**［作成］/円/中心, 半径** を（SEL） 交点 C を O スナップ 8 ［Enter］
半径 8 mm の円の不要部分をトリムで消去し，円弧にする.	**［修正］/トリム** を（SEL） 以下略

TIPS　配列複写の自動調整

■ 「配列複写」コマンドでは，「自動調整」という設定で，複写元のオブジェクトと複写されたオブジェクト間の関係が保持される. この設定により，「項目」や「間隔」などの値を変更する場合は，配列複写されたオブジェクトのどこか 1 ヵ所を選択すれば，「配列複写」のコンテキストタブが表示され，設定変更が容易にできる.
また，**［配列複写］**タブ **［オプション］/［元のオブジェクトを編集］** を実行して，複写元のオブジェクトを修正すると，複写されているオブジェクトも自動的に変更される.
配列複写されたオブジェクト間の関連付けを解除し，個々の独立したオブジェクトにするには，「分解」コマンドを実行する.
また，複写元と複写されたオブジェクトを関連させずに配列複写したいときは，「自動調整」の設定をオフにしておく.

■ 「分解」コマンドで関連付けを解除：

［ホーム］タブ **［修正］/分解** を（SEL）
（オブジェクトを選択：） 配列複写されたまとまりオブジェクト を（SEL）
（オブジェクトを選択：） （右）

■ 「自動調整」をオフにする.（関連付けを解除して配列複写）：

［配列複写作成］タブ **［オブジェクトプロパティ管理］/自動調整** を（SEL）　・・・・（ハイライトをオフにする）

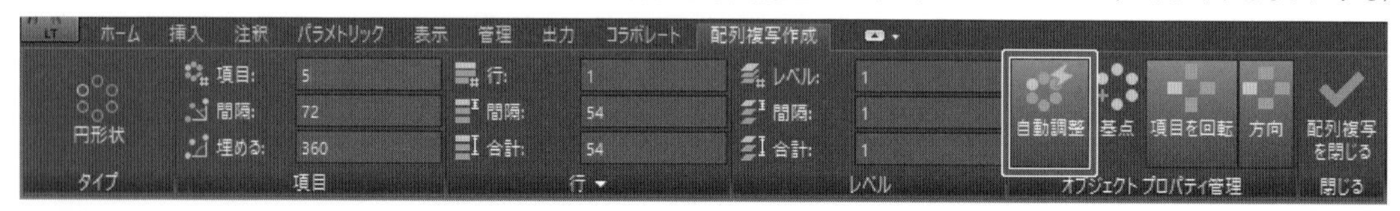

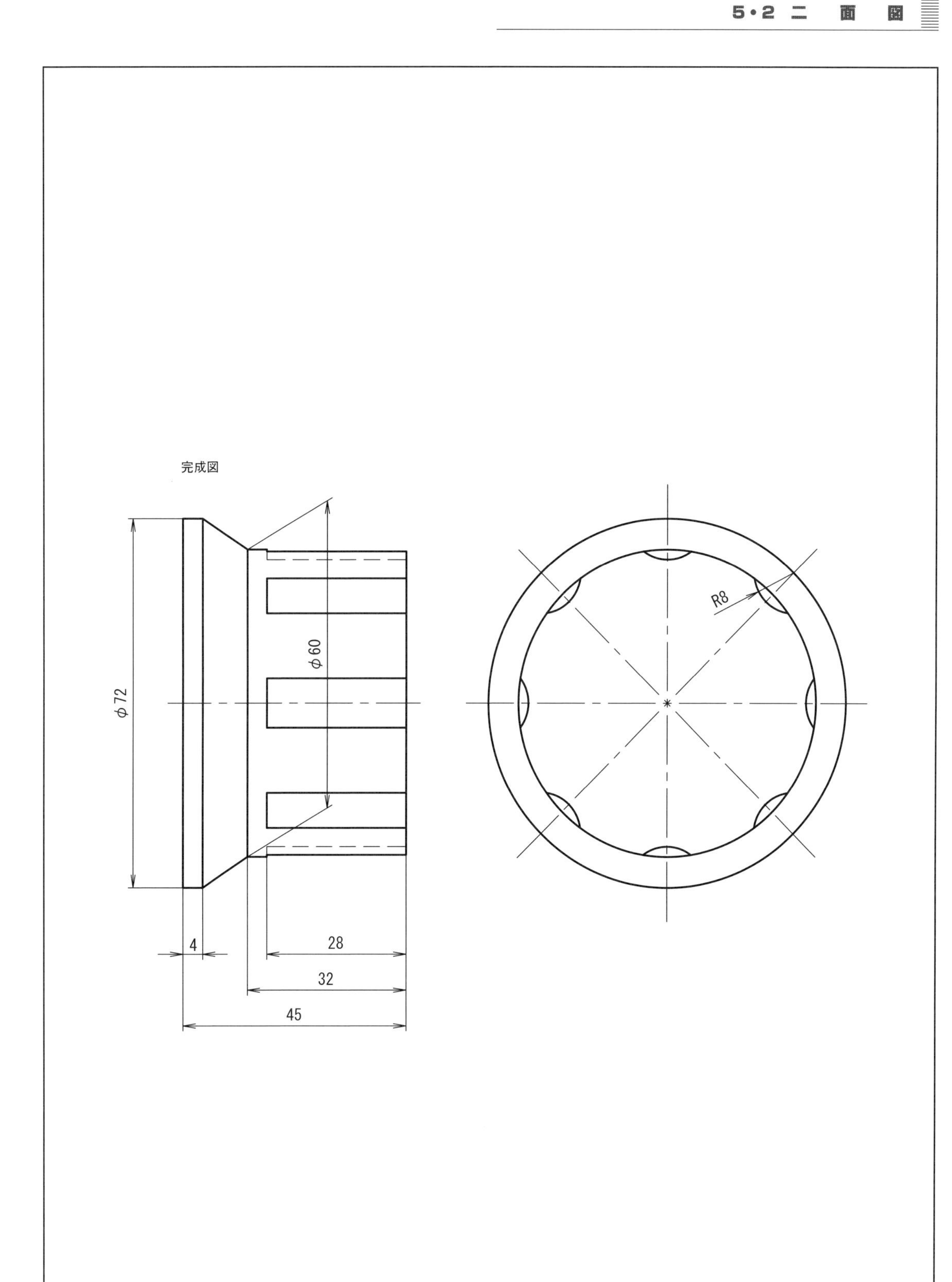
完成図
φ72
φ60
R8
4
28
32
45
DIAL

円弧を円形状に配列複写する.	**[修正]/円形状配列複写**　を（SEL） （オブジェクトを選択：）　円弧　を（SEL） （オブジェクトを選択：）（右） （……中心を指定……：）　円の中心　を O スナップ ［項目］で （項目：）　8　と入力 （埋める：）　360　と入力 ［閉じる］/［配列複写を閉じる］　を（SEL）
線分 DE を左側に 55 mm，83 mm，87 mm，96 mm，100 mm オフセットし，正面図作成の準備をする．②	**[修正]/オフセット**　を（SEL） 55　[Enter] 線分 DE　を（SEL） 線分 DE の左側の任意の点　を（SEL） ［終了(E)］　を（SEL） （右）ショートカットメニュー　の［繰り返し］　を（SEL） 83　[Enter] 線分 DE　を（SEL） 線分 DE の左側の任意の点　を（SEL） ［終了(E)］　を（SEL） （右）ショートカットメニュー　の［繰り返し］　を（SEL） 以下略
右側面図の主要ポイントを正面図に反映させる．③	**[作成]/線分**　を（SEL） 直径 72 mm の円の上の四半円点　を O スナップ 左端の線分の左側の任意の点　を（SEL） 以下略
トリムと削除で不要部分を消去し，正面図の上半分を作成する．④	**[修正]/トリム**　を（SEL） 以下略
正面図の上半分の図の鏡像を作成する．	**[修正]/鏡像**　を（SEL） 水平の中心線より上の全オブジェクト　を（SEL） （右） 中心線の端点　を O スナップ 中心線の他方の端点　を O スナップ ［いいえ(N)］　を（SEL）
不要部分を消去し，不足部分を補い，寸法を記入する．	**[修正]/トリム**　を（SEL） 以下略 **寸法/長さ寸法**　を（SEL） 以下略
スライド寸法を作成する． （φ 60）	**[注釈]** タブ **[寸法記入]/スライド寸法**　を（SEL） φ 60 の寸法　を（SEL） （右） 30　[Enter]
中心線は CENTER の，かくれ線は HIDDEN の画層に移動する．	中心線にする線分　を（SEL） ［画層］画層名表示欄 ▼　を（SEL） CENTER　を（SEL） [Esc] かくれ線にする線分　を（SEL） ［画層］画層名表示欄 ▼　を（SEL） HIDDEN　を（SEL） [Esc] ステータスバー　の［カーソルの動きを直交に強制］　を（SEL） ‥‥（直交モードを解除）

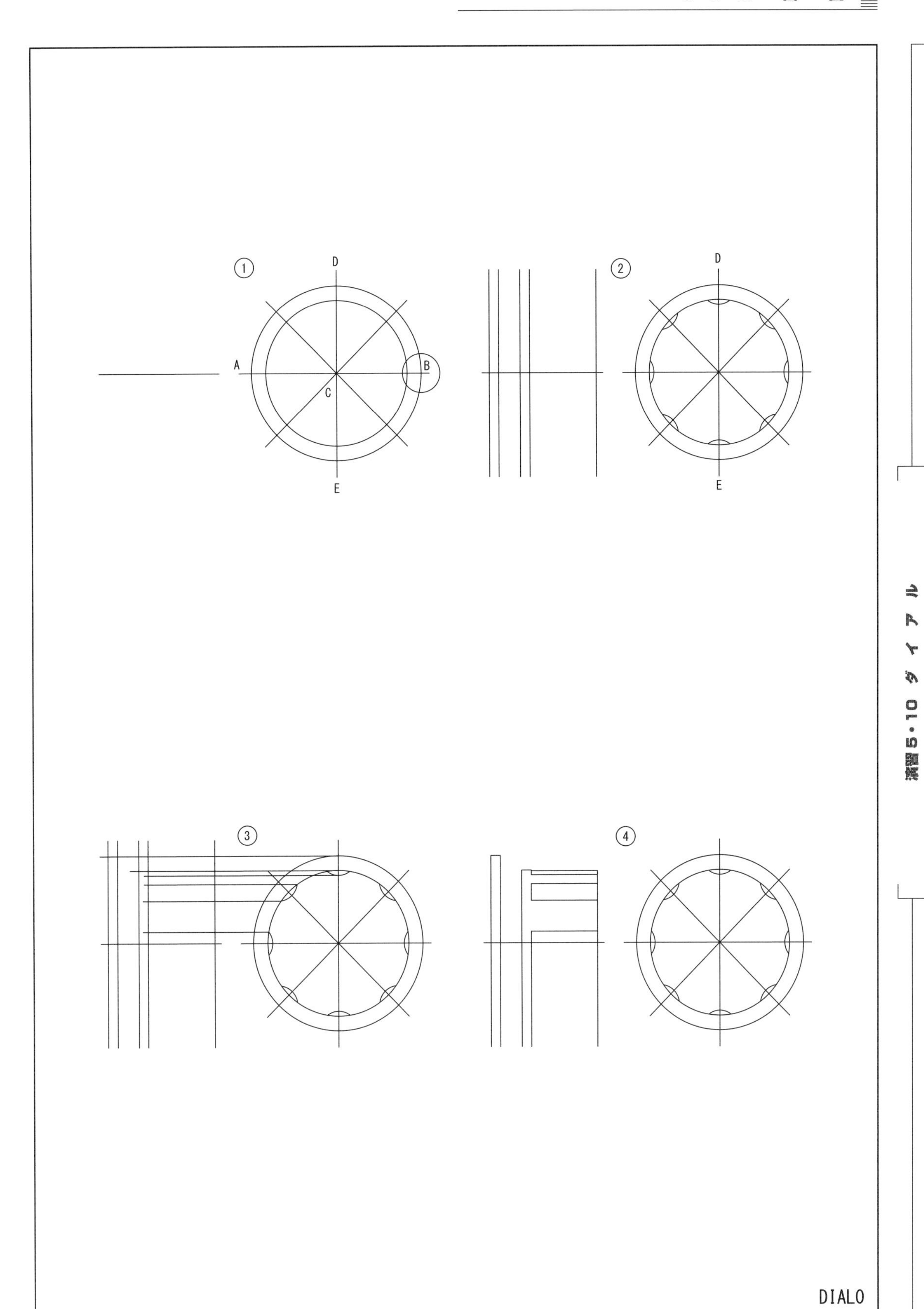
①
D
A
B
C
E
②
D
E
③
④
DIALO

⇄ 演習5・11　共口スパナ

一般に，実際の機械部品はかなり複雑な形状をしている．しかし，その複雑な形状が，CAD の操作を習得するうえでそれほど重要な意味をもたないと考えられる場合は，紙面の都合で簡素化してある．それでも 1～2 頁ですべての操作手順を文字のみで表現するのは至難である．図面の余白などを利用して，操作手順を示すいくつかの説明図によってそれを補っている．

スパナには両口スパナ，片口スパナ，共口スパナなどがあるが，ここでは，CAD 演習用として最も適切と思われる共口スパナをとり上げてみた．

内　　容	操　作　手　順
入力画面を準備する.	入力画面の設定方法 2 による.
中心線を作成する.	CENTER の画層を現在層にする. ステータスバー　の［カーソルの動きを直交に強制］　を（SEL） ・・・・（直交モードにする） **[作成]/線分**　を（SEL） 画面左の任意の点 A　を（SEL） 画面右の任意の点 B　を（SEL） （右）ショートカットメニュー　の［Enter］　を（SEL） （右）ショートカットメニュー　の［繰り返し］　を（SEL） 画面中央の任意の点 C　を（SEL） 画面中央の任意の点 D　を（SEL） （右）ショートカットメニュー　の［Enter］　を（SEL）
左の頭部を作成する.	OBJECTS の画層を現在層にする. ステータスバー　の［カーソルの動きを直交に強制］　を（SEL） ・・・・（直交モードを解除） **[作成]/円/中心, 半径**　を（SEL） 以下略
左の頭部に寸法を記入する.	DIMS の画層を現在層にする. **[寸法]/半径寸法記入**　を（SEL） 以下略
回転図示断面図を作成する.	OBJECTS の画層を現在層にする. **[作成]/線分**　を（SEL） 以下略
32 mm 幅の柄の部分を作成する. ①	直線部分を作成する. **[作成]/線分**　を（SEL） 以下略
	破断線部分を作成する. TEXT の画層を現在層にする.　・・・・（破断線を TEXT と同じ細い実線で作成） **[作成]/スプラインフィット**　を（SEL） 以下略
中心線 CD に対する鏡像を作成する. ②	**[修正]/鏡像**　を（SEL） 回転断面図と中心線を除く全オブジェクト　を（SEL） （右） 線分 CD の端点 C　を O スナップ 線分 CD の端点 D　を O スナップ ［いいえ(N)］　を（SEL）

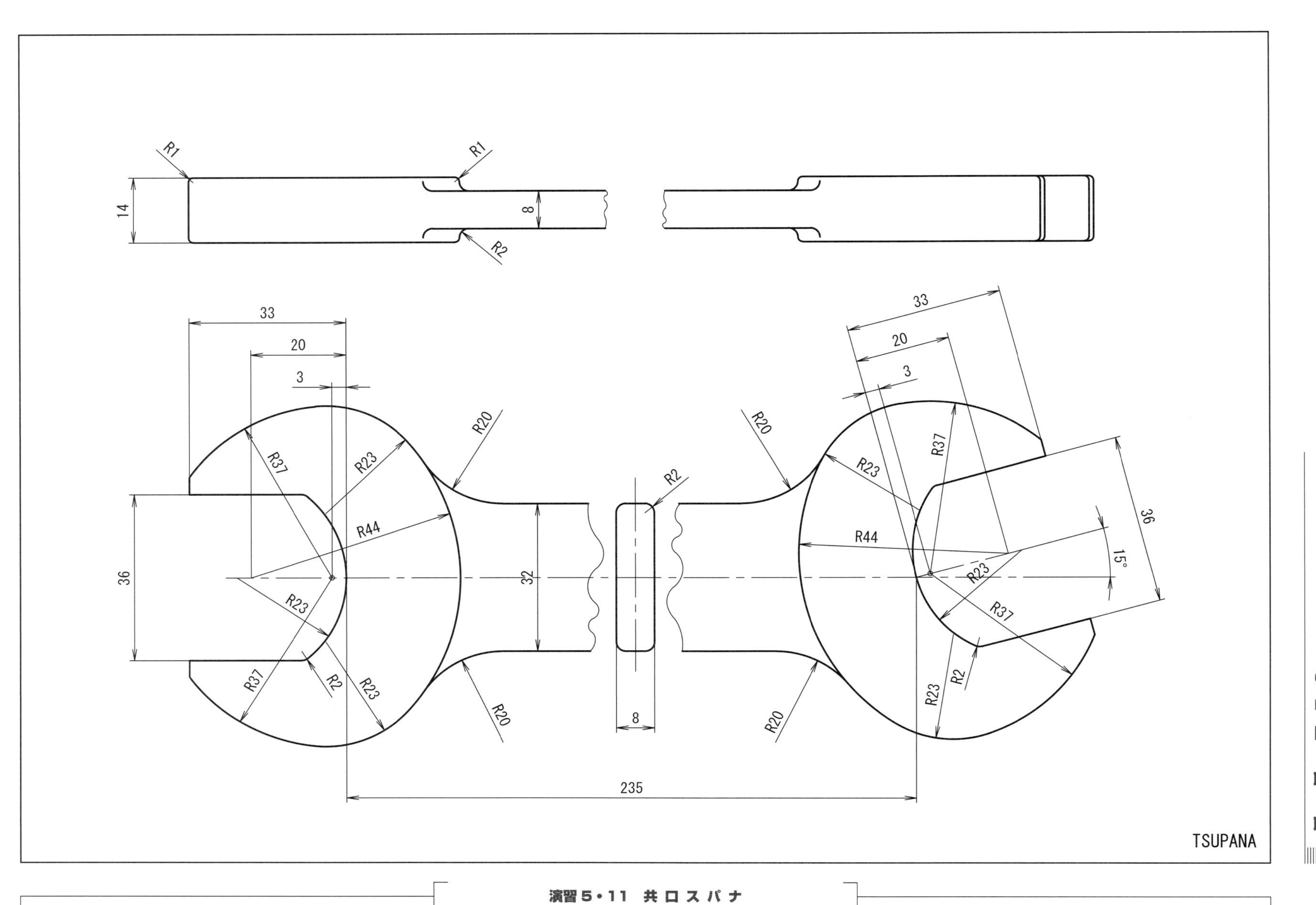
R1
R1
14
8
R2
33
20
3
R37
R23
R44
R20
36
R23
R37
R2
R23
R20
32
R2
8
235
33
20
3
R20
R37
R23
R44
36
15°
R23
R37
R23
R2
R20
TSUPANA

演習5・11 共口スパナ

右の頭部を交点 E を中心として 15 度回転する．③	**[修正]/回転**　を（SEL） 右の頭部を形成する全オブジェクト　を（SEL） （右） 交点 E　を O スナップ 15　[Enter]
左右の頭部と柄の 4 接続部に円/接点，接点，半径コマンドで丸みをつける．④ （フィレットコマンドでも可）	OBJECTS の画層を現在層にする． **[作成]/円/接点, 接点, 半径**　を（SEL） 線分　を（SEL） 円弧　を（SEL）　・・・・〔右上のみ R23 の円弧，他は R44 の円弧　を（SEL）〕 20　[Enter] **[作成]/円/接点, 接点, 半径**　を（SEL） 線分　を（SEL） 円弧　を（SEL） 20　[Enter] **[作成]/円/接点, 接点, 半径**　を（SEL） 線分　を（SEL） 以下略
不要部分をトリムまたは削除で消去し，柄の部分を完成する．	**[修正]/トリム**　を（SEL） 以下略
正面図の主要ポイントを平面図に反映し，平面図を作成する．	省略
寸法を記入し，図面を完成する．	DIMS の画層を現在層にする． 以下略
角度寸法を整数表記に設定する．	整数表記する角度寸法　を（SEL） （右）ショートカットメニュー の［精度］　を（SEL） 0　を（SEL）

TIPS　プロパティパレットで寸法値精度を変更

■　角度寸法値を整数表記に変更する操作手順

変更する寸法オブジェクト　を（SEL）
（右）［オブジェクトプロパティ管理］　を（SEL）
基本単位欄
（角度の精度）　0　を（SEL）
☒　を（SEL）
[ESC]

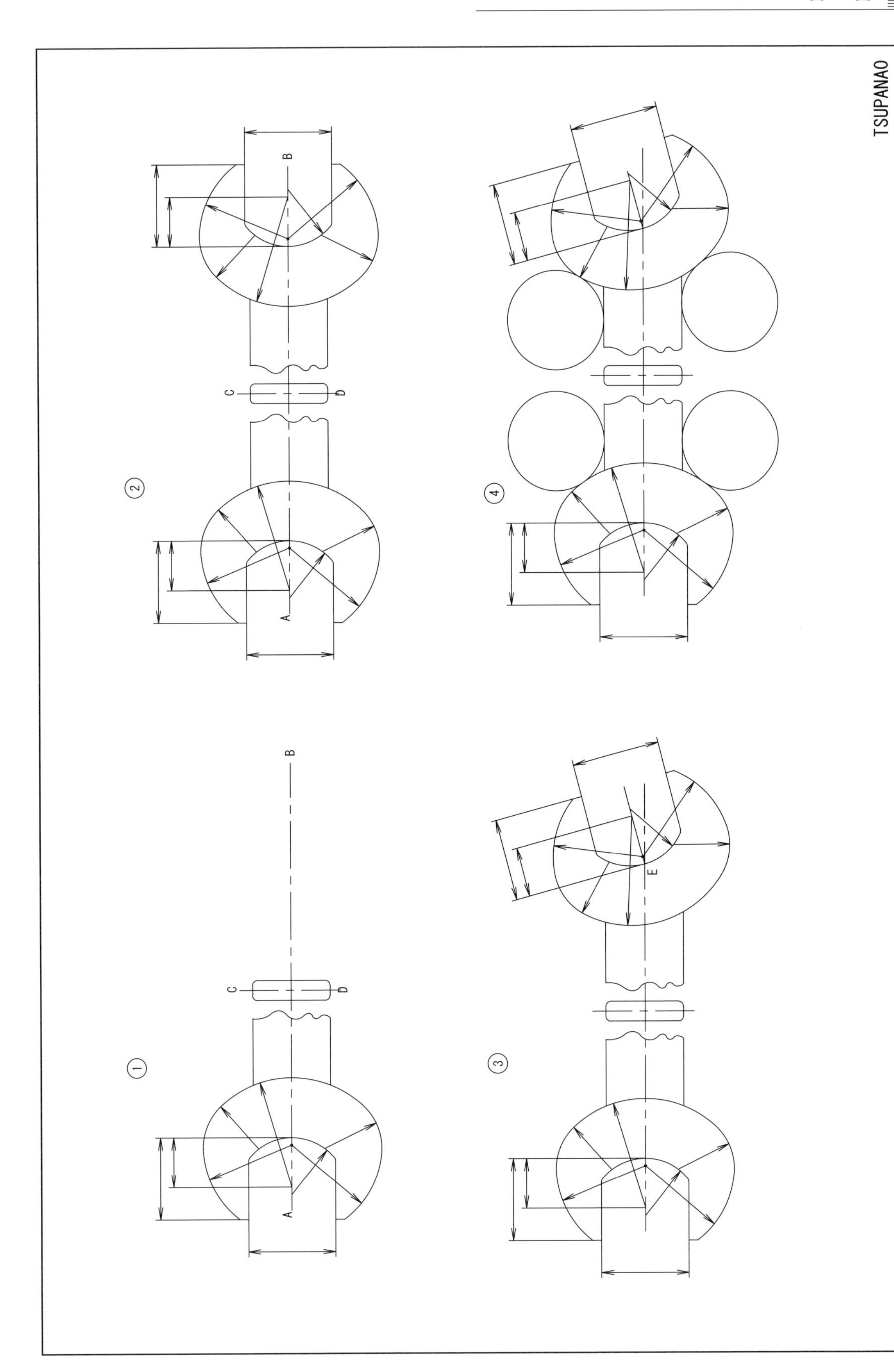
TSUPANAO
①
②
③
④
A
B
C
D
E

演習 5・12 コンロッド

内容	操作手順
入力画面を準備する.	入力画面の設定方法 2 による.
大端と小端の円の中心を通る水平と垂直の中心線を作成する.	ステータスバー の［カーソルの動きを直交に強制］ を（SEL） ····（直交モードにする） CENTER の画層を現在層にする. **［作成］/線分** を（SEL） 以下略
大端，小端の円を作成する.	ステータスバー の［カーソルの動きを直交に強制］ を（SEL） ····（直交モードを解除） OBJECTS の画層を現在層にする. **［作成］/円/中心, 直径** を（SEL） 小端側の交点 A を O スナップ 15 ［Enter］ **［作成］/円/中心, 直径** を（SEL） 大端側の交点 B を O スナップ 40 ［Enter］ **［修正］/オフセット** を（SEL） 5 ［Enter］ φ 15 の円 を（SEL） 円の外側の任意の点 を（SEL） ［終了(E)］ を（SEL） （右）ショートカットメニュー の［繰り返し］ を（SEL） 10 ［Enter］ φ 40 の円 を（SEL） 円の外側の任意の点 を（SEL） ［終了(E)］ を（SEL）
垂直の中心線を左側に 9 mm と 20 mm オフセットする.	**［修正］/オフセット** を（SEL） 9 ［Enter］ 垂直の中心線 を（SEL） 左側の任意の点 を（SEL） ［終了(E)］を（SEL） （右）ショートカットメニュー の［繰り返し］ を（SEL） 20 ［Enter］ 垂直の中心線 を（SEL） 左側の任意の点 を（SEL） ［終了(E)］ を（SEL）
交点 C から交点 D に線分を作成する.	**［作成］/線分** を（SEL） 交点 C を O スナップ 交点 D を O スナップ （右）ショートカットメニュー の［Enter］ を（SEL）
線分の両端に半径 20 mm の丸みを作成する. ①	**［修正］/フィレット** を（SEL） ［半径(R)］ を（SEL） 20 ［Enter］ ［トリム(T)］ を（SEL） ［非トリム(N)］ を（SEL） ····（非トリムモードにする） ［複数（M)］ を（SEL） φ 60 の円 を（SEL） 線分 CD を（SEL） 以下略
線分 CD を 3 線分に分割する.	まず，小端側を分割する. ····（**演習 3・22**“部分削除”参照） **［修正］/部分削除** を（SEL） 線分 CD を（SEL） ［1 点目(F)］ を（SEL） 円弧と線分の交点 を O スナップ @ ［Enter］ 大端側も同様に分割し，3 線分とする.

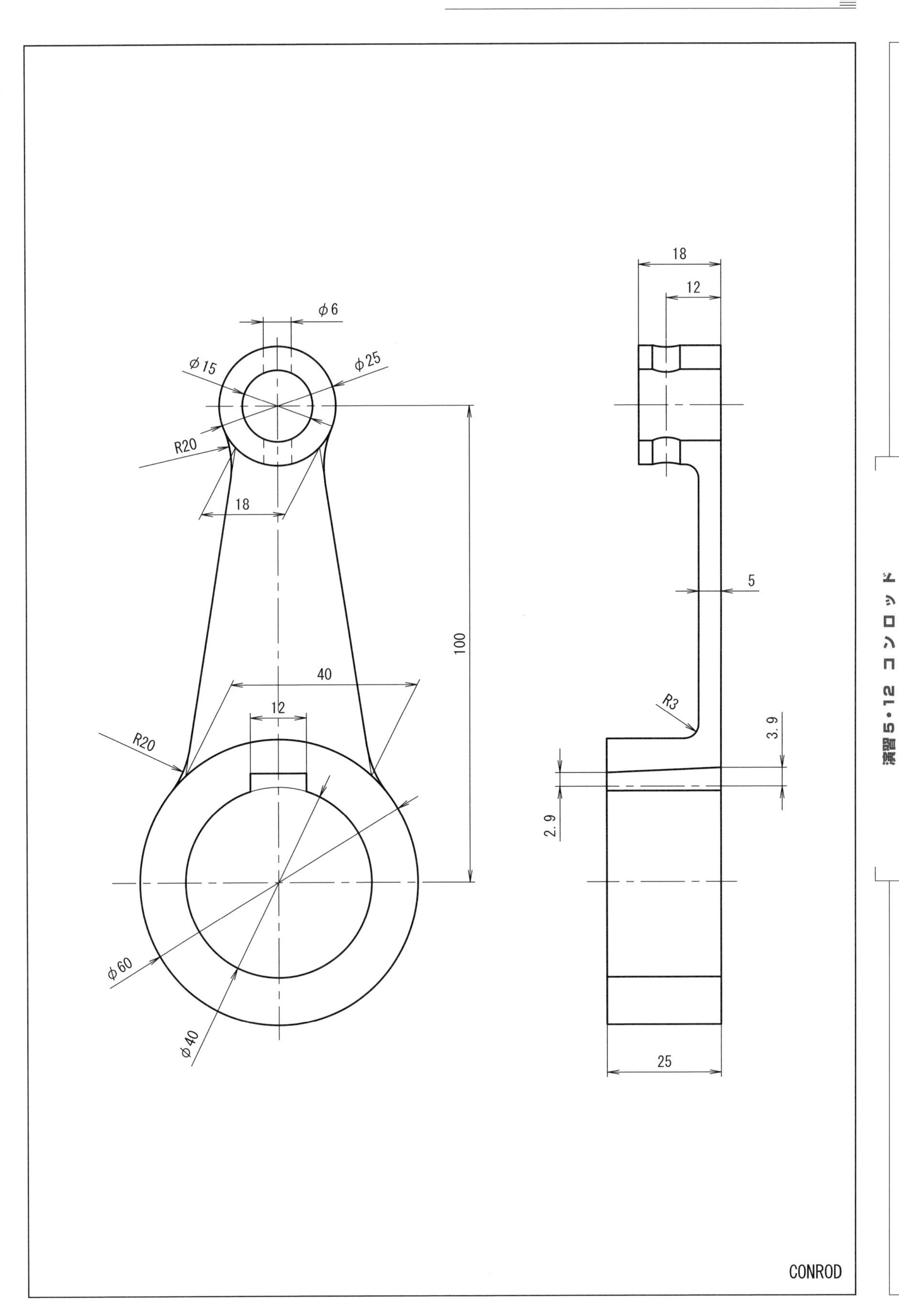

演習5・12 コンロッド

補助線を TEXT の画層に移動する．② （細い実線に変更する）	変更する 2 つの線分　を（SEL） ［画層］画層名表示欄 ▼　を（SEL） TEXT　を（SEL） ［Esc］
ロッド部分の外形線と補助線の鏡像を中心線の右側に作成する．	**［修正］/鏡像**　を（SEL） 以下略
右側面図の作成の準備として垂直の線分を作成する．	ステータスバー の［カーソルの動きを直交に強制］を（SEL） ‥‥（直交モードにする） **［作成］/線分**　を（SEL） 画面右上の任意の点 E　を（SEL） 画面右下の任意の点 F　を（SEL） （右）ショートカットメニュー の［Enter］を（SEL） 線分 EF を左に 5，9，12，15，18，25 mm オフセットする． **［修正］/オフセット**　を（SEL） 以下略
右側面図の作成の準備として水平の線分を作成する．③	**［作成］/線分**　を（SEL） φ 25 の円の四半円点 G　を O スナップ 任意の点 H　を（SEL） （右）ショートカットメニュー の［Enter］を（SEL） （右）ショートカットメニュー の［繰り返し］を（SEL） φ 15 の円の四半円点 J　を O スナップ 任意の点 K　を（SEL） 以下略
穴の部分の円弧を作成する．④	**［作成］/円弧/3点**　を（SEL） 交点 L　を O スナップ 交点 M　を O スナップ 交点 N　を O スナップ （右）ショートカットメニュー の［繰り返し］を（SEL） 交点 P　を O スナップ 交点 Q　を O スナップ 交点 R　を O スナップ
不足部分を補い，不要部分は削除またはトリムで消去する．	省略
かくれ線は HIDDEN の画層に，補助線は TEXT の画層に，中心線と想像線は CENTER の画層に移動する．	かくれ線にする線分　を（SEL） ［画層］画層名表示欄 ▼　を（SEL） HIDDEN　を（SEL） ［Esc］ 中心線と想像線にする線分　を（SEL） ［画層］画層名表示欄 ▼　を（SEL） CENTER　を（SEL） ［Esc］ 以下略
寸法を記入する．	18 mm と 40 mm の水平寸法を記入する．　‥‥（その他の操作手順は省略） **［寸法］/長さ寸法記入**　を（SEL） 交点 C　を O スナップ 他方の交点　を O スナップ 寸法線の記入位置　を（SEL） 以下略
スライド寸法に変更する．	**［寸法］/スライド寸法**　を（SEL） 18 mm の水平寸法　を（SEL） 40 mm の水平寸法　を（SEL） （右） 60［Enter］

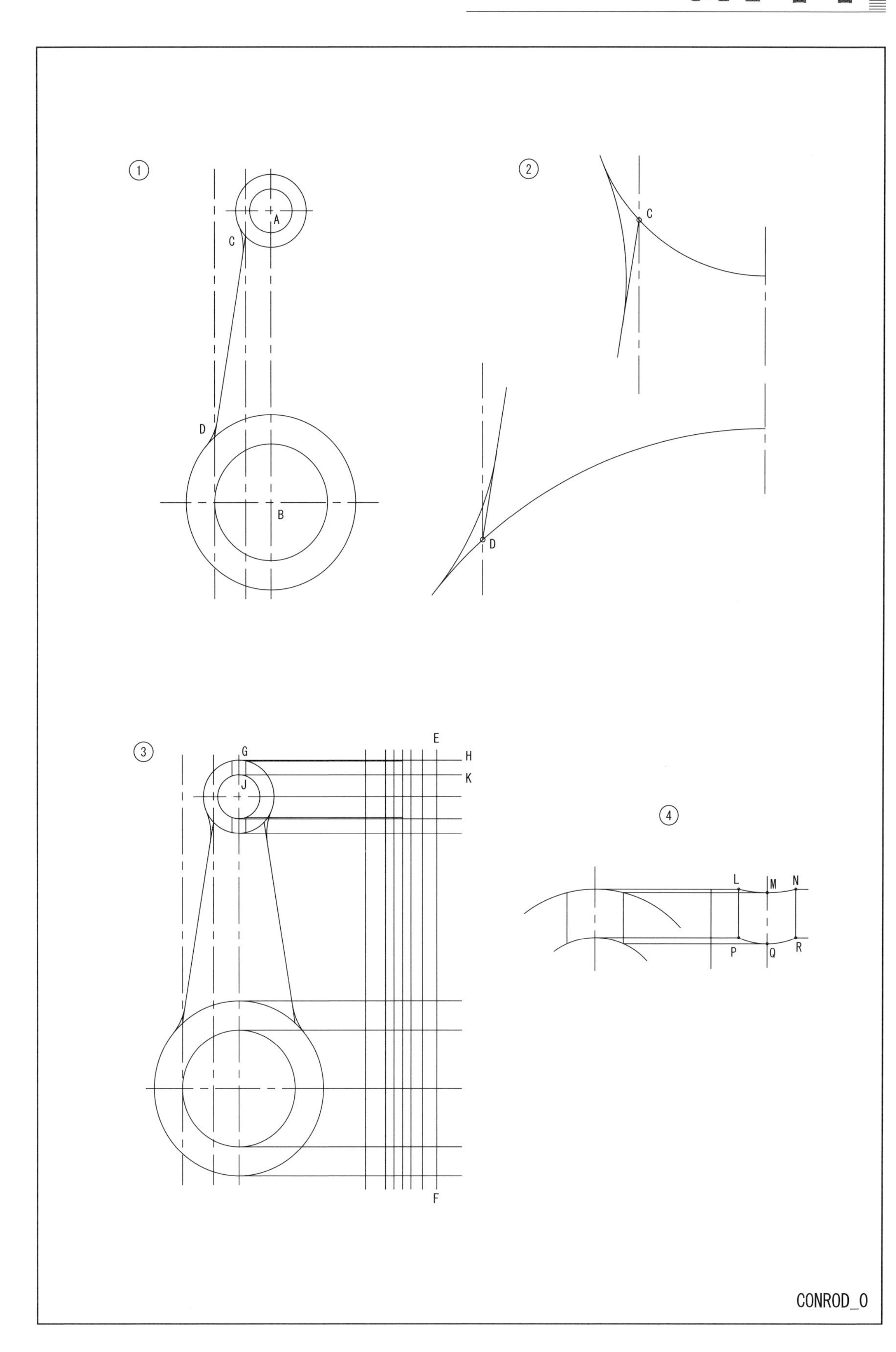
①
A
C
D
B
②
C
D
③
G
J
E
H
K
F
④
L
M
N
P
Q
R
CONROD_0

⇄ 演習5・13　星形プレート

内　　容	操 作 手 順
入力画面を準備する.	入力画面の設定方法 2 による.
中心線を作成する.	CENTER の画層を現在層にする. **[作成]/線分**　を（SEL） 画面中央の任意の点 A　を（SEL） @0, 65 ［Enter］//（右）ショートカットメニュー の［Enter］ を（SEL） **[作成]/円/中心, 半径**　を（SEL） 端点 A　を O スナップ 50 ［Enter］
5 個の円を作成する.	OBJECTS の画層を現在層にする. **[作成]/円/中心, 半径**　を（SEL） 端点 A　を O スナップ 15 ［Enter］//（右）ショートカットメニュー の［繰り返し］ を（SEL） 交点 B　を O スナップ 5 ［Enter］ **[修正]/オフセット**　を（SEL） 5 ［Enter］ φ 30 の円　を（SEL） φ 30 の円の外側の任意の点　を（SEL） いま作成した φ 40 の円　を（SEL） φ 40 の円の外側の任意の点　を（SEL） φ 10 の円　を（SEL） φ 10 の円の外側の任意の点　を（SEL） ［終了(E)］ を（SEL）
円と円の間に接線を作成する. ①	**[作成]/線分**　を（SEL） φ 40 の円　を O スナップ（接線） φ 20 の円　を O スナップ（接線） （右）ショートカットメニュー の［Enter］ を（SEL） （右）ショートカットメニュー の［繰り返し］ を（SEL） φ 30 の円　を O スナップ（接線） φ 10 の円　を O スナップ（接線） 以下略
肉抜き部 C の角部を丸める.	**[修正]/フィレット**　を（SEL） ［半径（R）］を（SEL）//2 ［Enter］ ［複数（M）］を（SEL） ［トリム（T）］ を（SEL） ［トリム（T）］ を（SEL） ・・・・（**演習 5・12** で設定した非トリムモードからトリムモードに変更する） 線分　を（SEL） 円上の任意の点　を（SEL） 以下略
不要部分をトリムまたは削除で消去する. ②	**[修正]/トリム**　を（SEL） 以下略
φ 30, φ 40 と φ 100 の円を除く全オブジェクトを円形状に配列複写する. ③	**[修正]/円形状配列複写**　を（SEL） （オブジェクトを選択：）　配列複写する全オブジェクト　を（SEL） （オブジェクトを選択：）（右） （配列複写の中心を指定……：）　端点 A　を O スナップ ［項目］で （項目：）　6　と入力 （埋める：）　360　と入力 ［閉じる］/［配列複写を閉じる］ を（SEL）
いま配列複写したオブジェクト間の角部を丸める.	**[修正]/フィレット**　を（SEL） 以下略
右側面図を作成する.	省略
寸法を記入する.	省略

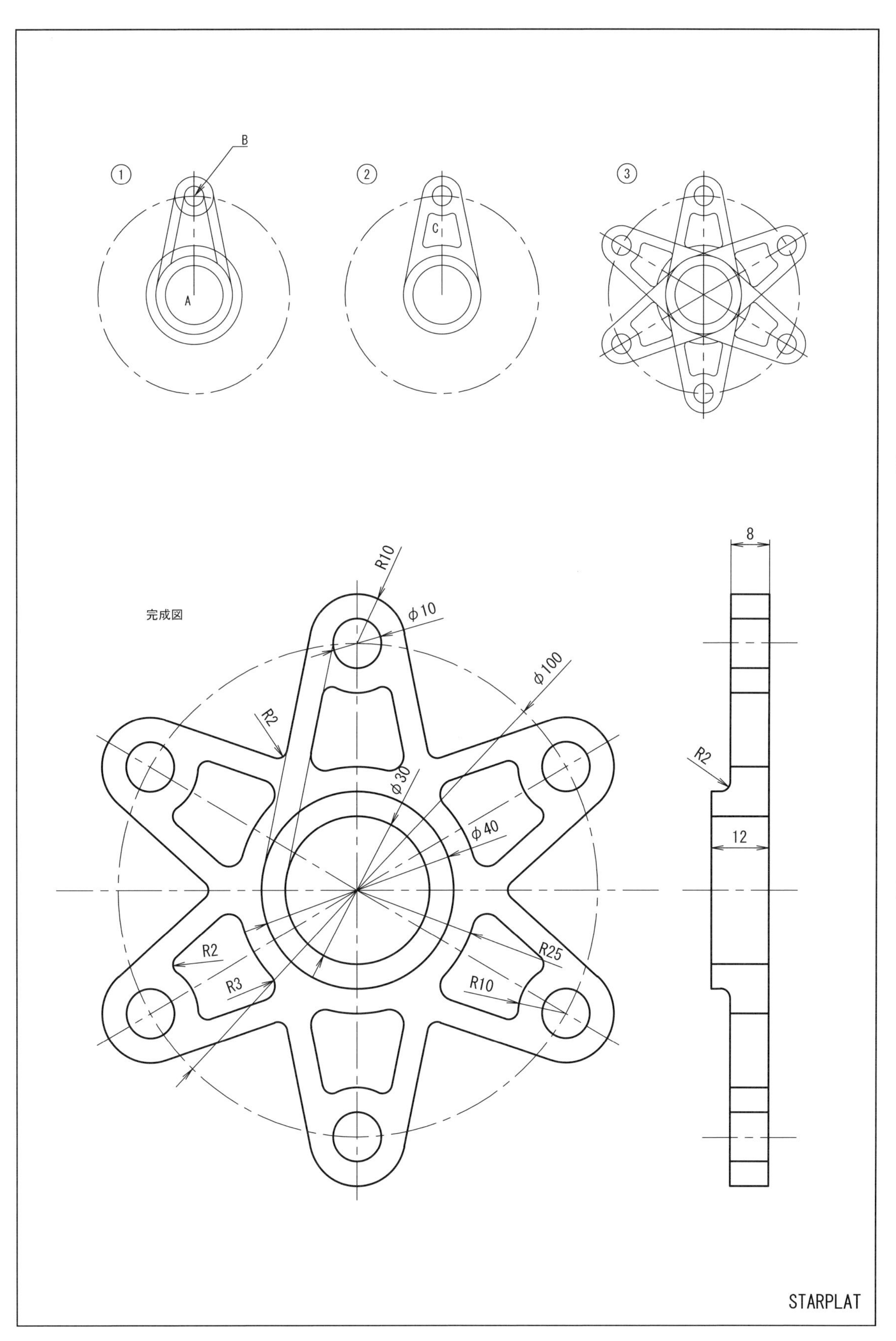

B
①
②
③
A
C
完成図
R10
φ10
φ100
R2
φ30
φ40
R25
R2
R3
R10
8
R2
12
STARPLAT

⇄ 演習5・14　フランジ継手

内　容	操作手順
入力画面を準備する．	入力画面の設定方法 2 による．
右側面図の垂直の中心線を作成する．①	OBJECTS の画層を現在層にする．　・・・・（後で CENTER の画層に移動する） **[作成]/線分**　を（SEL） 画面中央右の任意の点 A　を（SEL） @0，70　[Enter] （右）ショートカットメニュー の [Enter]　を（SEL）
いま作成した線分を円形状に配列複写する．②	**[修正]/円形状配列複写**　を（SEL） （オブジェクトを選択：）　垂直の線分　を（SEL） （オブジェクトを選択：）（右） （配列複写の中心を指定……：）　端点 A　を O スナップ [項目] で （項目：）　5　と入力 （埋める：）　180　と入力 [オブジェクトプロパティ管理]/方向　を（SEL） [配列複写を閉じる]　を（SEL）
交点 A に直径 51 mm の円を作成する．③	**[作成]/円/中心，直径**　を（SEL） 交点 A　を O スナップ 51　[Enter]
直径 51 mm の円を外側に 7 mm，さらに 5 mm，さらに 2.5 mm，さらに 5 mm，さらに 9 mm，さらに 11 mm オフセットする．④	**[修正]/オフセット**　を（SEL） 7　[Enter] ϕ 51 の円　を（SEL） ϕ 51 の円の外側　を（SEL） [終了(E)] を（SEL） （右）ショートカットメニュー の [繰り返し]　を（SEL） 5　[Enter] いま作成した ϕ 65 の円　を（SEL） ϕ 65 の円の外側　を（SEL） 以下略
交点 B に直径 10 mm の円を作成する．	**[作成]/円/中心，直径**　を（SEL） 交点 B　を O スナップ 10　[Enter]
直径 10 mm の円を 5 個円形状に配列複写する．	**[修正]/円形状配列複写**　を（SEL） （オブジェクトを選択：）　直径 10 mm の円　を（SEL） （オブジェクトを選択：）（右） （配列複写の中心を指定……：）　端点 A　を O スナップ [項目] で （項目：）　5　と入力 （埋める：）　180　と入力 [オブジェクトプロパティ管理]/方向　を（SEL） [閉じる]/[配列複写を閉じる]　を（SEL）
右側面図の不要部分をトリムまたは削除で消去する．⑤	**[修正]/トリム**　を（SEL） 以下略

TIPS　円形状配列複写コマンドの［方向］

■ 「円形状配列複写」コマンドでは，オブジェクトは反時計回り（左回り）に複写される．リボンパネル「オブジェクトプロパティ管理」にある［方向］ボタンを選択してボタンのハイライトをオフにすると，オブジェクトを時計回り（右回り）に複写できる．

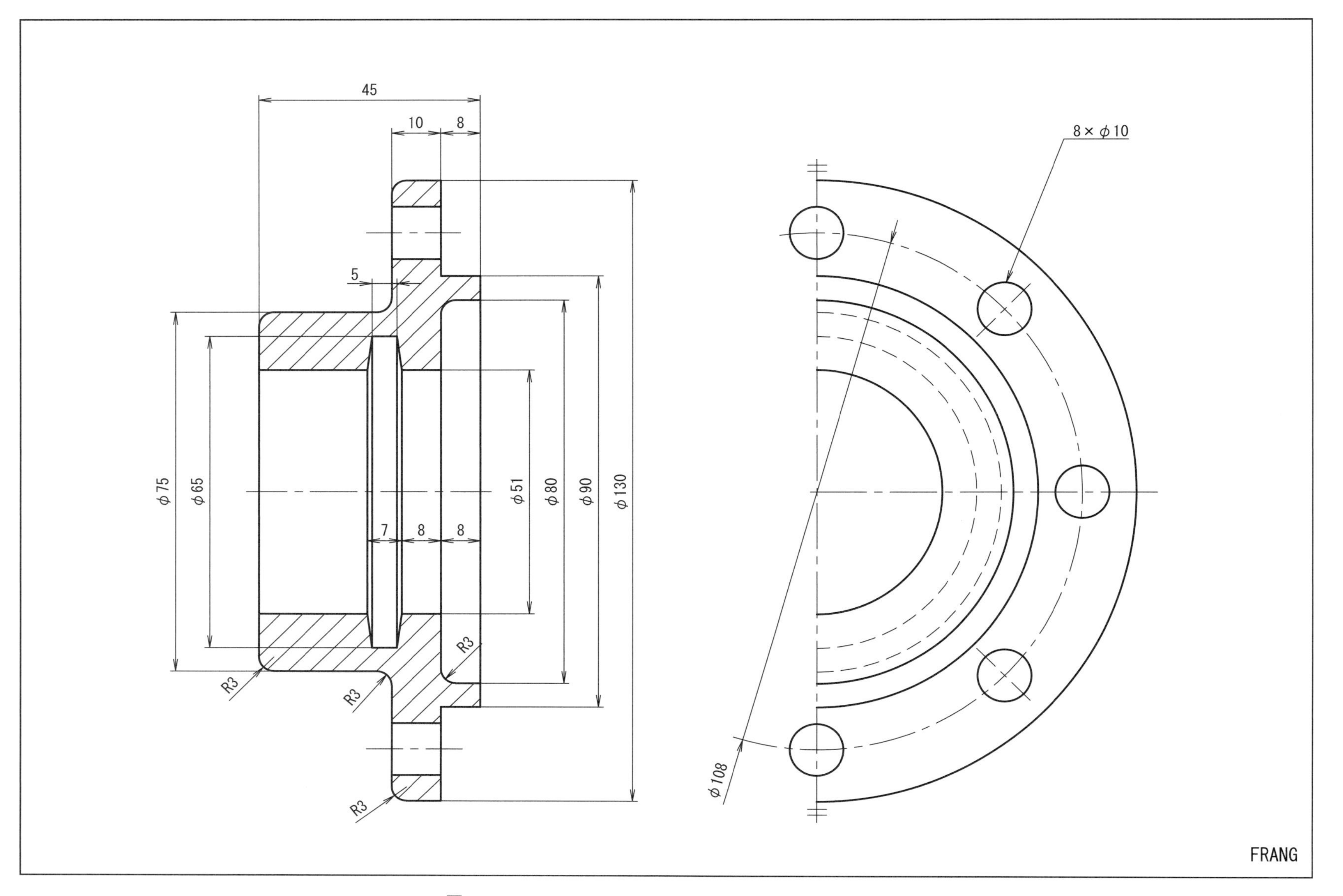

演習5・14 フランジ継手

正面図作成の準備として垂直の線分 CD を左に 70 mm，さらに 8 mm，さらに 8 mm，さらに 1 mm，さらに 1 mm，さらに 4 mm，さらに 1 mm，さらに 22 mm オフセットする．⑥	**[修正]/オフセット**　を（SEL） 70　[Enter] 線分 CD　を（SEL） 線分 CD の左側　を（SEL） [終了(E)]　を（SEL） （右）ショートカットメニュー の［繰り返し］　を（SEL） 8　[Enter] いま作成した線分　を（SEL） 線分の左側　を（SEL） 以下略
右側面図の主要ポイントを正面図に反映する．⑦	ステータスバー の［カーソルの動きを直交に強制］　を（SEL） ····（直交モードにする） **[作成]/線分**　を（SEL） 交点（または四半円点）E　を O スナップ 画面左の任意の点 F　を（SEL） （右）ショートカットメニュー の［Enter］　を（SEL） （右）ショートカットメニュー の［繰り返し］　を（SEL） 交点 G　を O スナップ 画面左の任意の点 H　を（SEL） 以下略
トリム，削除，フィレットなどにより正面図の上半分を作成する．⑧	省略
J を通る水平の中心線に対称に正面図の上半分の鏡像を作成する．	**[修正]/鏡像**　を（SEL） 正面図の中心線より上の全オブジェクト　を（SEL）//（右） 端点 J　を O スナップ 他方の端点　を O スナップ [いいえ(N)]　を（SEL）
不足部分があれば補い，不要部分は削除またはトリムで消去する．	省略
かくれ線は HIDDEN の画層に，中心線は CENTER の画層に移動する．	ステータスバー の［カーソルの動きを直交に強制］　を（SEL） ····（直交モードを解除） かくれ線にする全オブジェクト　を（SEL） ［画層］画層名表示欄 ▼　を（SEL） HIDDEN　を（SEL） [Esc] 中心線にする全線分　を（SEL） ［画層］画層名表示欄 ▼　を（SEL） CENTER　を（SEL） [Esc]
断面にハッチングを施す．	TEXT の画層を現在層にする．　····（ハッチングを TEXT と同じ細い実線にする） **[作成]/ハッチング**　を（SEL） ［ハッチング作成］タブ［パターン］/ANSI31　を（SEL） ［プロパティ］で （角度：）　0　と入力 （ハッチングパターンの尺度：）　1　と入力 [境界]/[点をクリック]　を（SEL） （内側の点をクリック……：）　ハッチングを施す断面部分　を（SEL） [閉じる]/[ハッチング作成を閉じる]　を（SEL）
寸法を記入する．	省略

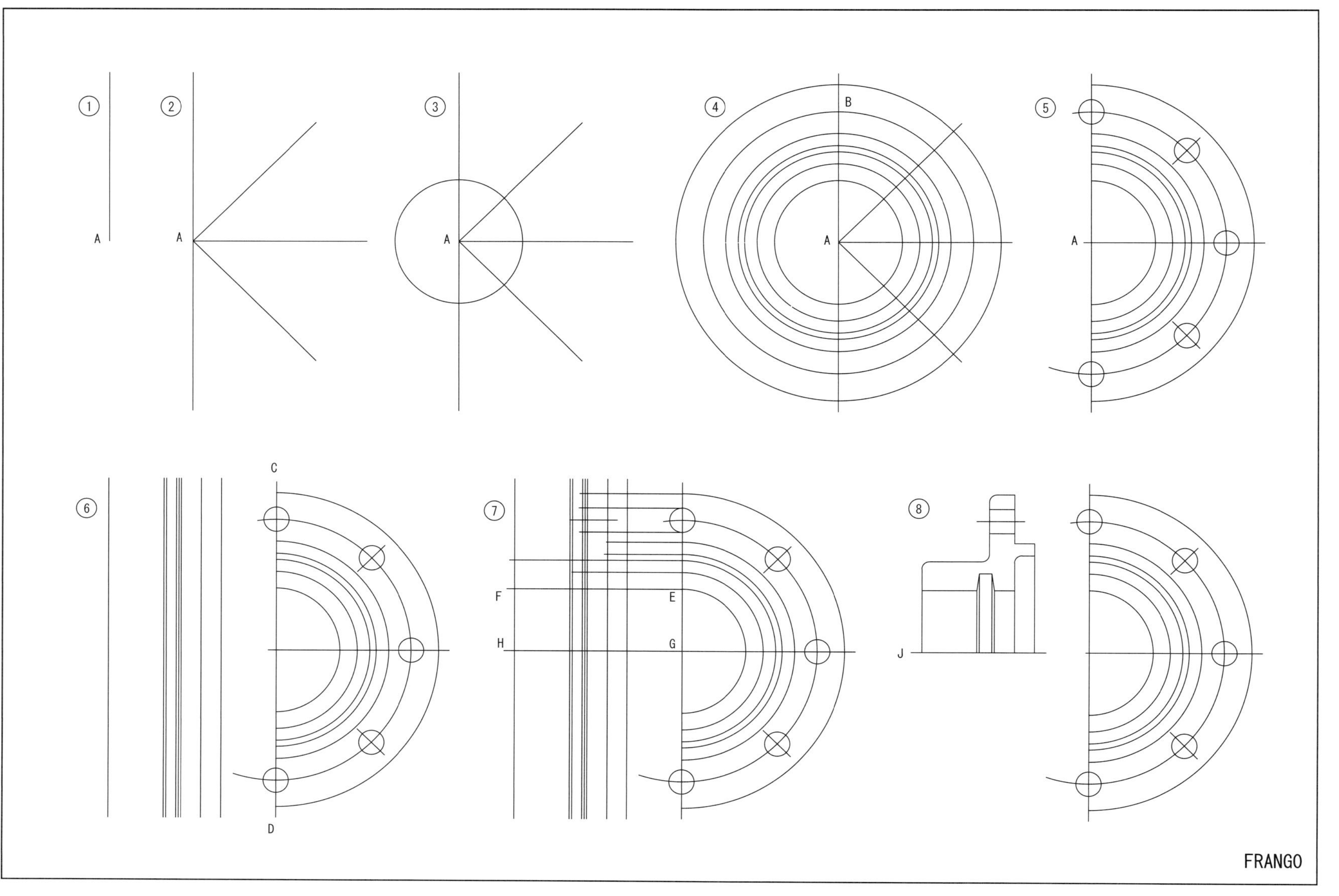

演習5・14 フランジ継手

⇄ 演習 5・15　シ　リ　ン　ダ

内　　容	操　作　手　順
入力画面を準備する.	入力画面の設定方法 2 による.
平面図の水平と垂直の中心線を作成する.	OBJECTS の画層を現在層にする.　・・・・（後で CENTER の画層に変更する） ステータスバー の［カーソルの動きを直交に強制］ を（SEL） ・・・・（直交モードにする） **[作成]/線分**　を（SEL） 以下略
交点 A に 4 個の円を作成する.	**[作成]/円/中心, 直径**　を（SEL） 中心線の交点 A　を O スナップ 55 ［Enter］ **[修正]/オフセット**　を（SEL） 3.5 ［Enter］ いま作成した φ 55 の円　を（SEL） φ 55 の円の外側　を（SEL） ［終了(E)］ を（SEL）//（右）ショートカットメニュー の［繰り返し］ を（SEL） 2 ［Enter］ いま作成した φ 62 の円　を（SEL） φ 62 の円の外側　を（SEL） ［終了(E)］ を（SEL）//（右）ショートカットメニュー の［繰り返し］ を（SEL） 6 ［Enter］ いま作成した φ 66 の円　を（SEL） φ 66 の円の外側　を（SEL） ［終了(E)］ を（SEL）
交点 A に楕円を作成する. ①	**[作成]/楕円/中心記入**　を（SEL） 交点 A　を O スナップ @60, 0 ［Enter］ @0, 40 ［Enter］
φ 55 の円の左側の四半円点 B の接線と楕円の上側の四半円点 C の接線との交点 E に半径 8 mm の円弧を作成する. ②	**[作成]/線分**　を（SEL） φ 55 の円の左側の四半円点 B　を O スナップ 求める交点 E の上側の任意の点　を（SEL） （右）ショートカットメニュー の［Enter］ を（SEL） （右）ショートカットメニュー の［繰り返し］ を（SEL） 楕円の上側の四半円点 C　を O スナップ 求める交点 E の左側の任意の点　を（SEL） （右）ショートカットメニュー の［Enter］ を（SEL） **[作成]/円/中心, 半径**　を（SEL） 交点 E　を O スナップ 8 ［Enter］ **[修正]/トリム**　を（SEL） 以下略
円弧の鏡像を垂直の中心線の右側に作成する.	**[修正]/鏡像**　を（SEL） 円弧　を（SEL）//（右） 端点 C　を O スナップ 端点 D　を O スナップ ［いいえ(N)］ を（SEL）
2 個の円弧の鏡像を水平の中心線の下側に作成する. ③	**[修正]/鏡像**　を（SEL） 2 円弧　を（SEL）//（右） 端点 F　を O スナップ 端点 G　を O スナップ ［いいえ(N)］ を（SEL）
正面図作成の準備として水平の線分 FG を下側に 70 mm, さらに 1.5 mm, さらに 3 mm, さらに 85.5 mm オフセットなどする. ④	**[修正]/オフセット**　を（SEL） 70 ［Enter］ 線分 FG　を（SEL） 線分 FG の下側の任意の点　を（SEL） ［終了(E)］を（SEL）//（右）ショートカットメニュー の［繰り返し］ を（SEL） 1.5 ［Enter］

R8
120×80楕円
φ55
φ66
1.5
3
13
13
81
90
φ78
R1
R1
φ62
CYLINDER

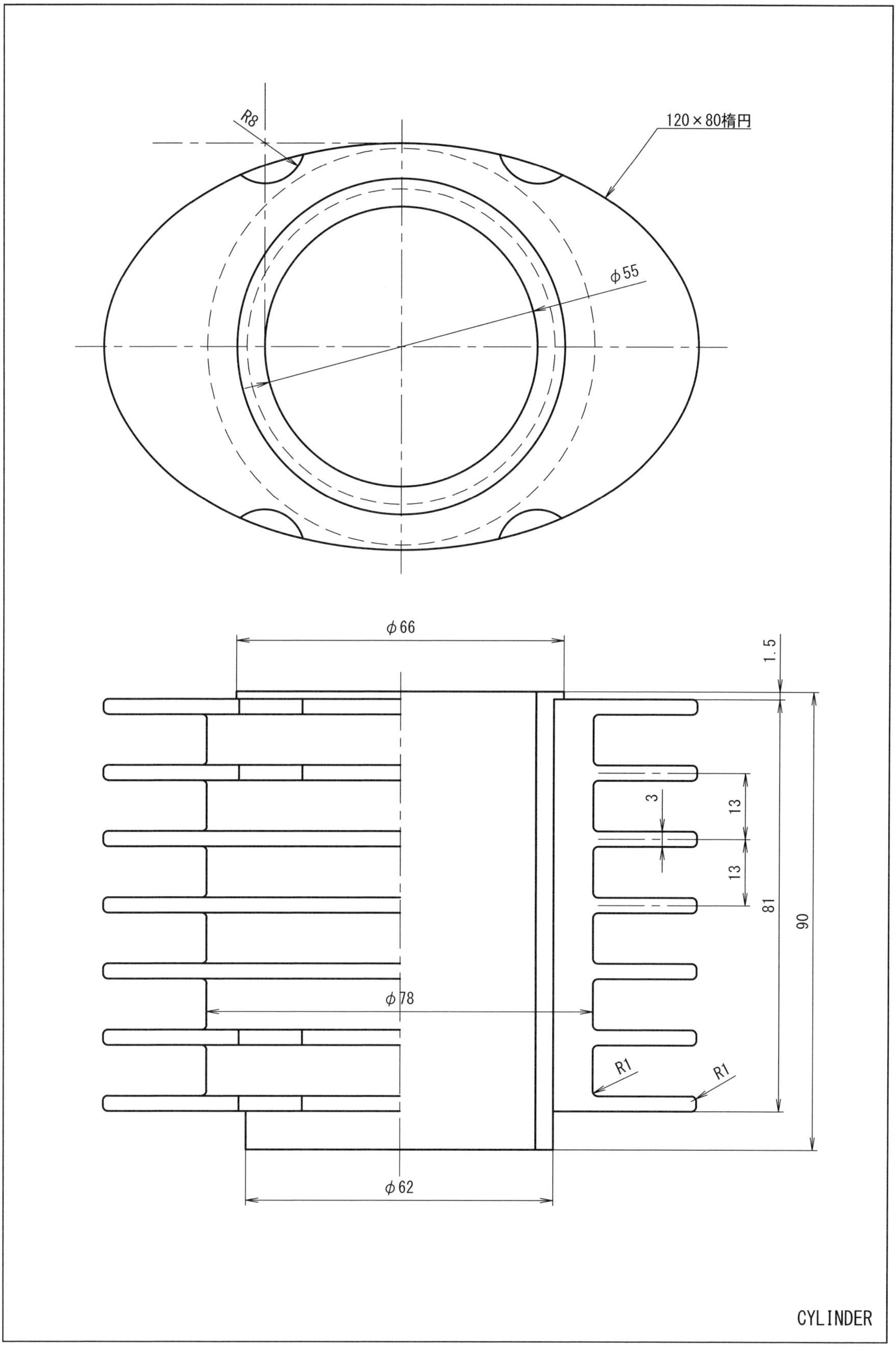

演習5・15 シリンダ

	いまオフセットした線分 HI　を（SEL） 線分 HI の下側の任意の点　を（SEL） ［終了(E)］　を（SEL）//（右）ショートカットメニュー の［繰り返し］　を（SEL） 3　[Enter] いまオフセットした線分 JK　を（SEL） 線分 JK の下側の任意の点　を（SEL） ［終了(E)］　を（SEL）//（右）ショートカットメニュー の［繰り返し］　を（SEL） 85.5　[Enter] いまオフセットした線分 LM　を（SEL） 線分 LM の下側の任意の点　を（SEL） ［終了(E)］　を（SEL）//（右）ショートカットメニュー の［繰り返し］　を（SEL） 13　[Enter] 線分 JK　を（SEL） 線分 JK の下側の任意の点　を（SEL） いまオフセットした線分　を（SEL） 線分の下側の任意の点　を（SEL） 途中略 線分 LM　を（SEL） 線分 LM の下側の任意の点　を（SEL） いまオフセットした線分　を（SEL） 以下略
平面図の主要ポイントを正面図に反映する．⑤	**[作成]/線分**　を（SEL） 平面図側の交点 P　を O スナップ 正面図側の任意の点 Q　を（SEL） （右）ショートカットメニュー の［Enter］　を（SEL） （右）ショートカットメニュー の［繰り返し］　を（SEL） 平面図側の交点 R　を O スナップ 正面図側の任意の点 S　を（SEL） （右）ショートカットメニュー の［Enter］　を（SEL） 以下略
不要部分をトリムまたは削除によって消去する．	**[修正]/トリム**　を（SEL） 以下略
角部をフィレットで丸める．⑥	**[修正]/フィレット**　を（SEL） ［半径（R）］を（SEL） 1　[Enter] ［複数（M）］を（SEL） 角部の線分　を（SEL） 角部の他方の線分　を（SEL） 以下略
かくれ線は HIDDEN の，中心線は CENTER の画層に移動する．	ステータスバー の［カーソルの動きを直交に強制］　を（SEL） ‥‥（直交モードを解除） かくれ線にする全オブジェクト　を（SEL） ［画層］画層名表示欄▼　を（SEL） HIDDEN　を（SEL） [Esc] 中心線にする全オブジェクト　を（SEL） ［画層］画層名表示欄▼　を（SEL） CENTER　を（SEL） [Esc]
寸法を記入する．	省略

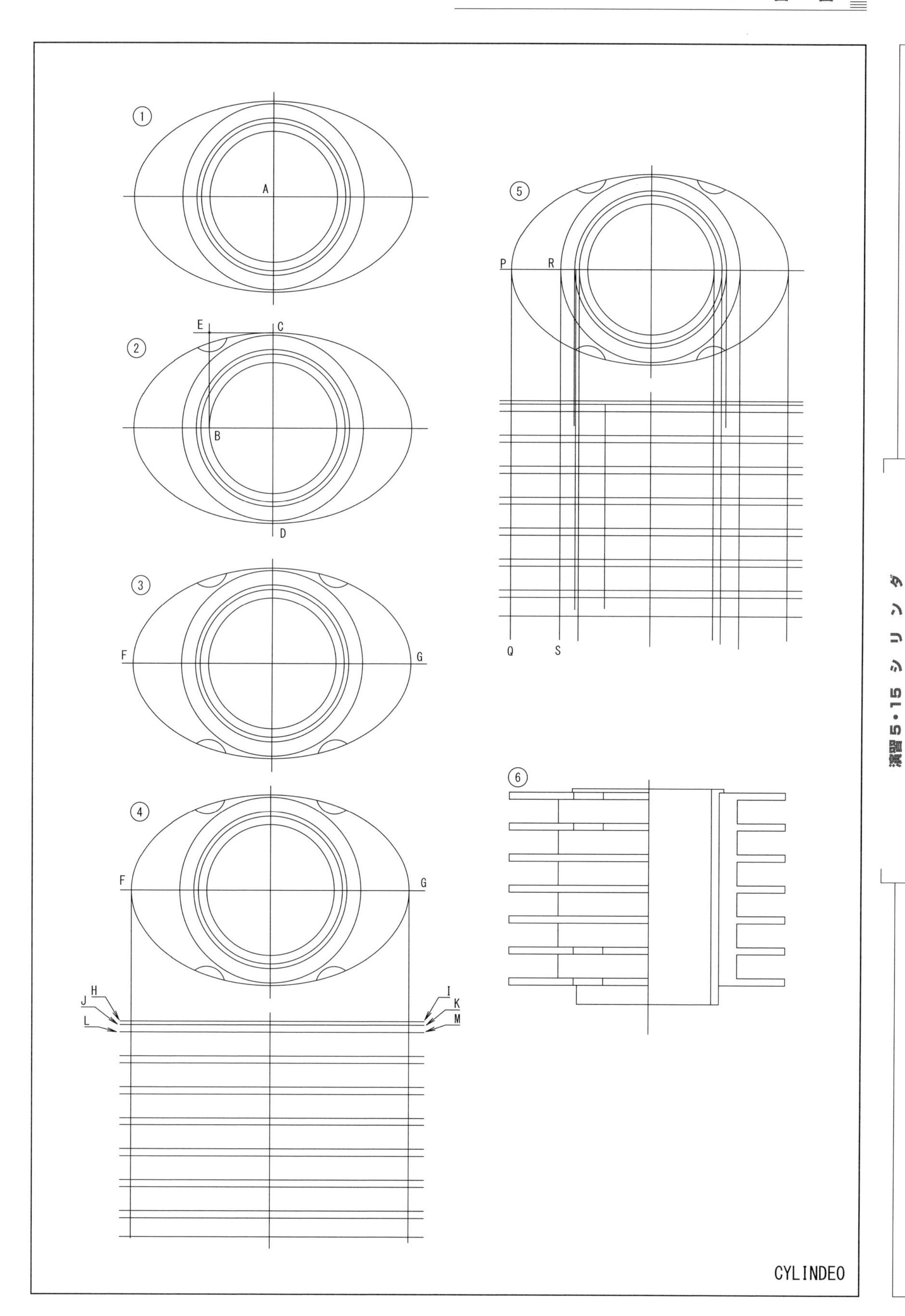
①
A
②
E
C
B
D
③
F
G
④
F
G
H
J
L
I
K
M
⑤
P
R
Q
S
⑥
CYLINDEO

⇄ 演習 5・16 クランクシャフト

内容	操作手順
入力画面を準備する.	入力画面の設定方法 2 による.
右側面図の中心線を作成する.	ステータスバー の［カーソルの動きを直交に強制］ を（SEL） ····（直交モードにする） OBJECTS の画層を現在層にする. ····（後で CENTER の画層に移動する） **［作成］/線分** を（SEL） 以下略
右側面図の中心線の交点 A に 9 個の円を作成する.	**［作成］/円/中心, 半径** を（SEL） 右側面図の中心線の交点 A を O スナップ 5 ［Enter］ **［修正］/オフセット** を（SEL） 1 ［Enter］ いま作成した円 を（SEL） 円の外側の任意の点 を（SEL） ［終了 (E)］ を（SEL）//（右）ショートカットメニュー の［繰り返し］ を（SEL） 3 ［Enter］ いま作成した円 を（SEL） 円の外側の任意の点 を（SEL） ［終了 (E)］ を（SEL）//（右）ショートカットメニュー の［繰り返し］ を（SEL） 1 ［Enter］ いま作成した円 を（SEL） 円の外側の任意の点 を（SEL） ［終了 (E)］ を（SEL）//（右）ショートカットメニュー の［繰り返し］ を（SEL） 1 ［Enter］ いま作成した円 を（SEL） 円の外側の任意の点 を（SEL） ［終了 (E)］ を（SEL）//（右）ショートカットメニュー の［繰り返し］ を（SEL） 1 ［Enter］ いま作成した円 を（SEL） 円の外側の任意の点 を（SEL） ［終了 (E)］ を（SEL）//（右）ショートカットメニュー の［繰り返し］ を（SEL） 1 ［Enter］ いま作成した円 を（SEL） 円の外側の任意の点 を（SEL） ［終了 (E)］ を（SEL）//（右）ショートカットメニュー の［繰り返し］ を（SEL） 2 ［Enter］ いま作成した円 を（SEL） 円の外側の任意の点 を（SEL） ［終了 (E)］ を（SEL）//（右）ショートカットメニュー の［繰り返し］ を（SEL） 27 ［Enter］ いま作成した円 を（SEL） 円の外側の任意の点 を（SEL） ［終了 (E)］ を（SEL）
右側面図の中心線の交点 B に 3 個の円を作成する. ①	**［作成］/円/中心, 半径** を（SEL） 右側面図の中心線の交点 B を O スナップ 18 ［Enter］ **［修正］/オフセット** を（SEL） 3 ［Enter］ いま作成した円 を（SEL） 円の内側の任意の点 を（SEL） ［終了 (E)］ を（SEL）//（右）ショートカットメニュー の［繰り返し］ を（SEL） 2 ［Enter］ いま作成した円 を（SEL） 円の内側の任意の点 を（SEL） ［終了 (E)］ を（SEL）

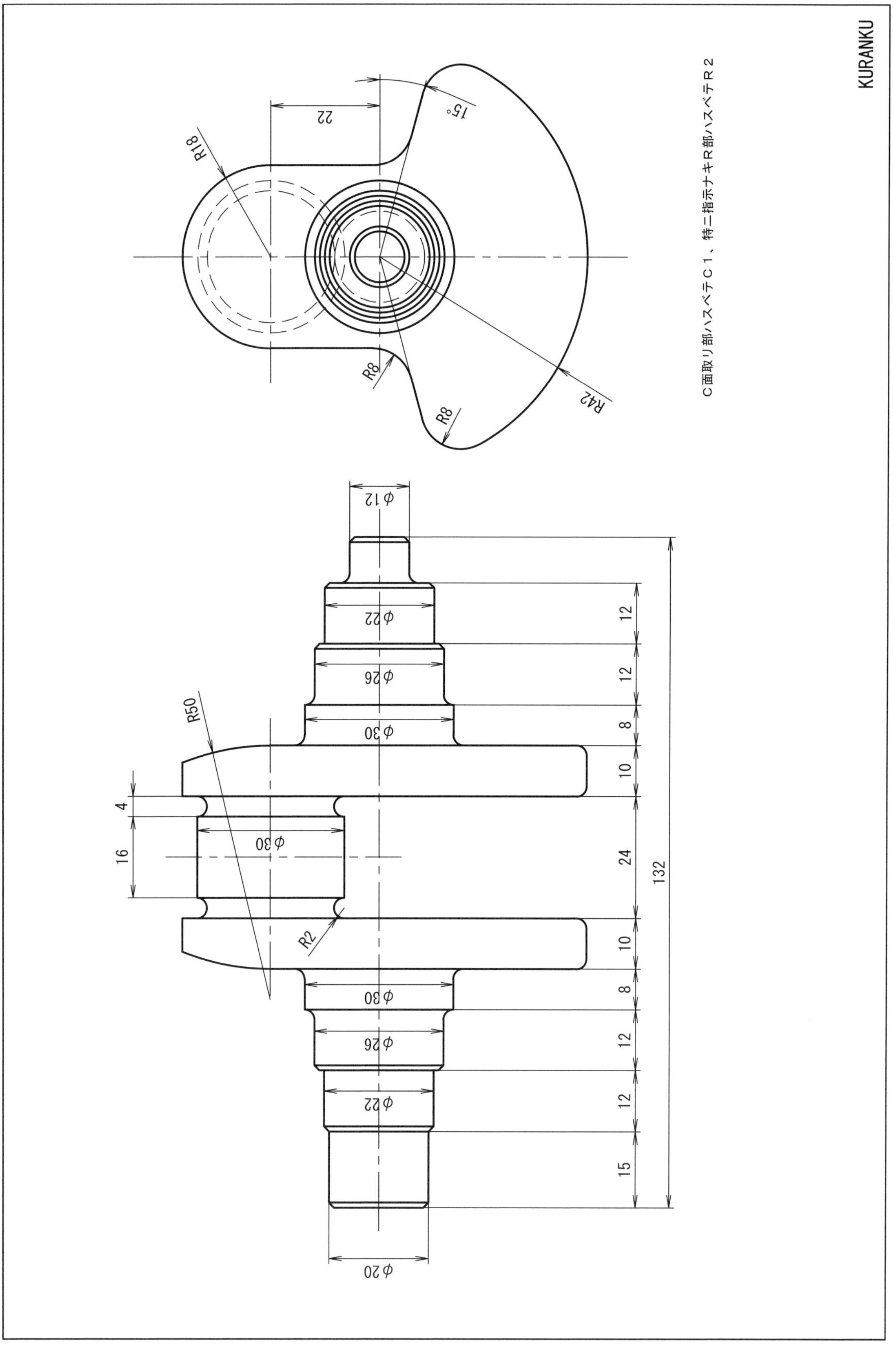

KURANKU

C面取り部ハスベテC1、特ニ指示ナキR部ハスベテR2

22　15°　R18　R8　R8　R42

φ12　φ22　φ26　φ30　φ30　φ30　φ26　φ22　φ20

12　12　8　10　24　10　8　12　12　15　132

4　16　R50　R2

演習5・16 クランクシャフト

右側面図の垂直の中心線 CD を左右に 18 mm オフセットする.	**[修正]/オフセット**　を（SEL） 18 ［Enter］ 線分 CD　を（SEL） 線分 CD の右側の任意の点　を（SEL） 線分 CD　を（SEL） 線分 CD の左側の任意の点　を（SEL） ［終了(E)］　を（SEL）
交点 A から－15 度と 195 度の線分を作成する. ②	**[作成]/線分**　を（SEL） 交点 A　を O スナップ @42 < －15 ［Enter］ （右）ショートカットメニュー の［Enter］　を（SEL） （右）ショートカットメニュー の［繰り返し］　を（SEL） 交点 A　を O スナップ @42<195 ［Enter］ （右）ショートカットメニュー の［Enter］　を（SEL）
角部をフィレットで丸め，不要部分はトリムまたは削除で消去する. ③	**[修正]/フィレット**　を（SEL） ［半径(R)］　を（SEL） 8 ［Enter］ ［複数(M)］　を（SEL） 角部を形成する線分　を（SEL） 角部を形成する他方の線分（または円弧）　を（SEL） 以下略
正面図作成の準備として垂直の線分 CD を左に 55 mm，さらに 1 mm，さらに 8 mm，さらに 1 mm，さらに 11 mm，さらに 1 mm，さらに 11 mm，さらに 8 mm，さらに 10 mm，さらに 4 mm，さらに 8 mm，さらに 8 mm オフセットする.	**[修正]/オフセット**　を（SEL） 55 ［Enter］ 線分 CD　を（SEL） 線分 CD の左側の任意の点　を（SEL） ［終了(E)］　を（SEL）//（右）ショートカットメニュー の［繰り返し］　を（SEL） 1 ［Enter］ いまオフセットした線分　を（SEL） 線分の左側の任意の点　を（SEL） 以下略
右側面図の主要ポイントを正面図に反映し，正面図の右側の部分（左右対称の部分）のみを作成する. ④	**[作成]/線分**　を（SEL） 交点 E　を O スナップ 交点 E の左側の任意の点 F　を（SEL） 以下略
不要部分はトリムまたは削除で消去し，フィレットで角部を丸める. ⑤	省略
正面図の垂直の中心線より右側の鏡像を作成する. ⑥	**[修正]/鏡像**　を（SEL） 左右対称の全オブジェクト　を（SEL） 以下略
正面図の左右対称の部分以外の外形線を作成する.	省略
かくれ線は HIDDEN の，中心線は CENTER の画層に移動する.	ステータスバー の［カーソルの動きを直交に強制］　を（SEL） ····（直交モードを解除） かくれ線にする全オブジェクト　を（SEL） ［画層］画層名表示欄 ▼　を（SEL） HIDDEN　を（SEL） 以下略
寸法を記入する.	**[寸法]/長さ寸法記入**　を（SEL） 以下略

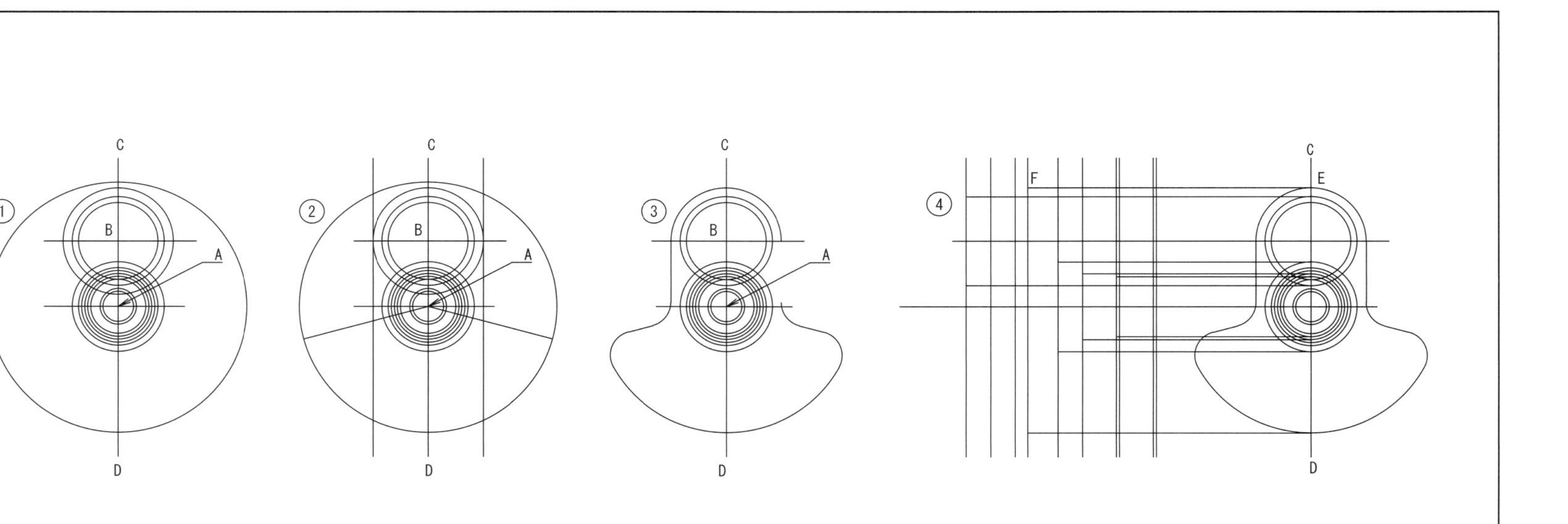

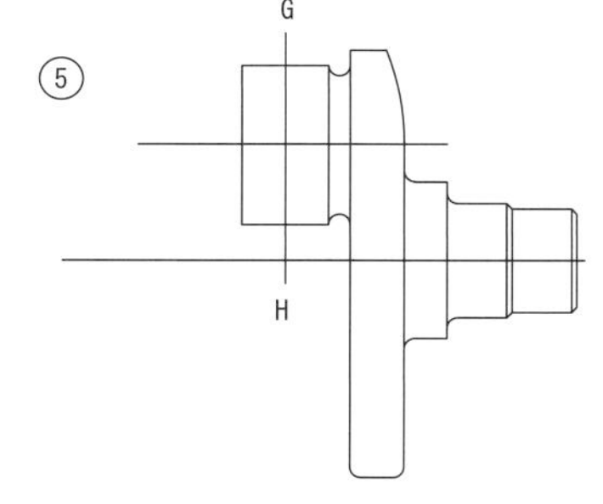

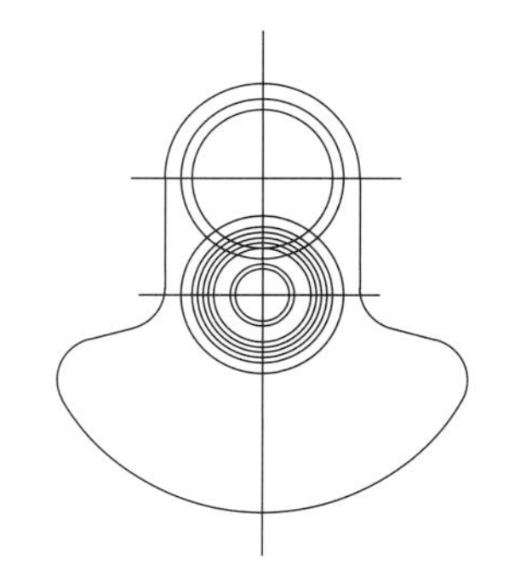

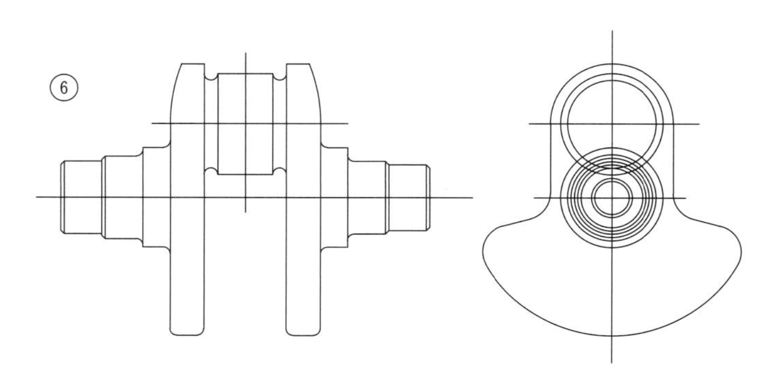

KURANKUO

演習5・16 クランクシャフト

⇄ 演習５・17　平　歯　車

〔**条件**〕 モジュール＝5　　圧力角＝20°　　歯数＝16，歯幅＝30

上記の条件で平歯車の設計計算式によって求めた次の結果に基づいて図面を完成する．

ピッチ円径	80 mm	歯先円直径	90 mm
歯末のたけ	5 mm	歯底円直径	67.5 mm
歯元のたけ	6.25 mm	(基礎円直径	75.1754 mm)
全歯たけ	11.25 mm		

内　　容	操作手順
入力画面を準備する．	入力画面の設定方法 2 による．
正面図，右側面図の水平と垂直の中心線を作成する．	ステータスバー の［カーソルの動きを直交に強制］ を（SEL） ････（直交モードにする） OBJECTS の画層を現在層にする． **[作成]/線分**　を（SEL） 以下略
中心線の交点 C に円を作成する．①	**[作成]/円/中心, 半径**　を（SEL） 中心線の交点 C　を O スナップ 45 ［Enter］ （右）ショートカットメニュー の［繰り返し］ を（SEL） いま作成した φ 90 の円の中心　を O スナップ 40 ［Enter］ （右）ショートカットメニュー の［繰り返し］ を（SEL） いま作成した φ 80 の円の中心　を O スナップ 15 ［Enter］ 以下略
右側面図の垂直の中心線 AB より左側をトリムまたは削除で消去する．	**[修正]/トリム**　を（SEL） 線分 AB　を（SEL） ［Enter］ 4 個の円と水平の中心線の左側　を（SEL） （右）ショートカットメニュー の［Enter］ を（SEL）
右側面図の主要ポイントを正面図に反映する．②	**[作成]/線分**　を（SEL） 歯先円の上の四半円点 D　を O スナップ 左側の任意の点 E　を（SEL） （右）ショートカットメニュー の［Enter］ を（SEL） （右）ショートカットメニュー の［繰り返し］ を（SEL） ピッチ円の上の四半円点 F　を O スナップ 左側の任意の点 G　を（SEL） 以下略
正面図のために，垂直の中心線 AB を左側に 45 mm，さらに 30 mm オフセットする．	**[修正]/オフセット**　を（SEL） 45 ［Enter］ 線分 AB　を（SEL） 線分 AB の左側の任意の点　を（SEL） 以下略
正面図の角部の面取りをする．	**[修正]/面取り**　を（SEL） ［距離（D）］ を（SEL）//2 ［Enter］ ［複数（M）］ を（SEL） 1 本目の線分　を（SEL） 2 本目の線分　を（SEL） 以下略
中心線，ピッチ円を CENTER の画層に移動する．	中心線，ピッチ円　を（SEL） ［画層］画層名表示欄 ▼ を（SEL） CENTER　を（SEL） 以下略
寸法と要目表を記入する．	省略

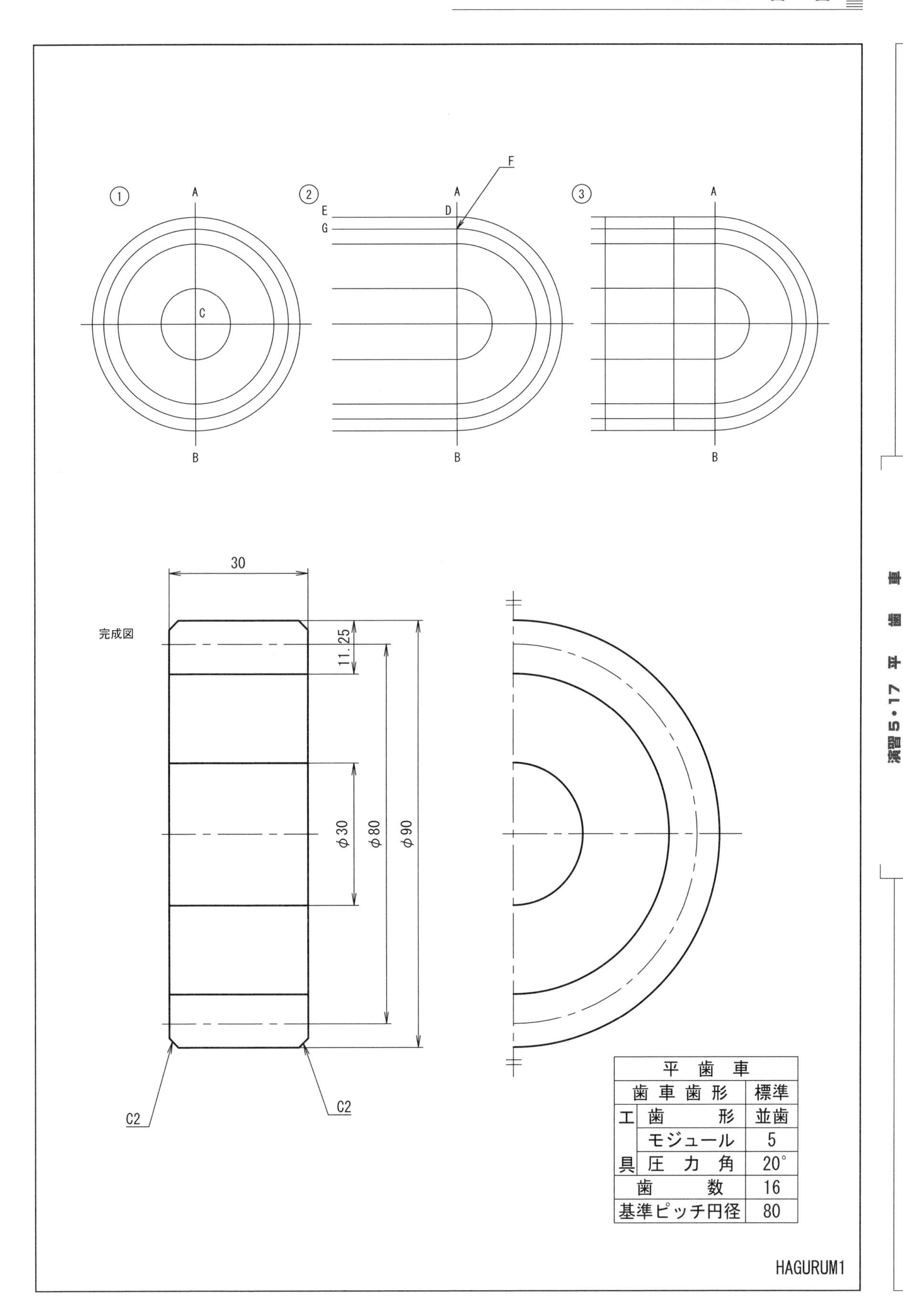

平歯車		
歯車歯形		標準
工具	歯形	並歯
	モジュール	5
	圧力角	20°
歯数		16
基準ピッチ円径		80

演習5・18　創　成　歯　形

一般に，歯車の歯形はインボリュート曲線からなる．半径が無限大の歯車をラックといい，歯切りは素材（BLANK）の回転と同期させながらラック形の工具を往復させることによって創成される．この歯形の創成状態を CAD でシミュレートしてみた．

この創成歯形は，**演習５・17** の平歯車の歯形そのものである．すなわち，

モジュール＝5　　　圧力角＝20°　　　歯数＝16

であり，

ピッチ円径＝80　　　全歯たけ＝11.25
歯末のたけ＝5　　　歯先円直径＝90
歯元のたけ＝6.25　　　歯底円直径＝67.5

である．

次頁の上側の図は，ラックが往復して切削した後，引き続いて半ピッチ分ずつ素材とラックが回転または移動して切削した状態を示したもので，1 ピッチを 2 回に分けて全周にわたり切削した歯形に相当する．この程度の粗さでも歯形が創成される様子がみてとれる．

次頁の下側の図はモジュールが同じ 5 で，歯数が 8 枚の場合を示したものである．この場合は 1 ピッチを 4 回に分けて切削した状態に相当する．やはりやや粗いが，歯数が少ないとアンダーカット（干渉）の起こる様子がうかがえる．

内　　容	操　作　手　順
入力画面を準備する.	入力画面の設定方法 2 による.
ラックの歯形とその中心線などを TEXT の画層に作成する.	画層を TEXT に移動する. **[作成]/線分**　を（SEL） 以下略
ラック歯形を形成する全線分を 1 本のポリラインにする.	**[修正]/ポリライン編集**　を（SEL） 任意の線分　を（SEL） （右） ［結合(J)］　を（SEL） 全線分　を（SEL） （右）//（右）ショートカットメニュー の［Enter］ を（SEL）
歯数 16 枚の歯車の BLANK のために，画面中央よりやや上に水平と垂直の中心線を作成する.	ステータスバー の［カーソルの動きを直交に強制］ を（SEL） ‥‥（直交モードにする） **[作成]/線分**　を（SEL） 以下略
歯先円，ピッチ円，歯底円を作成する.	**[作成]/円/中心, 半径**　を（SEL） 中心線の交点　を O スナップ 45 ［Enter］//（右）ショートカットメニュー の［繰り返し］ を（SEL） 中心線の交点　を O スナップ 40 ［Enter］ 中心線の交点　を O スナップ 33.75 ［Enter］
ピッチ円の上の四半円点にポリラインのラックを複写する. ①	**[修正]/複写**　を（SEL） ポリライン化したラック　を（SEL） （右） 交点 A　を O スナップ//ピッチ円の上の四半円点　を O スナップ ［終了(E)］ を（SEL）

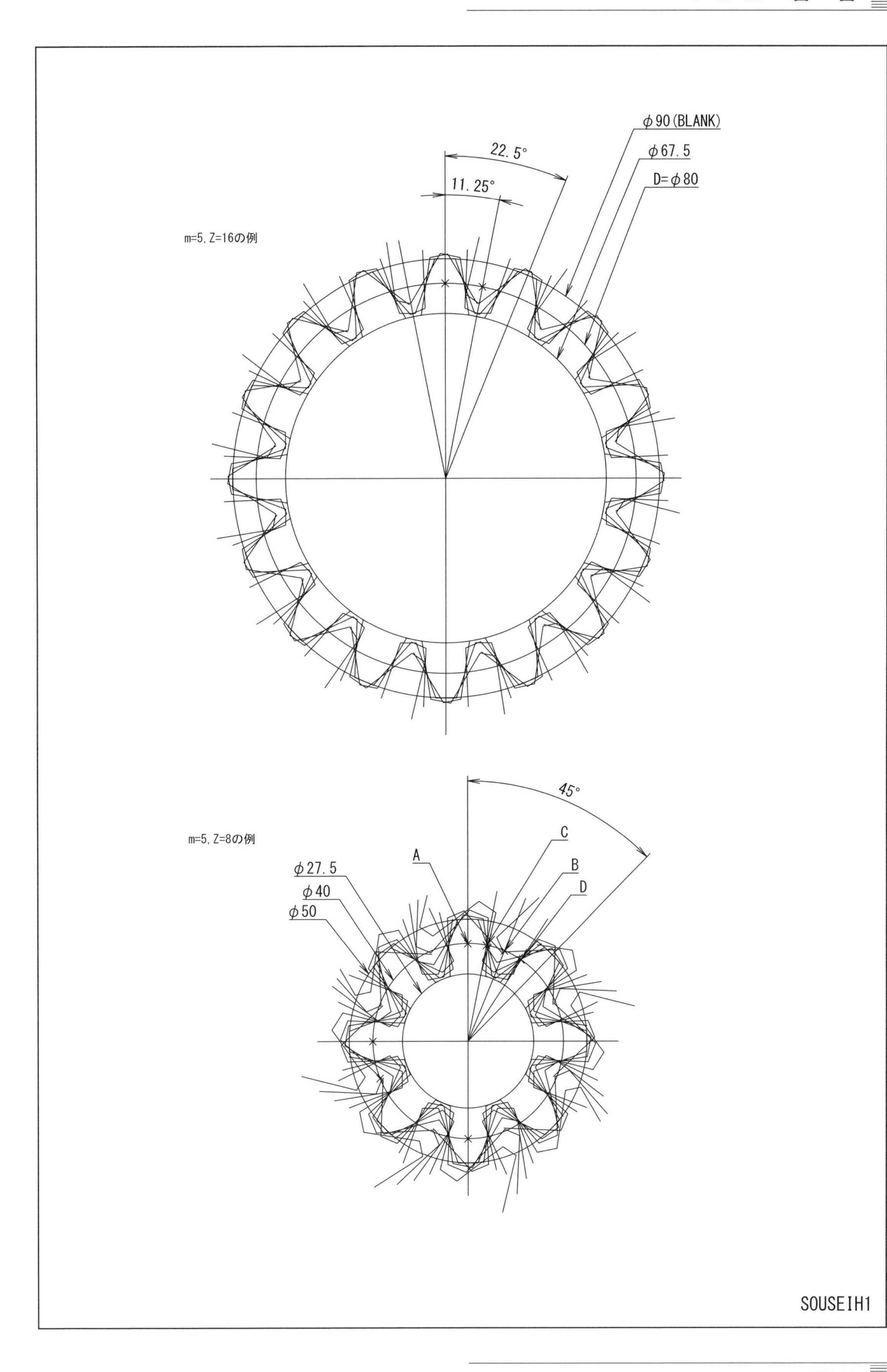

φ90(BLANK)
22.5°
φ67.5
D=φ80
11.25°
m=5, Z=16の例
45°
m=5, Z=8の例
C
A
B
φ27.5
D
φ40
φ50
SOUSEIH1

いま複写したラックを BLANK の中心に対し円形状に配列複写する．②	**[修正]/円形状配列複写**　を（SEL） （オブジェクトを選択：）　いま複写したラック　を（SEL） （オブジェクトを選択：）（右） （配列複写の中心を指定……：）　φ 90 の円の中心　を O スナップ ［項目］で （項目：）　16　と入力 （埋める：）　360　と入力 ［閉じる］/［配列複写を閉じる］　を（SEL）
全体を 11.25 度回転する． （0.5 ピッチ相当）	**[修正]/回転**　を（SEL） 3 個の円，中心線，ラック　を（SEL） （右） φ 90 の円の中心　を O スナップ 11.25　［Enter］　・・・・（11d15' でも可）
ピッチ円の上の四半円点に 0.5 ピッチ左に移動（11.25 度回転に相当する）したポリラインのラックを複写する．③	**[修正]/複写**　を（SEL） ポリライン化したラック　を（SEL） （右） 交点 B　を O スナップ//ピッチ円の上の四半円点　を O スナップ ［終了(E)］　を（SEL）
いま複写したラックを BLANK の中心に対し円形状に配列複写する．④	**[修正]/円形状配列複写**　を（SEL） 以下略
不足部分を補い完成する．	省略
歯数 8 枚の歯車の BLANK のために，画面中央下部に水平と垂直の中心線を作成する．	**[作成]/線分**　を（SEL） 以下略
歯先円，ピッチ円，歯底円を作成する．	**[作成]/円/中心, 半径**　を（SEL） 中心線の交点　を O スナップ 25　［Enter］ （右）ショートカットメニュー　の［繰り返し］　を（SEL） 中心線の交点　を O スナップ 20　［Enter］ （右）ショートカットメニュー　の［繰り返し］　を（SEL） 中心線の交点　を O スナップ 13.75　［Enter］
ピッチ円の上の四半円点にポリラインのラックを複写する．	**[修正]/複写**　を（SEL） ポリライン化したラック　を（SEL） （右） 交点 A　を O スナップ ピッチ円の上の四半円点　を O スナップ//［終了(E)］　を（SEL）
いま複写したラックを BLANK の中心に対し円形状に配列複写する．	**[修正]/円形状配列複写**　を（SEL） 以下略
全体を 11.25 度回転する． （0.25 ピッチ相当）	**[修正]/回転**　を（SEL） 3 個の円，中心線，ラック　を（SEL） （右） φ 50 の円の中心　を O スナップ 11.25　［Enter］　・・・・（11d15' でも可）
ピッチ円の上の四半円点に 0.25 ピッチ左に移動（11.25 度回転に相当する）したポリラインのラックを複写する．	**[修正]/複写**　を（SEL） ポリライン化したラック　を（SEL） （右） 交点 C　を O スナップ//ピッチ円の上の四半円点　を O スナップ 以下略

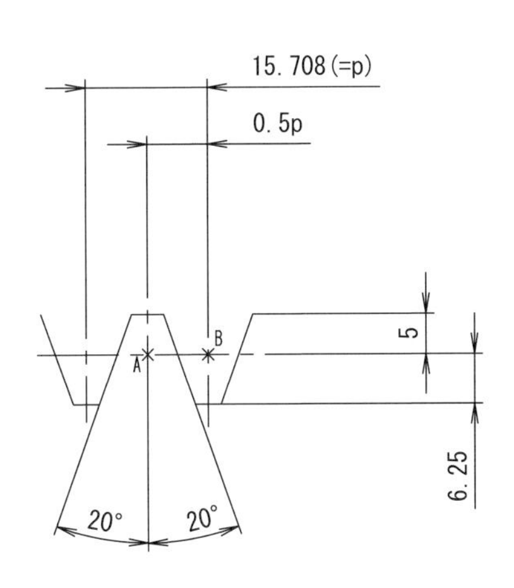
15.708(=p)
0.5p
A
B
5
6.25
20°
20°

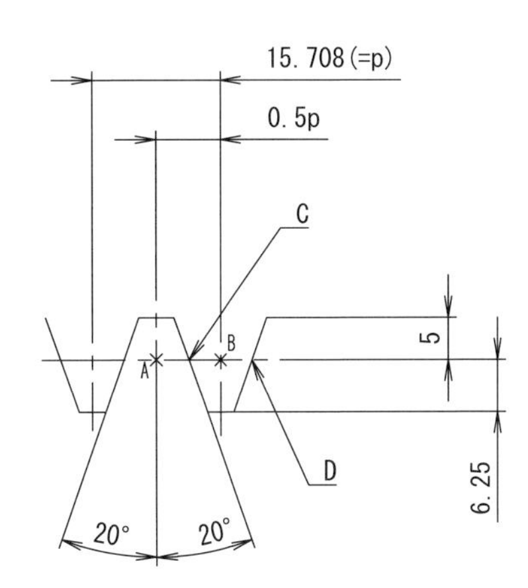
15.708(=p)
0.5p
C
A
B
D
5
6.25
20°
20°

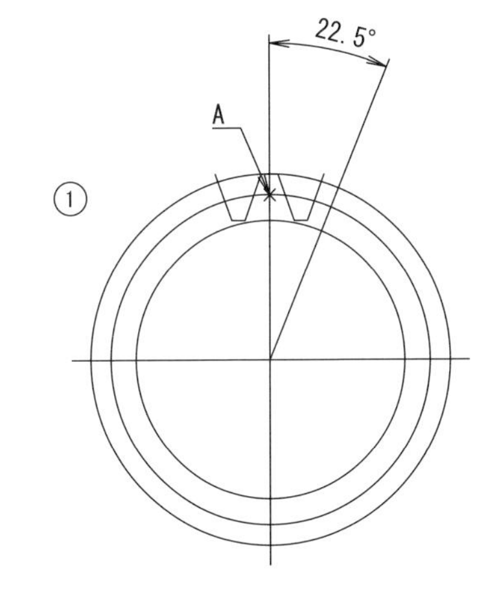
22.5°
A
①

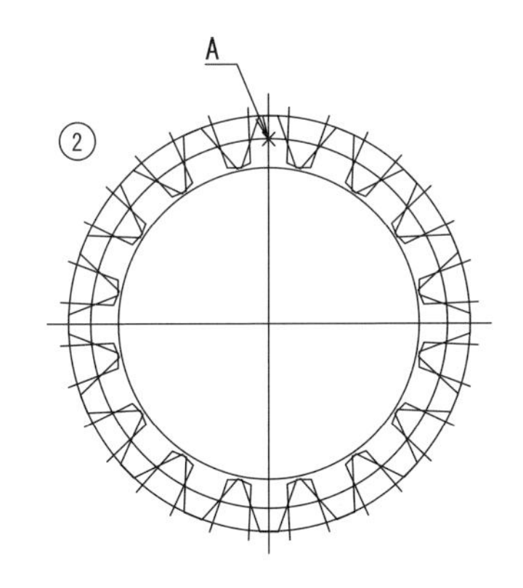
A
②

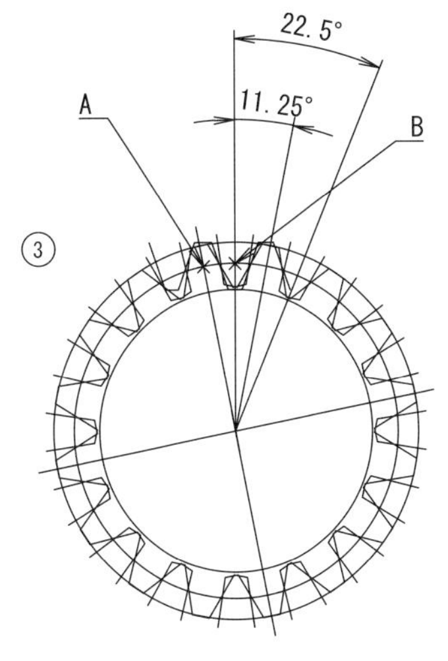
22.5°
11.25°
A
B
③

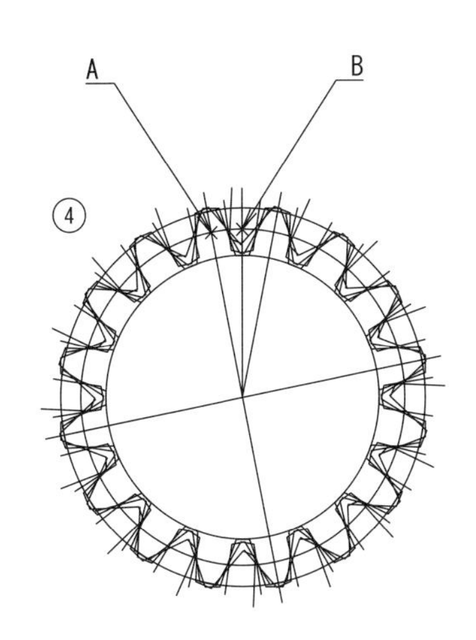
A
B
④

SOUSEIHO

演習5・19 傘　歯　車

〔条件〕 モジュール＝5
　　圧力角＝20°
　　歯数＝24（大小共）
　　歯幅＝30，軸角＝90°
　　組立距離＝80（大小共）

上記の条件で傘歯車の設計計算式によって求めた次の結果に基づいて図面を作成する．

ピッチ円径	120 mm	歯末のたけ	5 mm
歯元のたけ	6.25 mm	ピッチ円すい角	45°

なお，下記の項目についてはCADが自動的に計算してくれる．

円すい距離	84.85 mm	全長	43.50 mm
外端歯先円直径	127.07 mm	歯先円すい角	48° 22′
内端歯先円直径	82.14 mm	歯底円すい角	40° 47′

内　容	操　作　手　順
入力画面の準備をする．	入力画面の設定方法2による．
正面図の水平の中心線とピッチ円すい部を作成する．	OBJECTSの画層を現在層にする． **[作成]/線分**　を（SEL） 画面中央左の任意の点Aの近く　を（SEL） @90，0　[Enter] //（右）ショートカットメニュー の［Enter］ を（SEL） 円すいの頂点として点A　をOスナップ（近接点） @90< −45　[Enter] //（右）ショートカットメニュー の［Enter］ を（SEL）
ピッチ円すい線ACを下側に5 mm，上側に6.25 mmオフセットする．①	**[修正]/オフセット**　を（SEL） 5　[Enter] 線分AC　を（SEL） 線分ACの下側の任意の点　を（SEL） ［終了(E)］ を（SEL）//（右）ショートカットメニュー の［繰り返し］ を（SEL） 6.25　[Enter] 線分AC　を（SEL） 線分ACの上側の任意の点　を（SEL） ［終了(E)］ を（SEL）
点Aを通る垂直の線分ADを作成する．	**[作成]/線分**　を（SEL） 交点A　をOスナップ @0，−50　[Enter] //（右）ショートカットメニュー の［Enter］ を（SEL）
線分ADを右側に80 mm移動する．それを今度は，左側に22 mm，8 mm，13.5 mmオフセットする．	**[修正]/移動**　を（SEL） 線分AD　を（SEL）//（右） 80，0　[Enter] // [Enter] **[修正]/オフセット**　を（SEL） 22　[Enter] いま移動した線分　を（SEL） いま移動した線分の左側の任意の点　を（SEL） ［終了(E)］ を（SEL）//（右）ショートカットメニュー の［繰り返し］ を（SEL） 8　[Enter] 以下略
線分ABを下側に10 mm，20 mm，60 mmオフセットする．②	**[修正]/オフセット**　を（SEL） 10　[Enter]

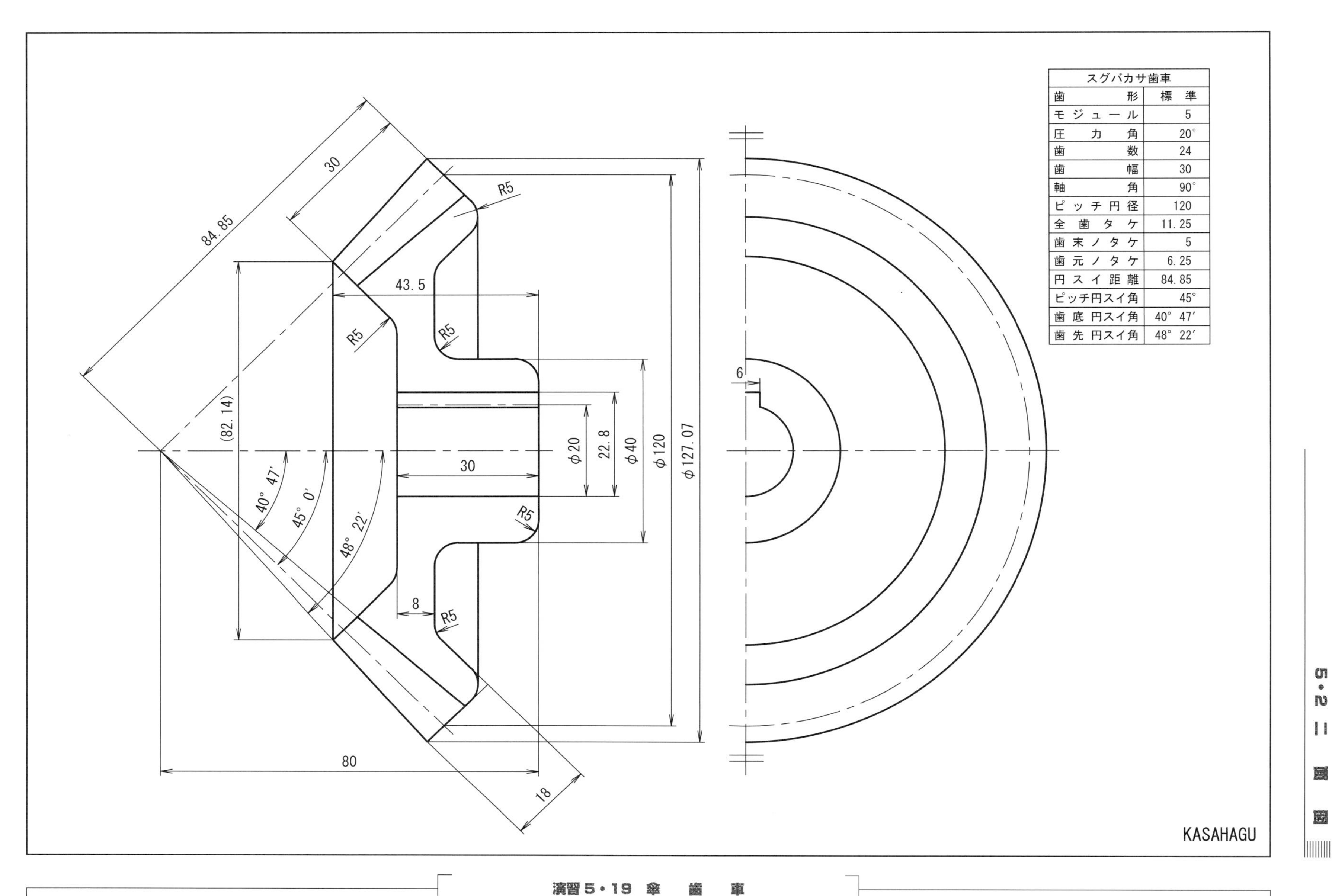

スグバカサ歯車
歯形 標準
モジュール 5
圧力角 20°
歯数 24
歯幅 30
軸角 90°
ピッチ円径 120
全歯タケ 11.25
歯末ノタケ 5
歯元ノタケ 6.25
円スイ距離 84.85
ピッチ円スイ角 45°
歯底円スイ角 40° 47′
歯先円スイ角 48° 22′
84.85
30
R5
43.5
R5
R5
(82.14)
40° 47′
45° 0′
48° 22′
30
φ20
22.8
φ40
φ120
φ127.07
R5
8
R5
80
18
6
KASAHAGU

演習5・19 傘歯車

	線分 AB　を（SEL） 線分 AB の下側の任意の点　を（SEL） ［終了(E)］　を（SEL）//（右）ショートカットメニュー　の［繰り返し］　を（SEL） 20　［Enter］ 線分 AB　を（SEL） 線分 AB の下側の任意の点　を（SEL） 以下略
線分 AC を，交点 C を中心にして円形状に配列複写する．③	**[修正]/円形状配列複写**　を（SEL） （オブジェクトを選択：）　線分 AC　を（SEL） （オブジェクトを選択：）（右） （配列複写の中心を指定……：）　交点 C　を O スナップ ［項目］で （項目：）　2　と入力 （埋める：）　90　と入力 ［オブジェクトプロパティ管理］ ［方向］　を（SEL） ［閉じる］/［配列複写を閉じる］　を（SEL）
配列複写した線分 HE を点 F まで延長する．	**[修正]/延長**　を（SEL） 点 F を通る線分　を（SEL） （右） 線分 HE の点 C 側の任意の点　を（SEL） （右）ショートカットメニュー　の［Enter］　を（SEL）
点 F に半径 18 mm の円を作成する．	**[作成]/円/中心, 半径**　を（SEL） 交点 F　を O スナップ 18　［Enter］
線分 CE のうち，HE 部分をトリムで消去する．④	**[修正]/トリム**　を（SEL） 半径 18 mm の円　を（SEL） （右） 線分 HE 上の任意の点　を（SEL） （右）ショートカットメニュー　の［Enter］　を（SEL）
線分 FH を 30 mm オフセットする．⑤	**[修正]/オフセット**　を（SEL） 30　（右） 線分 FH　を（SEL） 線分 FH の左上側の任意の点　を（SEL） ［終了(E)］　を（SEL）
線分 AC を交点 H までオフセットする．⑥	**[修正]/オフセット**　を（SEL） ［通過点(T)］を（SEL） 線分 AC　を（SEL） 交点 H　を O スナップ ［終了(E)］　を（SEL）
角部をフィレットで丸める．また不要部分をトリムまたは削除で消去する．⑦	省略
下半分の図形を，中心線に対称に鏡像を作成する．⑧	省略
右側面図を作成する．	省略
寸法を記入する．	省略
仮記入した一部の寸法の精度を 1/100 mm に修正する．	φ 127.07 に変更する寸法　を（SEL） （右）ショートカットメニュー　の［精度］　を（SEL） 0.00　を（SEL）

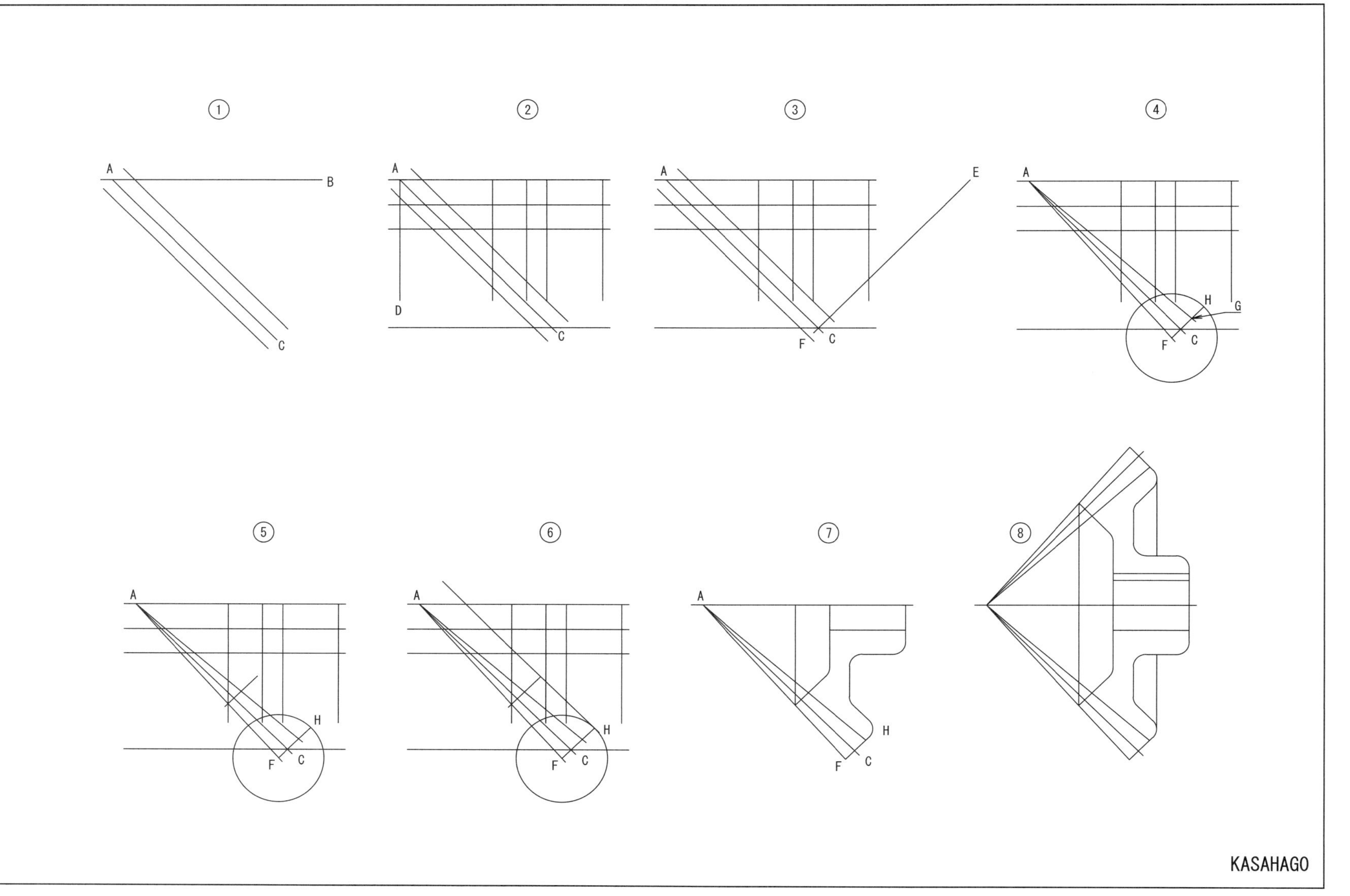

演習5・19 傘 歯 車

5・3　三面図など

演習5・20　スペーサ

内　　容	操作手順
入力画面を準備する.	入力画面の設定方法 2 による.
正三角形を作成する.	OBJECTS の画層を現在層にする. ステータスバー の［カーソルの動きを直交に強制］ を（SEL） ‥‥（直交モードにする） **[作成]/ポリゴン**　を（SEL） 3 ［Enter］ ［エッジ(E)］ を（SEL） 画面上部の任意の点 A　を（SEL） @ −60, 0 ［Enter］
正三角形の頂点から対辺に垂線を作成する. ①	**[作成]/線分**　を（SEL） 交点 A　を O スナップ 線分 BC　を O スナップ（垂線） （右）ショートカットメニュー の［Enter］ を（SEL） （右）ショートカットメニュー の［繰り返し］ を（SEL） 交点 B　を O スナップ 以下略
平面図の四角形の部分を作成する. ②	**[修正]/オフセット**　を（SEL） 20 ［Enter］ 線分 BD　を（SEL） 線分 BD の左側の任意の点　を（SEL） 線分 BD　を（SEL） 線分 BD の右側の任意の点　を（SEL） ［終了(E)］ を（SEL）
いま作成した平面図を 100 mm 右側に複写してから交点 E を基点として−90 度回転させる. ③	**[修正]/複写**　を（SEL） いま作成した全オブジェクト　を（SEL）//（右） 100, 0 ［Enter］ ［終了(E)］ を（SEL） **[修正]/回転**　を（SEL） いま作成した全オブジェクト　を（SEL）//（右） 交点 E　を O スナップ −90 ［Enter］
右側面図のために線分 FG と HJ を 120 mm 下側に複写する.	**[修正]/複写**　を（SEL） 線分 FG　を（SEL） 線分 HJ　を（SEL）//（右） 0, −120 ［Enter］ ［終了(E)］ を（SEL）
平面図の主要ポイントを右側面図に反映する. ④	**[作成]/線分**　を（SEL） 交点 H　を O スナップ 端点 K　を O スナップ （右）ショートカットメニュー の［Enter］ を（SEL） （右）ショートカットメニュー の［繰り返し］ を（SEL） 交点 E　を O スナップ 線分 KL　を O スナップ（垂線） （右）ショートカットメニュー の［Enter］ を（SEL） （右）ショートカットメニュー の［繰り返し］ を（SEL） 交点 J　を O スナップ 端点 L　を O スナップ （右）ショートカットメニュー の［Enter］ を（SEL）

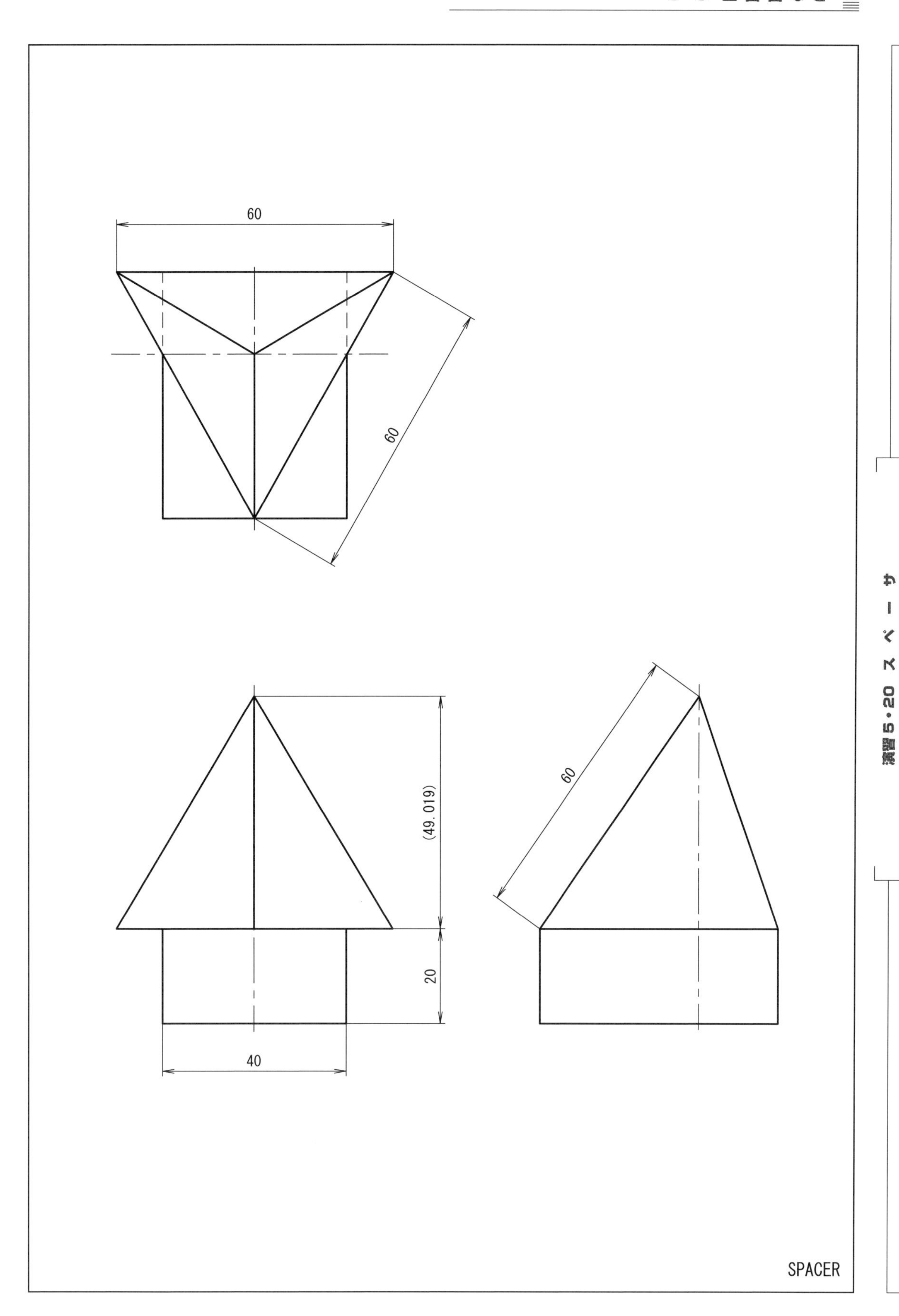
60
60
(49.019)
20
40
60
SPACER

端点 M を中心とする半径 60 mm の円を作成する.	**[作成]/円/中心, 半径**　を（SEL） 端点 M　を O スナップ 60　[Enter]
右側面図の線分 PM, PN を作成する. ⑤	**[作成]/線分**　を（SEL） 交点 P　を O スナップ 交点 M　を O スナップ （右）ショートカットメニュー の [Enter]　を（SEL） （右）ショートカットメニュー の [繰り返し]　を（SEL） 交点 P　を O スナップ 交点 N　を O スナップ （右）ショートカットメニュー の [Enter]　を（SEL）
右側面図の交点 P を求めるために作成した円を消去する.	**[修正]/削除**　を（SEL） 半径 60 mm の円　を（SEL） （右）
平面図と右側面図の主要なポイントを正面図に反映する. ⑥	**[作成]/線分**　を（SEL） 交点 P　を O スナップ 画面左の任意の点 T　を（SEL） （右）ショートカットメニュー の [Enter]　を（SEL） （右）ショートカットメニュー の [繰り返し]　を（SEL） 交点 K　を O スナップ 画面左下の任意の点 R　を（SEL） （右）ショートカットメニュー の [Enter]　を（SEL） （右）ショートカットメニュー の [繰り返し]　を（SEL） 交点 B　を O スナップ 画面左下の任意の点 S　を（SEL） 以下略
正面図と平面図の不足の線分を作成する. ⑦	**[作成]/線分**　を（SEL） 交点 T　を O スナップ 交点 Q　を O スナップ （右）ショートカットメニュー の [Enter]　を（SEL） （右）ショートカットメニュー の [繰り返し]　を（SEL） 交点 T　を O スナップ 以下略
不要部分をトリムまたは削除によって消去する.	**[修正]/トリム**　を（SEL） 以下略
線分 UV を 2 オブジェクトに分割する.	**[修正]/部分削除**　を（SEL） 線分 UV　を（SEL） [1 点目(F)]　を（SEL） 交点 W　を O スナップ @　[Enter] 他方の線分も同様に分割する.
かくれ線は HIDDEN の, 中心線は CENTER の画層に移動する.	かくれ線にする全線分　を（SEL） [画層] 画層名表示欄 ▼　を（SEL） HIDDEN　を（SEL） [Esc] 中心線にする全線分　を（SEL） [画層] 画層名表示欄 ▼　を（SEL） CENTER　を（SEL） [Esc]
寸法を記入する.	省略

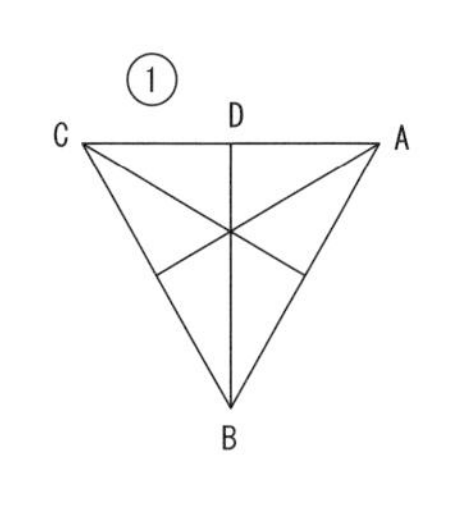

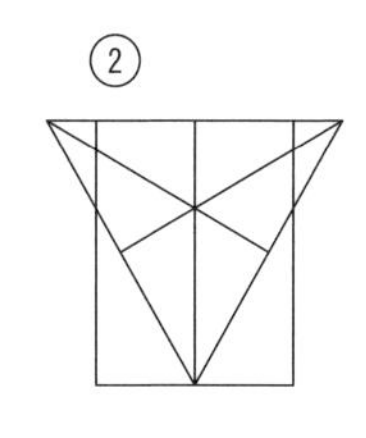

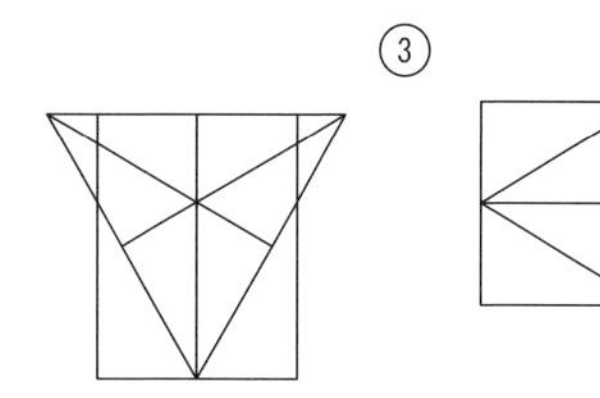

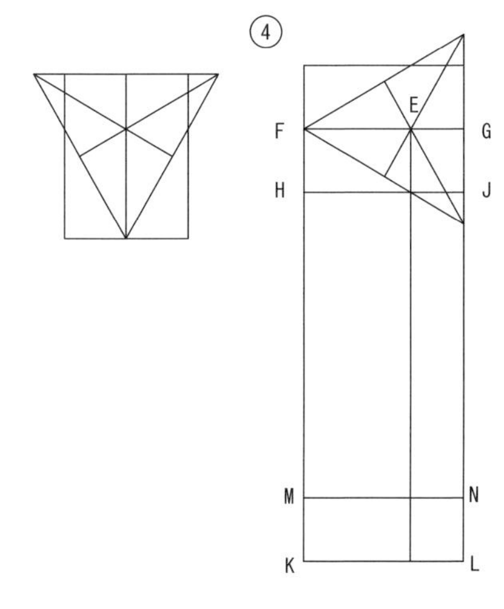

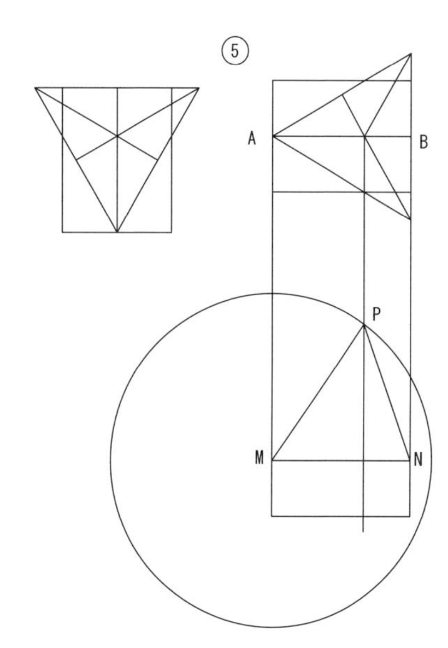

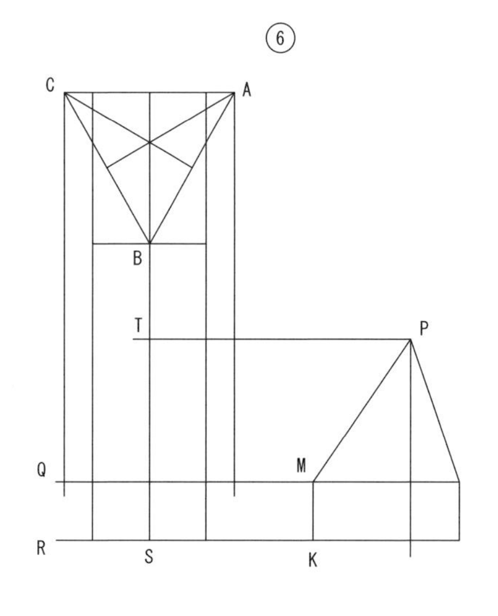

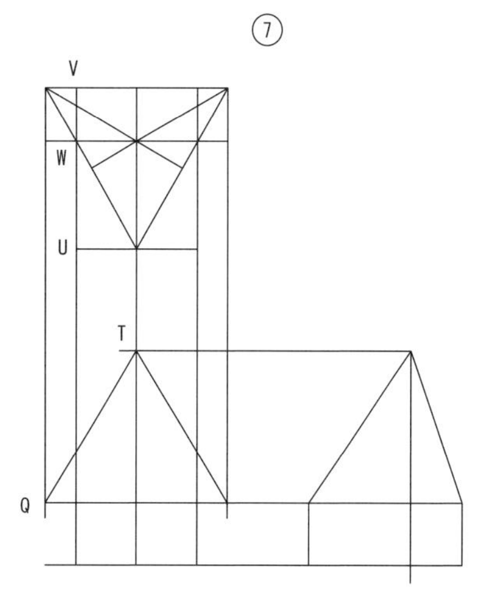

SPACER_0

演習5・21　コーナ部材

内　　容	操作手順
入力画面を準備する.	入力画面の設定方法 2 による.
正面図の線分 AB を作成する.	OBJECTS の画層を現在層にする. **[作成]/線分**　を（SEL） 画面左下の任意の点 A　を（SEL） @50，0　[Enter] （右）ショートカットメニュー の［Enter］ を（SEL）
線分 AB を 18.2 mm，40 mm，50 mm 上側にオフセットする.	**[修正]/オフセット**　を（SEL） 18.2　[Enter] 線分 AB　を（SEL） 以下略
正面図の線分 AC を作成する.	**[作成]/線分**　を（SEL） 端点 A　を O スナップ @0，50　[Enter] （右）ショートカットメニュー の［Enter］ を（SEL）
線分 AC を 10 mm，40 mm 右側にオフセットする.	**[修正]/オフセット**　を（SEL） 10　[Enter] 線分 AC　を（SEL） 以下略
線分 BD を作成する.	省略
線分 EF を作成する. ①	**[作成]/線分**　を（SEL） 交点 E　を O スナップ 線分 AC　を O スナップ（垂線） （右）ショートカットメニュー の［Enter］ を（SEL）
不要部分をトリムまたは削除によって消去する. ②	**[修正]/トリム**　を（SEL） 以下略
線分 DB を 5 mm オフセットして線分 GH を作成する.	**[修正]/オフセット**　を（SEL） 以下略
線分 JK を作成する.	省略
線分 JK を 15 mm オフセットして線分 LM を作成する. ③	**[修正]/オフセット**　を（SEL） 以下略
角部 M と K をフィレットで丸める.	**[修正]/フィレット**　を（SEL） ［半径(R)］ を（SEL）//3　[Enter] ［複数(M)］ を（SEL） 以下略
不足部分を補い，不要部分をトリムまたは削除によって消去する. ④	省略
正面図の鏡像を右側に作成する.	**[修正]/鏡像**　を（SEL） 以下略
平面図を作成する.	省略
かくれ線は HIDDEN の，中心線は CENTER の画層に移動する.	かくれ線にする全線分　を（SEL） ［画層］画層表示欄 ▼　を（SEL） HIDDEN　を（SEL） [Esc] 中心線にする全線分　を（SEL） ［画層］画層表示欄 ▼　を（SEL） HIDDEN　を（SEL） [Esc] 以下略
寸法を記入する.	省略

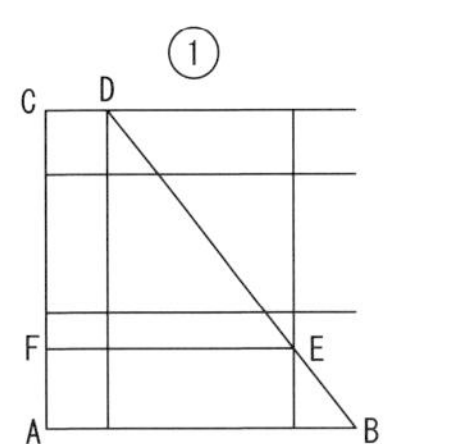

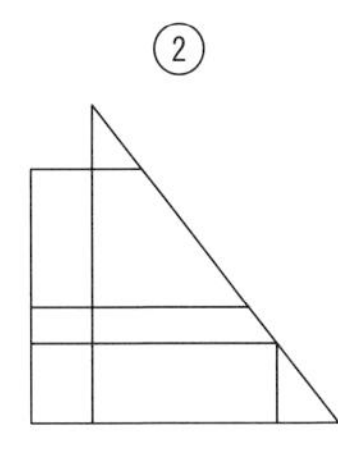

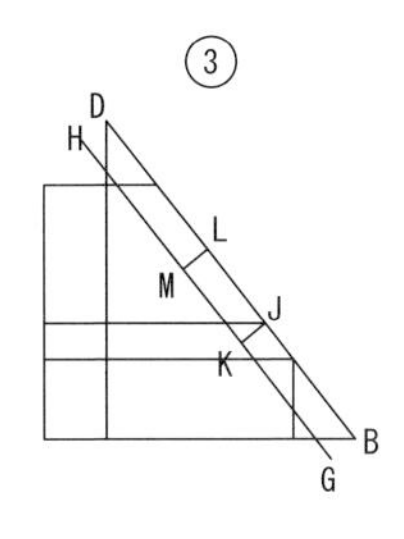

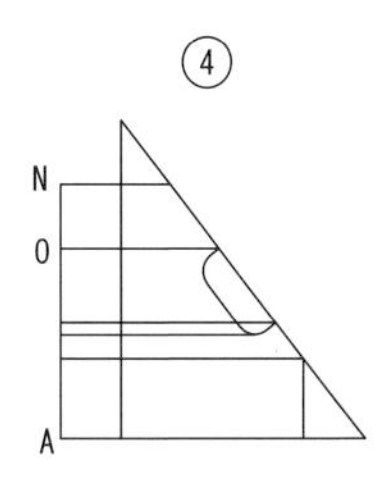

完成図

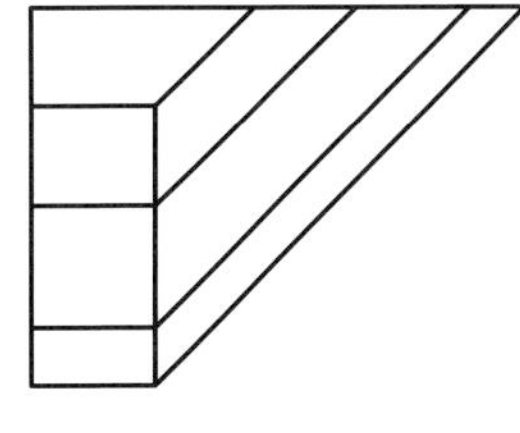

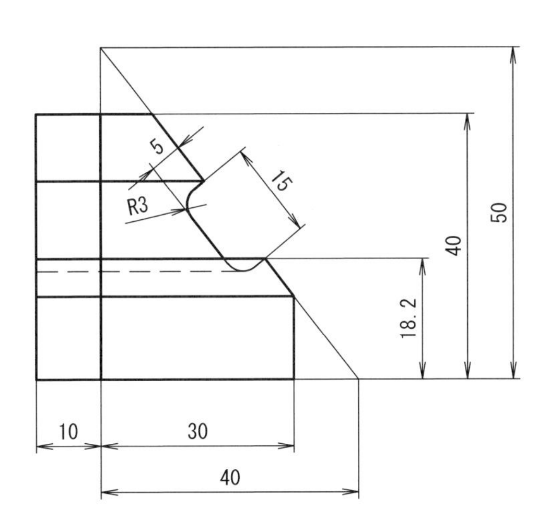

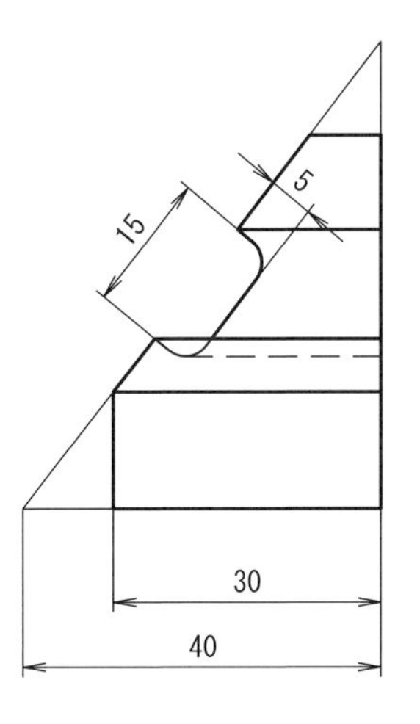

CORNER

⇄ 演習5・22 軸 受

内 容	操 作 手 順
入力画面を準備する.	入力画面の設定方法 2 による.
正面図を作成する.	OBJECTS の画層を現在層にする. ステータスバー の［カーソルの動きを直交に強制］ を（SEL） ····（直交モードにする） **[作成]/線分** を（SEL） 以下略
右側面図を作成する. ①	**[作成]/線分** を（SEL） 以下略
右側面図を約 70 mm 上側に複写する.	**[修正]/複写** を（SEL） 右側面図の全線分 を（SEL） （右） 0, 70 ［Enter］ ［Enter］
いま複写した図形を交点 A を基点に 90 度回転する. ②	**[修正]/回転** を（SEL） いま複写した全線分 を（SEL） （右） 交点 A を O スナップ 90 ［Enter］
正面図と右側面図の主要ポイントを平面図に反映する.	**[作成]/線分** を（SEL） 交点 B を O スナップ 上側の任意の点 C を（SEL） （右）ショートカットメニュー の［Enter］ を（SEL） （右）ショートカットメニュー の［繰り返し］ を（SEL） 以下略
楕円部分を作成する. ③	**[作成]/楕円/軸, 端点** を（SEL） 交点 D を O スナップ 交点 E を O スナップ 交点 F を O スナップ ····楕円（大） （右）ショートカットメニュー の［繰り返し］ を（SEL） 交点 G を O スナップ 交点 H を O スナップ 交点 I を O スナップ ····楕円（中） （右）ショートカットメニュー の［繰り返し］ を（SEL） C ［Enter］ 交点 J を O スナップ 交点 K を O スナップ 交点 L を O スナップ ····楕円（小）
不要部分をトリムまたは削除で消去する.	**[修正]/トリム** を（SEL） 以下略
楕円（大）と接する線分 MN を作成する.	**[作成]/線分** を（SEL） 楕円（大）の上の点 M を O スナップ（接線） 交点 N を O スナップ （右）ショートカットメニュー の［Enter］ を（SEL）

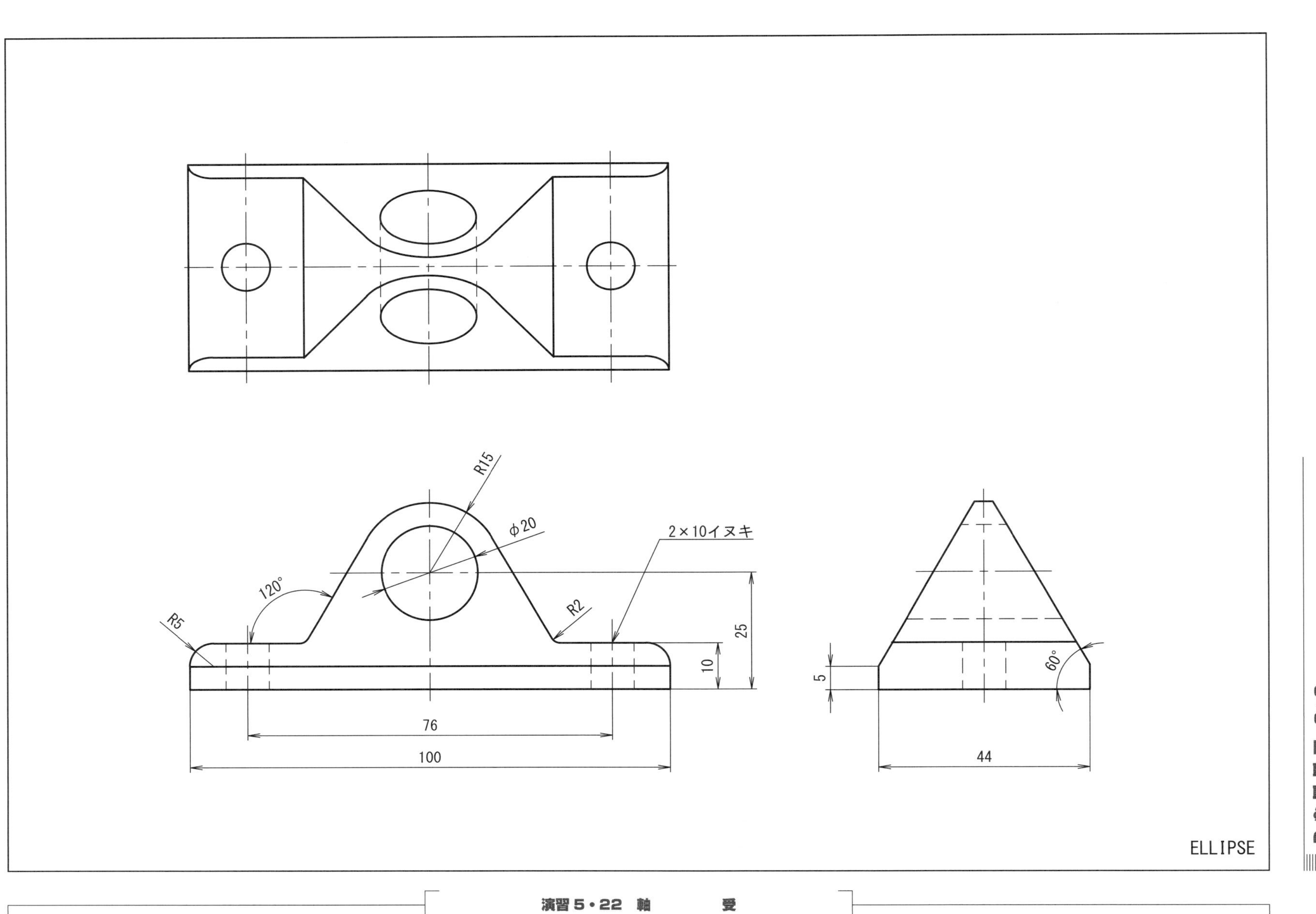

演習5・22 軸　受

楕円（小）と線分 MN の鏡像を線分 PQ に対称に作成する．④	**[修正]/鏡像**　を（SEL） 楕円（小）を構成する全オブジェクトと線分 MN　を（SEL） （右） 端点 P　を O スナップ 端点 Q　を O スナップ ［いいえ(N)］　を（SEL）
2 個の楕円（小），楕円（中），楕円（大）と線分 MN などの鏡像を線分 RS に対称に作成する．	**[修正]/鏡像**　を（SEL） 4 個の楕円を構成する全オブジェクトと線分 MN など　を（SEL） （右） 端点 R　を O スナップ 端点 S　を O スナップ ［いいえ(N)］　を（SEL）
不要部分をトリムまたは削除によって消去する．	**[修正]/トリム**　を（SEL） 以下略
かくれ線は HIDDEN の，中心線は CENTER の画層に移動する．	かくれ線にする全線分　を（SEL） ［画層］画層名表示欄▼　を（SEL） HIDDEN　を（SEL） [Esc] 中心線にする全線分　を（SEL） ［画層］画層名表示欄▼　を（SEL） CENTER　を（SEL） [Esc]
寸法を記入する．	省略

TIPS　楕円の中心，円半円点

■　楕円オブジェクトは円オブジェクトと同様，オブジェクトスナップ「中心」を使用して楕円の中心点を正確に指定できる．また，オブジェクトスナップ「四半円点」を使用して，中心点を通る水平線，垂直線と楕円との四つの交点を正確に指定することができる．

TIPS　名前削除

■　図面で使用されていない要素をそのままにしておくと，図面の容量が増えて操作が遅くなる．図面の容量の節約のためにも，図面作成の区切りのよいときに，今後もまったく使用しないであろうブロックや画層，線種，文字スタイル，寸法スタイルなどを図面から削除するとよい．このようにすると，容量が節約されるだけでなく，図面の表示や操作スピードも速くなる．使用されていないブロックを名前削除する例を以下に示す．

アプリケーションメニュー の **[図面ユーティリティ]/名前削除**　を（SEL）
「名前削除」画面
（図面内で使用されていない項目：）［+］ブロック　を（SEL）　・・・・（[+]　を（SEL）［−］になる）
削除したいブロック名　を（SEL）
［名前削除］　を（SEL）
「名前削除の確認」画面　［この項目を名前削除］　を（SEL）
［閉じる］　を（SEL）

ELLIPSEO

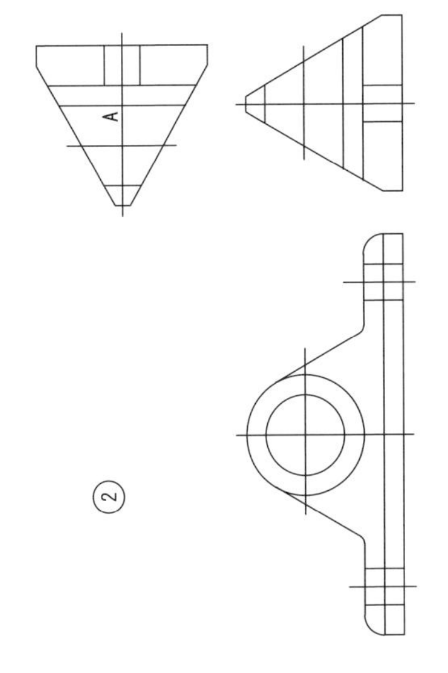

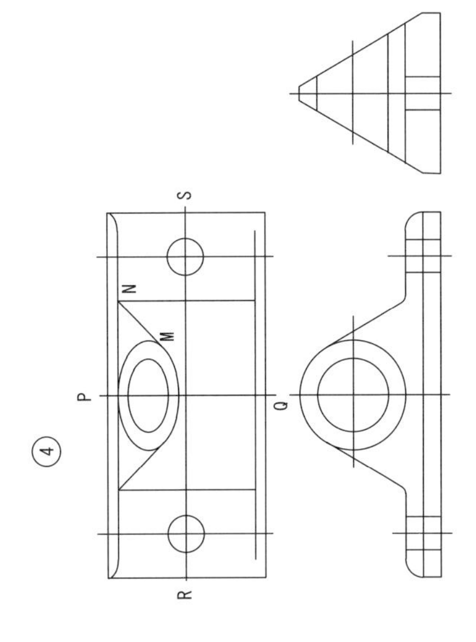

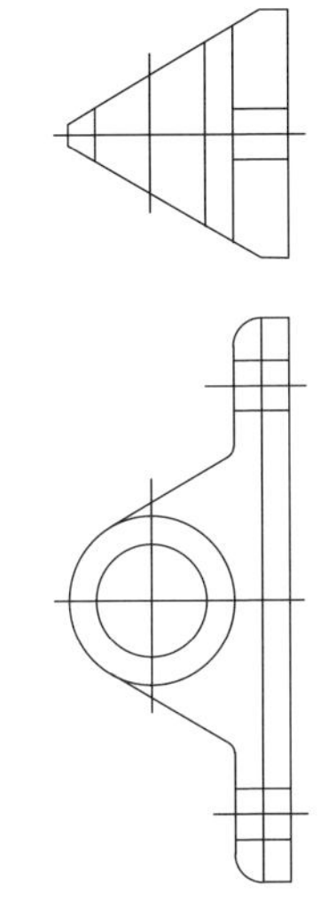

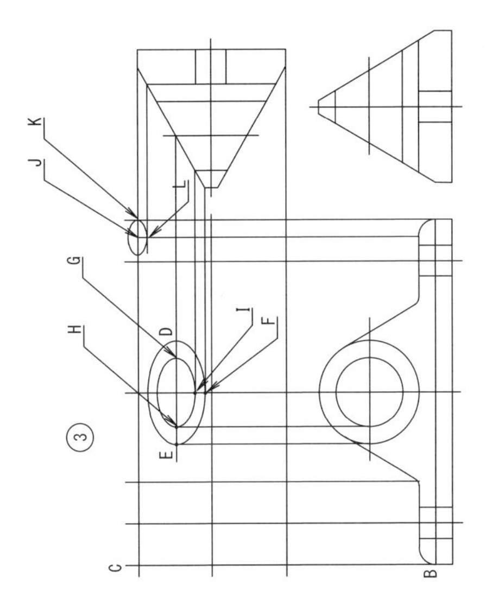

演習5・22 軸　受

⇄ 演習 5・23 ボルト・ナット

内　容	操作手順
入力画面を準備する.	入力画面の設定方法 2 による.
演習 5・3 で作成したボルト略図をブロック挿入する.	「0」の画層を現在層にする. **[挿入]** タブ **[ブロック]/挿入** を（SEL） [その他のオプション] を（SEL） ····（ブロック挿入画面が表示される） [参照] を（SEL） （ファイルの場所：） 保存してあるフォルダ を（SEL） （ファイル名：） B_NRYAKU を（SEL） [開く] 挿入位置欄 □画面上で指定 を（SEL） ····（✔をつける） 尺度欄，回転欄はそのまま [OK] （挿入位置を指定……：） 任意の点 を（SEL）
ブロックであるボルト略図を別べつのオブジェクトに分解して編集できるようにする.	**[修正]/分解** を（SEL） ブロック挿入したボルト略図の任意の点 を（SEL）//（右）
不要な枠線などを削除によって消去する（ただし寸法は当面消去しない）. ①	**[修正]/削除** を（SEL） ボルトの略図と寸法以外の不要な全オブジェクト を（SEL）//（右）
ボルトの頭部が上側になるよう回転する. ②	**[修正]/回転** を（SEL） ボルト全体 を（SEL）//（右） 頭部の任意の点 を（SEL） −90 [Enter]
75 mm × 35 mm のボルトを 72 mm × 32 mm のボルトに修正する. ③	**[修正]/ストレッチ** を（SEL） 右下の任意の点 A を（SEL） 左上の任意の点 B を（SEL）//（右） 0，3 [Enter] // [Enter]
ボルト頭部の下面の線分 CD を下側に 22 mm，26 mm，47 mm，100 mm オフセットする. ④	**[修正]/オフセット** を（SEL） 22 [Enter] 線分 CD を（SEL） 線分 CD の下側の任意の点 を（SEL） 以下略
中心線を下面図の中心まで延長する. ⑤	**[修正]/延長** を（SEL） 以下略
中心線を左右に 10 mm，20 mm，35 mm オフセットする. ⑥	**[修正]/オフセット** を（SEL） 以下略
下面図の正六角形の部分を作成する. ⑦	OBJECTS の画層を現在層にする. **[作成]/線分** を（SEL） 端点 E を O スナップ @20<60 [Enter] （右）ショートカットメニュー の [Enter] を（SEL） （右）ショートカットメニュー の [繰り返し] を（SEL） 端点 E を O スナップ @20< −60 [Enter] （右）ショートカットメニュー の [Enter] を（SEL） （右）ショートカットメニュー の [繰り返し] を（SEL） 端点 F を O スナップ @20<120 [Enter] （右）ショートカットメニュー の [Enter] を（SEL） （右）ショートカットメニュー の [繰り返し] を（SEL） 端点 F を O スナップ @20< −120 [Enter] （右）ショートカットメニュー の [Enter] を（SEL）

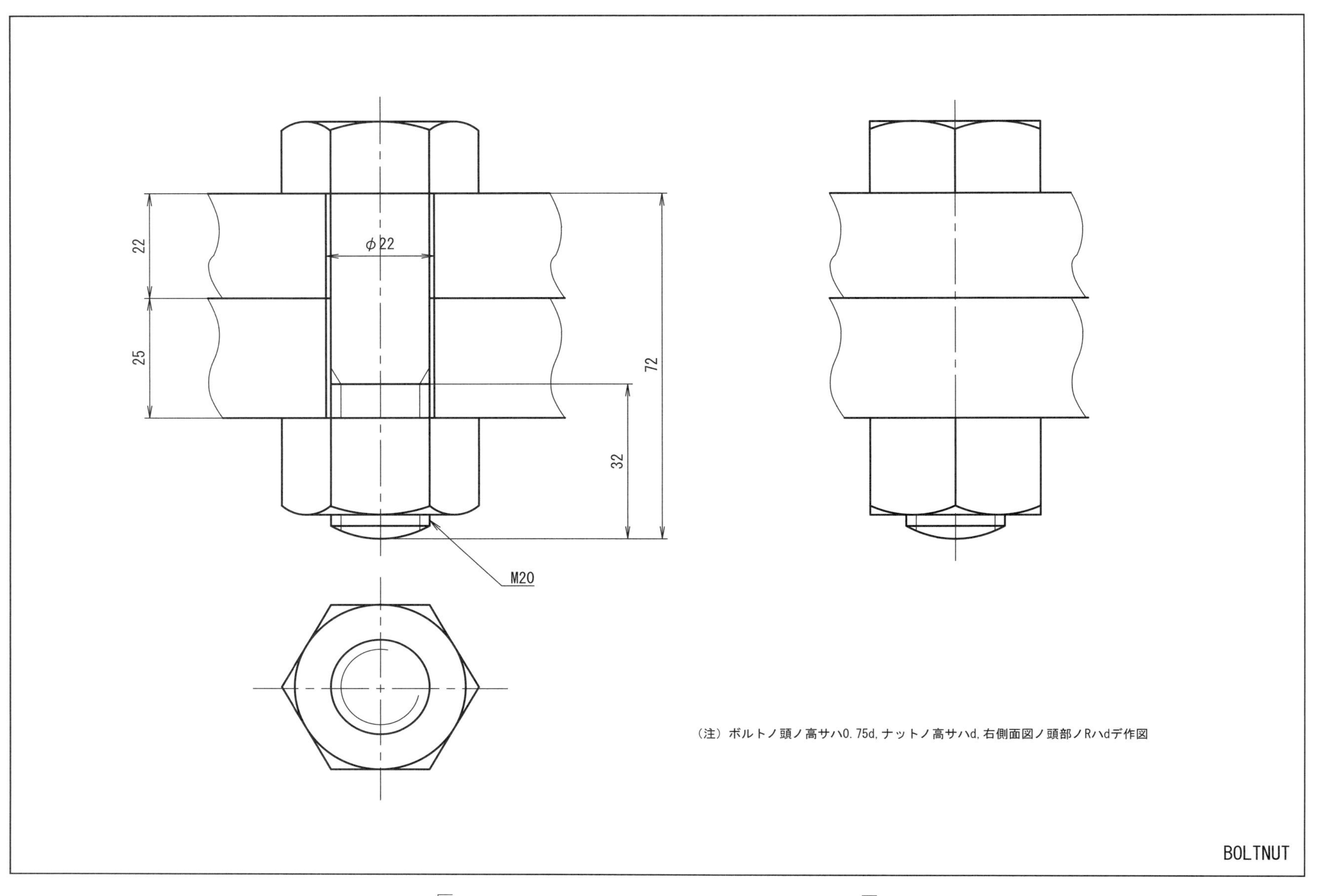

演習 5・23 ボルト・ナット

	（右）ショートカットメニュー の［繰り返し］ を（SEL） 端点 G　を O スナップ 端点 H　を O スナップ （右）ショートカットメニュー の［Enter］ を（SEL） （右）ショートカットメニュー の［繰り返し］ を（SEL） 端点 I　を O スナップ 端点 J　を O スナップ （右）ショートカットメニュー の［Enter］ を（SEL）
ナットの面取り部を作成する（ボルトの頭部の面取り部の鏡像を作成する）．⑧	**[修正]/鏡像**　を（SEL） ボルト頭部の面取り部の 3 円弧　を（SEL） （右） 端点 K　を O スナップ 端点 L　を O スナップ ［Enter］
右側面図のために正面図と下面図の全オブジェクトを約 115 mm 右側に複写し，右側面図に関係のないオブジェクトは消去しておく．	**[修正]/複写**　を（SEL） 正面図と下面図の全オブジェクト　を（SEL）//（右） 115，0　［Enter］ ［Enter］ 以下略
右側面図の下側の正六角形を交点 M を基点に 90 度回転させる．	**[修正]/回転**　を（SEL） 正六角形を形成する 6 線分　を（SEL）//（右） 正六角形の中心である交点 M　を O スナップ 90　［Enter］
右側面図の中心線を左右にオフセットする．	**[修正]/オフセット**　を（SEL） ［通過点(T)］ を（SEL） 右側面図の中心線　を（SEL） 通過点である交点 P　を O スナップ 右側面図の中心線　を（SEL） 通過点である交点 Q　を O スナップ ［終了(E)］ を（SEL）
右側面図のボルト頭部とナットの面取りのために交点 R に半径 20 mm の円を作成する．⑨	**[作成]/円/中心, 半径**　を（SEL） 交点 R　を O スナップ　　・・・・（あらかじめ中点 R を作成しておく） 20　［Enter］
不要部分をトリムし，面取り部の円弧を作成する．	**[修正]/トリム**　を（SEL） 右側面図の中心線　を（SEL） 以下略
鏡像で残り 3 円弧を作成する．	**[修正]/鏡像**　を（SEL） 円弧　を（SEL） 以下略
端点 S と線分上の任意の点 T の間に破断線をスプラインで作成する．⑩	**[作成]/スプラインフィット**　を（SEL） 端点 S　を O スナップ ST 間の任意の点を 2 ～ 3 か所　を（SEL） 線分上の任意の点 T　を O スナップ（近接点） （右）ショートカットメニュー の［Enter］ を（SEL）
残りの破断線は複写で作成する．	**[修正]/複写**　を（SEL） 以下略
不足部分を補い，不要部分はトリムや削除で消去する．	省略
中心線は CENTER の，破断線は TEXT の画層に移動する．	中心線にする全線分　を（SEL） ［画層］画層名表示欄 ▼　を（SEL） 以下略
寸法を記入する．	省略

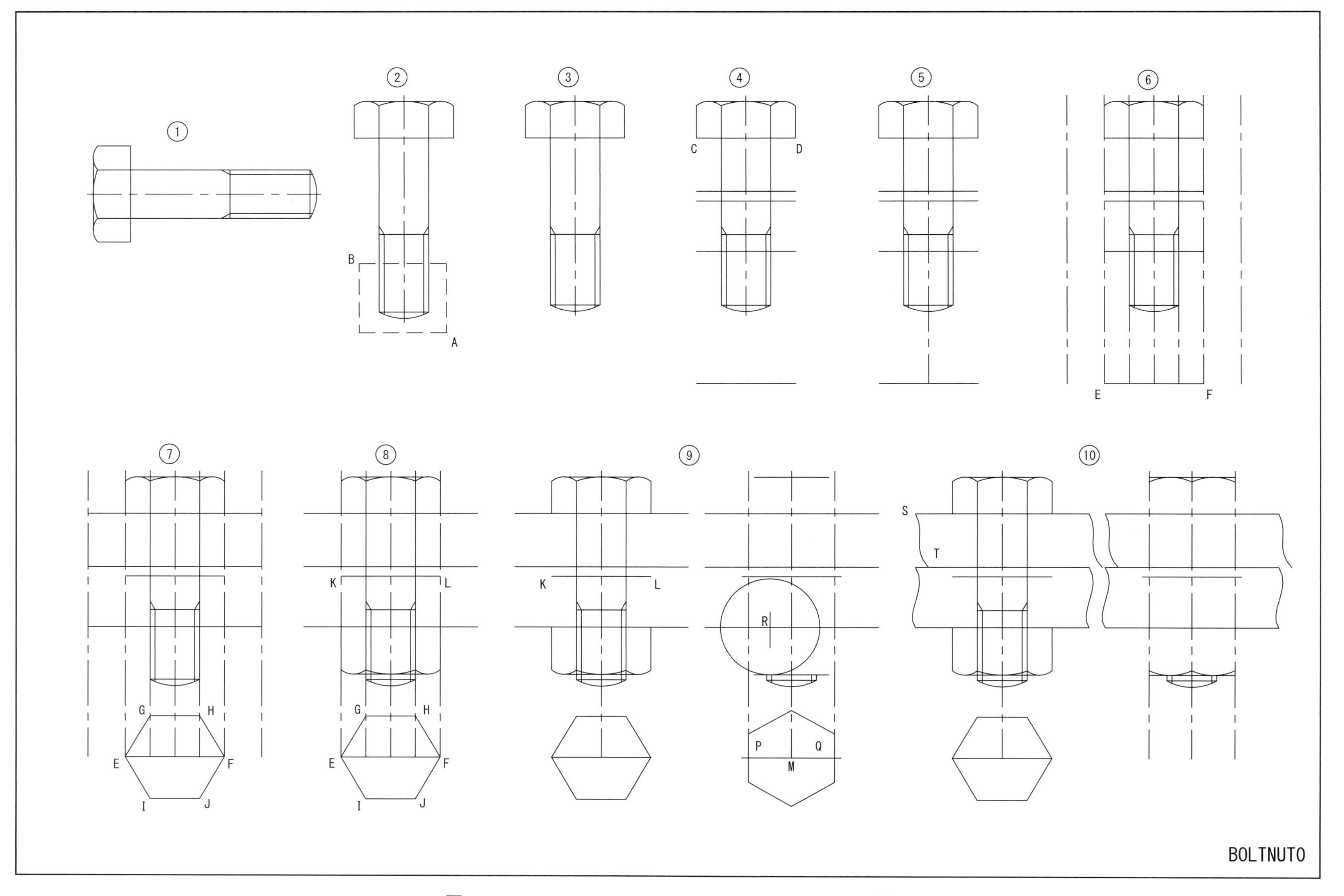

演習5・23　ボルト・ナット

⇄ 演習 5・24　補助投影図

内　　容	操作手順
入力画面を準備する.	入力画面の設定方法 2 による.
線分 ABCD を作成する.	OBJECTS の画層を現在層にする. **[作成]/線分**　を（SEL） 画面中央左の点 A の近く　を（SEL） @120，0　[Enter] @95<150　[Enter] （右）ショートカットメニュー の [Enter]　を（SEL） （右）ショートカットメニュー の [繰り返し]　を（SEL） 端点 A　を O スナップ @0，−90　[Enter] （右）ショートカットメニュー の [Enter]　を（SEL） **[修正]/延長**　を（SEL） 線分 BC　を（SEL） （右） 線分 AD の端点 A 近く　を（SEL）
線分 BC の飛び出し部分をトリムで消去する. ①	**[修正]/トリム**　を（SEL） 以下略
線分CDを右側に 12 mm, 18 mm，24 mm, 34 mm, 40 mm, 46 mm，70 mm オフセットする.	**[修正]/オフセット**　を（SEL） 12　[Enter] 線分 CD　を（SEL） 線分 CD の右側の任意の点　を（SEL） [終了(E)]　を（SEL） （右）ショートカットメニュー の [繰り返し]　を（SEL） 18　[Enter] 線分 CD　を（SEL） 線分 CD の右側の任意の点　を（SEL） 以下略
交点 E より線分 BC に垂線を作成する. ②	**[作成]/線分**　を（SEL） 交点 E　を O スナップ 線分 BC　を O スナップ（垂線） （右）ショートカットメニュー の [Enter]　を（SEL）
線分 AB を上側に 10 mm，下側に 40 mm, 59 mm, 78 mm オフセットする.	**[修正]/オフセット**　を（SEL） 10　[Enter] 線分 AB　を（SEL） 線分 AB の上側の任意の点　を（SEL） [終了(E)]　を（SEL） （右）ショートカットメニュー の [繰り返し]　を（SEL） 40　[Enter] 線分 AB　を（SEL） 線分 AB の下側の任意の点　を（SEL） 以下略
線分 BC を下側に 10 mm，上側に 30 mm，39 mm，59 mm，68 mm オフセットする.	**[修正]/オフセット**　を（SEL） 10　[Enter] 線分 BC　を（SEL） 線分 BC の下側の任意の点　を（SEL） [終了(E)]　を（SEL）

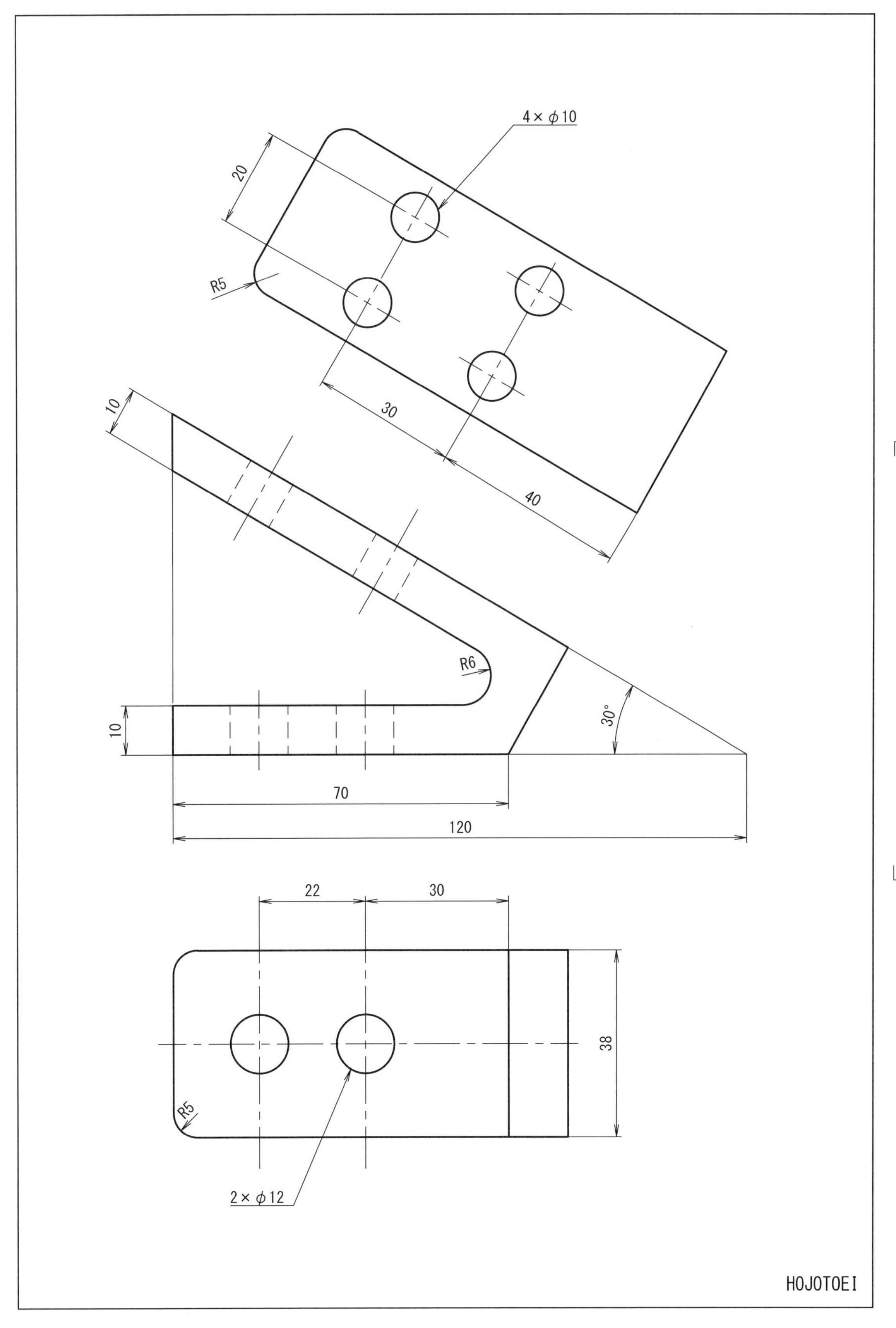
4×φ10
20
R5
30
40
10
R6
10
30°
70
120
22
30
38
R5
2×φ12
HOJOTOEI

	（右）ショートカットメニュー の［繰り返し］ を（SEL） 30 ［Enter］ 線分 BC を（SEL） 線分 BC の上側の任意の点 を（SEL） 以下略
線分 EF を交点 I まで延長する．③	**[修正]/延長** を（SEL） 線分 GH を（SEL） （右） 線分 EF の点 F 近くの任意の点 を（SEL） （右）ショートカットメニュー の［Enter］ を（SEL）
線分 EI を左側に 35 mm，40 mm，45 mm，65 mm，70 mm，75 mm と端点 C までオフセットする．④	**[修正]/オフセット** を（SEL） ［通過点（T）］ を（SEL） 線分 EI を（SEL） 交点 C を O スナップ ［終了(E)］を（SEL） （右）ショートカットメニュー の［繰り返し］ を（SEL） 35 ［Enter］ 線分 EI を（SEL） 線分 EI の左側の任意の点 を（SEL） ［終了(E)］を（SEL） （右）ショートカットメニュー の［繰り返し］ を（SEL） 40 ［Enter］ 線分 EI を（SEL） 以下略
不要部分をトリムまたは削除によって消去する．⑤	**[修正]/トリム** を（SEL） 以下略
交点 J より線分 KL に垂線を作成する．	**[作成]/線分** を（SEL） 交点 J を O スナップ 線分 KL を O スナップ（垂線） （右）ショートカットメニュー の［Enter］ を（SEL）
フィレットで角部を丸める．	**[修正]/フィレット** を（SEL） ［半径(R)］を（SEL） 6 ［Enter］ 角部を形成する線分 を（SEL） 角部を形成する他方の線分 を（SEL）
4 個の直径 10 mm の円と 2 個の直径 12 mm の円を作成する．⑥	**[作成]/円/中心, 半径** を（SEL） 以下略
不要部分をトリムまたは削除によって消去する．	**[修正]/トリム** を（SEL） 以下略
かくれ線は HIDDEN の，中心線は CENTER の画層に移動する．	かくれ線にする全線分 を（SEL） ［画層］画層名表示欄 ▼ を（SEL） HIDDEN を（SEL） ［Esc］ 中心線にする全線分 を（SEL） ［画層］画層名表示欄 ▼ を（SEL） CENTER を（SEL） ［Esc］
寸法を記入する．	省略

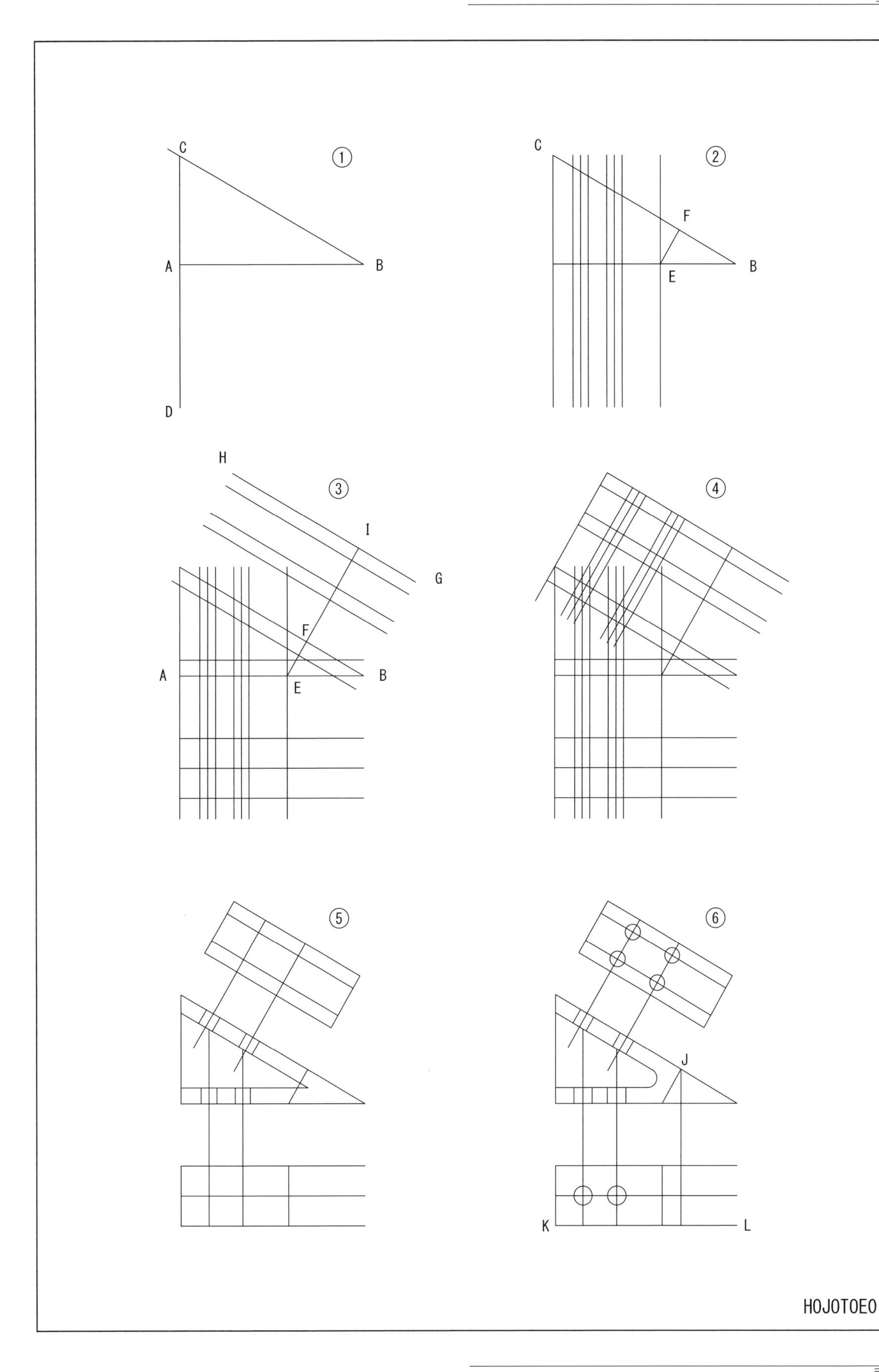
①
C
A
B
D
②
C
F
E
B
③
H
I
G
F
A
E
B
④
⑤
⑥
J
K
L
HOJOTOEO

演習 5・25　回転投影図

内　　容	操作手順
入力画面を準備する.	入力画面の設定方法 2 による.
水平と垂直の中心線を作成する.	OBJECTS の画層を現在層にする.　・・・・（後で CENTER の画層に移動する） **[作成]/線分**　を（SEL） 画面中央左の任意の点 A　を（SEL） @120，0 ［Enter］ ［Enter］ （右）ショートカットメニュー の［繰り返し］　を（SEL） 画面中央の任意の点 C　を（SEL） @0，－140 ［Enter］ ［Enter］
中心線の交点 E に 3 個の円を作成する. ①	**[作成]/円/中心, 半径**　を（SEL） 中心線の交点 E　を O スナップ 10 ［Enter］ （右）ショートカットメニュー の［繰り返し］　を（SEL） 中心線の交点 E　を O スナップ 15 ［Enter］ （右）ショートカットメニュー の［繰り返し］　を（SEL） 中心線の交点 E　を O スナップ 25 ［Enter］
線分 AB を上側に 10 mm, 25 mm, 下側に 10 mm，25 mm，80 mm，86 mm，90 mm，96 mm，100 mm オフセットする.	**[修正]/オフセット**　を（SEL） 10 ［Enter］ 線分 AB　を（SEL） 線分 AB の上側の任意の点　を（SEL） ［終了(E)］　を（SEL） （右）ショートカットメニュー の［繰り返し］　を（SEL） 25 ［Enter］ 線分 AB　を（SEL） 線分 AB の上側の任意の点　を（SEL） 以下略
線分 CD を左側に 40 mm，右側に 60 mm，70 mm オフセットする. ②	**[修正]/オフセット**　を（SEL） 40 ［Enter］ 線分 CD　を（SEL） 線分 CD の左側の任意の点　を（SEL） ［終了(E)］を（SEL） （右）ショートカットメニュー の［繰り返し］　を（SEL） 60 ［Enter］ 線分 CD　を（SEL） 線分 CD の右側の任意の点　を（SEL） 以下略
平面図の不要部分をトリムまたは削除で消去する.	**[修正]/トリム**　を（SEL） 以下略 **[修正]/削除**　を（SEL） 以下略

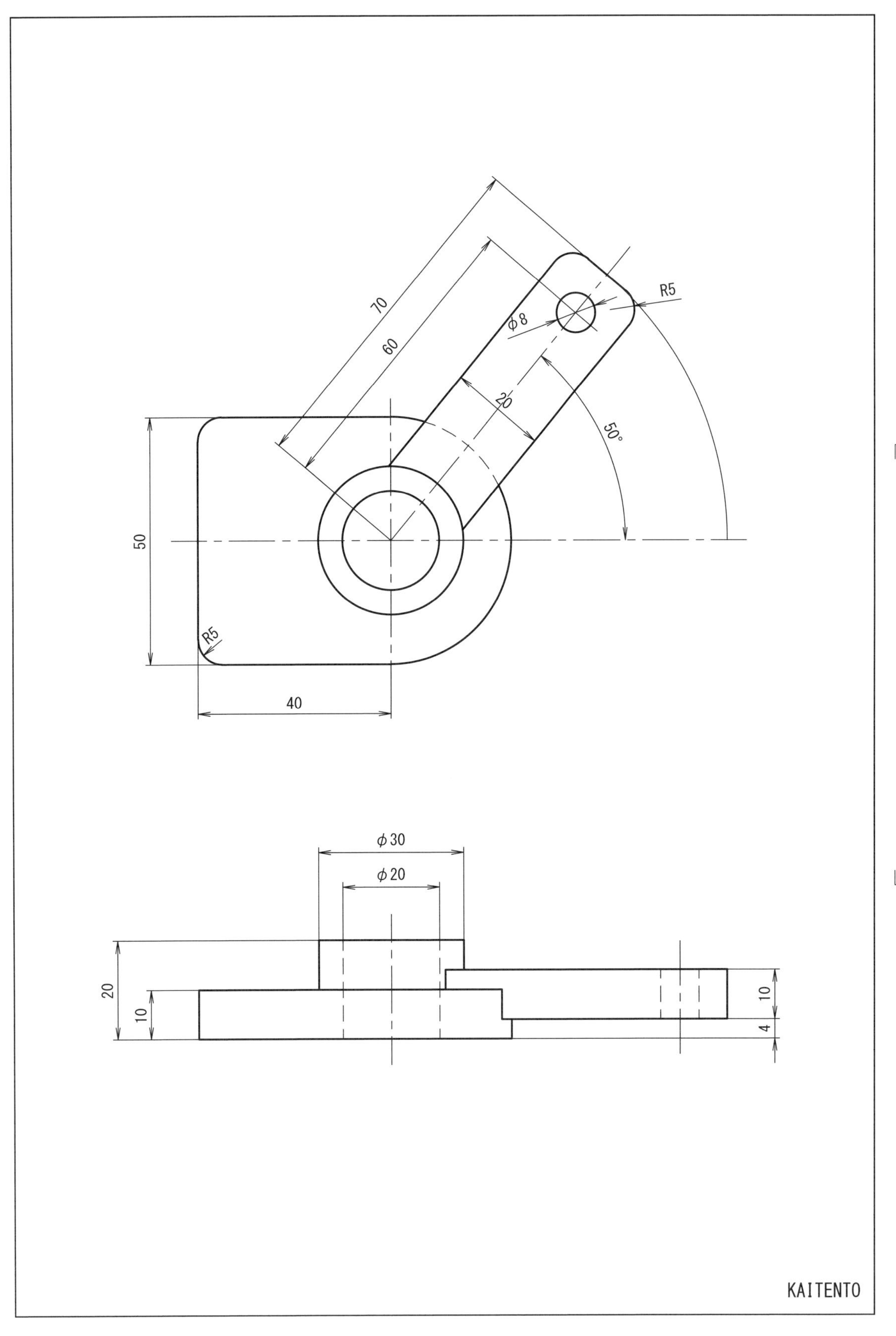
70
60
φ8
R5
20
50°
50
R5
40
φ30
φ20
20
10
10
4
KAITENTO

平面図の角部をフィレットで丸める．③	**[修正]**/**フィレット**　を（SEL） ［半径（R）］　を（SEL） 5　[Enter] 以下略
交点 F に直径 8 mm の円を作成する．	**[作成]**/**円**/**中心, 半径**　を（SEL） 交点 F　を O スナップ 4　[Enter]
平面図の主要ポイントを正面図に反映する．④	**[作成]**/**線分**　を（SEL） 交点 G　を O スナップ 線分 HI　を O スナップ（垂線） （右）ショートカットメニュー　の［Enter］　を（SEL） （右）ショートカットメニュー　の［繰り返し］　を（SEL） 以下略
正面図の不要部分をトリムまたは削除によって消去する．⑤	**[修正]**/**トリム**　を（SEL） 以下略
水平の中心線 AB を円形状配列複写により 50 度回転する．	**[修正]**/**円形状配列複写**　を（SEL） （オブジェクトを選択：）　線分 AB　を（SEL） （オブジェクトを選択：）（右） （配列複写の中心を指定……：）　交点 E　を O スナップ ［項目］で （項目：）　2　と入力 （間隔：）　50　と入力 ［閉じる］/［配列複写を閉じる］　を（SEL）
交点 E の右側のオブジェクトを 50 度回転する．⑥	**[修正]**/**回転**　を（SEL） 回転する全オブジェクト　を（SEL） （右） 交点 E　を O スナップ 50　[Enter]
かくれ線は HIDDEN の，中心線は CENTER の画層に移動する．	かくれ線にする全線分　を（SEL） ［画層］画層名表示欄 ▼　を（SEL） HIDDEN　を（SEL） [Esc] 中心線にする全線分　を（SEL） ［画層］画層名表示欄 ▼　を（SEL） CENTER　を（SEL） [Esc]
寸法を記入する．	省略

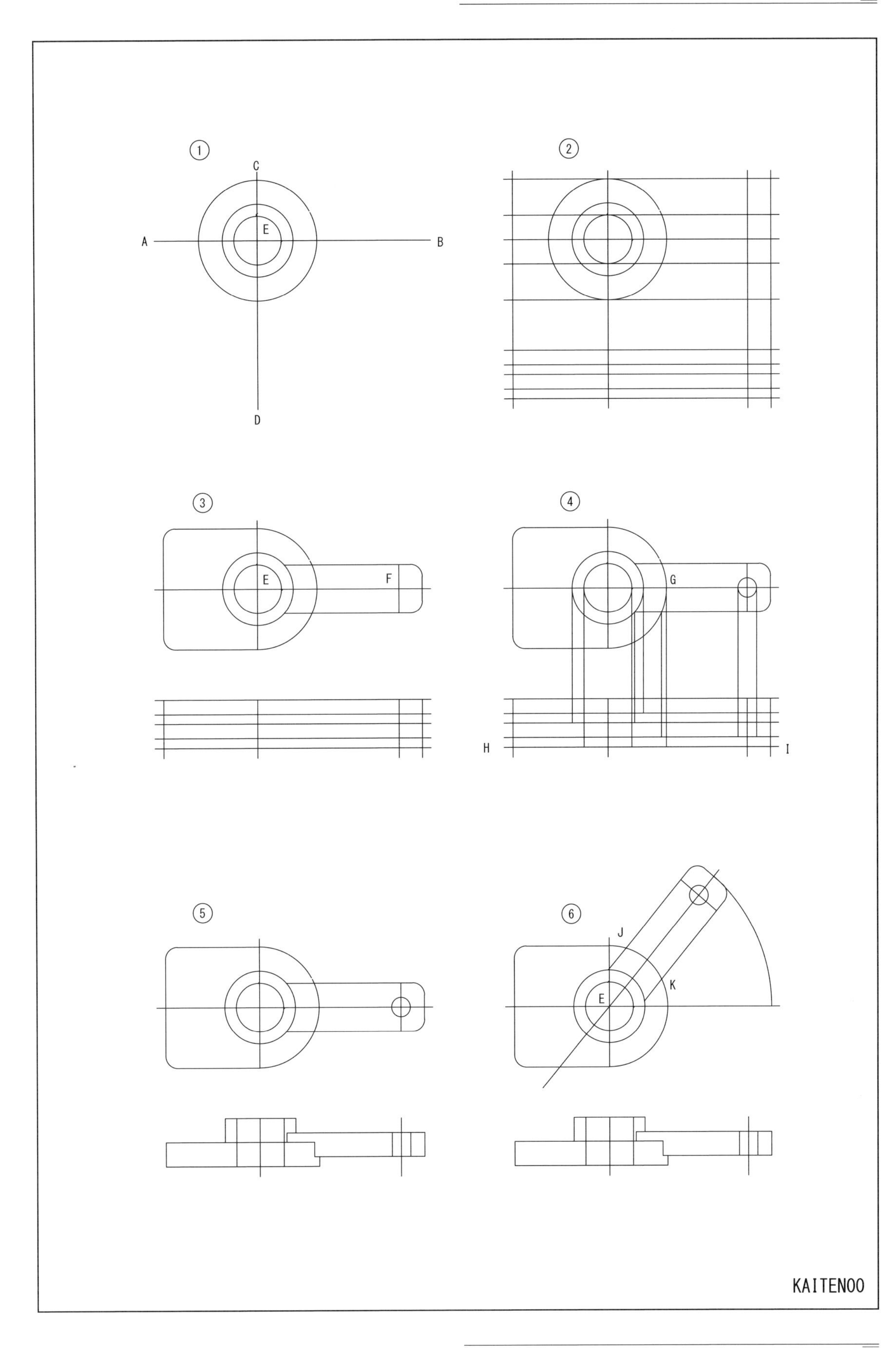
①
C
A
E
B
D
②
③
E
F
④
G
H
I
⑤
⑥
J
K
E
KAITEN00

演習5・26 部分投影図

主投影図に図の一部を示す図面を加えれば充分な場合には，その必要な部分だけを部分投影図として表す．

内　容	操作手順
入力画面を準備する.	入力画面の設定方法 2 による.
水平と垂直の中心線を作成する.	OBJECTS の画層を現在層にする.　····（後で CENTER の画層に移動する） ステータスバー の［カーソルの動きを直交に強制］ を（SEL） ····（直交モードにする） **[作成]/線分** を（SEL） 画面中央左の点 B の近く　を（SEL） @170，0 ［Enter］ 以下略
各交点に各 2 個の円を作成する.	**[作成]/円/中心, 直径** を（SEL） 中心線の交点 A　を O スナップ 15 ［Enter］ **[作成]/円/中心, 直径** を（SEL） 中心線の交点 A　を O スナップ 25 ［Enter］ **[作成]/円/中心, 直径** を（SEL） 以下略
外側の円と円の接線を作成する. ①	**[作成]/線分** を（SEL） 左側の φ 20 の円の任意の点　を O スナップ（接線） 中央の φ 25 の円の任意の点　を O スナップ（接線） （右）ショートカットメニュー の［Enter］ を（SEL） （右）ショートカットメニュー の［繰り返し］ を（SEL） 以下略
交点 A の右側の水平の中心線を除く全オブジェクトを交点 A を基点に 55 度回転する. ②	**[修正]/回転** を（SEL） 交点 A の右側の中心線を除く全オブジェクト　を（SEL） （右） 交点 A　を O スナップ 55 ［Enter］
水平の中心線を円形状配列複写によって 55 度回転する.	**[修正]/円形状配列複写** を（SEL） （オブジェクトを選択：）水平の中心線　を（SEL） （オブジェクトを選択：）（右） （配列複写の中心を指定……：）交点 A　を O スナップ ［項目］で （項目：） 2　と入力 （間隔：） 55　と入力 ［閉じる］/［配列複写を閉じる］ を（SEL）
いま作成した中心線の長さを調整する.	省略
水平の中心線を下側にオフセットする.	**[修正]/オフセット** を（SEL） 50 ［Enter］ 線分 AB　を（SEL） 線分 AB の下側の任意の点　を（SEL） ［終了(E)］ を（SEL）

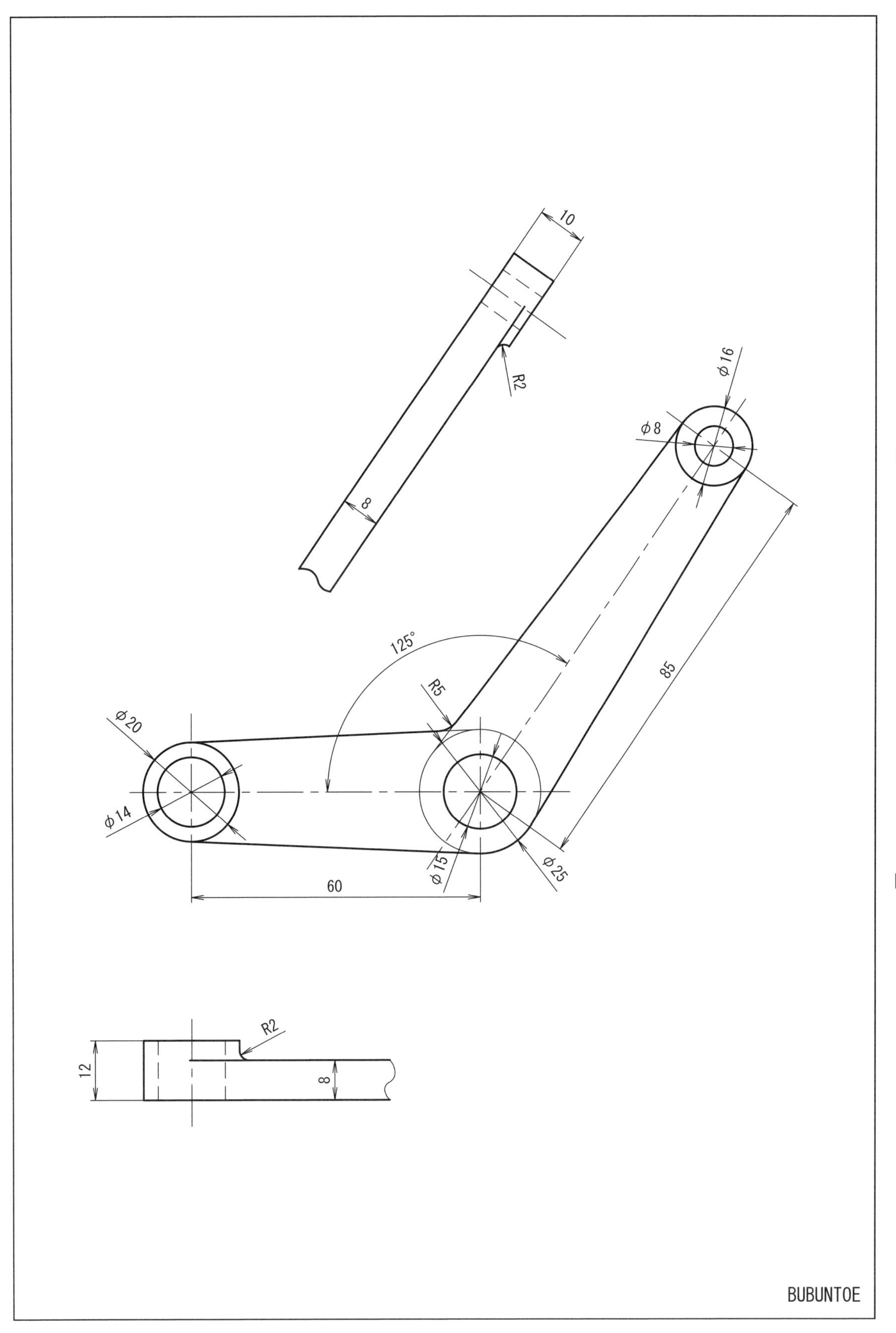
10
R2
8
φ16
φ8
125°
85
R5
φ20
φ14
φ15
φ25
60
R2
12
8
BUBUNTOE

	（右）ショートカットメニュー の［繰り返し］ を（SEL） 4 ［Enter］ いまオフセットした線分 を（SEL） 以下略
斜めの中心線を左上側にオフセットする．	**[修正]/オフセット** を（SEL） 45 ［Enter］ 線分 AC を（SEL） 線分 AC の左上側の任意の点 を（SEL） ［終了(E)］ を（SEL） （右）ショートカットメニュー の［繰り返し］ を（SEL） 4 ［Enter］ いまオフセットした線分 を（SEL） 以下略
主投影図の主要ポイントを下の部分投影図に反映させる．	**[作成]/線分** を（SEL） 交点または四半円点 B を O スナップ 点 D を通る線分 を O スナップ（垂線） （右）ショートカットメニュー の［Enter］ を（SEL） （右）ショートカットメニュー の［繰り返し］ を（SEL） 以下略
主投影図の主要ポイントを左上の部分投影図に反映させる．③	**[作成]/線分** を（SEL） 交点 C を O スナップ 点 E を通る線分 を O スナップ（垂線） （右）ショートカットメニュー の［Enter］ を（SEL） （右）ショートカットメニュー の［繰り返し］ を（SEL） 以下略
不要部分をトリムまたは削除によって消去する．④	**[修正]/トリム** を（SEL） 以下略
3 か所の角部を丸めるために接円を作成する．	**[作成]/円/接点, 接点, 半径** を（SEL） 主投影図の角部を形成する線分 を（SEL） 角部を形成する他方の線分 を（SEL） 5 ［Enter］ 以下略
破断線の作成する位置に線分を作成する．⑤	**[作成]/線分** を（SEL） 以下略
破断線を作成する．⑥	**[作成]/スプラインフィット** を（SEL） 交点 F を O スナップ 以下略
不要部分をトリムまたは削除によって消去する．	**[修正]/トリム** を（SEL） 以下略
かくれ線は HIDDEN の，中心線は CENTER の，破断線は TEXT の画層に移動する．	かくれ線にする全線分 を（SEL） ［画層］画層名表示欄▼ を（SEL） HIDDEN を（SEL） ［Esc］ 中心線にする全線分 を（SEL） ［画層］画層名表示欄▼ を（SEL） CENTER を（SEL） ［Esc］
寸法を記入する．	省略

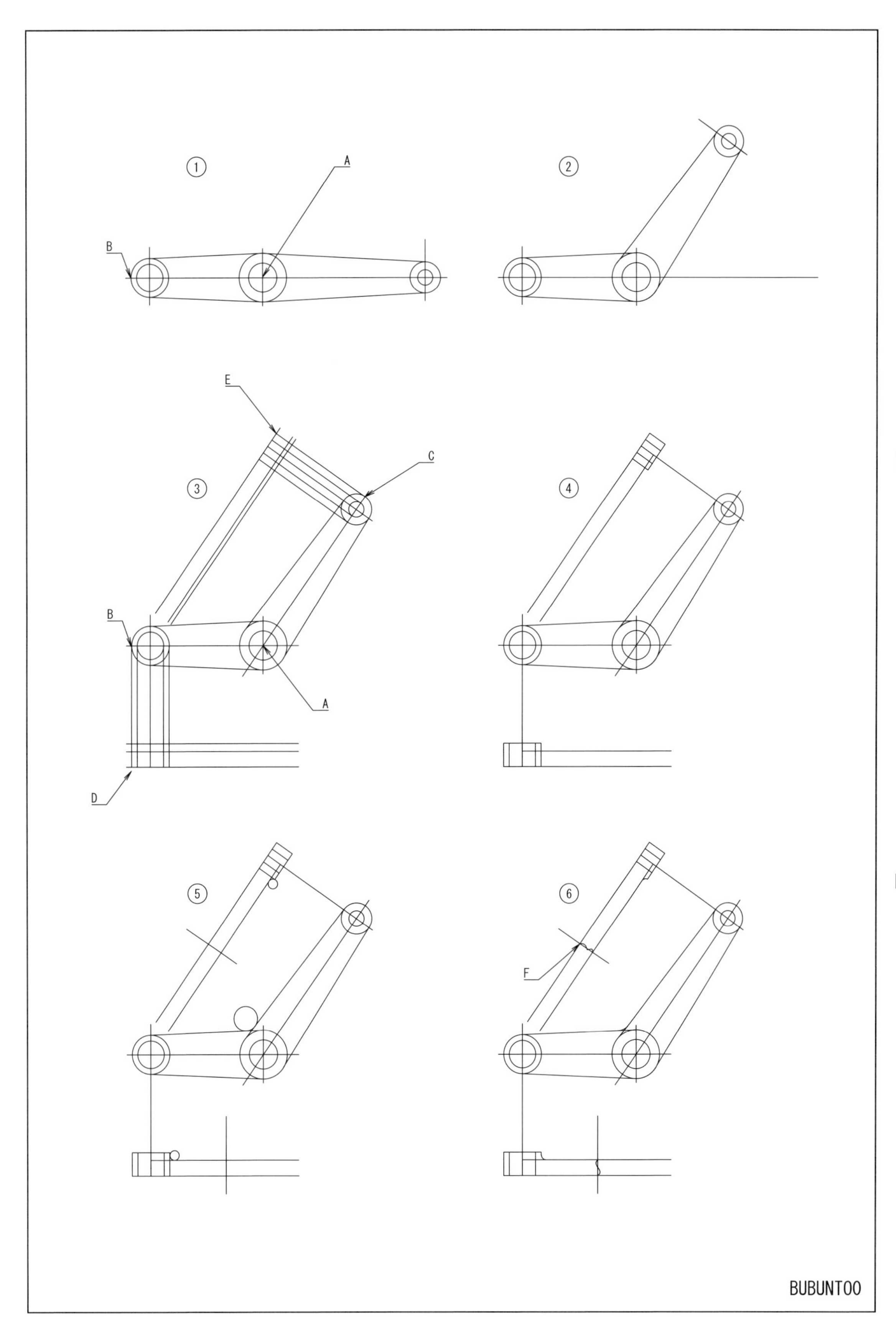
①
A
B
②
E
C
③
B
A
D
④
⑤
⑥
F
BUBUNT00

演習 5・27　組立図（マルチデザイン環境の利用）

組立図を作成する手法はいくつか考えられる．ここでは，あらかじめひとつひとつの部品図が完成しており，それらの複数の図面を同時に画面に表示し，必要な部分を図面間でコピーして完成する例を示す．

演習 5・14 で作成したフランジ継手（左側）の部品図を別のファイル名「merge1」でいったん保存しておき，さらにそれを修正して相手方（右側）を作成し，「merge2」のファイル名で保存する．また，**演習 5・23** で作成したボルト・ナットを修正し，「merge3」のファイル名で保存する．

「merge1」，「merge2」と「merge3」の 3 つの図面を同時に画面に表示し，「merge1」に「merge2」をコピーし，さらに「merge3」をコピーした後，不要部分を消去し，最終的に次の頁の組立図を完成する．

内　　容	操 作 手 順
演習 5・14 で作成したフランジ継手を入力画面に呼び出す．	**[ファイル]/開く**　を（SEL） （ドライブ：）　J：　を（SEL）　・・・・（ファイルのある場所） （ファイル名：）　frang.dwg　を（SEL） ・・・・（**演習 5・14** "フランジ継手" 参照） ［開く］
右側面図を消去する．	**[修正]/削除**　を（SEL） 以下略
「merge1」のファイル名で保存する．	**[ファイル]/名前を付けて保存**　を（SEL） （ドライブ：）　J：　を（SEL）　・・・・（保存する場所） （ファイル名：）　merge1　と入力 ［保存］
部品図「merge1」を修正して，部品図「merge2」を作成する．	「merge1」が画面に表示されている． あらかじめ文字を鏡像化しないよう指定する． MIRRTEXT　［Enter］ 0　［Enter］ **[修正]/鏡像**　を（SEL） 寸法も含め全オブジェクト　を（SEL） （右） 交点 P　を O スナップ 交点 Q　を O スナップ ［はい(Y)］　を（SEL）　・・・・（複写元のオブジェクトを残さない指定）
丸で囲んだ部分を同図のような形状に修正する（p.275 参照）．	**[修正]/ストレッチ**　を（SEL） 以下略
ハッチングを修正する．	ハッチングオブジェクトがストレッチされない場合，以下の方法で修正する． TEXT 画層を現在層にする． ハッチングオブジェクト　を（SEL） **[ハッチングエディタ]** タブ **[境界]/再作成**　を（SEL） （境界オブジェクトのタイプを入力…：）　［ポリライン(P)］　を（SEL） （ハッチングを新しい境界に対して自動調整しますか…：）　［はい(Y)］　を（SEL） ・・・・（ハッチングオブジェクトの周囲に境界が作成され修正しやすくなる） ［ハッチングエディタ］タブ［プロパティ］ （角度：）　90　と入力 ［ハッチングエディタ］タブ［閉じる］/ハッチング編集を閉じる　を（SEL） ・・・・（ハッチングの角度を変える）

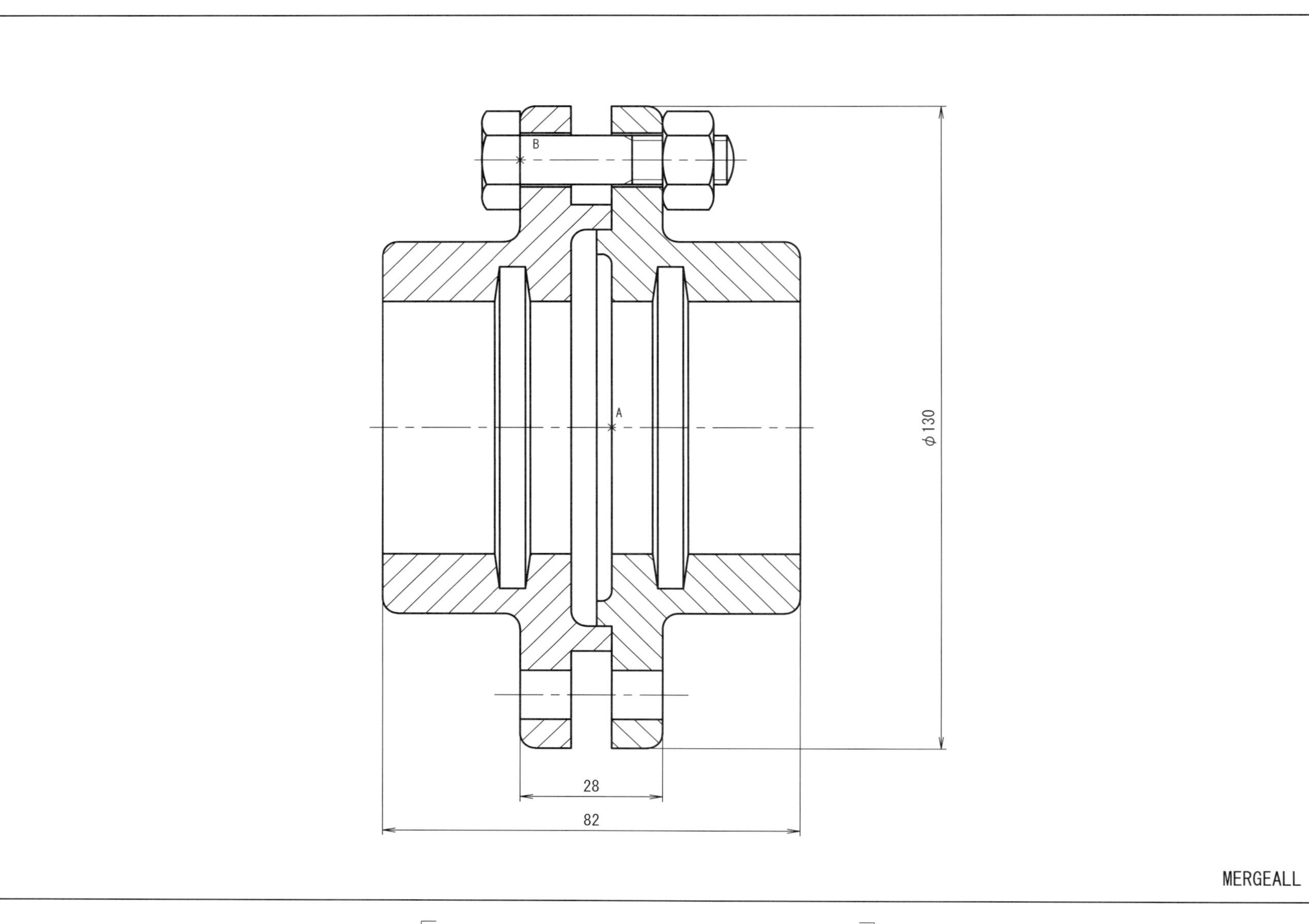

演習 5・27 組立図（マルチデザイン環境の利用）

	ハッチングオブジェクトの境界　を（SEL） 修正する グリップを使用して修正する 　以下略

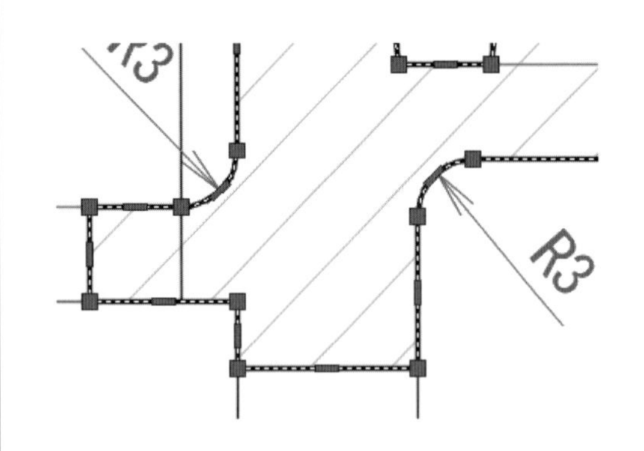

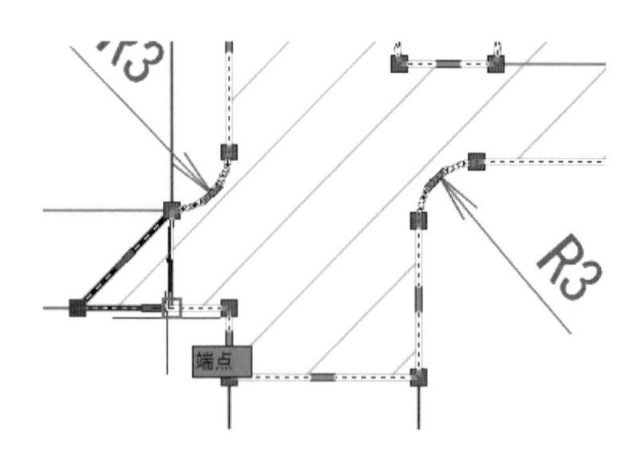

「merge2」のファイル名で保存する.	**[ファイル]**/**名前を付けて保存**　を（SEL） （ドライブ：）J：　を（SEL）　····（保存する場所） （ファイル名：）merge2　と入力 [保存]
演習 5・23 で作成したボルト・ナットを入力画面に呼び出す.	**[ファイル]**/**開く**　を（SEL） （ドライブ：）J：　を（SEL）　····（ファイルのある場所） （ファイル名：）boltnut.dwg　を（SEL） [開く]
首下長さ，ねじ部の長さの寸法は残し，他の不要部分を消去する.	省略
図形全体を 90 度回転する.	**[修正]**/**回転**　を（SEL） 寸法を含め全オブジェクト　を（SEL） （右） 図形上の任意の点　を（SEL） 90　[Enter]
尺度変更によって呼び径 20 を呼び径 10 に変更する.	**[修正]**/**尺度変更**　を（SEL） 寸法を含め全オブジェクト　を（SEL） （右） 図形上の任意の点　を（SEL） 0.5　[Enter]
ストレッチによって首下長さ 42 mm，ねじ部の長さ 20 mm に修正する.	**[修正]**/**ストレッチ**　を（SEL） 以下略
「merge3」のファイル名で保存する.	**[ファイル]**/**名前を付けて保存**　を（SEL） （ドライブ：）J：　を（SEL）　····（保存する場所） （ファイル名：）merge3　と入力 [保存]
部品図「merge1」の上に部品図「merge2」を重ね合わせ，さらに部品図「merge3」を重ね合わせた組立図作成の準備をする.	**[ファイル]**/**開く**　を（SEL） （ドライブ：）J：　を（SEL） （ファイル名：）merge1.dwg　を（SEL） [開く]

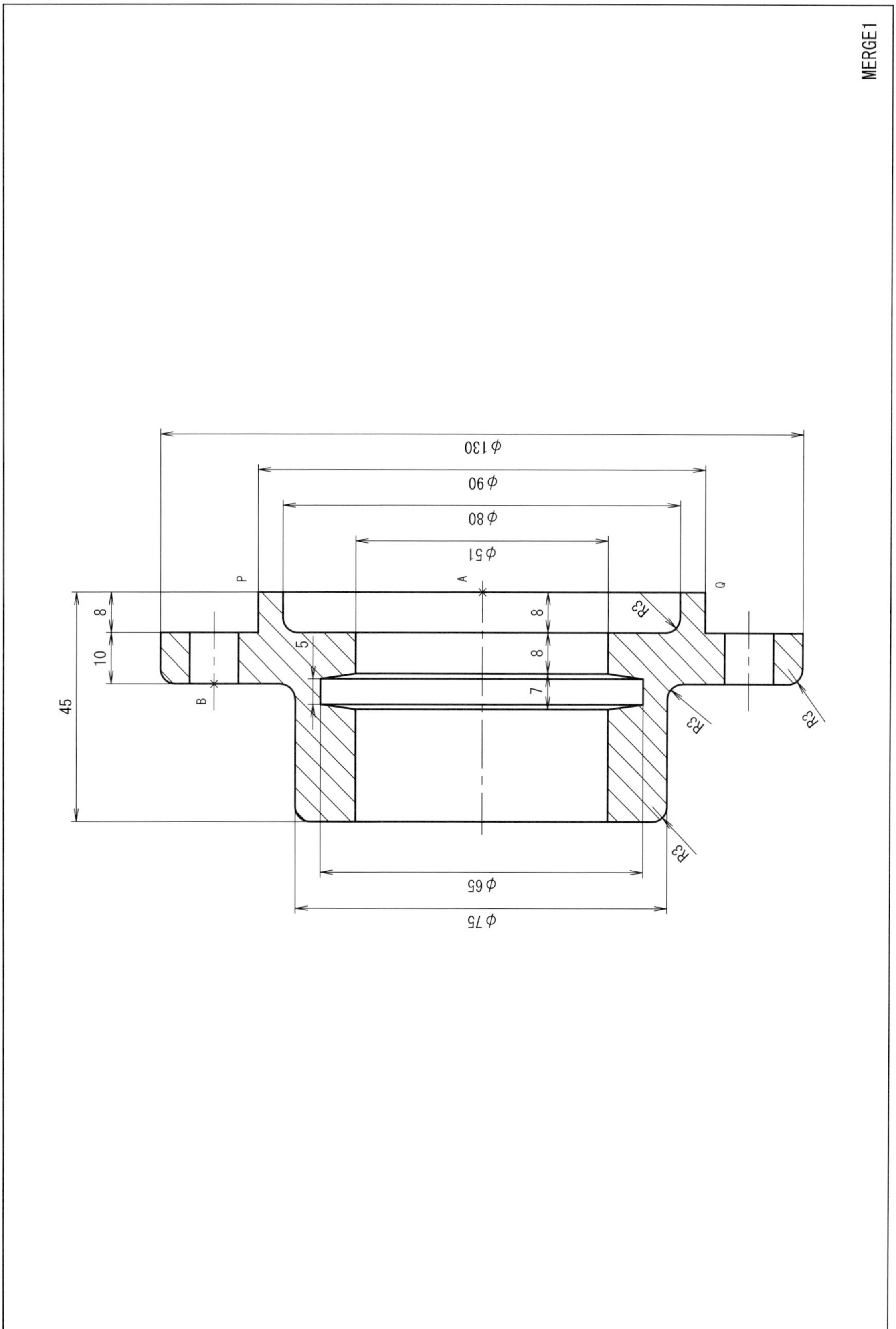

演習 5・27 組立図（マルチデザイン環境の利用）

画　面　に「merge1」,「merge2」,「merge3」の 3 図面を並べて表示する.	**[表示]** タブ **[インターフェース]/左右に並べて表示**　を（SEL） ····（スタート画面を含めて 4 つの画面が並んで表示される）
「merge1」に「merg2」をコピーし，重ね合わせる.	merge2 の図面内の任意の点　を（SEL） merge2 の全オブジェクト　を（SEL） （右）ショートカットメニュー の［クリップボード]/基点コピー　を（SEL） （基点を指定：）交点 A　を O スナップ merge1 の図面内の任意の点　を（SEL） （右）ショートカットメニュー の［クリップボード]/貼り付け　を（SEL） （挿入点を指定：）交点 A　を O スナップ
組立図に不要な「merge2」に付随する線などをトリムまたは削除で消去しておく.	省略
「merge1」+「merge2」に「mer-ge3」をコピーし，重ね合わせる.	merge3 の図面内の任意の点　を（SEL） merge3 の全オブジェクト　を（SEL） （右）ショートカットメニュー の［クリップボード]/基点コピー　を（SEL） （基点を指定：）交点 B　を O スナップ merge1（merge1+merge2 になっている）の図面内の任意の点　を（SEL） （右）ショートカットメニュー の［クリップボード]/貼り付け　を（SEL） （挿入点を指定：）交点 B　を O スナップ
組立図を完成する.	組付け状態に不具合がないか確認する. 組立図として不要なオブジェクトを消去する. **[修正]/トリム**　を（SEL） 以下略
寸法を記入する.	DIMS の画層を現在層にする. **[寸法]/長さ寸法記入**　を（SEL） 以下略
図面を閉じる.	4 つの画面が並んでいる左上にある［スタート］タブで （右）ショートカットメニュー の［すべて閉じる］ を（SEL） （merge1.dwg への変更を保存しますか？：）はい　を（SEL） （merge2.dwg への変更を保存しますか？：）いいえ　を（SEL） （merge3.dwg への変更を保存しますか？：）いいえ　を（SEL） スタート　merge1　merge2　merge3　+

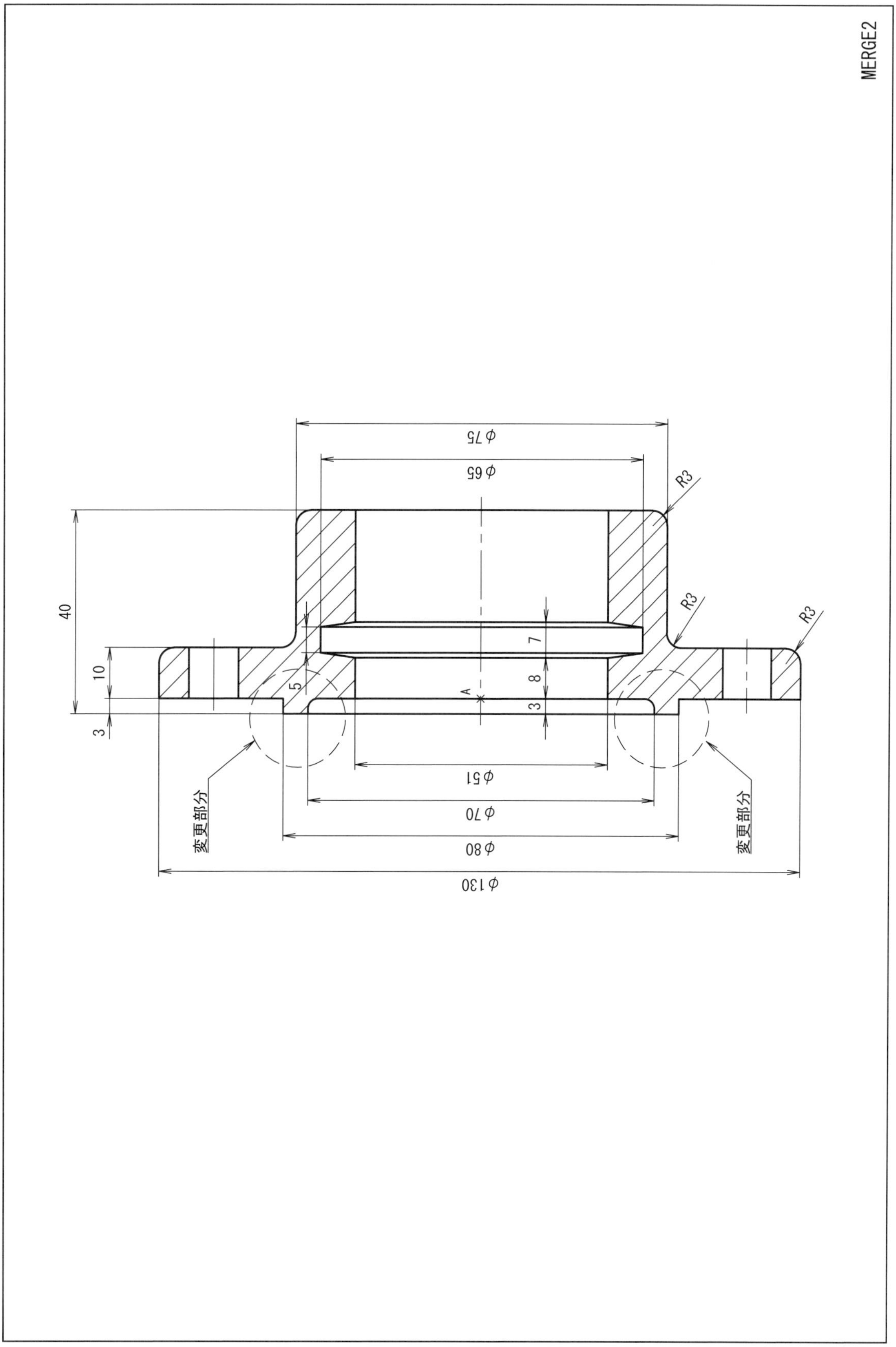

MERGE2

φ75
φ65
R3
R3
R3
40
10
3
5
7
8
3
A
φ51
φ70
φ80
φ130
変更部分
変更部分

演習5・27　組立図（マルチデザイン環境の利用）

MERGE3

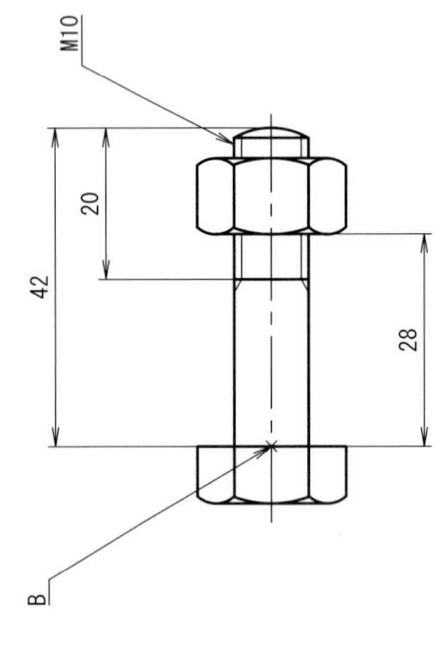

おわりに

今からおよそ25年前，筆者は，初心者にAutoCADによる機械設計製図を指導することになった．すでに航空機の設計でCADが使われていることは知っていたし，大企業でも建設，自動車などの分野でCADが導入されつつあった．まだMS-DOS全盛の当時，AutoCADの画面を見たことはあったものの，使ったことはなかった．

説明書はCADの専門用語が多く，見てもさっぱりわからない．わかる人にはわかるという感じ．そこでCAD教室に通い猛勉強した．次に，教科書に適した書籍を求めて書店に行った．AutoCADの本はあまりない．あっても解説本や建築製図関係の書籍ばかり．時間をかけて本格的に機械設計製図を学ぼうとする学習者のための教科書に適したものは，まったくなかった．

そこで，基本操作や基本製図の演習を自ら実行し，それを1コマ単位の教材にまとめることにした．ある程度CADを使いこなせるようになり，機械部品の製図にとりかかる頃には，もう本番である．若い人の吸収力は素晴らしく，筆者が苦労してやっと習得したスキルを，あっという間にマスターしていく．泥縄式に，前夜に翌日の教材を作成することもしばしばであった．

1年後，作り続けた教材を積み上げてみたら，片面印刷ではあるがなんと厚さ3センチ以上．内容を整理し，製本して手作り教科書を作成した．本番で指導中にも，基本的なコマンドを少しでも多く網羅するよう，さらに，新たな教材を追加し中身を充実させた．改訂に改訂を重ね，ある程度まとまったところで，多くの初心者にもこの苦労の結晶を届けたくなり，工業高校時代の恩師である堀野正俊先生に相談してみた．さっそくCAD機械製図の書籍の出版を計画していた理工学社が紹介され，とんとん拍子で出版へと話が進んだ．

出版に当たっては，AutoCADの基本操作や基本製図ついては，CAD教室での筆者の教官であった土肥美波子氏にご協力をお願いすることとし，手作り教科書で採用していた操作手順のフォーマットをよりすっきりさせたり，機械製図編をさらに充実する事に力点を置いた．

かくして1998年9月，AutoCAD LTによる機械製図の入門書「AutoCAD LT機械製図」の初版が誕生した．それから20年にわたって，WindowsとAutoCADのバージョンアップの度に，それらに対応するのみではなく，数々の見直しを行い，内容をより充実したものとして，改訂を重ねてきた．そして今，ここに最新のAutoCAD LT 2019対応版を刊行することができ，感無量である．

若き日に，T定規と三角定規と烏口で製図し，計算尺で計算していた時代を懐かしく思い出す．設計製図のみならず，さまざまな技術文書の作成，技術計算，そしてそれらのデータの保管方法など，近年の科学技術の進展はまさに日進月歩で，目を見はるものがある．かつて，本書を翻訳した英語版をトルコの訓練大学のテキストとして使用したい旨の申し出があり，喜んで了解したことがあった．これからは電子ブックで，そのような英語版があったらいいのでは，と思う．

最後に，理工学社解散後，「AutoCAD LT機械製図」シリーズの刊行継続にご尽力いただいたオーム社，ならびに書籍編集局の安引工氏，宮﨑八重子氏に，深く感謝の意を表する．

2018年9月

間瀬喜夫

参考図書

オートデスク（株）：Autodesk AutoCAD 2019/AutoCAD LT2019公式トレーニングガイド，日経BP社．

大西清：JISにもとづく標準製図法，理工学社／オーム社．

緒方興助ほか：電子製図，実教出版．

蓮見善久：機械設計製図演習，理工学社．

林洋次ほか：機械製図，実教出版．

間瀬喜夫・土肥美波子：AutoCAD LT2016機械製図，オーム社．

索　　引

著者略歴

間瀬 喜夫（ませ よしお）

愛知県名古屋市生まれ．
愛知工業高校，名古屋工業大学，名古屋大学大学院機械科卒業．
名古屋大学，鳥取大学にて4サイクルおよび2サイクルガソリンエンジンの研究．
本田技術研究所にて4サイクルガソリンエンジンの排気ガス浄化システムの研究・開発．
ホンダテクニカルカレッジにて自動車工学，3次元CADおよび2次元CADによる機械設計製図の教育・指導．
現在は執筆に専念．

土肥 美波子（どい みなこ）

東京都生まれ．
AutoCADインストラクター．
有限会社エイ・アイ・ディー2000年設立．
Autodesk製品の教育，トレーニングコンテンツ作成，CAD業務支援．

間瀬喜夫・土肥美波子 共著書

「AutoCAD LT 機械製図」1998年
「AutoCAD LT2000 機械製図」2000年
「AutoCAD LT2002 機械製図」2002年
「AutoCAD LT2005 機械製図」2004年
「AutoCAD LT2013 機械製図」2012年
「AutoCAD LT2016 機械製図」2016年

AutoCAD LT2019 機械製図

2018年10月10日　第1版第1刷発行
2025年 3 月10日　第1版第6刷発行

著　者　間瀬喜夫・土肥美波子
発行者　村 上 和 夫
発行所　株式会社 オーム社
郵便番号　101-8460
東京都千代田区神田錦町3-1
電話　03(3233)0641(代表)
URL　https://www.ohmsha.co.jp/

印刷・製本　精文堂印刷
ISBN978-4-274-22281-8　Printed in Japan